应用型本科规划教材

机械制造工程学

主　编　马　光
副主编　修树东　贾志欣
　　　　孙树礼　沈剑英

U0277156

ZHEJIANG UNIVERSITY PRESS
浙江大学出版社
·杭州·

内 容 提 要

本书为应用型本科教材。全书共分为八章,内容包括机械制造概论、机械制造过程基础知识、金属切削原理、切削机床与刀具、机械加工工艺规程制定、机械加工质量、机械装配工艺和先进制造技术等。

本书从应用型人才培养要求出发,以机械制造工艺过程为主线,将其所涉及的金属切学基本理论、机床、刀具、夹具等基本知识进行合理整合,突出应用型人才培养要求。

本书可作为应用型本科院校机械工程及自动化、机械设计制造及自动化、工业工程、材料成型及控制工程等专业的教材,也可供从事机械制造行业的工程技术人员学习参考。

图书在版编目(CIP)数据

机械制造工程学 / 马光主编. —杭州:浙江大学出版社,
2008.1(2025.2重印)
ISBN 978-7-308-05798-1

Ⅰ.机… Ⅱ.马… Ⅲ.机械制造工艺-高等学校-教材
Ⅳ.TH16

中国版本图书馆 CIP 数据核字(2008)第 011128 号

机械制造工程学

马 光 主编

丛书策划	樊晓燕
责任编辑	王 波 王元新
封面设计	刘依群
出版发行	浙江大学出版社
	(杭州市天目山路 148 号 邮政编码 310007)
	(网址:http://www.zjupress.com)
排 版	杭州青翘图文设计有限公司
印 刷	广东虎彩云印刷有限公司绍兴分公司
开 本	787mm×1092mm 1/16
印 张	19
字 数	463 千
版 印 次	2008 年 1 月第 1 版 2025 年 2 月第 10 次印刷
书 号	ISBN 978-7-308-05798-1
定 价	52.00 元

应用型本科院校机械专业规划教材

编 委 会

总　序

近年来我国高等教育事业得到了空前的发展,高等院校的招生规模有了很大的扩展,在全国范围内涌现了一大批以独立学院为代表的应用型本科院校,这对我国高等教育的全方位、持续、健康发展具有重大的意义。

应用型本科院校以着重培养应用型人才为目标,开设的大多是一些针对性较强、应用特色明确的本科专业,但与此不相适应的是,作为知识传承载体的教材建设远远滞后于应用型人才培养的步伐。应用型本科院校所采用的教材大多是直接选用普通高校的那些适用于研究型人才培养的教材。这些教材往往过分强调系统性和完整性,偏重基础理论知识,而对应用知识的传授却不足,难以充分体现应用类本科人才的培养特点,无法直接有效地满足应用型本科院校的实际教学需要。对于正在迅速发展的应用型本科院校来说,抓住教材建设这一重要环节,是实现其长期稳步发展的基本保证,也是体现其办学特色的基本措施。

浙江大学出版社认识到,高校教育层次化与多样化的发展趋势对出版社提出了更高的要求,即无论在选题策划,还是在出版模式上都要进一步细化,以满足不同层次的高校的教学需求。应用型本科院校是介于普通本科与高职之间的一个新兴办学群体,它有别于普通的本科教育,但又不能偏离本科生教学的基本要求,因此,教材编写必须围绕本科生所要掌握的基本知识与概念展开。但是,培养应用型与技术型人才又是应用型本科院校的教学宗旨,这就要求教材改革必须有利于进一步强化应用能力的培养。

为了满足当今社会对机械工程专业应用型人才的需要,许多应用型本科院校都设置了相关的专业。而这些专业的特点是课程内容较深、难点较多,学生不易掌握,同时,行业发展迅速,新的技术和应用层出不穷。针对这一情况,浙江大学出版社组织了十几所应用型本科院校机械工程类专业的教师共同开展了"应用型本科机械工程专业教材建设"项目的研究,共同研究目前教材的不适应之处,并探讨如何编写能真正做到"因材施教"、适合应用型本科层次机械工程类专业人才培养的系列教材。在此基础上,组建了编委会,确定共同编写"应用型本科院校机械工程专业规划教材"系列。

本套规划教材具有以下特色:

在编写的指导思想上,以"应用型本科"学生为主要授课对象,以培养应用型人才为基本目的,以"实用、适用、够用"为基本原则。"实用"是对本课程涉及的基本原理、基本性质、基本方法要讲全、讲透,概念准确清晰。"适用"是适用于授课对象,即应用型本科层次的学生。"够用"就是以就业为导向,以应用型人才为培养目的,达到理论够用,不追求理论深度和内容的广度。突出实用性、基础性、先进性,强调基本知识,结合实际应用,理论与实践相结合。

在教材的编写上重在基本概念、基本方法的表述。编写内容在保证教材结构体系完整的前提下,注重基本概念,追求过程简明、清晰和准确,重在原理,压缩繁琐的理论推导。做到重点突出、叙述简洁、易教易学。还注意掌握教材的体系和篇幅能符合各学院的计划要求。

在作者的遴选上强调作者应具有应用型本科教学的丰富的教学经验,有较高的学术水平并具有教材编写经验。为了既实现"因材施教"的目的,又保证教材的编写质量,我们组织了两支队伍,一支是了解应用型本科层次的教学特点、就业方向的一线教师队伍,由他们通过研讨决定教材的整体框架、内容选取与案例设计,并完成编写;另一支是由本专业的资深教授组成的专家队伍,负责教材的审稿和把关,以确保教材质量。

相信这套精心策划、认真组织、精心编写和出版的系列教材会得到广大院校的认可,对于应用型本科院校机械工程类专业的教学改革和教材建设起到积极的推动作用。

系列教材编委会主任　潘晓弘

2007 年 1 月

前　　言

随着科技的进步和生产的发展,机械产品和机械制造技术的内涵正在不断地发生变化,工程技术人员应从机械制造工程的角度系统地掌握机械制造过程中所涉及的基本知识和基本理论,这就要求高等学校在教学安排上进行相应的调整,形成新的课程体系结构。

本书正是为适应这种变革的需要而编写,其以机械制造工艺过程为主线,将其所涉及的金属切削学基本理论、机床与刀具、夹具、加工和装配工艺规程的制定、机械加工质量的控制等基本知识进行合理整合,减少了繁琐的理论推导,减少了不必要的重复,增加了图表的感性表达,增加了制造的新技术和新理念,突出了应用型人才培养的要求,使学习者既能掌握一定的基础知识,又能开阔一定的视野。

本书第一章和第八章由温州大学马光编写,第二章由浙江大学城市学院孙树礼编写,第三章由浙江林学院修树东编写,第四章由浙江大学宁波理工学院贾志欣编写,第五章由浙江嘉兴学院沈剑英编写,第六章由浙江绍兴文理学院魏宏玲编写,第七章由浙江海洋学院朱从容编写。本书由马光任主编,修树东、贾志欣、孙树礼和沈剑英任副主编。主编对全书进行了总体规划、统稿和校稿。全书由浙江大学狄瑞坤主审,他对本书的整体结构和编写内容等方面提出了许多宝贵的意见。

本书在编写过程中得到了许多专家、学者的大力支持,参考了许多专家、学者的有关文献。温州大学郑文参与了本书的校稿工作,在此一并表示衷心的感谢。

由于编者的水平所限,书中的缺点和错误在所难免,恳请广大读者批评指正。

编　者

2008 年 1 月

目　录

第1章　机械制造概论

1.1　机械制造与机械制造技术

1.1.1　机械制造与制造技术

机械制造是各种机械、机床、工具、仪器、仪表制造过程的总称。机械制造技术则是研究用于制造上述机械产品的加工原理、工艺过程和方法以及相应设备的一门工程技术,也是一门以制造一定质量的产品为目标,研究如何以最少的消耗,最低的成本和最高的效率进行生产的综合技术。

制造技术是制造业的技术支柱,是一个国家经济持续增长的根本动力。随着科学技术的快速发展,制造技术也在不断完善和发展,逐渐成为现代制造技术。现代制造技术是传统制造技术不断吸收机械、电子、信息、材料、能源及现代管理等技术成果,将其综合应用于产品设计、制造、检测、管理、售后服务等机械制造全过程,实现优质、高效、低耗、清洁、灵活生产,取得理想经济效果的制造技术总称。

1.1.2　机械制造的类型

产品的用途不同,决定了其市场需求量也是不同的,因此不同的产品有着不同的生产批量。不同的生产类型即生产规模不同,生产组织的方式及相应的工艺过程也大不相同。大批量生产往往是由自动生产线、专用生产线来完成的,单件、小批生产往往是由通用设备,靠人的技术或技艺来完成的。数控技术及机器的智能化改善了这一状况,使单件小批生产也接近大批生产的效率及成本。单件、小批生产时,往往采用多工序集中在一起。大批量生产时,一个零件往往分成了许多工序,在流水线上协调完成加工任务。大批量生产时,产品的开发过程和大批量制造过程中间往往还有小批量试制阶段,以避免市场风险及完善生产准备工作。这些阶段间往往有较明确的界限,中间还要进行评估与分析。单件、小批生产中,产品的开发过程与生产过程往往结合为一体。但这些界限并不是绝对的,在敏捷制造、并行工程等先进制造模式下,进行大批量生产时,产品开发和生产组织阶段之间往往消除了明显的界限。这就是为了迅速响应市场、占有市场,在高技术群的支撑下所达到的制造技术的理想境界。

1.1.3 机械制造技术的范畴

现代制造技术已不是一般单指加工过程的工艺方法，而是包含了从产品设计、加工制造到产品销售、用户服务等整个产品生命周期全过程的所有相关技术，涉及设计、工艺、加工自动化、管理以及特种加工等多个领域。它不仅需要数学、力学等基础科学，还需要系统科学、控制技术、计算机技术、信息科学、管理科学乃至社会科学。现代制造业已不仅仅是一个原有的古老工业，而且是一个用现代制造技术进行了改造、充实和发展的多学科交叉和综合的充满生命力的朝阳工业。

现代制造技术所涉及的学科较多，所包含的技术内容较为广泛，可分为如图 1-1 所示的三个技术群：

(1)主体技术群；

(2)支撑技术群；

(3)管理技术群。

这三个技术群相互联系、相互促进，组成了一个完整的体系，每个部分均不可缺少，否则就很难发挥预期的整体功能效益。

主 体 技 术 群

面向制造的设计技术群

1. 产品工艺设计
   计算机辅助设计
   工艺过程建模和仿真
   工艺规程设计
   系统工程集成
   工作环境设计
2. 快速成型技术
3. 并行工程技术

制造工艺技术群

1. 材料生产工艺
2. 机械加工工艺
3. 联接和装配工艺
4. 测试和检验
5. 环保技术
6. 维修技术
7. 其他

支 撑 技 术 群

1. 信息技术
   接口和通讯
   集成框架
   人工智能　软件工程
   数据库　　决策支持
2. 标准和框架
   产品定义标准
   数据标准
   工艺标准
   检验标准
3. 机床和工具技术
4. 传感器和控制技术

管 理 技 术 群

1. 质量管理
2. 用户/供应商交互作用
3. 工作人员培训和教育
4. 全国监督和基准评价
5. 技术获取和利用

图 1-1　现代制造技术的体系结构

1.2　机械制造过程与机械制造系统

1.2.1　机械制造过程

1."小制造"的概念及制造过程的定义

"小制造"是指传统的机械制造,重点是加工和装配。

在传统的"小制造"概念下,制造过程的定义为:制造过程是通过机器和工具将原材料转变为有用产品的过程。"小制造"概念下制造过程的定义主要强调的是工艺过程。

2."大制造"的概念及制造过程的定义

"大制造"是指在产品生命周期中,从供应市场到需求市场整个供需链中的所有活动。

在目前流行的"大制造"概念下,制造过程可定义为:制造过程是将制造资源(包括制造信息、原材料、能源等)转变为可用产品并保证其正常使用的过程。"大制造"概念下制造过程的定义强调的是产品的整个生命周期过程。

3.机械制造过程的组成

根据"小制造"概念的制造过程定义,制造过程主要是指生产过程,它主要包括以下过程:

(1)生产技术准备过程。这个过程主要应完成产品投入生产前的各项生产和技术准备工作,如产品设计、工艺设计和专用工艺装备的设计制造;各种生产资料、生产组织等方面的准备工作。

(2)毛坯的制造,如铸造、锻造和冲压等。

(3)零件的加工过程,如机械加工、焊接、铆接和热处理等。

(4)产品的装配,如部装、调试、总装等。

(5)产品的质量检验。

(6)各种生产服务,包括原材料、半成品、工具的供应、运输、保管以及产品的油漆、包装等。

在现代化生产中,为了便于组织专业化生产和提高生产效率、降低生产成本,一种产品的生产过程往往由许多工厂或生产部门联合完成,因此一个工厂的生产过程往往只是整个产品生产过程的一部分。一个工厂的生产过程又可分为各个车间的生产过程,各个车间的生产过程具有不同的特点但又互相联系着。例如,机械加工车间的原材料是铸造车间或锻造车间的成品,而机械加工车间的成品又是装配车间的"原材料"。由此可知,机械产品的生产过程是相当复杂的,而要保证加工质量、提高生产率和降低成本,就必须组织专业化的生产,即一种产品的生产分散在若干个工厂或生产部门进行。

根据"大制造"概念的制造过程定义,制造过程不仅包含了物质的转化,而且还包含了信息向物质的转化,即信息的物化。显然,这必须通过基于信息的管理和控制来实现。同时,制造过程的输出不仅是产品,而且还包括为保证产品正常使用所进行的服务等。现代制造过程的组成框图如图 1-2 所示。其中,下部的方框主要表示物质的转化过程,上部的长方形框主要表示信息的处理过程,上下两部分间的箭头表示信息对物质转化过程的作用,由此实现信息到物质的转化。

由于现代产品制造过程的复杂性和综合性,制造过程将包含若干子过程。比较典型的

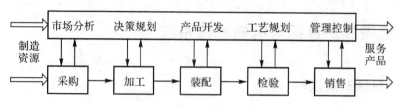

图 1-2 现代制造过程示意图

子过程有以下几种。

（1）基本制造过程：直接将生产对象转换成产品的制造过程，其中加工、装配一般称为制造工艺过程。

（2）辅助制造过程：保证基本制造过程正常进行的各种辅助产品的制造过程，比如工装的设计制造等。

（3）制造服务过程：为基本制造过程和辅助制造过程中各种生产活动服务的过程，例如设计、采购、外协等。

（4）附属产品制造过程：在制造本系统主要产品的同时，一些辅助产品的制造过程。

1.2.2 机械制造系统

1.机械制造系统的定义

关于制造系统的定义尚在发展和完善之中，至今还没有统一。为了便于研究和讨论问题，下面给出制造系统的一种基本定义：制造系统是指按一定制造模式将制造过程所涉及的各种相互关联、相互依赖、相互作用的有关要素组成的，具有将制造资源转变为有用产品这一特定功能的有机整体。

制造系统作为一个系统，具有系统所具有的一切特征，同时也可以看到，制造系统有别于其他系统的主要之处在于，制造模式主导了制造系统的具体结构、组成要素间的相互关联、系统内外的信息交换以及整个系统的运行方式。制造系统覆盖全部产品生命周期的制造活动，即设计、制造、装配、市场乃至回收的全过程。在这一全过程中，所存在的物质流（主要指由毛坯到产品的有形物质的流动）、信息流（主要指生产活动的设计、规划、调度与控制）及资金流（包括成本管理、利润规划及费用流动等）构成了整个制造系统。

2.机械制造系统的要素

一个现代制造系统的组成涉及众多要素，概括起来可分为硬件和软件两大类。当然，这里所说的硬件和软件均是广义的。

硬件方面包括人员、生产设备、材料、能源及各种辅助装置等。

软件方面包括制造理论、制造技术（制造工艺和制造方法等）、制造信息等。

3.机械制造系统的基本类型

根据产品性质和生产方式不同，制造系统可分为两大类：

（1）连续型制造系统。连续型制造系统生产的产品一般是不可数的，通常以重量、容量等单位进行计量，其生产方式是通过各种生产流程将原材料逐步变成产品。连续型制造系统的典型代表有石油天然气产品生产系统、化工产品制造系统、酒类饮料产品生产系统等。

（2）离散型制造系统。离散型制造系统生产的产品是可数的，通常用件、台等单位进行计量，其生产方式一般是通过零件加工、部件装配、产品总装等离散过程来制造出完整的产品。离散型制造系统的典型代表有机床制造系统、汽车制造系统、家电产品制造系统等。

4.机械制造系统的典型结构

由制造系统的基本定义可知,制造系统可看成是产品生命周期过程所涉及的全部环节的有机组合,一个生产离散型产品的现代制造系统将涉及众多环节,如市场分析、市场运作、决策规划、经营管理、产品开发、工艺规划、生产控制、加工装配、质量保证、销售服务、财务管理、人力资源管理等。因此,从宏观上看,离散型制造系统的典型结构如图 1-3 所示。

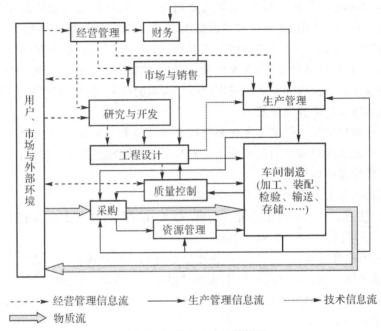

图 1-3 制造系统功能结构图

1.3 机械制造技术的地位及发展

1.3.1 机械制造技术的地位

机械制造工业作为国民经济的基础产业,不仅对提高人民的生活水平起到重要的作用,而且对科学技术的发展,尤其是现代高新技术的发展起着重要的推动作用。当前,衡量一个国家科技发展的程度,是以它能为世界提供多少可造福于人类的产品为主要依据的,而产品只有通过制造过程才能完成。因此,制造技术是经济发展的支撑。

1.3.2 现代制造技术的发展方向

当前,机械制造正在经历着一个从主要的技艺型的传统制造技术向自动化、最优化、柔性化、智能化和精密化方向发展的巨大变化,这是机械制造业今后发展的必然趋势。

现代制造技术有以下三个方面的重要发展。

1.机械制造工艺方法进一步完善与创新

(1)在刀具材料方面大力提高硬质合金刀具、涂层硬质合金刀具、新型陶瓷刀具在刀具使用总量中的比例;积极开发硬质合金和陶瓷可转位刀具和整体硬质合金刀具。

(2)采用当代最先进的测试仪器(如扫描电镜、电子探针等)、电子计算机和现代理论工具(如控制论、模糊数学等)对切削机理进行深入的探索;利用电子计算机和优化理论对切削过程进行优化。

(3)超高速切削(切削速度为常用切削速度的 5～10 倍)的研究。

(4)难加工材料和新型工程材料切削技术的研究。

(5)自动化生产中刀具和工具系统的开发和研究。

(6)由于产品和零件的日益精密,要增加磨削加工在机械加工总量中的使用比例,着重研究和发展高速和强力磨削、高精度和成形磨削、砂带磨削和超硬磨料磨削。

(7)在特种加工方面,一是开发新的加工方法,以适应新材料(如金属陶瓷、超硬陶瓷)、新产品的需要;二是发展高精度、高表面质量、高效率的特种加工机床和加工中心;三是对特种加工在微细加工和表面改性方面的应用继续作深入的研究,使其应用更为广泛。

2. 加工技术向高精度方向发展

精密加工和超精密加工技术是现代制造技术的前沿和主要发展方向之一,它们已成为国际科技竞争中能否取得成功的关键技术。尤其是超精密加工技术在尖端产品和现代武器制造中有着非常重要的地位。

精密和超精密加工主要包括以下三个领域:

(1)超精密切削。可用于加工激光反射镜、磁头、磁盘等,其加工的表面粗糙度为 $R_a0.02～0.001\mu m$,形状误差为 $0.10～0.04\mu m$。

(2)超精密磨削和磨料加工。如对高密度硬磁盘的涂层表面的加工和大规模集成电路基片的加工,加工精度在 $\pm0.25\mu m$ 之间,表面粗糙度小于 $R_a0.025\mu m$。

(3)精密和超精密特种加工目前国外放电加工中心的加工精度可达到微米级,表面粗糙度可达 $R_a0.10～0.05\mu m$。

要实现精密和超精密加工,不仅要具有精密程度与其匹配的加工设备和加工工具,而且需要与之相适应的加工环境、计量技术、误差补偿技术及相应的仪器装置,以及超精密加工的切削机理和高素质的操作者。超精密加工必须在超稳定的加工环境下进行,具体是指恒温、防振和超净三方面的条件。

3. 加工技术向自动化方向发展

(1)第一阶段:这是我国 20 世纪 50～60 年代至 70 年代曾经大量使用过的,以自动化单机和自动生产线加工为主要内容的传统的机械制造自动化,其使用的主要技术为组合机床、继电器程序控制及传统的机械设计和制造工艺方法。

(2)第二阶段:这是以在数控机床、加工中心上进行切削为主要内容的现代机械制造自动化。它采用了以电子技术、数字电路、计算机编程为基础的数控技术和计算机数控技术。这种自动化具有高度的灵活性和工序集中的特点。

(3)第三阶段:这是以柔性制造系统(FMS)和柔性生产线(FML)组织生产为主要内容的现代机械制造自动化,它采用了 CAD、CAM、DNC(直接数字控制)、FMS、FML、成组技术、机器人等多种新技术,是柔性与效率的理想结合。这种自动化具有自动加工,工件、刀具、夹具等物料自动传输、更换和存储,生产管理与控制,工况监测与故障诊断,数据通信等多种功能。

(4)第四阶段:这是以 CIM 为主要内容的现代机械制造自动化,其在生产过程中建立的系统称为计算机集成制造系统(CIMS)。它所追求的目标是自动化、柔性化、智能化和集成

化。CIMS 一般由下列六个子系统组成:

①计算机辅助经营和生产管理系统;

②计算机辅助产品设计、制造等开发工程系统;

③自动化制造系统;

④计算机辅助储运系统;

⑤全厂质量控制系统;

⑥数据库与通信系统。

系统通过计算机网络对全厂物质流、信息流和能量流进行有效的控制与管理,能为现代制造企业在剧烈变化的动态市场条件下,追求快速、灵活响应的竞争优势,提供所要求的战略性系统技术。

(5)第五阶段:这是以 CIMS 为基础的现代集成制造系统。现代集成制造系统是信息时代企业组织生产的一种先进理念,它将信息技术、现代管理技术和制造技术相结合,并应用于企业产品全生命周期(从市场需求分析到最终报废处理)的各个阶段。通过信息集成、过程优化及资源优化,实现物流、信息流、价值流的集成和优化运行,达到人(组织、经营)、管理和技术三要素的集成,以使企业在产品开发时间(T)、质量(Q)、成本(C)、服务(S)、环境(E)等方面具有良好的优势,从而提高企业的市场应变能力和竞争能力。

"现代"包含了当今信息技术的各种最新成果:数字化、网络化、虚拟化、智能化、绿色化与集成化。"六化"是"现代"的主要技术特征,而由此构成的现代集成制造系统是柔性的、协同的和敏捷的。

1.4　本课程的研究内容与学习方法

1.4.1　本课程的内容与学习要求

本课程主要介绍了机械产品的生产过程及生产活动的组织、机械加工过程及其系统。包括了金属切削过程及其基本规律,机床、刀具、夹具的基本知识,机械加工和装配工艺规程的设计,机械加工中精度及表面质量的概念及其控制方法,制造技术发展的前沿与趋势。

通过本课程的学习,要求学生能对制造活动有一个总体的、全貌的了解与把握,能掌握金属切削过程的基本规律,掌握机械加工的基本知识,能选择加工方法与机床、刀具、夹具及加工参数,具备制订工艺规程的能力和掌握机械加工精度和表面质量的基本理论和基本知识,初步具备分析解决现场工艺问题的能力,了解当今先进制造技术和先进制造模式的发展概况,初步具备对制造系统、制造模式选择决策的能力。

1.4.2　本课程的学习方法

本课程所涉及的知识具有很强的实践性,没有足够的实践基础也是很难有准确的理解与把握的。因此,希望学习本书时必须重视实践环节,即通过实验、实习、课程设计及工厂调研来更好地体会,加深理解。本书给出的仅是基本概念与理论,要想真正地掌握与学会应用,必须在实践—理论—实践的循环中不断地总结,才能达到自由王国的境界。

第 2 章　机械制造过程的基础知识

2.1　机械制造工艺方法与过程

2.1.1　零件加工工艺方法分类

根据机床运动的不同、刀具的不同,可将去除零件毛坯多余材料的切削方法分为车削、铣削、刨削、磨削、钻削和特种加工等几种主要类型。

1. 车削

车工是机械加工中最基本的工种,常用于加工零件上的回转表面。机械中带有回转表面的零件很多,所以车床的需要量很大,在各种生产类型中均占主要地位。为了适应各种各样的需要,车床的种类很多,常见的有普通车床、六角车床、立式车床、自动及半自动车床、数控车床等,其中普通车床应用最广。

所用的刀具主要是车刀,还可用钻头、铰刀、滚花刀等。车削时,工件的旋转为主运动,车刀的移动为进给运动。车刀可作纵向、横向或斜向的直线进给运动以加工不同的表面。

车床的加工范围很广,主要加工的回转表面有端面、内外圆柱面、内外圆锥面、内外螺纹、成形表面、沟槽及滚花等。普通车床的加工尺寸公差等级可达 IT8~IT7,表面粗糙度可达 $R_a 1.6\mu m$。

2. 铣削

用铣刀加工工件称为铣削,铣削通常是在铣床上进行的。铣削时,铣刀作旋转的主运动,工件做直线(或曲线)的进给运动。铣削加工的范围比较广泛,可加工水平面、垂直面、斜面、台阶面、各种沟槽(包括键槽、角度槽、燕尾槽、T 形槽、圆弧槽和螺旋槽)和成形面等。此外,还可进行孔加工(钻孔、扩孔、铰孔、镗孔)和分度工作。铣削后两平面之间的尺寸公差等级可达 IT9~IT7,表面粗糙度可达 $R_a 3.2~1.6\mu m$。

铣削具有的特点:铣刀是一种多齿刀具,铣削时,有几个刀齿同时参加切削。铣刀上的每一个刀齿是间歇地参加工作的,因而使刀齿的冷却条件好,刀具耐用度高,切削速度也可以提高。和刨削相比,铣削不仅加工范围较广,而且一般也有较高的生产率。因此,在单件小批和成批量生产中,铣削都得到了广泛的应用。

铣削加工可以在卧式铣床、立式铣床、龙门铣床、工具铣床以及各种专用铣床上进行。在切削加工中,铣床的工作量仅次于车床。

3. 刨削

在刨床上用刨刀加工工件的方法叫做刨削。它是金属切削中最常用的方法之一。刨削主要用来加工平面(水平面、垂直面、斜面)、沟槽(直角槽、T 形槽、燕尾槽)及直线形和一些线形面等。刨削后两平面之间的尺寸公差等级可达 IT9～IT8,表面粗糙度可达 $R_a3.2$～$1.6\mu m$。

刨削加工可在牛头刨床或龙门刨床上进行。牛头刨床用于加工中、小型工件,工件长度一般不超过 1000 mm。牛头刨床刨削水平面时,刨刀的直线往复运动为主运动,工件的横向间隙运动为进给运动。

4. 磨削

磨削加工是在磨床上用砂轮对工件表面进行切削加工,是机器零件精密加工的主要方法之一。磨削的精度较高,可达到 IT6～IT7,磨削的表面粗糙度较低,可达到 $R_a0.8$～$0.2\mu m$。

由于砂轮磨粒的硬度极高,因此磨削不仅可以加工一般的金属材料,如碳钢、铸铁及一些有色金属,而且还可以加工硬度很高的材料,如淬火钢、硬质合金等。这些材料用金属刀具很难加工,有的甚至根本不能加工。

在磨削过程中,由于磨削速度很高,砂轮与切削表面摩擦产生大量的切削热,使磨削区的温度可达 1000℃以上,同时剧烈的磨削在空气中发生氧化作用,产生火花。在这样的高温下,会使工件材料的性能改变而影响质量。因此,为了减少摩擦、增加散热、降低磨削温度,及时冲走屑末以保证工件表面质量,在磨削时需要使用大量的冷却液。

磨削能加工的表面有平面、内外圆柱面、内外圆锥面及螺纹、齿轮齿形、花键等。其中,以平面磨削、外圆磨削和内圆磨削最为常见。

5. 钻削与镗削

在各种机器上,大小不同的孔分布很多,所以孔加工在金属切削加工中占有很大的比例,其中那些数量多、直径小、精度不很高的孔都是在钻床上加工出来的。

钻削分为两大类:一类是对已有的孔进行再加工;另一类是从实心材料中加工出孔。钻削都是在工件内表面进行的。在钻床上可以完成的钻削工作很多,如钻孔、扩孔、铰孔、锪端面、攻丝等。

镗削加工是指在镗床上所能完成的各种加工工艺,其中镗孔是主要的加工工艺之一。所谓镗孔是指在已有孔的工件上用镗刀使孔径扩大的加工方法,既可粗加工,也可半精加工及精加工。在一些箱体类和形状复杂的零件如发动机缸体、机床变速箱等大型零件上有数量较多、孔径较大、精度要求较高的孔,这类孔系的加工要在一般机床上进行是比较困难的,用镗床加工则比较容易。在镗床上不仅可以镗孔,还可以铣平面、沟槽、钻、扩、铰孔和车端面、外圆、内环形槽以及车螺纹等。由于这种机床的万能性,它甚至能完成工件的全部加工。因此,镗床是大型箱体零件加工的主要设备。镗削加工有以下特点:

(1)在镗床上镗孔与其他机床上镗孔的主要区别是它特别适合于加工箱体、机架等结构复杂的大型零件。

(2)在镗床上镗孔本身的加工特点与其他方法镗孔基本相同,镗孔精度一般可达到 IT7～IT10,表面粗糙度为 $R_a3.2$～$0.4\mu m$,又由于镗床的功能较多,可方便的保证大型零件上孔与孔、孔与基准面的平行度、垂直度以及孔的同轴度和中心距尺寸精度要求。

（3）在镗床上可进行多种工序的加工，并能在一次安装中完成工件的粗加工、半精加工及精加工。

（4）镗孔的质量取决于机床的精度，因而对机床，特别是镗床的性能和精度要求较高。

6. 齿面加工

齿轮齿面加工方法可分为两大类，即成形法和展成法。成形法加工齿面所使用的机床一般为普通铣床，刀具为成形铣刀。机床的传动原理与前述加工平面时差不多。展成法加工齿面的常用机床有滚齿机（如 Y3150E 型滚齿机）、插齿机等。

7. 复杂曲面加工

三维曲面的切削加工，主要采用仿形铣和数控铣的方法或特种加工方法。仿形铣必须有原型作为靠模。加工中球头仿形头始终以一定压力接触原型曲面。仿形头的运动变换为电感量，信号经过放大控制铣床三个轴的运动，形成刀头沿曲面运动的轨迹。铣刀多采用与仿形头等半径的球头铣刀。

原型一般可采用工件样件、手工制作或快速原型（RP）技术制造。这种方法加工的误差取决于原型精度、靠模压力、切削用量及曲面本身的复杂程度。

数控加工的出现为曲面加工提供了更有效的方法。在数控铣床或加工中心上加工时，曲面是通过球头铣刀逐点按曲面坐标值加工而成的。在编制加工程序时，要考虑刀具半径补偿。因为数控系统控制的是球头铣刀球心位置轨迹，而被加工曲面是球头铣刀切削刃运动的包络面。曲面加工数控程序的编制，一般情况下可由 CAD/CAM 集成软件包自动生成；特殊情况下，还要进行二次开发。采用加工中心加工复杂曲面的优点是：加工中心上有刀库，配备几十把刀具，对曲面的粗、精加工，对不同曲率半径的凹曲面的加工，都可以选到不同的刀具。同时，可在一次装夹中加工出工件上各种辅助表面，如孔、螺纹、槽等，有利于保证各表面的相对位置精度。

2.1.2　工序的定义和工艺规程

1. 工序

工序是指同一个或一组工人在同一台机床或同一场所，对同一个或同时对几个工件所连续完成的那一部分工艺过程。即"三同一，一连续"。可见，工作地、工人、零件和连续作业是构成工序的四个要素，若其中任一要素的变更即构成新的工序。连续作业是指该工序内的全部工作要不间断地连续完成。一个工艺过程需要包括哪些工序，是由被加工零件结构复杂的程度、加工要求及生产类型决定的。

同一工序中有时也可能包含很多的加工内容。为了更加明确划分各阶段的加工内容，规定其加工方法，可将一个工序进一步划分为若干个工步。

2. 工艺规程

机械制造工厂一般都是从其他工厂取得制造机械所需的原材料和半成品的，从原材料或半成品进入一直到把成品制造出来的各有关劳动过程的总和称为工厂的生产过程。

在生产过程中凡直接改变生产对象的尺寸、形状、性能（包括物理性能、化学性能、机械性能等）以及相对位置关系的过程，统称为工艺过程。

一台相同结构、相同要求的机器，一个相同要求的机器零件，可以采用几种不同的工艺过程完成，但其中总有一种工艺过程在某一特定条件下是最合理的，人们把合理工艺过程的有关内容写在工艺文件中,用以指导生产,这些工艺文件称为工艺规程。

2.1.3 生产纲领与生产类型

(1)生产纲领一般就是产品的年生产量。生产纲领及生产类型与工艺过程的关系十分密切,生产纲领不同,生产规模也不同,工艺过程的特点也相应而异。

零件的生产纲领通常按式(2-1)计算:

$$N = Qn(1 + \alpha + \beta) \tag{2-1}$$

式中:N——零件的生产纲领(单位为件/年);

Q——产品的年产量(单位为台/年);

n——每台产品中,该零件的数量(单位为件/台);

α——备品率;

β——废品率。

生产纲领是设计或修改工艺规程的重要依据,是车间(或工段)设计的基本文件。

(2)生产类型是指企业(或车间、工段、班组、工作地)生产专业化程度的分类。按照产品零件的生产数量(即企业在计划期内应当生产的产品产量),可以分为三种不同的生产类型。

①单件生产,指同种产品的年产量少,而产品的品种很多,同一工作地点加工对象经常变换的生产。例如重型机器制造、专用设备制造和新产品试制等。

②成批生产,指同种产品的数量较多,产品的品种较少,同种零件分批投入生产,同一工作地点的加工对象作周期性轮换的生产。每一次制造的相同零件的数量称为批量。根据批量的大小,又可将成批生产分为小批生产、中批生产和大批生产。

③大量生产,指相同产品的制造数量很多,大多数工作地经常重复地进行某一个零件的某一道工序的加工。例如,轴承的制造通常属于大量生产。

成批生产中,小批生产的工艺特点与单件生产相似,大批生产的工艺特点与大量生产相似,因而在实际生产中常相提并论,称为单件小批生产和大批大量生产。成批生产通常是指中批生产。

由于生产类型不同,拟定零件的工艺过程时所选用的工艺方法、机床设备、工具、模具、夹具、量具、毛坯及对工人的技术要求都有很大的差别。各种生产类型的特征与要求如表2-1所示。

表 2-1 各种生产类型的特点和要求

工艺特征	单件小批生产	成批生产	大批大量生产
毛坯的制造方法及加工余量	铸件用木模手工造型,锻件用自由锻。毛坯精度低,加工余量大	部分铸件用金属模造型,部分锻件用模锻。毛坯精度及加工余量中等	广泛采用金属模造型,锻件广泛采用模锻,以及其他高效方法。毛坯精度高,加工余量小
机床设备及其布置	通用机床、数控机床。按机床类别采用机群式布置	部分通用机床、数控机床及高效机床。按工件类别分工段排列	广泛采用高效专用机床及自动机床。按流水线和自动线排列

续表

工艺特征	单件小批生产	成批生产	大批大量生产
工艺装备	多采用通用夹具、刀具和量具。靠划线和试切法达到精度要求	广泛采用夹具,部分靠找正装夹达到精度要求,较多采用专用刀具和量具	广泛采用高效率的夹具、刀具和量具。用调整法达到精度要求
工人技术水平	需技术熟练的工人	需技术比较熟练的工人	对操作工人的技术要求较低,对调整工人的技术要求较高
工艺文件	有工艺过程卡,关键工序要工序卡。数控加工工序要详细工序和程序单等文件	有工艺过程卡,关键零件要工序卡,数控加工工序要详细的工序卡和程序单等文件	有工艺过程卡和工序卡,关键工序要调整卡和检验卡
生产率	低	中	高
成　本	高	中	低

2.2　基准与装夹

2.2.1　基准的概念

基准是机械制造中应用得十分广泛的一个概念,是用来确定生产对象上几何要素之间的几何关系所依据的那些点、线、面。设计时零件尺寸的标注、制造时工件的定位、检查尺寸时的测量,以及装配时零部件的装配位置等都要用到基准概念。

2.2.2　装夹的概念

为了保证工件加工表面的尺寸、几何形状和相互位置精度的要求,使工件在加工前相对于刀具和机床占有正确的加工位置,并且在加工过程中始终保持加工位置的稳定可靠。这一工艺过程称为装夹,用于装夹工件的工艺装备就是机床夹具。

2.2.3　设计基准与工艺基准

1. 设计基准

设计基准是设计图样上所采用的基准。设计人员常常根据零件的工作条件和性能要求,结合加工的工艺性,选定设计基准,确定零件各几何要素之间的几何关系和其他结构尺寸及技术要求,设计出零件图。例如,图 2-1 所示的轴套零件,端面 B 和 C 的位置是根据端面 A 确定的,所以端面 A 就是端面 B 和 C 的设计基准;内孔的轴线是外圆径向跳动的设计基准。有时零件的一个几何要素的位置由几个设计基准来确定。又如图 2-2 所示主轴箱箱体图样,孔I和孔II轴线的设计基准是底面 A 和导向面 B,孔III轴线的设计基准是孔I和孔II的轴线。

2. 工艺基准

工艺基准是工艺过程中所采用的基准。根据用途不同,工艺基准可以分为以下几种:

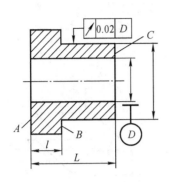

图 2-1　轴套的设计基准

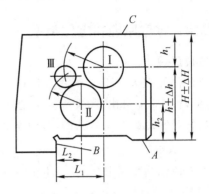

图 2-2　主轴箱箱体的设计基准

（1）工序基准

在工序图上用来确定本工序所加工表面加工后的尺寸、形状、位置的基准。如图 2-3 所示为钻 $\varphi 12$mm 孔的工序图，要求 $\varphi 12$mm 孔轴线距离 $\varphi 24$mm 孔轴线的位置尺寸为 $L \pm \Delta L$，距离 B 面为 l，则 $\varphi 24$mm 孔轴线和 B 面就是钻 $\varphi 12$mm 孔的工序基准。

（2）定位基准

在加工中用作定位的基准。如图 2-3 所示，在钻 $\varphi 12$mm 孔时，底面 A、$\varphi 24$mm 孔轴线和 B 面就是定位基准。有时定位基准是中心要素，如球心、轴线、中心平面等。它们不像轮廓要素那样直观，但却是客观存在的。工件定位时常用定位基面来体现。例如轴类零件的定位基准常常是公共轴线，定位时通过定位基面中心孔与顶尖的基础来体现。

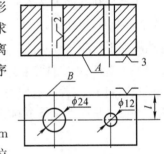

图 2-3　工序基准与定位基准

（3）测量基准

测量时所采用的基准。如图 2-4 所示。

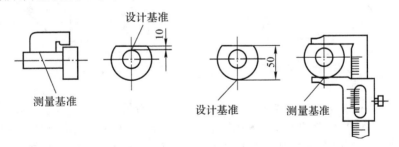

图 2-4　测量基准

（4）装配基准

装配时用来确定零件或部件在产品中的相对位置所采用的基准。例如，图 2-2 所示中主轴箱箱体是以底面 A 和导向面 B 来确定在机床床身上的垂直位置和纵向位置的，因此 A、B 面是装配基准。

2.2.4　定位原理和定位类型

1. 定位原理

六点定位原理如图 2-5 所示。任何一个自由刚体,在空间均有 6 个自由度,即沿空间坐标 x、y、z 三个方向的移动和绕此三坐标轴的转动(分别以 $\vec{x}$、$\vec{y}$、$\vec{z}$ 和 、 、 表示)。

图 2-6 所示为一个长方体工件在空间坐标系中的定位情况。

在 xy 平面上设置 3 个支承(不能在一条直线上),工件放在这 3 个支承上,就能限制工件的 、 、 $\vec{z}$ 3 个自由度;再在 xz 平面上设置两个支承(两点的连线不能平行于 z 轴),把工件靠在这个支承上,就限制了 $\vec{y}$、 两个自由度;再在 yz 平面上设置一个支承,把工件靠在这个支承上,就限制了 $\vec{x}$ 这个自由度。这样工件的这 6 个自由度就都被限制了,工件在空间的位置就完全确定了。工件定位的实质就是限制工件的自由度,使工件在夹具中占有某个确定的正确加工位置。

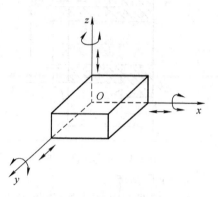

图 2-5　工件的 6 个自由度

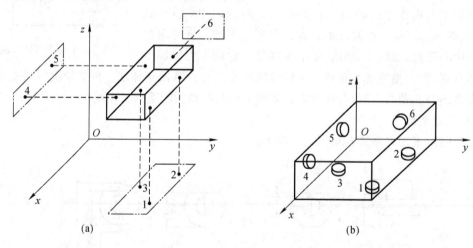

(a)　　　　　　　　　　　　　(b)

图 2-6　长方体工件的定位分析

在空间坐标系中,设置的 6 个支承称为定位支承点,在实际工程中就是起定位作用的定位元件。在夹具中采用合理布置的 6 个定位支承点与工件的定位基准相接触,来限制工件的 6 个运动自由度,就称为六点定位原理。

2. 定位类型

(1)完全定位与不完全定位

工件的 6 个自由度全部被限制而在夹具中占有完全确定的唯一位置,称为完全定位。如图 2-7 所示,在某长方体工件上加工一个不通孔,为满足所有加工要求,必须限制工件的 6 个自由度,这就是完全定位。

没有全部限制工件的 6 个自由度,但也能满足加工要求的定位,称为不完全定位。如图 2-8 所示,在某长方体上加工一个通槽,满足所有加工要求仅需要限制工件的 5 个自由度,

而工件的 $\bar{y}$ 自由度可以不限制,这就是不完全定位。

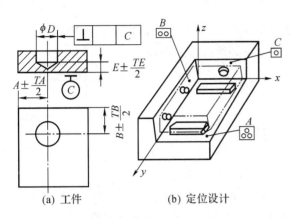

(a) 工件   (b) 定位设计

图 2-7   长方体工件的完全定位

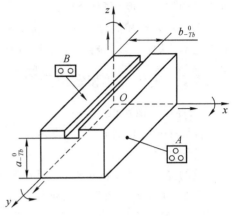

图 2-8   长方体工件的不完全定位

(2) 欠定位与过定位

根据加工要求,工件必须限制的自由度没有达到全部限制的定位,称为欠定位。欠定位必然导致无法正确保证工序所规定的加工要求。如图 2-9 所示,铣削某轴的不通槽时,只限制了工件的 4 个自由度, $\bar{x}$ 自由度未被限制,故加工出来的槽的长度尺寸无法保证一致。因此,欠定位是不允许的。

工件在夹具中定位时,若几个定位支承点重复限制同一个或几个自由度,称为过定位。过定位是否允许,应根据工件的不同加工情况进行具体分析。一般地,当工件以形状精度和位置精度很低的毛坯

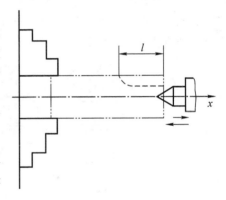

图 2-9   轴铣槽工序的欠定位

表面作为定位基准时,不允许采用过定位;而以已加工过的或精度高的毛坯表面作为定位基准时,为了提高工件定位的稳定性和刚度,在一定条件下允许采用过定位。

如图 2-10 所示,铣削某矩形工件的上平面时,工件以底平面作为定位基准。

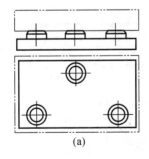

(a)

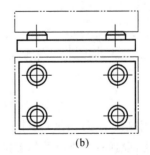

(b)

图 2-10   铣削矩形工件的不完全定位和过定位

当设置 3 个定位支承点时,如图 2-10(a) 所示,属于不完全定位,是合理方案。

当设置 4 个定位支承点时,如图 2-10(b) 所示,属于过定位。若底平面粗糙或是 4 个定位支承点不在同一平面上,实际只有 3 个点接触,将造成工件定位的位置不定或一批工件定位位置不一致,是不合理方案;若底平面已加工过,并能保证 4 个定位支承点在同一平面上,

则一批工件在夹具中的位置基本一致,增加的定位支承点可使工件定位更加稳定,更有利于保证工件的加工精度,则是合理方案。

如果重复限制相同自由度的定位支承点之间存在严重的干涉和冲突,以致造成工件或夹具的变形,从而明显影响定位精度,这样的过定位必须严禁采用。

2.2.5　定位方式和定位元件

1. 工件以平面定位

工件以平面定位时,常见的支承元件有下列几种。

(1)固定支承

支承的高矮尺寸是固定的,使用时不能调整高度。

①图 2-11 所示为用于平面定位的几种常用支承钉,其中图 2-11(a)所示为平顶支承钉,常用于精基准面的定位;图 2-11(b)所示为圆顶支承钉,多用于粗基准面的定位;图 2-11(c)所示为网纹顶支承钉,常用在要求较大摩擦力的侧面定位;图 2-11(d)所示为带衬套支承钉,由于它便于拆卸和更换,一般用于批量大、磨损快、需要经常修理的场合。一个支承钉只限制一个自由度。

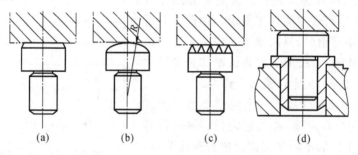

图 2-11　几种常用支承钉

②支承板有较大的接触面积,工件定位稳固。一般较大的精基准平面定位多用支承板作为定位元件。图 2-12 所示是两种常用的支承板,其中图 2-12(a)所示为平板式支承板,结构简单、紧凑,但不易清除落入沉头螺孔中的切屑,一般用于侧面定位;图 2-12(b)所示为斜槽式支承板,清屑容易,适用于底面定位。

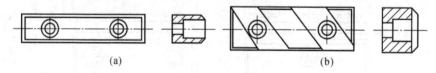

图 2-12　两种常用的支承板

一个短支承板限制一个自由度,一个长支承板限制两个自由度。支承钉、支承板的结构、尺寸均已标准化,设计时可查有关国家标准手册。

(2)可调支承

可调支承的顶端位置可以在一定的范围内调整。图 2-13 所示为几种常用的可调支承典型结构。可调支承用于未加工过的平面定位,以调节补偿各批毛坯尺寸误差。

(3)自位支承

自位支承又称浮动支承,在定位过程中,支承本身所处的位置随工件定位基准面的变化

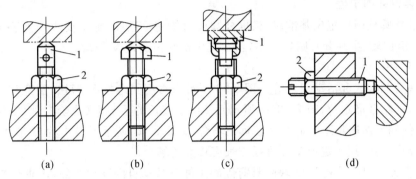

图 2-13　几种常用的可调支承

1—可调支承螺钉；2—螺母

而自动调整并与之相适应。图 2-14 所示是几种常见的自位支承结构，尽管每一个自位支承与工件间可能是两点或三点接触，但实质上仍然只起一个定位支承点的作用，只限制工件的一个自由度，常用于毛坯表面、断续表面和阶梯表面定位。

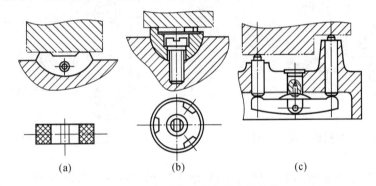

图 2-14　常见的几种自位支承结构

（4）辅助支承

辅助支承是在工件实现定位后才参与支承的定位元件，不起定位作用，只能提高工件加工时的定位刚度或起辅助定位作用。图 2-15 所示为常见的几种辅助支承类型，图 2-15（a）、（b）所示为螺旋式辅助支承，用于小批量生产；图 2-15（c）所示为推力式辅助支承，用于大批量生产。

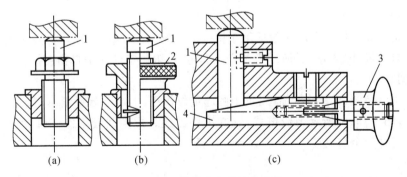

图 2-15　常见的几种辅助支承

1—支承；2—螺母；3—手轮；4—楔块

2. 工件以外圆定位

工件以外圆柱面作定位基准时,根据外圆柱面的完整程度、加工要求和安装方式,可以在 V 形块、定位套、半圆套及圆锥套中定位,其中最常用的是 V 形块。

(1)V 形块

V 形块有固定式和活动式之分。图 2-16 所示为常用固定式 V 形块,图 2-16(a)所示元件用于较短的精基准定位;图 2-16(b)所示元件用于较长的粗基准(或阶梯轴)定位;图 2-16(c)所示元件用于两段精基准面相距较远的场合;图 2-16(d)所示元件中的 V 形块在铸铁底座上镶有淬火钢垫,用于定位基准直径与长度较大的场合。

图 2-17 所示的活动式 V 形块除具有限制工件 $\vec{y}$ 移动自由度功能外,还兼有夹紧作用。

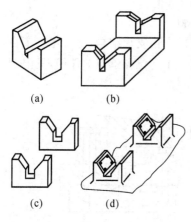

(a)　　　　(b)

(c)　　　　(d)

图 2-16　常用固定式 V 形块

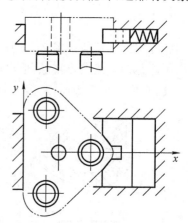

图 2-17　活动 V 形块应用实例

根据工件与 V 形块的接触母线长度,固定式 V 形块可以分为短 V 形块和长 V 形块,前者限制工件 2 个自由度,后者限制工件 4 个自由度。

V 形块定位的优点是:对中性好,可使工件的定位基准轴线对中在 V 形块两斜面的对称平面上,不会发生偏移,且安装方便、应用范围广,不论定位基准是否经过加工,也不论是完整的圆柱面还是局部圆弧面,都可采用 V 形块定位。

V 形块上两斜面间的夹角一般选用 60°、90°、120°,其中以 90°应用最多。其典型结构和尺寸均已标准化,设计时可查有关国家标准手册。

(2)定位套

工件以定位套定位的方法一般适用于精基准定位。图 2-18(a)所示为短定位套定位,限制工件 2 个自由度;图 2-18(b)所示为长定位套定位,限制工件 4 个自由度。

(3)半圆套

图 2-19 所示为半圆套结构简图,下半圆起定位作用,上半圆起夹紧作用。图 2-19(a)所示为可卸式,图 2-19(b)所示为铰链式,装卸工件方便。短半圆套限制工件 2 个自由度,长半圆套限制工件 4 个自由度。

(4)圆锥套

工件以圆锥套定位时,常与后顶尖配合使用。如图 2-20 所示,夹具体锥柄 1 插入机床主轴孔中,通过传动螺钉 2 对定位圆锥套 3 传递转矩,工件 4 圆柱左端部在定位圆锥套 3 中

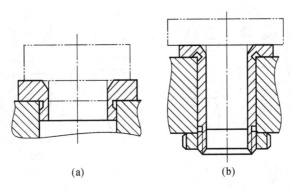

图 2-18　工件在定位套内定位

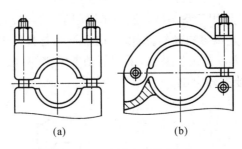

图 2-19　半圆套结构简图

通过齿纹锥面进行定位,限制工件的 3 个移动自由度;工件圆柱右端锥孔在后顶尖 5 上定位,限制工件 2 个转动自由度。

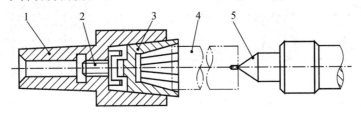

图 2-20　工件在圆锥套中定位

1—夹具体锥柄;2—传动螺钉;3—定位圆锥套;4—工件;5—后顶尖

3. 工件以圆孔定位

工件以圆孔定位的常用定位元件有定位销、圆柱心轴、圆锥销、圆锥心轴等。圆孔定位还经常与平面定位联合使用。

(1)定位销

图 2-21 所示为几种常用的圆柱定位销,其工作部分直径 d 通常根据加工和装夹要求,按 g5、g6、f6 或 f7 制造。图 2-21(a)、(b)、(c)所示定位销与夹具体的联接采用过盈配合;图 2-21(d)所示为带衬套的可换式圆柱销结构,定位销与衬套的配合采用间隙配合,位置精度较固定式定位销低,一般用于大批大量生产中。

为了便于工件顺利装入,定位销的头部应有 15° 倒角。

短圆柱销限制工件 2 个自由度,长圆柱销限制工件 4 个自由度。

(2)圆锥销

在加工套筒、空心轴等类工件时,也经常用到圆锥销,如图 2-22 所示。图 2-22(a)所示

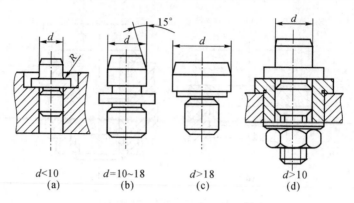

图 2-21　常用的几种圆柱定位销

用于粗基准,图 2-22(b)所示用于精基准。圆锥销限制了工件 $\vec{x}$、$\vec{y}$、$\vec{z}$ 3 个自由度。

工件在单个圆锥销上定位容易倾斜,所以圆锥销一般与其他定位元件组合定位。如图 2-23 所示,工件以底面作为主要定位基面,采用活动圆锥销,只限制 $\vec{x}$、$\vec{y}$ 2 个自由度,即使工件的孔径变化较大,也能准确定位。

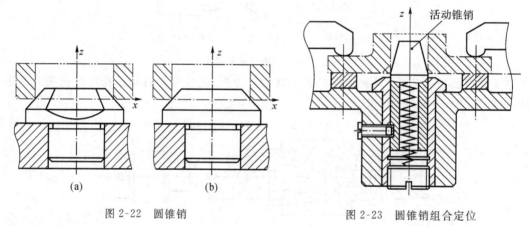

图 2-22　圆锥销　　　　　　　　图 2-23　圆锥销组合定位

(3)定位心轴

主要用于套筒类和空心盘类工件的车、铣、磨及齿轮加工。常见的有圆柱心轴和圆锥心轴等。

①圆柱心轴。图 2-24(a)所示为间隙配合圆柱心轴,定位精度不高,但装卸工件方便;图 2-24(b)所示为过盈配合圆柱心轴,常用于对定心精度要求高的场合;图 2-24(c)所示为花键心轴,用于以花键孔为定位基准的场合。当工件孔的长径比 $L/D>1$ 时,工作部分可略带锥度。

短圆柱心轴限制工件 2 个自由度,长圆柱心轴限制工件 4 个自由度。

②圆锥心轴。图 2-25 所示是某工件以圆锥孔在圆锥心轴上定位的情形。定位时,圆锥孔和圆锥心轴的锥度相同,因此定心精度与角向定位精度均较高,而轴向定位精度取决于工件孔和心轴的尺寸精度。圆锥心轴可限制除绕其轴线转动的自由度之外的其他 5 个自由度。

4. 工件以组合表面定位

在实际加工过程中,工件往往不是采用单一表面的定位,而是以组合表面定位的。常见的有平面与平面组合、平面与孔组合、平面与外圆柱面组合、平面与其他表面组合、锥面与锥面组合等。

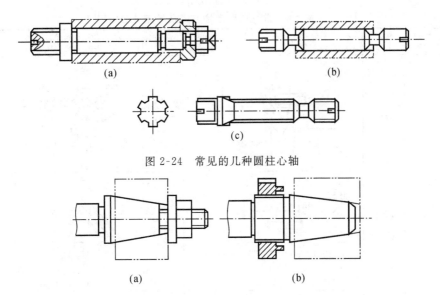

图 2-24 常见的几种圆柱心轴

图 2-25 圆锥心轴

如图 2-26 所示,在加工箱体工件时,往往采用一面两孔组合定位。定位元件采用一个平面和两个短圆柱销,两孔直径分别为 $D_{10}^{+\delta D_1}$、$D_{20}^{+\delta D_2}$,两孔中心距为 $L\pm\delta_{LD}$,两销直径分别为 $d_{1-\delta_{d_1}}^{0}$、$d_{2-\delta_{d_2}}^{0}$,两销中心距为 $L\pm\delta_{Ld}$。由于平面限制 、、$\vec{z}$ 3 个自由度,而第一个定位销限制 $\vec{x}$ 和 $\vec{y}$,第二个定位销限制 $\vec{x}$ 和 ,因此 $\vec{x}$ 过定位,故有可能使工件两孔无法套在两定位销上,如图 2-26(a)所示。

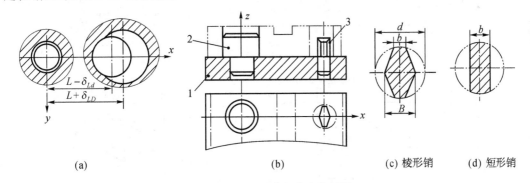

图 2-26 一面两孔组合定位情况
1—平面;2—短圆柱销;3—短削边销

解决过定位的常用方法,即真正的一面两孔定位方式是:将第二个销子采用削边销结构,如图 2-26(b)所示,削边销只限制一个自由度。

图 2-26(c)所示削边销的截面形状为菱形,又称菱形销,用于直径小于 50mm 的孔,图 2-26(d)所示削边销的截面形状常用于直径大于 50mm 的孔。

在实际设计中,销尺寸的设计方法可参考有关设计手册。

表 2-2 列出了常见的几种典型定位方式及其定位分析情况。

表 2-2　常见典型定位方式及其定位分析

2.2.6　定位误差计算

按照六点定位原理,可以设计和检查工件在夹具上的正确位置,但能否满足工件对工序加工精度的要求,则取决于刀具与工件之间正确的相互位置,而影响这个正确位置关系的因素很多,如夹具在机床上的装夹误差、工件在夹具中的定位误差和夹紧误差、机床的调整误差、工艺系统的弹性变形和热变形误差、机床和刀具的制造误差及磨损误差等。

因此,为保证工件的加工质量,应满足如下关系式:

$$\Delta \leqslant \delta \tag{2-2}$$

式中:Δ——各种因素产生的误差总和;

δ——工件被加工尺寸的公差。

本章只研究对加工精度的影响,所以式(2-2)可写成

$$\Delta_D + \omega \leqslant \delta \quad 或 \quad \Delta_D \leqslant \delta - \omega \tag{2-3}$$

式中:Δ_D——工件在夹具中的定位误差,一般应小于 $\delta/3$;

ω——除定位误差外,其他因素引起的误差总和,可按加工经济精度查表确定。

1. 定位误差及其产生原因

所谓定位误差,是指由于工件定位造成的加工面相对工序基准的位置误差。因为对一批工件来说,刀具经过调整后位置是不动的,即被加工表面的位置相对于定位基准是不变的,所以定位误差就是工序基准在加工尺寸方向上的最大变动量。

造成定位误差的原因有:

(1)由于定位基准与工序基准不一致所引起的定位误差,称作基准不重合误差,即工序基准相对定位基准在加工尺寸方向上的最大变动量,以 Δ_B 表示。

(2)由定位副制造误差及其配合间隙所引起的定位误差,称作基准位移误差,即定位基准的相对位置在加工尺寸方向上的最大变动量,以 Δ_Y 表示。

2. 常见定位方式的定位误差分析与计算

定位误差是由基准不重合误差和基准位移误差共同作用的结果。故

$$\Delta_D = \Delta_Y \pm \Delta_B \tag{2-4}$$

在进行定位误差的分析与计算时,可以将两项误差分开计算,再按式(2-4)合成。当 Δ_B 和 Δ_Y 变动方向相同时,取"+"号;反之,取"-"号。

下面讨论常见定位方法的定位误差分析与计算。

(1)工件以平面定位

图 2-27 所示为铣台阶面的两种定位方案。

若按图 2-27(a)所示定位方案铣工件上的台阶面 C,由工序简图知,加工尺寸 20 ± 0.15 的工序基准是 A 面,而定位基准是 B 面,可见定位基准与工序基准不重合,必然存在基准不重合误差。这时的定位尺寸是 40 ± 0.14,与加工尺寸方向一致,所以基准不重合误差的大小就是定位尺寸的公差,即 $\Delta_B = 0.28\text{mm}$。若定位基准 B 面制造得比较平整光滑,则同批工件的定位基准位置不变,不会产生基准位移误差,即 $\Delta_Y = 0$。故有

$$\Delta_D = \Delta_B + \Delta_Y = \Delta_B = 0.28\text{mm} \tag{2-5}$$

而加工尺寸 20 ± 0.15 的公差为:$\delta = 0.30\text{mm}$。故 $\Delta_D = 0.28\text{mm} > \delta/3$。因此,定位误差太大,此方案不宜采用。若改为图 2-27(b)所示定位方案,则由于定位基准与工序基准重

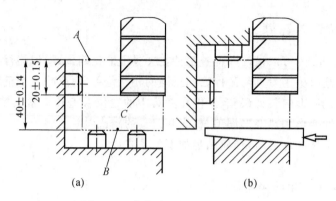

图 2-27　铣台阶面的两种定位方案

合,所以定位误差为零。但此方案工件需从下向上夹紧,不便操作,且夹具结构复杂。

(2)工件以外圆定位

工件以外圆在 V 形块上定位时,若不考虑 V 形块的制造误差,则工件定位基准在 V 形块的对称面上,因此工件中心线在水平方向上的位移为零。但在垂直方向上,因工件外圆有制造误差,而产生基准位移(见图 2-28(a))。其值为

$$\Delta_Y = O_2 O_1 = \frac{O_1 A}{\sin\frac{\alpha}{2}} - \frac{O_2 B}{\sin\frac{\alpha}{2}} = \frac{\frac{1}{2}d}{\sin\frac{\alpha}{2}} - \frac{\frac{1}{2}(d-\delta_d)}{\sin\frac{\alpha}{2}} = \frac{\delta_d}{2\sin\frac{\alpha}{2}} \tag{2-6}$$

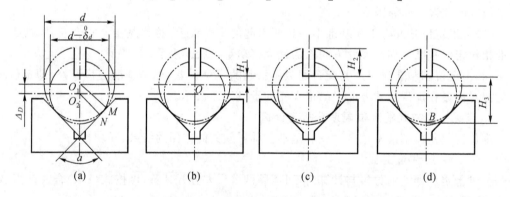

图 2-28　工件在 V 形块上定位时定位误差分析

图 2-28(b)、(c)、(d)所示为同一加工的三种不同工序尺寸标注情况,工件直径尺寸为 $d_{-\delta_d}^0$,其定位误差的分析计算如下。

图 2-28(b)所示为工序基准与定位基准重合,此时 $\Delta_B = 0$,只有基准位移误差,故影响工序尺寸 H_1 的定位误差为

$$\Delta_D = \Delta_Y = \frac{\delta_d}{2\sin\frac{\alpha}{2}} \tag{2-7}$$

图 2-28(c)所示为工序基准选在工件上母线 A 处,工序尺寸为 H_2。此时,工序基准与定位基准不重合,其误差为 $\Delta_B = \delta_d/2$,基准位移误差 Δ_Y 同上。当工件直径尺寸减小时,工件定位基准将下移;当工件定位基准位置不变时,若工件直径尺寸减小,则工序基准 A 下移,两者变化方向相同,故定位误差为

$$\Delta_D = \Delta_Y + \Delta_B = \frac{\delta_d}{2\sin\frac{\alpha}{2}} + \frac{\delta_d}{2} \tag{2-8}$$

图 2-28(d)所示工序基准选在工件下母线 B，工序尺寸为 H_3。当工件直径尺寸变小时，定位基准将下移，但工序基准将上移，故定位误差为

$$\Delta_D = \Delta_Y - \Delta_B = \frac{\delta_d}{2\sin\frac{\alpha}{2}} - \frac{\delta_d}{2} \tag{2-9}$$

可以看出，当 α 角相同时，以工件下母线为工序基准时，定位误差最小，而以工件上母线为工序基准时定位误差最大，所以图 2-28(d)所示的尺寸标注方法最好。另外，随 V 形块夹角 α 的增大，定位误差减小，但夹角过大时，将引起工件定位不稳定，故一般多采用 90° 的 V 形块。

（3）工件以圆柱孔定位

工件以单一圆柱孔定位时，常用的定位元件是圆柱定位心轴（或定位销），此时定位误差的计算有两种情形：

1）工件孔与定位心轴（或定位销）过盈配合，此时定位副间无间隙，定位基准的位移量为零，所以 $\Delta_Y = 0$。

若工序基准与定位基准重合，如图 2-29(a)所示的 H_1 尺寸，则定位误差为

$$\Delta_D = \Delta_Y + \Delta_B = 0 \tag{2-10}$$

若工序基准在工件定位孔的母线上，如图 2-29(b)所示的两种 H_2 尺寸，则定位误差为

$$\Delta_D = \Delta_Y + \Delta_B = \Delta_B = \frac{\delta_d}{2} \tag{2-11}$$

若工序基准在工件外圆母线上，如图 2-29(c)所示中的 H_3 尺寸，则定位误差为

$$\Delta_D = \Delta_Y + \Delta_B = \Delta_B = \frac{\delta_D}{2} \tag{2-12}$$

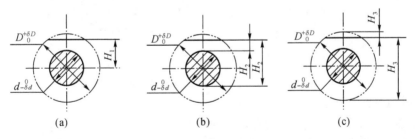

图 2-29　工件以圆柱孔在过盈配合心轴上定位时的定位误差分析

2）工件孔与定位心轴（或定位销）采用间隙配合时，分以下两种情况：

①工件孔与定位心轴（或定位销）水平放置

图 2-30(a)所示为理想定位状态，工序基准（孔中心线）与定位基准（心轴轴线）重合，$\Delta_B = 0$；但由于工件的自重作用，使工件孔与定位心轴（或定位销）的上母线单边接触，孔中心线相对定位心轴（或定位销）轴线将下移，图 2-30(b)所示是可能产生的最小下移状态，图 2-30(c)所示是可能产生的最大下移状态。由于定位副的制造误差将产生定位基准位移误差，因而孔中心线在铅垂方向上的最大变动量为

$$\Delta_Y = O_1 O_2 = OO_2 - OO_1 = \frac{D_{\max} - d_{\min}}{2} - \frac{D_{\min} - d_{\max}}{2} = \frac{\delta_D + \delta_d}{2} \tag{2-13}$$

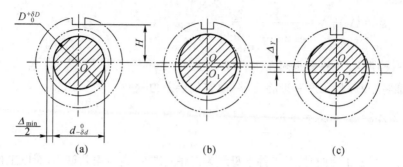

图 2-30　工件孔与定位心轴间隙配合水平放置时的定位误差计算

需要注意：基准位移误差 Δ_Y 是最大位置变化量，而不是最大位移量。Δ_Y 计算结果中没有包含 $\Delta_{\min}/2$ 常值系统误差（可通过调刀消除），在确定调刀尺寸时应加以注意。

而基准不重合误差，则应视工序基准的不同而定。

②工件孔与定位心轴（或定位销）垂直放置

如图 2-31 所示，定位心轴（或定位销）与工件内孔则可能以任意边接触，应考虑加工尺寸方向的两个极限位置及孔轴的最小配合间隙 $\Delta_{\min}$ 的影响，所以在加工尺寸方向上的最大基准位移误差可按最大孔和最小轴求得孔中心线位置的变动量，即

$$\Delta_Y = \delta_{D_1} + \delta_{d_1} + \Delta_{\min} = \Delta_{\max} \tag{2-14}$$

而基准不重合误差，则应视工序基准的不同而定。

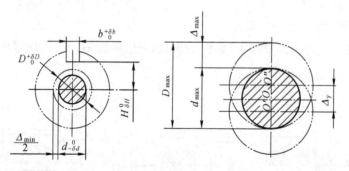

图 2-31　工件孔与定位心轴间隙配合垂直放置时定的位误差计算

（4）工件以一面两孔定位

如图 2-32 所示为工件以一面两孔定位的情况。

①"1"孔中心线在 x、y 方向上的最大位移为

$$\Delta_{D(1x)} = \Delta_{D(1y)} = \delta_{D_1} + \delta_{d_1} + \Delta_{1\min} = \Delta_{1\max} \tag{2-15}$$

②"2"孔中心线在 x，y 方向上的最大位移为

$$\Delta_{D(2x)} = \Delta_{D(1x)} + 2\delta_{L_D} \tag{2-16}$$

$$\Delta_{D(2y)} = \delta_{D_2} + \delta_{d_2} + \Delta_{2\min} = \Delta_{2\max} \tag{2-17}$$

③两孔中心连线对两销中心连线的最大转角误差为

$$\Delta_{D(\alpha)} = 2\alpha = 2\arctan\frac{\Delta_{1\max} + \Delta_{2\max}}{2L} \tag{2-18}$$

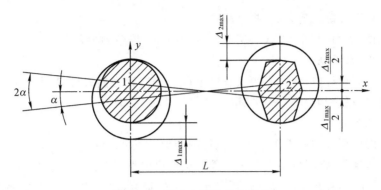

图 2-32　孔中心距的转角误差

2.2.7　工件夹紧

1. 夹紧装置的组成和设计要求

（1）夹紧装置的组成

如图 2-33 所示，典型夹紧装置一般由以下几部分组成。

1）动力源装置

夹紧力的来源，一是人力；一是机动夹紧装置，如气压装置、液压装置、电动装置、磁力装置等。图 2-33 所示由活塞杆 4、活塞 5 和气缸 6 组成的就是一种气压机动夹紧装置。

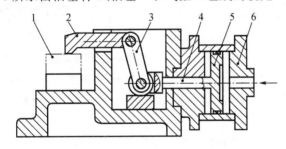

图 2-33　夹紧装置的组成

1—工件；2—压板；3—铰链杆；4—活塞杆；5—活塞；6—气缸

2）中间传力机构

中间传力机构是介于动力源和夹紧元件之间的机构。一般中间传力机构可以在传递夹紧力的过程中，改变夹紧力的方向和大小，并可具有自锁性能。图 2-33 所示的铰链杆 3 是中间传力机构。

3）夹紧元件

夹紧元件是实现夹紧的最终执行元件。通过它和工件直接接触而完成夹紧工件，如图 2-33 所示中的压板 2 就是夹紧元件。

（2）夹紧装置的设计要求

夹紧装置是夹具的重要组成部分，合理设计夹紧装置有利于保证工件的加工质量、提高生产率和减轻工人的劳动强度。因此，对夹紧装置提出了以下几点基本要求：

①工件在夹紧过程中，不能破坏工件在定位时所获得的正确位置。

②夹紧力的大小应可靠、适当。也就是既要保证工件在加工过程中不产生移动或振动，同时又必须使工件不产生不适当的变形和表面损伤。

③夹紧动作要准确迅速,以便提高生产效率。

④操作方便、省力、安全,以改善工人的劳动条件,减轻劳动强度。

⑤结构简单,易于制造。

一套夹紧装置设计的优劣,在很大程度上取决于夹紧力的设计是否合理。夹紧力包括夹紧力的方向、作用点和大小三个要素。

1)夹紧力的方向

①夹紧力的作用方向应不破坏工件定位的准确性和可靠性。一般要求夹紧力的方向应指向主要定位基准面,把工件压向定位元件的主要定位表面上。

如图 2-34 所示,直角支座镗孔时要求孔与 A 面垂直,故应以 A 面为主要定位基准,且夹紧力方向与之垂直,这样较容易保证质量。反之,若压向 B 面,当工件 A、B 两面有垂直度误差时,就会使孔不垂直 A 面而可能报废。其实质是夹紧力的作用方向选择不当,改变了工件的主要定位基准面,从而产生了定位误差。

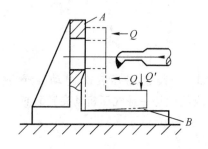

图 2-34 夹紧力方向选择

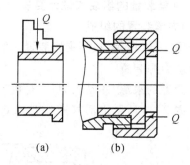

图 2-35 薄壁套筒零件的夹紧方法

②夹紧力的方向应使工件变形尽可能小。图 2-35 所示为薄壁套筒零件的夹紧方法,用三爪自定心卡盘夹紧外圆(见图 2-35(a)),显然要比用特制螺母从轴向夹紧工件(见图 2-35(b))变形要大。

③夹紧力方向应使所需夹紧力尽可能小。在保证夹紧可靠的前提下,减小夹紧力可以减轻工人的劳动强度、提高生产率,同时可以使机构轻便、紧凑,并减少工件变形。为此,应使夹紧力 Q 的方向最好与切削力 F、工件重力 G 的方向重合,这时所需要的夹紧力最小。一般在定位与夹紧同时考虑时,切削力 F、工件重力 G、夹紧力 Q 三力的方向与大小也要同时考虑。

图 2-36 所示为夹紧力、切削力和重力之间关系的几种示意情况,显然,图 2-36(a)所示最合理,图 2-36(f)所示情况最差。

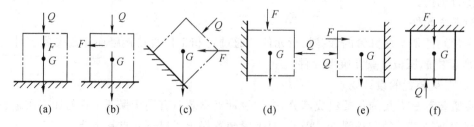

图 2-36 夹紧力、切削力和重力之间关系

2)夹紧力作用点

夹紧力作用点的位置和数目将直接影响工件定位后的可靠性和夹紧后的变形,应注意

以下几个方面：

①夹紧力作用点应靠近支承元件的几何中心或几个支承元件所形成的支承面内。如图 2-37(a)所示夹紧力为 Q 时，因它作用在支承面范围之外，会使工件倾斜或移动，而夹紧力改为 Q_1 时，因它作用在支承面范围之内，所以是合理的。

②夹紧力作用点应落在工件刚度较好的部位上。这对刚度较差的工件尤其重要，如图 2-37(b)所示，将作用点由中间的单点改成两旁的两点夹紧，变形大为改善，且夹紧也较可靠。

③夹紧力作用点应尽可能靠近被加工表面。这样可减小切削力对工件造成的翻转力矩，必要时应在工件刚性差的部位增加辅助支承并施加附加夹紧力，以免振动和变形。如图 2-37(c)所示，辅助支承 a 尽量靠近被加工表面，同时给予附加夹紧力 Q_2。这样翻转力矩小，又增加了工件的刚性，既保证了定位夹紧的可靠性，又减小了振动和变形。

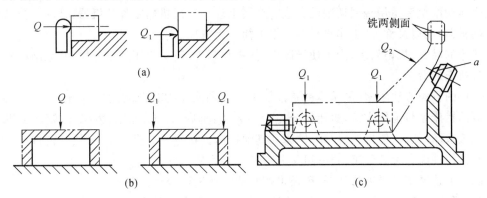

图 2-37　夹紧力作用点的选择

3)夹紧力大小

夹紧力的大小主要影响工件定位的可靠性、工件的夹紧变形以及夹紧装置的结构尺寸和复杂性，因此夹紧力的大小应当适中。在实际设计中，确定夹紧力大小的方法有两种：经验类比法和分析计算法。

采用分析计算法，一般根据切削原理的公式求出切削力的大小 F，必要时算出惯性力、离心力的大小，然后与工件重力及待求的夹紧力组成静平衡力系，列出平衡方程式，即可算出理论夹紧力 Q'。为安全可靠起见，还要考虑一个安全系数 K，因此实际的夹紧力应为

$$Q = KQ' \tag{2-19}$$

K 的取值范围一般为 1.5～3，粗加工时取 2.5～3，精加工时取 1.5～2。

由于加工中切削力随刀具的磨钝、工件材料性质和余量的不均匀等因素而变化，而且切削力的计算公式是在一定的条件下求得的，使用时虽然根据实际的加工情况给予修正，但是仍然很难计算准确。所以，在实际生产中一般很少通过计算法求得夹紧力，而是采用类比法估算夹紧力的大小。对于关键性的重要夹具，则往往通过实验方法来测定所需要的夹紧力。

夹紧力三要素的确定，实际上是一个综合性问题，必须全面考虑工件的机构特点、工艺方法、定位元件的机构和布置等多种因素，才能最后确定并具体设计出较为理想的夹紧机构。

2.3　机械加工工艺系统

2.3.1　机械加工工艺系统的组成

机械加工工艺系统是制造企业中处于最底层的一个加工单元,由机床、刀具、夹具和工件四要素组成,如车床加工系统、铣床加工系统、磨床加工系统等。不同的工艺方法将要求有不同的加工单元,选择不同的加工工艺系统。对于一个机械制造工厂,除了切削加工工艺系统外,还应有铸造、锻造、热处理和装配等工艺系统。

2.3.2　机床的分类和型号表示方法

金属切削机床是用金属切削的方法将金属毛坯加工成机器零件的机器。因为它是制造机器的机器,所以又称为"工作母机",习惯上简称为机床。

机床的品种、规格繁多,为了便于区别、使用和管理,需对机床加以分类,并编制型号。

1. 机床的分类

机床的分类方法很多,最基本的是按加工方法和所用刀具及其用途进行分类。根据国家制订的机床型号编制方法,机床共分为十一大类:车床、钻床、镗床、磨床、齿轮加工机床、螺纹加工机床、铣床、刨插床、拉床、锯床和其他机床。在每一类机床中,又按工艺特点、布局形式和机构性能分为若干组,每一组又分为若干个系列。

除了上述基本分类方法外,机床还可按其他特征进行分类。例如:

(1)按照机床的万能性程度,可分为通用机床、专门化机床和专用机床三类。通用机床的工艺范围很宽,可以加工一定尺寸范围内的多种类型零件,完成多种多样的工序。例如卧式车床、万能升降台铣床、万能外圆磨床等。专门化机床的工艺范围较窄,只能用于加工不同尺寸的一类或几类零件的一种(或几种)特定工序。例如丝杠机床、凸轮轴车床等。专用机床的工艺范围最窄,通常只能完成某一特定零件的特定工序。例如加工机床主轴箱体孔的专用镗床、加工机床导轨的专用导轨磨床等。它们是根据特定的工艺要求专门设计、制造的,生产率和自动化程度较高,适用于大批量生产。组合机床也属于专用机床。

(2)按照机床的重量和尺寸,可分为仪表机床、中型机床(一般机床)、大型机床(质量大于10吨)、重型机床(质量在30吨以上)和超重型机床(质量在100吨以上)。

(3)按照机床主要部件的数目,可分为单轴、多轴、单刀和多刀机床等。

(4)按照自动化的程度不同,可分为普通、半自动和自动机床。

(5)按照机床的工作精度,可分为普通精度机床、精密机床和高精度机床。

2. 机床的型号表示方法

机床的型号是机床产品的代号,用以表明机床的类型、通用和结构特性、主要技术参数等。我国的机床型号按照 GB/T15375—94《金属切削机床型号编制方法》的规定,由汉语拼音字母和阿拉伯数字按一定规律组合而成。

通用机床型号的表示方法如下:

（1）机床的类别代号

机床的类别代号用该类机床名称汉语拼音的第一个字母（大写）表示。例如，"车床"的汉语拼音是"Chechuang"，所以用"C"来表示。需要时，类以下还可有若干分类，分类代号用阿拉伯数字表示，放在类代号之前，但第一分类不予表示。例如，磨床类分为 M、2M、3M 三个分类。机床的类别代号如表 2-3 所示。

表 2-3　机床的类别代号

类别	车床	钻床	镗床	磨床			齿轮加工机床	螺纹加工机床	铣床	刨插床	拉床	锯床	其他机床
代号	C	Z	T	M	2M	3M	Y	S	X	B	L	G	Q
读音	车	钻	镗	磨	二磨	三磨	牙	丝	铣	刨	拉	割	其

（2）机床的特性代号

当某类机床除有普通型外，还具有如表 2-4 所列的各种通用特性时，则在类别代号之后加上相应的特性代号。例如，CM6132 型精密普通车床型号中的"M"表示"精密"；"XK"表示数控铣床。如果同时具有两种通用特性，则可用两个代号同时表示。例如，"MBG"表示半自动高精度磨床。

表 2-4　通用特性代号

通用特性	高精度	精密	自动	半自动	数控	加工中心（自动换刀）	仿形	轻型	加重型	简式或经济型	柔性加工单元	数显	高速
代号	G	M	Z	B	K	H	F	Q	C	J	R	X	S
读音	高	密	自	半	控	换	仿	轻	重	简	柔	显	速

当机床的性能和结构布局有重大改进时，改进的机床是新产品，需要重新设计、试制和鉴定，则在原机床尾部按 A，B，C…字母顺序作为重大改进的顺序号，以区别原型号。例如，CA6140 型普通车床型号中的"A"，可理解为 CA6140 型普通车床在结构上区别于 C6140 普通车床。当机床有通用特性代号时，结构特性代号应排在通用特性代号之后。

（3）机床的组别代号和系列代号

机床的组别代号和系列代号分别用一个数字表示。每类机床按其结构性能及使用范围划分为 10 个组，用数字 0~9 表示。每一组又分为若干个系列。凡主参数相同，并按一定公比排列，以及工件和刀具本身的和相对的运动特点基本相同，且基本结构及布局形式也相同的机床，即为同一系列。通用机床的类、组划分如表 2-5 所示。

（4）机床主参数、设计顺序号和第二主参数

机床主参数是反映机床规格大小的主要参数。通用机床的主参数已由机床的系列型谱规定。在机床的型号中，用阿拉伯数字给出主参数的折算值（1/10 或 1/100）。第二主参数一般是指主轴数、最大跨距、最大工件长度、工作台工作面长度等。第二主参数也用折算值表示。

表 2-5　通用机床的类、组划分表

类别＼组别	0	1	2	3	4	5	6	7	8	9
车床 C	仪表车床	单轴自动、半自动车床	多轴自动、半自动车床	回转、转塔车床	曲轴及凸轮轴车床	立式车床	落地及卧式车床	仿形及多刀车床	轮、轴、辊、锭及铲齿车床	其他车床
钻床 Z		坐标镗床	深孔钻床	摇臂钻床	台式钻床	立式钻床	卧式钻床	铣钻床	中心孔钻床	其他钻床
镗床 T			深孔镗床		坐标镗床	立式镗床	卧式镗床	精镗床	汽车、拖拉机维修用镗床	其他镗床
磨床 M	仪表磨床	外圆磨床	内圆磨床	砂轮机	坐标磨床	导轨磨床	刀具刃磨床	平面及端面磨床	曲轴、凸轮轴、花键轴及轧轨磨床	工具磨床
磨床 2M		超精机	内圆珩磨床	外圆及其他珩磨机	抛光机	砂带抛光及磨削机床	刀具刃磨及研磨机床	可转位刀片磨削机床	研磨机	其他磨床
磨床 3M		球轴承	滚子轴承套圈滚道磨床	轴承套圈超精机		叶片磨削机床	滚子加工机床	钢球加工机床	气门、活塞及活塞环磨床	汽车、拖拉机修磨机床
齿轮加工机床 Y	仪表齿轮加工机		锥齿轮加工机	滚齿机及铣齿机	剃齿及珩齿机	插齿机	花键轴铣床	齿轮磨齿机	其他齿轮加工机	齿轮倒角及检查机
螺纹加工机床 S			套丝机	攻丝机			螺纹铣床	螺纹磨床	螺纹车床	
铣床 X	仪表铣床	悬臂及滑枕铣床	龙门铣床	平面铣床	仿形铣床	立式升降台铣床	卧式升降台铣床	床身铣床	工具铣床	其他铣床
刨插床 B		悬臂刨床	龙门刨床		插床	牛头刨床			边缘及模具刨床	其他刨床
拉床 L			侧拉床	卧式外拉床	连续拉床	立式内拉床	卧式内拉床	立式外拉床	键槽、轴瓦及螺纹拉床	其他拉床
锯床 G			砂轮片锯床		卧式带锯床	立式带锯床	圆锯床	弓锯床	锉锯床	
其他机床 Q	其他仪表机床	管子加工机床	木螺钉加工机		刻线机	切断机	多功能机床			

（5）其他特性代号

特性代号要用以反映各类机床的特性,如对数控机床,可用来反映不同的数控系统;对于一般机床可用以反映同一型号机床的变形等。其他特性代号用汉语拼音字母或阿拉伯数字或两者的组合来表示。

生产单位为机床厂时,由机床厂所在城市名称的大写汉语拼音字母及该厂在该城市建立的先后顺序号,或机床厂名称的大写汉语拼音字母表示。生产单位为机床研究所时,由该所名称的大写汉语拼音字母表示。

通用机床的型号编制举例：

2.3.3　机床的组成、工艺范围与参数

1. 机床的组成

机械加工中的运动多由机床来实现，机床的功能决定了所需的运动，反过来一台机床所具有的运动决定了它的功能范围。运动部分是一台机床的核心部分。

机床的运动部分必须包括三个基本部分：执行件、动力源和传动装置。

（1）执行件

执行件是执行机床运动的部件。其作用是带动工件和刀具，使之完成一定成形运动并保持正确的轨迹，如主轴、刀架、工作台等。

（2）动力源

动力源是为执行件提供运动和动力的装置。它是机床的动力部分，如交流异步电动机、直流电动机、步进电动机等，可以几个运动共用一个动力源，也可每个运动单独使用一个动力源。

（3）传动装置

传动装置是传递运动和动力的装置。它把动力源的运动和动力传递给执行件或把一个执行件的运动传递给另一个执行件，使执行件获得运动和动力，并使有关执行件之间保持某种确定的运动关系。传动装置还可以变换运动性质、方向和速度。

机床的传动装置有机械、液压、电气、气压等多种形式。机械传动装置由带传动、齿轮传动、链传动、蜗轮蜗杆传动、丝杆螺母传动等机械传动副组成，它包括两类传动机构，一类是定比传动机构，其传动比和传动方向固定不变，如定比齿轮副、蜗杆蜗轮副、丝杠螺母副等；另一类是换置机构，可根据加工要求变换传动比和传动方向，如滑移齿轮变速机构、挂轮变速机构、离合器换向机构等。

2. 机床的工艺范围与参数

机床的工艺范围取决于机床的主要技术参数,一般分为主参数和基本参数,其中基本参数又包括尺寸参数、运动参数和动力参数。

(1)机床主参数

机床主参数直接反映机床的加工参数和特性,表示机床的规格,是确定其他参数、设计机床结构和用户选用机床的主要依据。对于通用机床和专门化机床,主参数通常以机床的最大加工尺寸表示,只有在不适于使用工件最大加工尺寸表示时,才采用其他尺寸或物理量表示。如卧式车床的主参数是床身上工件的最大回转直径;齿轮加工机床的主参数是最大工件直径;外圆磨床或无心磨床的主参数是最大磨削直径;龙门刨床、龙门铣床、升降台铣床和矩形工作台的平面磨床是工作台的工作面宽度;立式钻床和摇臂钻床是最大钻孔直径;卧式镗铣床的主参数为镗轴直径;牛头刨床和插床是最大刨削和插削长度;拉床的主参数为额定拉力等。部分机床还有第二主参数,如最大工件长度、主轴数等。

(2)尺寸参数

尺寸参数是表示机床工作范围的主要尺寸,也是与工、夹、量具的标准化及机床的结构有关的主要尺寸。机床主要尺寸参数有以下几个方面:

1)与工件主要尺寸有关的参数

①最大加工尺寸范围

包括最大加工直径或最大工件直径,最大加工模数、螺旋角,主轴通孔直径,最大加工长度或最大工件长度,最大工件安装尺寸,如工作台尺寸,主轴端面至工作台面最大距离、主轴轴线至工作台面最大距离、立柱间距,最小加工尺寸,如最小磨削外径或孔径、主轴轴线至工作台最小距离等。

②部件运动尺寸范围

包括刀架、工作台、主轴箱、横梁等的最大行程,刀架、工作台、砂轮(导轮)架、摇臂等的最大回转角度。

2)与工、夹、量具标准化有关的参数

主轴或尾架套筒的锥孔大小,刀杆端面尺寸、刀夹最大尺寸,安装的刀具直径,工作台 T 形槽的尺寸和数量。

3)与机床结构有关的参数

床身的导轨宽度、花盘或圆工作台直径、主轴轴线或工作台面至地面的高度等。

(3)运动参数和动力参数

机床运动参数主要包括机床主运动(切削运动)的速度范围和级数、进给量范围和级数以及辅助运动速度等,这些参数主要由表面成形运动的工艺要求决定。包括:

1)主运动

主轴(或工作台、砂轮主轴、磨床头架主轴)转速范围、数列公比、级数等,滑枕(或工作台、刀架)每分钟往复行程次数,砂轮圆周速度。

2)进给运动

各方向进给量范围、数列公比、级数,螺纹加工范围。

3)辅助运动

包括各方向快速运动速度。

机床动力参数是指主运动、进给运动和辅助运动的动力消耗,主要由机床的切削载荷和驱动的工件质量等因素决定。包括:

①主运动、进给运动及辅助运动的电动机功率;

②最大切削力、最大进给抗力;

③主轴或圆工作台的最大转矩;

④最大工件质量。

2.3.4　夹具的分类与组成

1. 夹具的分类

夹具的分类方法很多,一般可根据其专业化程度分为以下几类:

(1)通用夹具

通用夹具一般已标准化,通常以机床的一种附件形式而存在。如三爪卡盘、机用虎钳、回转工作台、万能分度头、磁性工作台等。

(2)专用夹具

专用夹具是指专门为加工某一工件的某道工序而设计的夹具。专用夹具一般在一定批量的生产中应用。

(3)成组夹具

成组夹具是为适应成组加工技术而为某一组零件设计的,针对性强、加工对象和适用范围明确、结构紧凑,是夹具发展的一个方向。

(4)组合夹具

组合夹具是指按某一道工序的加工要求,由一套预先准备好的通用标准元件和部件组合装配而成的夹具。它是一种标准化、系列化、通用化程度较高的工艺装备。它一般由基础件、支承件、定位件、导向件、夹紧件、紧固件等组成。根据零件的不同形状、不同尺寸、不同规格而组成的适用于某道工序的夹具。使用之后可以拆散再组合成可为其他零件加工使用的夹具。

(5)随行夹具

随行夹具是专为某一零件的全部工序或部分工序加工而设计的。在加工过程中,夹具和工件结合在一起,在不同的机床中顺序加工。这种夹具一般用在自动线或流水线上。

2. 夹具的组成

图 2-38 所示为钻床夹具,用于钻、铰套筒工件上 $\varphi 6H7$ 孔,并保证轴向尺寸 37.5 ± 0.02。工件以内孔和端面在定位销 6 上定位,旋紧螺母 5,通过开口垫圈 4 可将工件夹紧,然后由装在钻模板 3 上的快换钻套或铰套 1 引导钻头或铰刀进行钻孔或铰孔。图 2-38 中 2 为导向套,7 为夹具体。

通过上述例子可以看出,夹具一般来说应有以下几个组成部分:

(1)定位元件

它与工件的定位基准相接触,用于确定工件在夹具中的正确位置,如图 2-38 所示的定位销。

(2)夹紧装置

这是用于夹紧工件的装置,在切削时使工件在夹具中保持既定位置,如图 2-38 所示的

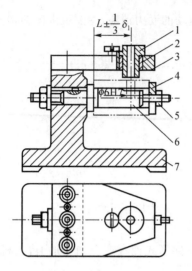

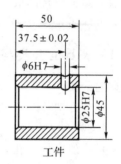

图 2-38　钻床夹具

螺母 5、开口垫圈 4。

（3）对刀元件

这种元件用于确定夹具与刀具间的相对位置，如图 2-38 所示的钻套 1。

（4）夹具体

这是用于连接夹具各元件及装置，使其成为一个整体的基础件。它与机床相结合，使夹具相对机床具有确定的位置。

（5）其他元件及装置

根据工件的加工要求，有些夹具要有分度机构，铣床夹具还要有定位键等。

2.3.5　刀具的分类

由于机械零件的材质、形状、尺寸、技术要求和加工工艺的多样性，客观上要求进行加工的刀具具有不同的结构和切削性能。因此，生产中所使用的刀具的种类很多。刀具常按加工方式和具体用途，分为车刀、孔加工刀具、铣刀、拉刀、螺纹刀具、齿轮刀具、自动线及数控机床刀具和磨具等几大类型。具体结构见本书第 4 章的内容。

刀具还可以按其他方式进行分类，如按所用材料分为高速钢刀具、硬质合金刀具、陶瓷刀具、立方氮化硼（CBN）刀具和金刚石刀具等。

按结构分为整体刀具、镶片刀具、机夹刀具和复合刀具等。

按是否标准化分为标准刀具和非标准刀具等。

2.3.6　刀具的几何参数

切削刀具的种类很多、形状复杂，但它们切削部分的几何形状与参数方面具有共同的特征，即切削部分为楔形。车刀是最典型的楔形刀头的代表，其他刀具可以视为是车刀演变或组合而成的。多刃刀具的每个刀齿都相当于一把车刀，如图 2-39 所示。国际标准化组织 ISO 在确定金属切削刀具的工作部分的通用术语时，是以车刀切削部分为基础的。

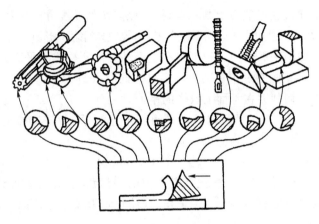

图 2-39　各种刀具切削部分的形状

1. 刀具切削部分的组成（见图 2-40）

(1) 前刀面（A_γ），指刀具上切屑流过的表面。

(2) 主后面（A_α），指与工件上加工表面相对的表面。

(3) 副后面（A_α'），指与工件上已加工表面相对的表面。

(4) 主切削刃（S），指前刀面与主后面相交而得到的交线，用以形成工件的加工表面。它完成主要的金属切除工作。

(5) 副切削刃（S'），指前刀面与副后面相交而得到的交线。它协同主切削刃完成金属切除工作，以最终形成工件的已加工表面。

(6) 刀尖，指主切削刃与副切削刃的连接处相当少的一部分切削刃。为了增加刀尖处的强度，改善散热条件，通常在刀尖处磨有圆弧或直线过渡刃。

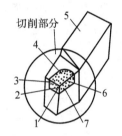

图 2-40　外圆车刀
切削部分的要素

1—刀尖；2—副后面；

3—副切削刃；4—前面；5—刀柄；

6—主切削刃；7—主后面

2. 确定刀具角度的静止参考系

为了确定上述刀具切削刃的空间位置和刀具几何角度的大小，必须建立适当的参考系（即坐标平面），通常用静止参考系。所谓刀具静止参考系，是指在不考虑进给运动、规定车刀刀尖安装的与工件轴线等高。刀杆的中心线垂直于进给方向等简化条件下的参考系。

刀具静止参考系的主要坐标平面有基面、主切削平面和正交平面，如图 2-41 所示。

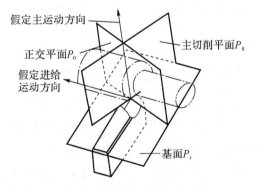

图 2-41　外圆车刀静止参考系

（1）基面（P_r）。通过主切削刃上某一点，并与该点切削速度方向相垂直的平面。

（2）切削平面（P_s）。通过主切削刃上选定点，与主切削刃相切并垂直于基面的平面。若主切削刃为直线，切削平面则为主切削刃和主运动方向所构成的平面。

（3）正交平面（P_o）。是通过主切削刃选定点并同时垂直于基面和切削平面的平面。因此，它必然是垂直于主切削刃在基面上投影的平面。

显然，$P_o \perp P_s \perp P_r$，此三个平面构成一空间直角坐标系，即刀具静止参考系（又称正交平面参考系）。

3.刀具标注角度

所谓刀具标注角度是指刀具在静止参考系中的一组角度，是刀具设计、制造、刃磨和测量时所必需的，它主要包括前角、后角、主偏角、副偏角和刃倾角，如图 2-42 所示。

（1）前角（γ_o）

前角是前刀面与基面间的夹角，在正交平面中测量。前角有正负之分，当前刀面在基面下方时为正值，反之为负值，如图 2-43 所示。

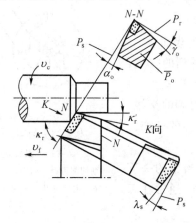

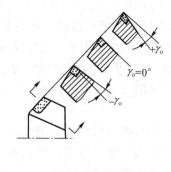

图 2-42 车刀的主要标注角度　　　　　　图 2-43 前角正、负的规定

前角的大小反映了前刀面倾斜的程度，它影响切屑变形、切削力和刀刃强度。前角大，刀具锋利。这时切削层的塑性变形和摩擦阻力减小，切削力和切削热降低。但前角过大会使切削刃强度减弱，散热条件变差，刀具寿命下降，甚至会造成崩刃。前角的大小，主要根据工件材料、刀具材料和加工要求进行选择。

①工件材料的强度、硬度低，塑性好，应取较大前角；加工脆性材料、特硬材料，应取小前角，甚至是负前角。

②高速钢刀具可取较大前角；硬质合金刀具应取较小前角。

③精加工应取较大前角；粗加工或断续切削应取较小前角或负前角。

一般，用硬质合金车刀切削一般钢件，$\gamma_o = 10° \sim 25°$；切削灰铸铁工件，$\gamma_o = 5° \sim 15°$；切削高强度钢和淬火钢，$\gamma_o = -15° \sim -5°$。

（2）后角（α_o）

后角是后刀面与切削平面间的夹角，在正交平面中测量。

后角的作用是减少刀具主后面与工件过渡表面之间的摩擦和磨损。增大后角，有利于提高刀具耐用度。但后角过大，也会减弱切削刃强度，并使散热条件变差，常取 $\alpha_o = 4° \sim 12°$。一般粗加工或工件材料的强度和硬度较高时，取 $\alpha_o = 6° \sim 8°$，精加工或工件材料的强度和硬度较低时,取 $\alpha_o = 10° \sim 12°$。

（3）主偏角（κ_r）

主偏角是在基面中测量的。它是主切削刃在基面上的投影与进给方向的夹角。

主偏角的大小将影响刀刃的工作长度、切削层公称厚度、切削层公称宽度、背向力 F_p 和进给力 F_f 的比例关系,以及刀尖强度和散热条件等,如图 2-44 所示。

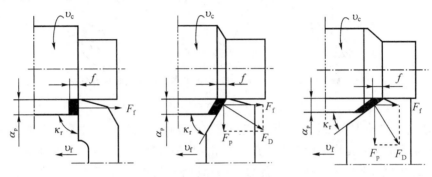

图 2-44　主偏角的作用

在相同的背吃刀量 α_p 和进给量 f 的情况下,主偏角 κ_r 减小,可使主切削刃单位长度上的负载减小,刀尖散热条件改善,刀具耐用度提高。但主偏角 κ_r 减小,又会使背向力 F_p 增大,容易引起振动和使刚性较差的工件产生弯曲变形。一般使用的车刀主偏角 κ_r 有 45°、60°、75° 和 90° 等。加工阶梯轴类工件的台阶时,取 $\kappa_r \geqslant 90°$,加工细长轴时,常使用 90° 偏刀。

（4）副偏角（κ_r'）

副偏角也在基面中测量。它是副切削刃在基面上的投影与进给反方向的夹角。

副偏角的作用是减少副切削刃与工件已加工表面的摩擦,减少切削振动。副偏角的大小影响工件表面残留面积的大小,进而影响已加工表面的粗糙度 R_a 值。如图 2-45 所示。副偏角一般在 5° $\sim$ 15° 选取,粗加工取较大值,精加工取较小值。

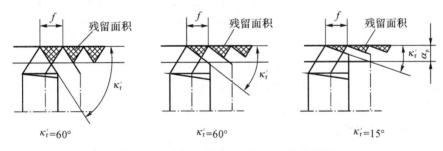

图 2-45　副偏角对表面粗糙度 R_a 值的影响

（5）刃倾角（λ_s）

刃倾角是主切削刃与基面间的夹角,在主切削平面中测量。刃倾角有正负之分,如图 2-46 所示。当刀尖处于主切削刃的最低点时,$\lambda_s < 0°$;当刀尖处于主切削刃的最高点时,$\lambda_s > 0°$;当主切削刃成水平时,$\lambda_s = 0°$。

刃倾角的主要作用是控制切屑的流向,如图 2-46 所示。其大小对刀尖的强度也有一定的影响。当 $\lambda_s < 0°$ 时,切屑流向工件已加工表面,刀尖强度较好,适宜粗加工;当 $\lambda_s > 0°$ 时,切屑流向工件待加工表面,保护已加工表面免遭切屑划伤,但此时刀尖强度较差,适宜精加工。

上述刀具标注角度,是在静止参考系中假定不考虑进给运动、刀尖与工件轴线等高、刀

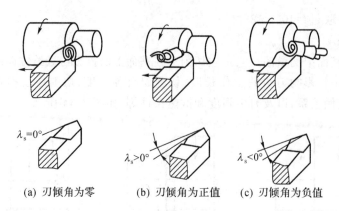

$\lambda_s=0°$　　　　　　　$\lambda_s>0°$　　　　　　　$\lambda_s<0°$

(a) 刃倾角为零　　　　(b) 刃倾角为正值　　　　(c) 刃倾角为负值

图 2-46　刃倾角的正负及作用

柄中心线垂直于进给方向的条件下的一组角度。在实际切削过程中并不完全是这种理想状况,刀具实际切削时的工作角度会发生某些变化,并对切削加工产生一定的影响。一般的,刀具高于工件中心,刀具的工作前角会增大;刀具低于工件中心,刀具的工作前角会减小。加大进给量,会增大刀具的工作前角;刀具相对工件轴线的倾斜会改变工件主、副偏角。

2.3.7　刀具材料

1. 刀具材料

(1)刀具材料应具备的基本性质

1)高硬度

刀具材料的硬度必须大于工件材料的硬度。通常刀具材料的硬度在常温下要求在60HRC 以上。

2)高耐磨性

耐磨性是指能抵抗切削过程中的磨损,维持一定的切削时间,以便提高其尺寸稳定性与刀具寿命。一般的,材料的硬度越高,耐磨性越好。耐磨性还与材料的物理化学性能、金相组织有关。

3)高耐热性

耐热性是指刀具材料在高温下仍能保持其切削性能(硬度、强度、韧性等)的能力。又称红硬性或热硬性,常用红硬温度,即维持切削性能的最高温度来评定。

4)足够的强度和韧性

刀具材料只有具备足够的强度和韧性,才能承受切削力以及切削时产生的冲击和振动,以免刀具脆性断裂和崩刃。这两项常用抗弯强度 σ_b 和冲击韧性 α_k 来评定。

5)良好的工艺性和经济性

为了方便刀具的制造和刃磨,刀具材料还应具备一定的工艺性能,如锻造性能、焊接性能及切削加工性能等。同时刀具选材应尽可能满足切削和经济两方面的要求。

(2)刀具材料

1)常用刀具材料

①碳素工具钢

碳素工具钢是含碳量较高的优质碳素钢和高级优质碳素钢,其 ω_c 在 0.7%～1.2%。

碳素工具钢淬火后的硬度可达 60～64HRC。但碳素工具钢耐热性差,在 200～250℃便开始失去原有的硬度,而且在淬火时容易产生变形和开裂。一般用来制造低速(v_c＜8m/min)、简单的手工工具,如锉刀、刮刀、手工锯条等。常用的牌号有 T10、T12、T12A 等。

②合金工具钢

在碳素工具钢中加入适量的铬(Cr)、钨(W)、锰(Mn)等合金元素就形成了合金工具钢,其硬度、耐磨性、耐热性相对碳素工具钢均有所提高。其淬火后的硬度可达 61～65HRC,耐热温度为 350～400℃,而且热处理变形小,淬透性好,常用来制造低速、复杂的刀具,如丝锥、扳牙、铰刀等。常用的牌号有 CrWMn、9SiCr 等。

③高速钢

高速钢是含钨(W)、铬(Cr)、钼(Mo)、钒(V)等合金元素较多的合金工具钢。这些合金元素形成各种合金碳化物,使其硬度、耐磨性、耐热性都有明显提高。高速钢淬火、回火后的硬度可达 63～70HRC。其耐热温度为 500～650℃,允许的切削速度为 30～50m/min,比碳素工具钢和合金工具钢高得多,故称其为高速钢。高速钢具有较高的抗弯强度和冲击韧性。由于高速钢的使用性能好、成形性好、热处理变形小、刃磨性能好,所以广泛用于制造钻头、铣刀、拉刀、齿轮刀具和其他成形刀具。常用的牌号有 W18Cr4V、W6Mo5Cr4V2 等。其中前者为钨系高速钢,后者为钼系高速钢。后者的韧性和高温塑性优于前者,但刃磨时易产生脱碳现象,主要用于制造热轧刀具(如麻花钻)。

④硬质合金

硬质合金是用具有高耐磨性和高耐热性的碳化钨(WC)、碳化钛(TiC)等金属碳化物粉末,以钴(Co)、镍(Ni)作为粘结剂,用粉末冶金法制得的合金。其硬度为 89～93HRA(相当于 74～82HRC),耐热温度为 850～1000℃,具有很好的耐磨性,允许使用的切削速度可达 100～300m/min。与高速钢相比,刀具耐用度提高了几倍至几十倍,且可切削包括淬硬钢件在内的多种材料。但硬质合金的抗弯强度和冲击韧性远低于高速钢,所以很少用于制造形状复杂的整体刀具。一般将其制成各种形状刀片,焊接或直接夹固在刀体上使用。常用的硬质合金有钨钴类(YG 类)、钨钛钴类(YT 类)和通用硬质合金(YW 类)。

钨钴类硬质合金(YG 类)相当于 ISO 标准的 K 类硬质合金,由碳化钨和钴组成。常用的牌号有 YG8、YG6、YG3。

钨钛钴类硬质合金(YT 类)相当于 ISO 标准中的 P 类硬质合金,由碳化钨、碳化钛和钴组成。常用的牌号有 YT5、YT14、YT15、YT30。

通用硬质合金(YW 类)相当于 ISO 标准中的 M 类硬质合金,由碳化钨、碳化钛、钴和少量的碳化钽(TaC)或碳化铌(NbC)所组成。常用的牌号有 YW1、YW2。

⑤涂层刀具材料

涂层刀具材料是在硬质合金或高速钢的基体上涂一层或多层几微米厚的高硬度、高耐磨性的金属化合物(TiC、TiN、Al_2O_3 等)而构成的。涂层硬质合金刀具的耐用度比不涂层的至少可提高 1～3 倍,涂层高速钢刀具的耐用度比不涂层的可提高 2～10 倍。国内涂层硬质合金刀片牌号有 CN、CA、YB 等系列。

2)超硬刀具材料

超硬刀具材料目前用得较多的有陶瓷、人造聚晶金刚石和立方氮化硼等。

①陶瓷

常用的陶瓷刀具材料主要是由纯 Al_2O_3 以及在 Al_2O_3 中添加一定量的金属元素或金属碳化物构成的,采用热压成形和烧结的方法获得。陶瓷刀具耐磨性很好,有很高的硬度(91～95HRA)和耐热性,在 1200℃的高温下仍能切削,常用的切削速度为 100～400 m/min,有的甚至可高达 750m/min,切削速率比硬质合金提高了 1～4 倍。但抗弯强度低、冲击韧性差。陶瓷材料可做成各种刀片,主要用于冷热铸铁、高硬钢和高强度钢等难加工材料的半精加工和精加工。

②人造聚晶金刚石(PCD)

人造聚晶金刚石是在高温高压下将金刚石微粉聚合而成的多晶体材料,其硬度极高(5000HV 以上),仅次于天然金刚石(10000HV),耐磨性极好,可切削极硬的材料而长时间保持尺寸的稳定性,其刀具耐用度比硬质合金高几十倍至三百倍。但这种材料的韧性和抗弯强度很差,只有硬质合金的 1/4 左右;热稳定性也很差,当切削温度达到 700～800℃时,就会失去其硬度,因而不能在高温下切削;与铁的亲和力很强,一般不适合加工黑色金属。主要用于精加工有色金属及非金属,如铝、铜及其合金以及陶瓷、合成纤维、强化塑料和硬橡胶等。

③立方氮化硼(CBN)

立方氮化硼也是高温高压下制成的一种新型超硬刀具材料,其硬度也仅次于金刚石,可达 7000～8000HV,耐磨性很好,耐热性比金刚石高得多,达 1200℃,可承受很高的切削温度。在 1200～1300℃的高温下也不与铁金属起化学反应,因此可以加工钢铁。立方氮化硼可做成整体刀片,也可与硬质合金做成复合刀片。刀具耐用度是硬质合金和陶瓷刀具的几十倍。立方氮化硼目前主要用于淬火钢、耐磨铸铁、高温合金以及非铁族等难加工材料的半精加工和精加工。

思考题与习题

2-1　定位、夹紧和安装的定义是什么?

2-2　简述夹紧和定位的区别。

2-3　夹具由哪些部分组成?

2-4　定位的目的是什么?简述六点定位原理。

2-5　工件定位时为什么不能采用欠定位?

2-6　什么是定位误差?导致定位误差的因素有哪些?

2-7　试述一面两孔组合时,需要解决的主要问题,定位元件的设计及定位误差的计算。

2-8　何谓基准?根据作用的不同,基准分为哪几种?

2-9　什么是切削层参数和切削用量三要素?

2-10　机床夹具的主要作用是什么?如何分类?

2-11　对刀具材料的性能有哪些基本要求?

2-12　高速钢和硬质合金在性能上的主要区别是什么?各适合做何种刀具?

2-13　简述车刀前角、后角、主偏角、副偏角和刃倾角的作用及选择原则。

2-14　车床上安装工件有哪些方法?各适用于哪些零件?

第3章 金属切削过程的基本规律及其应用

金属切削过程是指通过切削运动,使刀具从工件上切下多余的金属层,形成切屑和已加工表面的过程。在这一过程中,始终存在着刀具切削工件和工件材料抵抗切削的矛盾,从而产生一系列物理现象,如切削变形、切削力、切削热与切削温度、刀具磨损等。对这些现象进行研究,揭示其内在的机理,探索和掌握金属切削过程的基本规律,从而主动地加以有效的控制,对于合理使用与设计机床、刀具和夹具,保证切削加工质量,提高切削效率,降低生产成本以及促进切削加工技术的发展,有着十分重要的意义。

3.1 金属切削的变形过程

3.1.1 金属切削变形过程的基本特征

由材料力学可知,金属材料受到挤压时,如图 3-1(a)所示,材料内部产生正应力与剪应力。可证明最大剪应力与作用力之间大致成 45°方向,当剪应力达到材料的屈服强度时,即沿 DA 或 CB 线发生剪切滑移。当作用力增加时,在 DA、CB 线的两侧还会产生一系列滑移线,但都分别汇于 D、C 处。

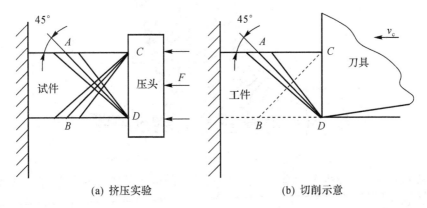

(a) 挤压实验　　　　　　　　　(b) 切削示意

图 3-1　挤压与切削的比较

如图 3-1(b)所示,刀具切削与挤压很相似,只是切削时,由于 DB 线下方金属材料的阻碍,切削层不能沿 CB 方向滑移。剪切滑移变形只在 DB 线以上沿 DA 方向进行。DA 就是切削过程的剪切滑移线。如果刀具不断向前移动,则此种滑移将持续下去,于是被切金属层就转变为切屑层。

根据以上分析,我们可以把金属切削变形过程粗略的模拟为图 3-2 所示的示意图,图中未变形的切削层 AGHD 可看成是由许多个平行四边形组成的,如 ABCD,BEFC,EGHF,…当这些平行四边形受到前刀面推挤时,便沿着方向向斜上方滑移,形成另一些平行四边形,即 ABCD→AB'C'D,BEFC→B'E'F'C,EGHF→E'G'H'F',…由此可以得出一个重要的结论:金属切削过程就是工件的被切金属层在刀具前刀面的推挤下,沿着剪切面(滑移面)产生剪切变形并转变为切屑的过程。因此,可以说金属切削过程就是金属内部不断滑移变形的过程。

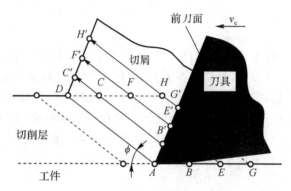

图 3-2　金属切削变形过程示意图

3.1.2　变形区的划分和切屑的形成过程

1.变形区的划分

根据如图 3-3 所示的金属切削过程中的流线,即被切削金属的某一点在切削过程中流动的轨迹,可大致划分为三个变形区。

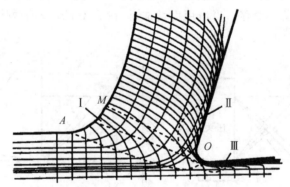

图 3-3　金属切削过程中的流线与三个变形区示意图

(1)从 OA 线开始发生塑性变形,到 OM 线晶粒的剪切滑移基本完成,这一区域(Ⅰ)称为第一变形区。

(2)切屑沿刀具前面排出时其进一步受到前刀面的挤压和摩擦,使靠近前刀面处的金属纤维化,其方向基本上和前刀面平行,这一区域(Ⅱ)称为第二变形区。

(3)已加工表面受到切削刃钝圆部分和后刀面挤压、摩擦与回弹,造成纤维化和加工硬化。这一区域(Ⅲ)的变形也是较密集的,称为第三变形区。

这三个变形区汇聚在切削刃附近,应力比较集中且复杂,被切削层金属在此处分离本体形成切屑,只有很少部分留在已加工表面上。切削刃对切削层的切除与已加工表面的形成有直接影响。因此,除了研讨三个变形区外,还需要研究刃口处的应力状态。

2. 切屑的形成过程

实验表明,切屑的形成过程是被切削层金属受到刀具前面的挤压作用,迫使其产生弹性变形,当切应力达到金属材料屈服强度时,产生塑性变形的切削变形过程。

如图 3-4 所示,$OA,OB,\cdots,OM$ 线实际上就是图 3-3 所示的等切应力曲线。随着切削运动的进行,切削层金属中某点 P 逐渐趋近切削刃,首先 P 质点到达 OA 线上点 1 的位置,其切应力达到金属材料屈服强度 τ_s,此时产生塑性变形,点 1 向前移动的同时也沿滑移线 OA 滑移,其合成运动将使点 1 流动到点 2,未能到达 $2'$。$2'-2$ 为其滑移量。随着滑移的不断产生,切应力也将逐渐增加,即当点 P 不断向 $1,2,3,\cdots$ 各点移动时,它的应力不断增加,直到 4 点位置时,其流动方向才与刀具前刀面平行,不再沿 OM 线滑移。所以在第一变形区中,切削变形的主要特征是切削层金属沿滑移线的剪切变形,并伴有加工硬化现象。在这里 OA 线被称为始剪切线或始滑移线,OM 被称为终剪切线或终滑移线。

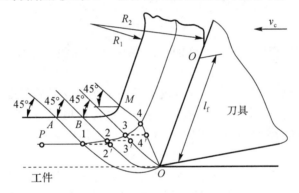

图 3-4　第一变形区金属的滑移

如图 3-5 所示,切削层金属沿滑移面的剪切变形,从金属晶体结构的角度来看,就是沿晶格中晶面所进行的滑移。金属材料的晶粒,可假定为圆形颗粒。晶粒在到达滑移线 OA 之前,仅产生弹性变形,晶粒不呈方向性,仍为圆形。晶粒进入第一变形区后,因受应力作用产生滑移,致使晶粒变为椭圆形。椭圆的长轴方向就是晶粒伸长的方向或金属纤维化的方向,它与剪切面的方向不重合,两者之间成一夹角 ψ。

在一般切削速度下,OA 与 OM 之间距离很小,仅为 $0.02\sim0.2\text{mm}$,所以通常用一个平面来表示第一变形区,该平面称为剪切面。剪切面与切削速度方向之间的夹角称为剪切角,用 φ 表示,大约为 $40°\sim50°$。

3.1.3　切削变形程度的表示方法

1. 变形系数 ξ

变形系数是指通过切屑在形成前后的外形尺寸变化来度量切削变形的大小。金属切削加工实践表明,刀具切下的切屑厚度 h_{ch} 通常都要大于工件上切削层的厚度 h_D,而切屑长度 l_{ch} 却小于工件上切削层长度 l_D,如图 3-6 所示。根据这一事实来衡量切削变形程度,就得出变形系数 ξ 的概念。切屑厚度 h_{ch} 与切削层的厚度 h_D 之比称为厚度变形系数(在

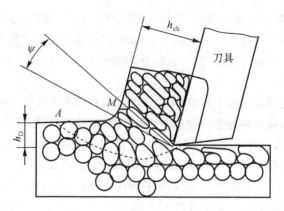

图 3-5 金属晶粒滑移与伸长

GB/T12204—90中称为切屑厚度压缩比,用 A_h 表示),用 ξ_h 表示;而切削层长度 l_c 与切屑长度 l_{ch} 之比称为长度变形系数,用 ξ_l 表示,即

$$\xi_h = \frac{h_{ch}}{h_D} \tag{3-1}$$

$$\xi_l = \frac{l_D}{l_{ch}} \tag{3-2}$$

由于工件上切削层变成切屑后宽度的变化很小,根据体积不变原理,则

$$\xi_h = \xi_l = \xi \tag{3-3}$$

变形系数 ξ 是大于 1 的数。它比较直观地反映了切削变形的程度,且较容易测量。变形系数越大,切屑越厚越短,切削变形越大。这个方法简便但粗略,不能反映切削变形的全部情况,难以进行准确的定量描述,所以在定性分析时应用较多。

2. 相对滑移 ε

在金属切削过程中,既然切削变形的主要形式是剪切滑移,那么使用相对滑移来衡量变形程度更为合理。如图 3-7 所示,当切削层单元平行四边形 $OHNM$ 产生剪切变形为 $OGPM$ 时,沿剪切面 NH 产生的滑移量 Δs 与单元层高 Δy 之比即为相对滑移 ε,可由下式表示为

$$\varepsilon = \frac{\Delta s}{\Delta y} = \frac{NP}{MK} = \frac{NK + KP}{MK} = \cot\varphi + \tan(\varphi - \gamma_o)$$

或

$$\varepsilon = \frac{\cos\gamma_o}{\sin\varphi\cos(\varphi - \gamma_o)} \tag{3-4}$$

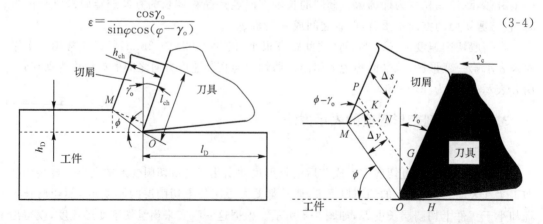

图 3-6 变形系数的求法   图 3-7 剪切变形示意图

3. 相对滑移与变形系数的关系

从图 3-6 中可推出 ξ 和 φ 的关系为

$$\xi = \xi_h = \frac{h_{ch}}{h_D} = \frac{OM\sin(90° - \varphi + \gamma_o)}{OM\sin\varphi} = \frac{\cos(\varphi - \gamma_o)}{\sin\varphi} \tag{3-5}$$

由式(3-5)可知,剪切角 φ 增大时,变形系数 ξ 减小,将式(3-5)变换后得

$$\tan\varphi = \frac{\cos\gamma_o}{\xi - \sin\gamma_o} \tag{3-6}$$

将式(3-6)代入式(3-4),可得

$$\varepsilon = \frac{\xi^2 - 2\xi\sin\gamma_o + 1}{\xi\cos\gamma_o} \tag{3-7}$$

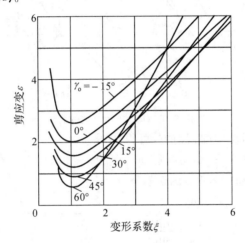

图 3-8　$\varepsilon - \xi$ 函数关系曲线

将 ε 和 ξ 的函数关系用曲线表示,如图 3-8 所示。由图可知:

(1)变形系数 ξ 并不等于相对滑移 ε。

(2)当 $\xi \geqslant 1.5$ 时,对于某一固定的前角,相对滑移 ε 与变形系数 ξ 成正比。因此在一般情况下,变形系数 ξ 可以在一定程度上反映相对滑移 ε 的大小。

(3)当 $\xi = 1$ 时,即 $h_D = h_{ch}$,似乎切屑没有变形,但相对滑移 ε 并不等于零,因此,切屑还是有变形的。

(4)当 $\gamma_o = -15° \sim 30°$ 时,变形系数 ξ 即使具有相同的数值,若前角不相同,相对滑移 ε 仍不相等,前角愈小,ε 就愈大。

(5)当 $\xi < 1.2$ 时,不能用 ξ 表示变形程度。这是因为当 ξ 在 $1 \sim 1.2$ 时,ξ 虽然减小,但 ε 却变化不大;当 $\xi < 1$ 时,ξ 稍有减小,而 ε 反而大大增加。

3.1.4　前刀面的挤压与摩擦

切削层金属经第一变形区后变成切屑沿刀具前刀面流出,由于受到前刀面的挤压和摩擦而进一步加剧变形,在靠近前刀面处形成第二变形区。这个变形区的特征是:使切屑底层靠近前刀面处纤维化,流动速度减缓,甚至会停滞在前刀面上;切屑卷曲;刀屑界面之间由摩擦产生的热量使切削区附近温度升高等。挤压与摩擦不仅造成第二变形区的变形,而且反过来对第一变形区也有一定影响。很显然,如果前刀面的摩擦力很大,切屑不易排出,则第

一变形区的剪切滑移将加剧。

1. 作用在切屑上的力

为研究前刀面摩擦对切削变形的影响,先要分析作用在切屑上的力的情况。如图 3-9 所示,在直角自由切削的前提下,作用在切屑上的力有前刀面对其作用的法向力 F_n 和摩擦力 F_f、剪切面上的剪切力 F_s 和法向力 F_{ns},两对力的合力分别为 F_r 和 F_r'。假设这两个合力相互平衡(严格地讲,这两个合力不共线,有一个使切屑弯曲的力矩),F_r 称为切屑形成力,φ 是剪切角;β 是 F_n 与 F_r 之间的夹角,称为摩擦角;γ_o 是刀具前角。

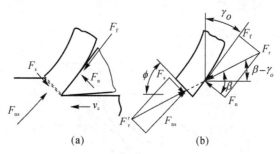

(a)　　　　　　　(b)

图 3-9　作用在切屑上的力

如果把所有的力都画在切削刃前方,可得如图 3-10 所示的各力关系。图中 F_c 是切削运动方向的切削分力,F_p 是和切削运动方向垂直的切削分力。

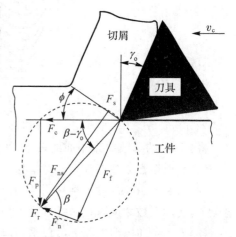

切削层截面积为　　　$A_D = h_D b_D$

剪切面截面积为　　　$A_S = \dfrac{A_D}{\sin\varphi} = \dfrac{h_D b_D}{\sin\varphi}$

用 τ 表示剪切面上的切应力,则

$$F_s = \tau A_S = \dfrac{\tau A_D}{\sin\varphi}$$

$$F_s = F_r \cos(\varphi - \beta + \gamma_o)$$

$$F_r = \dfrac{F_s}{\cos(\varphi - \beta + \gamma_o)}$$

$$= \dfrac{\tau A_D}{\sin\varphi \cos(\varphi - \beta + \gamma_o)} \qquad (3\text{-}8)$$

$$F_c = F_r \cos(\beta - \gamma_o)$$

图 3-10　直角自由切削时力与角度的关系

$$= \dfrac{\tau A_D \cos(\beta - \gamma_o)}{\sin\varphi \cos(\varphi - \beta + \gamma_o)} \qquad (3\text{-}9)$$

$$F_p = F_r \sin(\beta - \gamma_o) = \dfrac{\tau A_D \sin(\beta - \gamma_o)}{\sin\varphi \cos(\varphi - \beta + \gamma_o)} \qquad (3\text{-}10)$$

式(3-9)和式(3-10)说明了摩擦角 β 对切削分力 F_c 和 F_p 的影响。如果忽略后刀面上的作用力,用测力仪测得 F_c 和 F_p 的值,可以用式(3-9)和(3-10)求出摩擦角 β,即

$$\tan(\beta - \gamma_o) = \dfrac{F_p}{F_c} \qquad (3\text{-}11)$$

$$\mu = \tan\beta \qquad (3\text{-}12)$$

这就是通常测定前刀面摩擦系数 μ 的方法。

2. 剪切角的计算

(1)李和谢弗(Lee and Shaffer)公式

该公式称为切削第一定律,是根据主应力方向与最大切应力方向成 45°角的原理来计算剪切角的。如图 3-10 所示,F_r 的方向即为主应力方向,而 F_s 的方向就是最大切应力方向,两者之间的夹角为 $\varphi - \beta + \gamma_o$。根据此原理有

$$\varphi - \beta + \gamma_o = \frac{\pi}{4}$$

即

$$\varphi = \frac{\pi}{4} + \beta - \gamma_o \qquad (3\text{-}13)$$

(2)麦钱特(M. E. Merchant)公式

该公式是根据合力最小原理来计算剪切角的。由图 3-10 和式(3-8)可以看出,剪切角 φ 大小不同,则切削合力 F_r 也将随之不同,但必然存在一个 φ,使得 F_r 为最小。对式(3-8)求偏导,并令 $\frac{\partial F_r}{\partial \varphi} = 0$,然后求解出 φ 为

$$\varphi = \frac{\pi}{4} - \frac{\beta}{2} + \frac{\gamma_o}{2} \qquad (3\text{-}14)$$

从式(3-13)和(3-14)可以得到如下结论:

①当前角 γ_o 增大时,剪切角 φ 随之增大,变形减小。可见,在保证切削刃强度的前提下,增大刀具前角对改善切削过程是有利的。

②当摩擦角 β 增大时,剪切角 φ 随之减小,变形增大。所以提高刀具的刃磨质量,采用切削液以减小前刀面上的摩擦是很重要的。这一结论也说明第一变形区的变形与第二变形区的变形密切相关。

上述两个公式的计算结果和实验结果在定性上是一致的,但在定量上有些出入。其原因是切削模型的简化所致的,主要有:前刀面上的摩擦情况非常复杂,用一个简单的平均摩擦系数 μ 来表示,不尽符合实际;而且在以上分析中把第一变形区作为一个假想的平面,把刀具的切削刃看作是绝对锋利的,把工件材料看成是各向同性的,不考虑加工硬化以及切屑底部和刀具的粘结等现象,这些都和实际情况有出入。

3. 前刀面上的摩擦

在切削塑性金属材料的过程中,当切屑沿刀具前刀面流过时,处于高压(2～3GPa)和高温(900℃左右)状态,切屑的底部与前面发生粘结现象,俗称冷焊。粘结时,它们之间就不再是一般的摩擦概念,通过扫描电镜实测,可知刀屑间摩擦情况及前刀面正应力 σ 与切应力 τ 的分布曲线,如图 3-11 所示。

刀屑接触面有两个摩擦区域:粘结(内摩擦)区和滑动(外摩擦)区。在粘结区,切屑的底层与前面呈现冷焊状态,切屑与前面之间不是一般的外摩擦,这时切屑底层的流速要比上层缓慢得多,从而在切屑底部形成一个滞流层。所谓"内摩擦"就是指滞流层与其上层金属之间的摩擦,实际上就是金属内部的剪切滑移。其摩擦力的大小与材料的流动应力特性及粘结面积的大小有关。切屑离开粘结区后进入滑动区,在该区域内刀屑间的摩擦仅为外摩擦。

在刀屑界面间的两种摩擦中,据估计,内摩擦约占总摩擦力的 85% 左右,只有在低速切削或刀屑界面间的压力和温度都不高时,才考虑外摩擦力的影响。所以在研究摩擦系数 μ 时,应以内摩擦为主要依据。

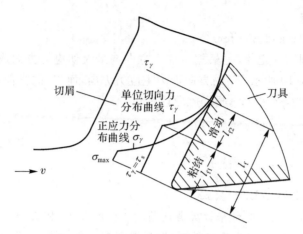

图 3-11　切屑和前刀面摩擦情况示意图

令 μ 代表前刀面上的平均摩擦系数,则按内摩擦的规律有

$$\mu = \frac{F_{\mathrm{f}}}{F_{\mathrm{n}}} \approx \frac{\tau_{\mathrm{s}} A_{\mathrm{fl}}}{\sigma_{\mathrm{av}} A_{\mathrm{fl}}} = \frac{\tau_{\mathrm{s}}}{\sigma_{\mathrm{av}}} \qquad (3\text{-}15)$$

式中:A_{fl} 表示内摩擦部分的接触面积;σ_{av} 表示该部分的平均正应力;τ_{s} 是工件材料的剪切屈服强度,随切削温度的升高而略有下降;σ_{av} 则随材料硬度、切削厚度、切削速度及刀具前角而变化,其变化范围较大。因此 μ 是一个变数,在金属切削过程中,不能简单地沿用公式 $\mu = \tan\beta$ 来描述刀屑界面之间的摩擦情况。

3.1.5　积屑瘤的形成及其对切削过程的影响

1. 积屑瘤现象

在一定的切削速度范围内切削钢、铝合金、球墨铸铁等塑性金属材料时,常在刀具前刀面刃口处堆积一些工件材料,如图 3-12 所示。这层堆积物大体呈三角形,质地十分坚硬,其硬度通常为工件材料硬度的 2～3 倍,处于稳定状态时可代替刀具切削刃进行切削。该堆积物称为积屑瘤。

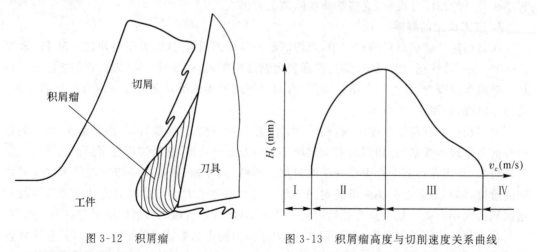

图 3-12　积屑瘤　　　　　　　　　图 3-13　积屑瘤高度与切削速度关系曲线

2. 积屑瘤的成因

积屑瘤的形成有多种解释,通常认为是由于切屑在前刀面上粘结造成的。当在一定的

加工条件下,随着切屑与前刀面间温度和压力的增加,摩擦力也增大,使靠近前刀面处切屑中塑性变形层流速减慢,产生"滞流"现象。越靠近前刀面处的金属层,流速越低。当温度和压力增加到一定程度,滞流层中底层与前刀面产生粘结。当切屑底层中剪应力超过金属的剪切屈服极限时,底层金属流速为零而被剪断,并粘结在前刀面上。该粘结层经过剧烈的塑性变形使硬度提高,在继续切削时,硬的粘结层又剪断软的金属层。这样层层堆积,高度逐渐增加,从而逐渐形成一个楔块,这就是积屑瘤。

在积屑瘤的形成过程中,它的高度不断增加,但由于切削过程中的冲击、振动、负荷不均匀及切削力的变化等原因,会出现整个或部分积屑瘤破裂、脱落及再生成的现象。有些资料表明,积屑瘤的产生、成长和脱落是在瞬间内进行的,它们的频率很高,是一个周期性的动态过程。

积屑瘤的形成条件主要决定于切削温度。在切削温度很低时,切屑与前刀面间呈点接触,摩擦系数 μ 较小,故不易形成粘结;在切削温度很高时,接触面间切屑底层金属呈微熔状态,起润滑作用,摩擦系数 μ 也较小,积屑瘤同样不易形成。在中温区,例如对碳素钢,约在 $300 \sim 350\,^{\circ}\mathrm{C}$。切屑底层金属软化,粘结严重,摩擦系数 μ 最大,积屑瘤高度达到最大值。在背吃刀量和进给量保持一定时,积屑瘤高度与切削速度有着密切关系,如图 3-13 所示,在低速范围 Ⅰ 区内不产生积屑瘤;在 Ⅱ 区内积屑瘤高度随切削速度增大而达到最大值;在 Ⅲ 区内积屑瘤高度随切削速度增大而减小;在 Ⅳ 区内积屑瘤不再生成。由于切削用量中切削速度对切削温度影响最大,因此该图实际上反映了积屑瘤高度与切削温度的关系。

3. 积屑瘤对切削过程的影响及其控制

积屑瘤对切削过程的影响有以下几个方面:

(1)保护刀具

积屑瘤包围着刀刃和刀面,在相对稳定时,可代替刀刃切削,因而保护了刀刃和刀面,延长了刀具使用寿命。

(2)增大前角

积屑瘤堆积在前刀面的比较典型情况如图 3-14 所示,它具有 30° 左右的前角,可使切削力减小,从而使切削过程容易进行。

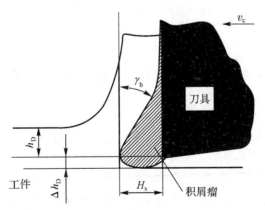

图 3-14　积屑瘤的前角 γ_{b} 与伸出量 Δh_{D}

(3)增大切削厚度

积屑瘤的前端伸出切削刃之外,使切削厚度增大 Δh_{D},从而影响了工件的加工精度。

（4）增大已加工表面的粗糙度

积屑瘤的外形极不规则，同时其顶部很不稳定，容易破裂，因此增大了已加工表面的粗糙度。

（5）加速刀具磨损

如果积屑瘤频繁脱落，则积屑瘤碎片反复机械擦伤前刀面和后刀面，当积屑瘤从根部完全破裂时，将使刀具产生粘结磨损，加速刀具磨损。

积屑瘤对切削过程的影响有利有弊，粗加工时，可允许积屑瘤生成，以增大实际前角，使切削轻快；而精加工时，则应尽量避免产生积屑瘤，以确保加工质量。在生产过程中通常采用以下几方面的措施来抑制或消除积屑瘤：

（1）选择低速或高速进行切削，避开积屑瘤容易产生的切削速度区间，例如一般精车、精铣采用高速切削，而拉削、铰削则采用较低的切削速度。

（2）可通过热处理，适当提高工件材料的硬度，降低塑性，减少工件材料的加工硬化倾向。

（3）增大刀具前角，当前角增大到 35°时，一般不产生积屑瘤。

（4）提高刀具的刃磨质量、适当减少进给量、采用润滑性能良好的切削液等，也有助于抑制积屑瘤的产生。

3.1.6 切屑的类型与控制

1. 切屑的基本类型

由于加工材料性质的不同以及切削条件的不同，切削变形有很大的差异，因而产生的切屑形状也是多种多样的。最基本的切屑形态可分为以下四种，如图 3-15 所示。

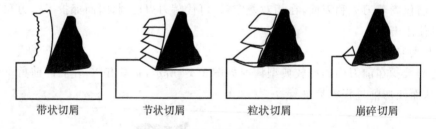

带状切屑　　　　节状切屑　　　　粒状切屑　　　　崩碎切屑

图 3-15　切屑的基本类型

（1）带状切屑

带状切屑是最常见的屑型之一。它的刀屑接触面是光滑的，外表面是毛茸状的，肉眼很难看出片层条纹，只感觉它是平整的。一般在加工塑性金属材料，且切削厚度比较小、切削速度较高、刀具前角较大时，会得到此类切屑。它最大的优点是切削过程平稳，切削力波动范围小，已加工表面粗糙度小。缺点是经常呈紊乱状切屑缠绕在刀具或工件上，影响加工过程顺利进行。

（2）挤裂切屑

挤裂切屑又称节状切屑。切屑上各滑移面大部分被剪断，切屑尚有小部分连在一起，犹如结骨状。切屑接触面有裂纹，外表面是锯齿形。这种切屑一般在切削厚度较大、切削速度较低、刀具前角较小的情况下产生。出现挤裂切屑时，切削过程不平稳，切削力有波动，已加工表面粗糙度增大。

（3）粒状切屑

粒状切屑又称单元切屑。切屑沿滑移面完全断开，切屑呈粒状（单元状），这种切屑一般在挤裂（节状）切屑产生的前提下，当进一步降低切削速度、增大进给量、减小前角时，则出现单元（粒状）切屑。此时切削力波动较大，已加工表面粗糙度也较大。

（4）崩碎切屑

切削脆性金属材料（如铸铁、青铜等）时，由于材料塑性很小、抗拉强度很低，切削时切削层内靠近切削刃和前刀面的局部金属未经明显的塑性变形就被挤裂，形成不规则状的碎块切屑。工件材料越是脆硬、切削厚度越大、刀具前角越小时，越容易产生这种切屑。产生崩碎切屑时，切削力波动大，已加工表面粗糙度大，易损坏刀具。

金属切削过程的本质是被切削层金属在刀具切削刃和前刀面作用下，经受挤压而产生剪切滑移的切削变形过程，被切削层金属通过剪切滑移后变成切屑。由于金属材料的性质不同，切削条件不同，滑移变形的程度有很大差异，所以产生的切屑不论从形态、尺寸、颜色、硬度等方面都有很大差别。这就是产生多种屑型的根本原因。

2. 切屑的控制

在切削钢等塑性材料时，特别是高速切削时，排出的切屑常常打卷或连绵不断，小片状的切屑四处飞溅，带状切屑直窜，易刮伤已加工表面，损伤机床、刀具和夹具，并威胁操作者的人身安全。尤其在切削高强度、高韧性的合金钢、深孔加工以及自动机床、自动生产线，切屑的控制与处理则成为生产的关键问题。因此，必须采取有效措施，控制切屑，以保证生产正常进行。

（1）切屑卷曲

切屑卷曲是由于其内部变形或碰到卷屑槽（断屑槽）等障碍物造成的。如图 3-16（a）所示，切屑沿前刀面流出时，受到前刀面的挤压和摩擦作用，使切屑内部继续产生变形，越靠近前刀面的切屑底层变形越严重，剪切滑移量越大，外形伸长量越长；离前刀面越远的切屑层变形越小，外形伸长量越小，因此沿切削厚度 h_D 方向产生变形速度差。切屑流动时，就在速度差的作用下产生卷曲，直到 C 点脱离前刀面为止。

为了使切屑卷曲，通常在刀具前刀面上作出卷屑槽，如图 3-16（b）所示，切屑在流经卷屑槽时，受到外力 F_R 作用产生力矩 M 而使切屑卷曲，切屑的卷曲半径 r_{ch} 的计算式为

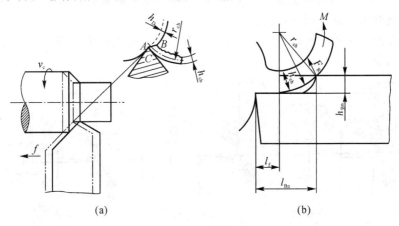

(a)　　　　　　　　　　　(b)

图 3-16　卷屑机理

$$r_{ch} = \frac{(l_{Bn} - l_f)^2}{2h_{Bn}} + \frac{h_{Bn}}{2} \tag{3-16}$$

加工钢时,刀屑接触长度 $l_f \approx h_{ch}$,故有

$$r_{ch} = \frac{(l_{Bn} - h_{ch})^2}{2h_{Bn}} + \frac{h_{Bn}}{2} \tag{3-17}$$

由式(3-17)可知,卷屑槽的宽度 l_{Bn} 越小,深度 h_{Bn} 越大,切屑厚度 h_D 越大,则切屑的卷曲半径 r_{ch} 越小,切屑越易卷曲、越易折断。

切屑卷曲后,使切屑内部塑性变形加剧,硬度增大、塑性降低、性能变脆,从而为断屑创造了有利条件。

(2)切屑的折断

切屑经卷曲变形后产生的弯曲应力增大,当弯曲应力超过材料的弯曲强度极限时,导致切屑折断。因此,可采取措施,通过增大切屑的卷曲变形和弯曲应力进行断屑。

在前刀面上磨制断屑槽(或使用压块式断屑器)。断屑槽的型式如图3-17所示,折线型和直线圆弧型适用于加工碳钢、合金钢、工具钢和不锈钢;直线圆弧型适用于加工塑性大的材料和用于重型刀具。

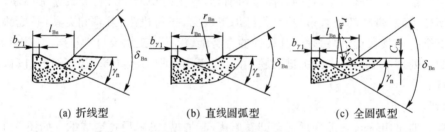

(a) 折线型   (b) 直线圆弧型   (c) 全圆弧型

图 3-17 断屑槽的型式

通过减小槽宽 l_{Bn},增大反屑角 δ_{Bn},均能使切屑卷曲半径 r_{ch} 减少,从而使卷曲变形和弯曲应力增大,切屑易折断。但槽宽 l_{Bn} 太小或反屑角 δ_{Bn} 太大,切屑易堵塞,使切削力增大,切削温度升高。通常槽宽 l_{Bn} 根据切削厚度 h_D 按下式初选

$$l_{Bn} = (10 \sim 13)h_D \tag{3-18}$$

反屑角 δ_{Bn} 按槽型可分为:折线槽型 $\delta_{Bn} = 60° \sim 70°$,直线圆弧槽型 $\delta_{Bn} = 40° \sim 50°$,全圆弧槽型 $\delta_{Bn} = 30° \sim 40°$。当背吃刀量 $a_p = 2 \sim 6$mm 时,一般取断屑槽的圆弧半径 $r_{Bn} = (0.4 \sim 0.7)l_{Bn}$。上述数值经试用后再修正。

断屑槽在前刀面的位置如图3-18所示,外斜式和平行式适用于粗加工;内斜式适用于半精加工和精加工。

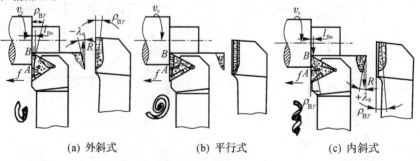

(a) 外斜式   (b) 平行式   (c) 内斜式

图 3-18 断屑槽斜角

另外,适当调整切削条件,如适当调整刀具角度、切削用量等,对切屑的变形程度及切屑的横截面尺寸都有较大的影响,从而也能达到断屑的目的。

①减小前角。刀具前角 γ_o 越小,可使基本变形增大,切屑越容易折断。

②增大主偏角。主偏角越大,切削厚度 h_D 越大,切屑的卷曲半径越小,弯曲应力越大,切屑越容易折断。

③改变刃倾角。选择合理的刃倾角 λ_s,以控制切屑的流向,迫使切屑碰撞在刀具或工件的适当部位,从而促使切屑折断。

④增大进给量。增大进给量 f,切削厚度 h_D 也按相应比例增大,切屑卷曲时产生的弯曲应力增大,切屑容易折断。

应该指出,刃磨合理的断屑槽是解决生产中断屑问题的主要措施,调整切削条件一般只能作为辅助措施。

3.1.7 影响切削变形的主要因素

1. 工件材料

工件材料的强度和硬度增大,变形系数 ξ 减小。这是因为工件材料的强度和硬度增大,使前刀面的法向应力 σ_{av} 增大,刀屑界面上的平均摩擦系数 μ 减小,摩擦角 β 减小,剪切角 φ 增大,所以变形系数 ξ 减小。

2. 切削速度

切削速度 v_c 是通过积屑瘤的生长消失过程和切削温度影响切削变形大小的。如图 3-19 所示,在积屑瘤增长的速度范围内,因积屑瘤导致实际的工作前角增加,剪切角 φ 增大,变形系数 ξ 减小。在积屑瘤消失的速度范围内,实际的工作前角不断减小、变形系数 ξ 不断增大,并最终达到最大值,此时积屑瘤完全消失。随着切削速度进一步增大,变形系数 ξ 又逐渐减小,这主要是由于变形时间短,变形不充分,在高速范围内,刀屑界面上的平均摩擦系数 μ 随切削速度的增大而逐渐减小的缘故。当切削速度很高时,由于切削温度很高,切屑底层已微熔软化,此时,切削速度的变化对切削变形已无明显影响。

切削铸铁等脆性金属时,一般不产生积屑瘤。随着切削速度增大,变形系数 ξ 逐渐地减小。

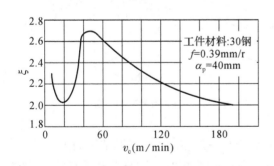
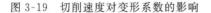
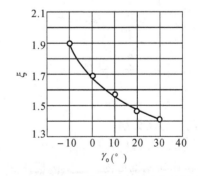

图 3-19　切削速度对变形系数的影响　　　图 3-20　前角对变形系数的影响

3. 进给量

切削层金属变为切屑的过程中,沿切屑厚度方向的变形程度是不相同的。由于切屑沿前刀面流过时,其底层与前刀面产生剧烈的挤压与摩擦,使切屑进一步变形,因而其切屑底层的变形比外层要大。因此,当进给量 f 增大时,切削厚度 h_D 增大,切屑的平均变形减小,

变形系数 ξ 减小。

4. 前角

前角 γ_o 增大,则变形系数 ξ 减小。这是因为前角越大,刀具越锋利,切削变形越小。另一方面,前角的增大,将导致刀屑界面平均摩擦系数 μ 的增大,由此而促使切削变形的增大,但后者的影响要比前者的影响小。所以总的来说,前角的增大,使切削变形减小。变形系数与前角之间的关系,如图 3-20 所示。

3.2 切 削 力

在切削过程中,刀具使切削层金属转变为切屑需要克服的阻力称为切削力。切削力是金属切削过程的重要物理现象之一,是设计和使用机床、刀具、夹具以及在自动化生产中实施质量监控不可缺少的要素之一。切削力的大小将直接影响切削功率、切削热、刀具磨损及刀具寿命,因而影响加工质量和生产率。所以研究并掌握切削力的变化规律、计算其数值,对分析和解决生产过程中的实际问题具有重要的指导意义。

3.2.1 切削力的来源与分解

1. 切削力的来源

刀具切削工件而产生切削力,其根本原因是切削过程中产生的变形和摩擦引起的。如图 3-21 所示,对刀具来说,切削力来自于金属切削过程中克服被加工材料的弹、塑性变形抗力和摩擦阻力。摩擦阻力包括刀具前刀面与切屑底面、后刀面与加工表面、副后刀面与已加工表面之间的摩擦力。对于锋利的刀具,后刀面上的作用力很小,分析问题有时可以忽略。

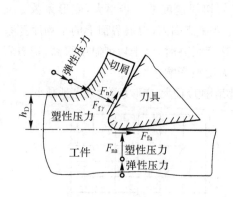　　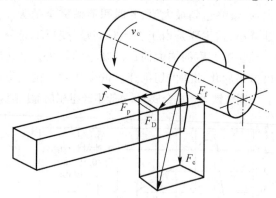

图 3-21　切削力的来源　　　　　　　　　　图 3-22　切削力的合力及分解

2. 切削合力及分解

如图 3-22 所示,以外圆车削为例,如果忽略副切削刃的切削作用及其他影响因素,则切削合力 F 作用在主剖面内。在实际应用中,为便于机床、工装的设计及工艺系统的分析和测量,将合力 F 分解为三个相互垂直的分力。

切削力 F_c——切削合力在主运动方向的分力,是计算机床切削功率、选配机床电动机、校核机床主轴、设计机床部件及计算刀具强度等必不可少的参数。

背向力 F_p——切削合力在垂直于工作平面方向的分力,是进行加工精度分析、计算工艺系统刚度以及分析工艺系统振动的主要原始数据之一。

进给力 F_f——切削合力在进给方向的分力,是设计、校核机床进给机构,计算机床进给功率等不可缺少的参数。

由图 3-22 可知

$$F = \sqrt{F_c^2 + F_D^2} = \sqrt{F_c^2 + F_p^2 + F_f^2} \tag{3-19}$$

F_f,F_p 与 F_D 有如下关系:

$$F_f = F_D \sin\kappa_r \tag{3-20}$$

$$F_p = F_D \cos\kappa_r \tag{3-21}$$

一般情况下,在三个分力中切削力 F_c 最大,进给力 F_f、F_p 小一些。随着刀具几何参数、刀具材料以及切削用量的不同,F_p、F_f 相对于 F_c 的比值在一定的范围内变化。F_f、F_p 与 F_c 的近似关系为

$$F_f = (0.1 \sim 0.6)F_c \tag{3-22}$$

$$F_p = (0.15 \sim 0.7)F_c \tag{3-23}$$

由式(3-19)和(3-20)可知,主偏角 κ_r 的大小影响 F_p 和 F_f 的大小。在车削细长轴、丝杠时,采用大的主偏角,可以使背向力 F_p 大大减小,可防止工件由于弯曲变形而产生的直线度误差。当工艺系统刚性较差时,应尽可能使用大的主偏角刀具进行切削。

3. 切削功率

切削功率 P_c 是指消耗在切削过程中的总功率。计算切削功率 P_c 是用于核算加工成本和计算能量消耗,并在设计机床时根据它来选择机床主电动机功率。由于 F_f 消耗的功率所占比例很小(约 $1\% \sim 5\%$),通常略去不计;而且 F_p 方向的运动速度为零,不消耗功率,所以只计算主运动消耗的功率。一般切削功率 P_c 按下式计算即可。

$$P_c = F_c v_c \times 10^{-3} \tag{3-24}$$

式中:F_c——切削力,单位为 N;

v_c——切削速度,单位为 m/s。

根据切削功率 P_c,可计算机床电动机功率 P_E。

$$P_E \geqslant P_c / \eta_m$$

式中:η_m——机床传动效率,一般取 $\eta_m = 0.75 \sim 0.85$。

3.2.2　切削力的计算公式

切削力的计算有理论公式和经验公式。理论公式能够反映影响切削力诸因素的内在联系,能分析问题,但计算出来的切削力不够精确,因此通常供在定性分析时使用。在生产实际中,一般使用经验公式来计算切削力。

利用测力仪测出切削力,再对实验数据用图解法、线形回归等进行处理,可求得计算切削力的经验公式。常用的经验公式分为两类:一类是用指数公式计算;另一类是按单位切削力进行计算。

1. 计算切削力的指数公式

在金属切削中广泛应用指数公式计算切削力,指数公式形式如下:

$$F_c = C_{F_c} a_p^{x_{F_c}} f^{y_{F_c}} v_c^{n_{F_c}} K_{F_c}; \quad F_p = C_{F_p} a_p^{x_{F_p}} f^{y_{F_p}} v_c^{n_{F_p}} K_{F_p}; \quad F_f = C_{F_f} a_p^{x_{F_f}} f^{y_{F_f}} v_c^{n_{F_f}} K_{F_f} \tag{3-25}$$

式中:F_c,F_p,F_f——切削力、背向力和进给力;

C_{F_c},C_{F_p},C_{F_f}——取决于工件材料和切削条件的系数;

x_{F_c},x_{F_p},x_{F_f}——切削深度 a_p 对切削力影响的指数;

y_{F_c},y_{F_p},y_{F_f}——进给量 f 对切削力影响的指数;

n_{F_c},n_{F_p},n_{F_f}——切削速度 v_c 对切削力影响的指数;

K_{F_c},K_{F_p},K_{F_f}——计算时的切削条件与经验公式建立时的实验条件不同时的切削力的修正系数。

切削力计算的指数公式可在切削用量手册中查得。车削时的切削分力及切削功率的计算公式如表 3-1 所示。

表 3-1　车削时的切削分力及切削功率计算公式

计 算 公 式		
切削力 F_c	$F_c = C_{F_c} a_p^{x_{F_c}} f^{y_{F_c}} v_c^{n_{F_c}} K_{F_c}$	式中:F_c 的单位为 N;
背向力 F_p	$F_p = C_{F_p} a_p^{x_{F_p}} f^{y_{F_p}} v_c^{n_{F_p}} K_{F_p}$	P 的单位为 kW;
进给力 F_f	$F_f = C_{F_{fc}} a_p^{x_{F_f}} f^{y_{F_f}} v_c^{n_{F_f}} K_{F_f}$	v_c 的单位为 m/min
切削时消耗的功率 P_c		

公 式 中 的 系 数 和 指 数															
加工材料	刀具材料	加 工 型 式	公式中的系数及指数												
			切削力 F_c				背向力 F_p				进给力 F_f			
			C_{F_c}	x_{F_c}	y_{F_c}	n_{F_c}	C_{F_p}	x_{F_p}	y_{F_p}	n_{F_p}	C_{F_f}	x_{F_f}	y_{F_f}	n_{F_f}
结构钢及铸钢 $\sigma_b = 0.637$GPa	硬质合金	外圆纵车、横车及镗孔	270	1.0	0.75	−0.15	199	0.9	0.6	0.3	294	1.0		
		切槽及切断	367	0.72	0.8	0	142	0.73	0.67	0	—	—		
		切螺纹	133	—	1.7	0.71								
	高速钢	外圆纵车、横车及镗孔	180	1.0	0.75	0	94	0.9	0.75	0	54	1.2		
		切槽及切断	222	1.0	1.0	0	—	—	—	—	—	—	—	
		成形车削	191	1.0	0.75	0								
不锈钢 1Gr18Ni9Ti,≤187HBS	硬质合金	外圆纵车、横车及镗孔	204	1.0	0.75	0								
灰铸铁 190HBS	硬质合金	外圆纵车、横车及镗孔	92	1.0	0.75	0	54	0.9	0.75	0	46	1.0		
		切螺纹	103	—	1.8	0.82	—	—	—	—	—	—		
	高速钢	外圆纵车、横车及镗孔	114	1.0	0.75	0	119	0.9	0.75	0	51	1.2		
		切槽及切断	158	1.0	1.0	0								
可锻铸铁 170HBS	硬质合金	外圆纵车、横车及镗孔	81	1.0	0.75	0	43	0.9	0.75	0	38	1.0		
	高速钢	外圆纵车、横车及镗孔	100	1.0	0.75	0	88	0.9	0.75	0	40	1.2		
		切槽及切断	139	1.0	1.0	0	—	—	—	—	—	—		
中等硬度不均质钢合金 120HBS	高速钢	外圆纵车、横车及镗孔	55	1.0	0.66	0								
		切槽及切断	75	1.0	1.0	0								
铝及铝硅合金	高速钢	外圆纵车、横车及镗孔	40	1.0	0.75	0								
		切槽及切断	50	1.0	1.0	0								

注:1. 成形车削背吃刀量不大,形状不复杂的轮廓时,切削力减少 10%~15%

2. 切螺纹时切削力按下式计算　　$F_c = \dfrac{9.81 C_{F_c} P y_{F_c}}{N_n^m c}$

式中:P——螺距;N_c——进给次数。

2. 利用单位切削力计算

为了简化切削力的计算，目前常用单位切削力来计算切削力的大小。单位切削力是指切削层单位面积上的切削力，用 k_c（单位为 N/mm²）表示为

$$k_c = \frac{F_c}{A_D} = \frac{F_c}{a_p f} \tag{3-26}$$

若已知单位切削力 k_c，在进给量 f、背吃刀量 a_p 选定后，就可方便地按下式求出切削力，即

$$F_c = K_c a_p f \tag{3-27}$$

单位切削功率是指单位时间内切除单位体积材料所需要的切削功率，用 p_s 表示为

$$p_s = \frac{P_c}{Q_z} \tag{3-28}$$

式中：P_c——切削功率，单位为 kW；

$$P_c = \frac{F_c v_c}{10^3} = \frac{k_c a_p f v_c}{10^3}$$

Q_z——材料切除率，即单位时间内所切除材料的体积，单位为 mm³/min；

$$Q_z = 10^3 a_p f v_c$$

将 P_c 和 Q_z 代入式(3-28)，得

$$p_s = \frac{k_c a_p f v_c \times 10^{-3}}{10^3 v_c a_p f} = k_c \times 10^{-6} \tag{3-29}$$

若已知单位切削力 k_c，即可求得单位切削功率 p_s。表 3-2 所示为硬质合金外圆车刀切削常用金属时的单位切削力和单位切削功率。实际切削条件与表中不符时，必须引入修正系数加以修正，有关修正系数可参见相关手册。

表 3-2　硬质合金外圆车刀切削常用金属时的单位切削力和单位切削功率（$f=0.3$mm/r）

加 工 材 料				实 验 条 件		单位切削力	单位切削功率
名　称	牌　号	制造热处理状态	硬度(HBS)	车刀几何参数	切削用量范围	k_c(N·mm⁻²)	p_s(kW·mm⁻³·s⁻¹)
碳素结构钢	Q235-A·F	热轧或正火	134~137	$\gamma_o=15°$ $\kappa_T=75°$ $\lambda_n=0°$ $b_{11}=0$ 前刀面带卷屑槽	$a_p=1\sim5$mm $f=0.1\sim0.5$mm/r $v_q=90\sim105$m/min	1884	1884×10⁻⁶
	45		187			1962	1962×10⁻⁶
	40Cr		212			1962	1962×10⁻⁴
合金结构钢	45	调质	229	$b_{r1}=0.2$mm $\gamma_{o1}=-20°$ 其余同上		2305	2305×10⁻⁴
	40Cr		285			2305	2305×10⁻⁶
不锈钢	1Cr18Ni9Ti	祁火回火	170~179	$\gamma_o=20°$ 其余同上		2453	2453×10⁻⁶
灰铸铁	HT200	退火	170	前刀面无卷屑槽 其余同上	$f=0.1\sim0.5$mm/r $v_r=70\sim80$m/min	1118	1118×10⁻⁵
可锻铸铁	KTH300-6	退火	170	前刀面带卷屑槽 其余同上		1344	1344×10⁻⁶
进给量 f 对单位切削力和单位切削功率的修正系数 K_{fk_c}、K_{fp_s}							
f	0.1	0.15	0.2	0.25	0.3	0.35	0.4	0.45	0.5	0.6
K_{fk_c}、K_{fp_s}	1.18	1.11	1.06	1.03	1	0.97	0.96	0.94	0.925	0.9

3.2.3 影响切削力的因素

影响切削力的因素很多,其中最主要的是工件材料、切削用量和刀具几何参数。此外,刀具材料、刀具磨损、切削液等对切削力也有一定的影响。这些因素的影响规律在切削力的理论公式和经验公式中都有较全面的体现。

如果忽略后刀面上的切削力,则在直角自由切削时的切削力理论公式为

$$F_c = \tau_s h_D b_D (1.4\xi + C) = \tau_s a_p f(1.4\xi + C) \tag{3-30}$$

式中:τ_s——工件材料的剪切屈服强度;

C——与刀具前角有关的系数,随前角增大而减小。

1. 工件材料

工件材料对切削力的影响是通过切削变形、刀具前刀面的摩擦而起作用的。材料的强度、硬度越高,则屈服强度越高,切削力越大。在强度、硬度相近的情况下,材料的塑性、韧性越大,则刀具前刀面上的平均摩擦系数越大,切削力也就越大。例如不锈钢 1Crl8Ni9Ti 的强度、硬度与 45 钢相近,但伸长率是 45 钢的 4 倍,加工硬化能力强。切削不锈钢要比切削 45 钢的切削力大 25% 左右。铝、铜等有色金属,虽然塑性很大,但其加工硬化能力差,所以切削力小。加工铸铁时,由于其强度和塑性均比钢小得多,而且产生的崩碎切屑与前刀的接触面积小、摩擦抗力小,所以切削力比钢小。

2. 切削用量的影响

(1)进给量 f 和背吃刀量 a_p

进给量 f 和背吃刀量 a_p 增加,使切削力 F_c 增加,但影响程度是不同的。因为进给量 f 增大时,切削宽度 b_D 不变,切削厚度 h_D 增大,平均变形减小,故切削力有所增加;而背吃刀量 a_p 增大时,切削厚度 h_D 不变,切削宽度 b_D 增大,切削刃上的切削负荷也随之增大,即切削变形抗力和刀具前刀面上的摩擦力均成正比的增加。

在实际生产中,可应用这个规律来提高生产率。由于在相同的切削层横截面积、切削效率相同,但增大进给量与增大背吃刀量相比,前者既减小了切削力,又减小了切削功率。如果消耗相同的机床功率,则允许选用更大的进给量切削,可以切除更多的金属层材料。

(2)切削速度 v_c

在切削塑性金属材料时,切削速度 v_c 对变形系数 ξ 和切削力 F_c 的影响规律是一致的,即由积屑瘤的变化周期及刀屑界面上的摩擦系数的变化情况决定的(见图 3-23)。

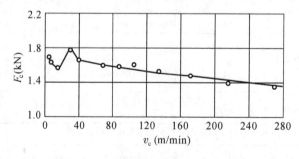

图 3-23 切削速度 v_c 对切削力的影响

以车削 45 钢为例,由实验可知:当切削速度在 5~20m/min 区域内增加时,积屑瘤高度

逐渐增加,切削力减小;切削速度继续在 20~35m/min 范围内增加,积屑瘤逐渐消失,切削力增加;在切削速度大于 35m/min 时,由于切削温度上升,摩擦系数减小,切削力下降。一般切削速度超过 90m/min 时,切削力无明显变化。

在切削脆性金属工件材料时,因塑性变形很小,刀屑界面上的摩擦也很小,所以切削速度 v_c 对切削力 F_c 无明显的影响。

在实际生产中,如果刀具材料和机床性能许可,应采用高速切削,既能提高生产效率,又能减小切削力。

3. 刀具几何参数

(1)前角 γ_o

前角 γ_o 增大,刀具锋利,切削变形系数减小,同时,沿前刀面摩擦也减小,使主切削力 F_c 减小,F_p、F_f 降低更明显(见图 3-24)。实验证明:加工 45 钢时,前角每增大 1° 可使主切削力下降约 1%。

(2)主偏角 κ_r

在不改变进给量 f 及切深 a_p 的条件下增大主偏角,$\kappa_r<60°$ 时将使切削厚度增大,促使平均变形减小,主切削力降低,但 $\kappa_r>60°$ 时,刀尖圆弧作用增大,主切削力增大。总的说来,κ_r 对主切削力 F_c 影响不大,而对背向力 F_p 以及进给力 F_f 影响较大,如图 3-25 所示。

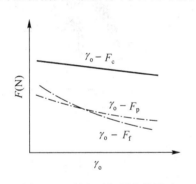

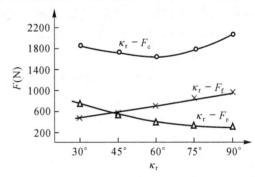

图 3-24　前角对切削力的影响　　　　　图 3-25　主偏角对切削力的影响

(3)刃倾角 λ_s

当 λ_s 在 10°~−45° 范围内变动时,F_c 基本不变,但当 λ_s 减小时,F_p 增大,F_f 减小。

(4)刀尖圆弧半径 r_ε

一般的切削加工,刀尖圆弧半径 r_ε 对 F_p、F_f 影响较大,而对 F_c 影响不大。通常 r_ε 增大,整个主切削刃上各点主偏角的平均值减小,F_p 随之增大,而 F_f 略有减小。

4. 其他因素

(1)刀具磨损

刀具后刀面磨损后,形成零后角,且切削刃变钝,后刀面与加工表面间挤压和摩擦加剧,使切削力增大。

(2)刀具材料

刀具材料对切削力的影响是由刀具材料与工件材料之间的亲和力和摩擦系数等因素而决定的。若两者之间的摩擦系数小,则切削力小。各类刀具材料中,摩擦系数按高速钢、YG 类硬质合金、YT 类硬质合金、陶瓷、金刚石的顺序依次减小。

（3）切削液

切削过程中采用切削液可减小刀具、工件与切屑接触面间的摩擦,有利于减小切削力。以冷却作用为主的水溶液对切削力影响很小,以润滑作用为主的切削油能显著降低切削力。

3.3 切削热与切削温度

金属切削过程中的另一个重要的物理现象就是切削热和由它产生的切削温度。它使加工工艺系统中机床、刀具、夹具及工件产生热变形,不但影响刀具的磨损和寿命,而且影响工件的加工精度和表面质量。因此,研究切削热和切削温度的产生及其变化规律,是研究金属切削过程的重要方面。

3.3.1 切削热的产生与传出

1. 切削热的产生

金属切削过程的三个变形区就是产生切削热的三个热源(见图 3-26)。在这三个变形区中,刀具克服金属弹、塑性变形抗力所做的功和克服摩擦抗力所做的功,绝大部分转化为切削热。在切削过程中,单位时间内所产生的热量等于在主运动中单位时间内切削力所做的功,其表达式为

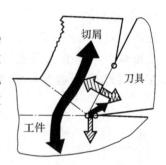

图 3-26 切削热的产生与传出

$$Q=F_c v_c \qquad (3-31)$$

式中:Q——单位时间内产生的热量,单位为 J/s;

$\quad\ F_c$——主切削力,单位为 N;

$\quad\ v_c$——切削速度,单位为 m/s。

2. 切削热的传出

切削热由切屑、工件、刀具以及周围的介质传散出去,使它们的温度上升,从而导致切削区内的切削温度上升。

影响切削热传导的主要因素是工件和刀具材料的导热系数以及周围介质的状况。工件材料的导热系数越大,由切屑和工件传导出去的热量就越多,切削区温度就越低,但整个工件的温度上升较快。刀具材料的导热系数越高,则切削区的热量就越容易从刀具传出去,也能降低切削区的温度。采用冷却性能好的切削液能使切削区内的温度显著下降,如果采用喷雾冷却法,使雾状的切削液在切削区受热汽化,能吸收大量的热量。热量传导还与切削速度有关,切削速度增加时,由摩擦生成的热量增多,但切屑带走的热量也增加,故工件和刀具中的热量减少,这样有利于金属切削过程的进行。

不同的加工方法其切削热由切屑、工件、刀具和介质传出的比例是不同的。据有关资料介绍,钻削时,28%由切屑带走,14.5%传入刀具,52.5%传入工件,5%传入周围介质;车削时,50%～86%由切屑带走,10%～40%传入车刀,3%～9%传入工件,1%左右传入空气。

3.3.2 切削温度对切削加工过程的影响

切削热是通过切削温度影响切削加工过程的,切削温度的高低取决于切削热产生多少和散热条件的好坏。切削温度是指切削过程中切削区域的温度。切削温度的升高对切削加

工过程的影响主要有以下几方面：

1. 对工件材料物理力学性能的影响

金属切削时虽然切削温度很高,但对工件材料的物理力学性能影响并不大。实验表明,工件材料预热至 500～800℃ 后进行切削,切削力明显降低。但高速切削时,切削温度可达800～900℃,切削力却下降并不多。在生产中对难加工材料可进行加热切削。

2. 对刀具材料的影响

高速钢刀具材料的耐热性为 600℃ 左右,超过该温度刀具将失效。硬质合金刀具材料耐热性好,在高温 800～1000℃ 时,强度反而更高,韧性更好。因此,适当提高切削温度,可防止硬质合金刀具崩刃,延长刀具寿命。

3. 对工件尺寸精度的影响

例如车削工件外圆时,工件受热膨胀,外圆直径发生变化,切削后冷却至室温,工件直径变小,就不能达到精度要求。刀杆受热伸长,切削时的实际背吃刀量增加,使工件直径变小。特别是在精加工和超精加工时,切削温度的变化对工件尺寸精度的影响特别大,因此,控制好切削温度是保证加工精度的有效措施。

4. 利用切削温度自动控制切削用量

大量切削试验表明,对给定的刀具材料、工件材料,以不同的切削用量加工时,都可以得到一个最佳的切削温度范围,使刀具磨损程度最低,加工精度稳定。因此,可用切削温度作为控制信号,自动控制机床转速或进给量,以提高生产率和工件表面质量。

3.3.3　切削温度的测量及分布规律

1. 切削温度的测量

切削温度的测量方法有很多种,如热电偶法、热辐射法、远红外法和热敏涂色法等。但目前比较常用的、简单可靠的测量方法是自然热电偶法和人工热电偶法。

图 3-27 所示为在车床上利用自然热电偶法测量切削温度的示意图。这种方法是利用工件材料和刀具材料化学成分的不同而构成热电偶的两极,并分别连接测量仪表,组成测量电路,刀具切削工件的切削区域产生高温形成热端,刀具与工件为热电偶冷端,冷、热端之间热电势由仪表(毫伏计)测定。切削温度越高,测得热电势越大,它们之间的对应关系可利用专用装置经标定得到。这种方法测得的温度是切削区的平均温度。

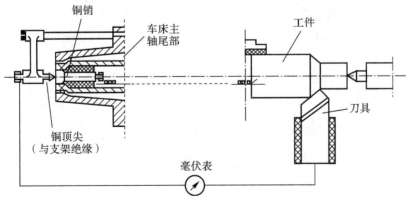

图 3-27　用自然热电偶测量切削区温度

　　图 3-28 所示是用人工热电偶法测量刀具前刀面和工件切削区某点温度的示意图。这种方法是将两种预先经过标定的金属丝组成热电偶,热电偶的热端焊接在刀具或工件需要测定温度的指定点上,冷端通过导线串联在电位差计或毫伏表上。根据仪表上的指示值和热电偶标定曲线,可测得指定点的温度。

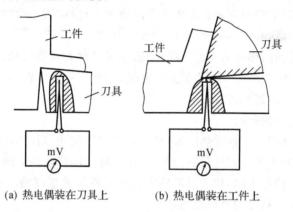

(a) 热电偶装在刀具上　　　　　　(b) 热电偶装在工件上

图 3-28　用人工热电偶测量切削区温度

2. 切削温度的分布规律

　　实验证明,切削温度在刀具、工件和切屑上的分布是不均匀的。图 3-29 所示为切削塑性材料时切削区温度的分布情况。由图可知,切削区温度最高点是在前刀面靠近刀刃处,例如切低碳钢时,若切削速度 $v_c=200\mathrm{m/min}$,进给量 $f=0.25\mathrm{mm/r}$,离切削刀 1mm 处的最高温度可达 $1000\,^{\circ}\mathrm{C}$,它比切屑中的平均温度高 2~2.5 倍,比工件中的平均温度高约 20 倍。该点最高温度形成的原因有两个方面,一方面受剪切区变形热和切屑连续摩擦产生的热的影响;另一方面是由于热量集中不易传散所致。切削脆性材料时,由于形成崩碎切屑,故最高温度区位于靠近刀尖的后刀面上的小区域内,所以切脆性材料时,刀具要选用导热性好的 YG 类硬质合金。

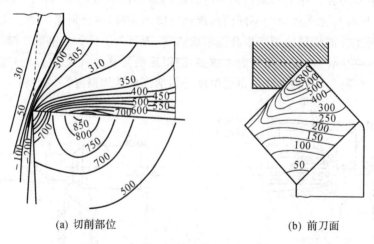

(a) 切削部位　　　　　　　　　　(b) 前刀面

图 3-29　切削区切削温度的分布(单位℃)

3.3.4　影响切削温度的因素

1. 工件材料

在工件材料的物理力学性能中,对切削温度影响较大的是强度、硬度及导热系数。材料的强度、硬度越高,则加工硬化能力越强,切削抗力越大,消耗的功越多,产生的热就越多;导热系数越小,传散的热越少,切削区的切削温度就越高。

2. 切削用量

切削用量对切削温度的影响可以用实验公式来说明。热电偶法得到的实验公式为

$$\theta = C_\theta v_c^{z_\theta} f^{y_\theta} a_p^{x_\theta} \tag{3-32}$$

式中:θ——实验测得的刀具前面切削区的平均温度,单位为℃;

C_θ——切削温度系数,主要取决于加工方法和刀具材料;

z_θ、y_θ、x_θ——分别为切削速度、进给量、背吃刀量的指数。

由实验得到的高速钢和硬质合金刀具切削中碳钢时的 C_θ、z_θ、y_θ、x_θ,如表 3-3 所示。

表 3-3　切削温度的系数及指数

| 刀具材料 | 加工方法 | C_θ | z_θ | | | y_θ | x_θ |
			$f=0.10$ mm/r	$f=0.20$ mm/r	$f=0.30$ mm/r		
高速钢	车　削	140~170					
	铣　削	80	0.35~0.45			0.20~0.30	0.08~0.10
	钻　削	150					
硬质合金	车　削	320	0.41	0.31	0.26	0.15	0.05

由式(3-32)和表 3-3 可看出:

3 个影响指数值均小于 1,说明切削速度、进给量、背吃刀量对切削温度的影响均是非线性的;3 个影响指数 $z_\theta > y_\theta > x_\theta$,说明切削速度对切削温度的影响最大,背吃刀量对切削温度的影响最小。

这是因为 v_c、a_p 和 f 增加,切削变形功和摩擦功增大,故切削温度升高。v_c 增加使摩擦生热增多,f 因切削变形增加较少,故热量增加不多。此外,增大了刀具与切屑之间的接触面积,改善了散热条件;a_p 增加使切削宽度增加,增大了散热面积,所以对切削温度影响最小。

3. 刀具几何参数

(1)前角 γ_o。

前角 γ_o 增大,由于塑性变形和摩擦的减少,使切削温度下降(见图 3-30)。但当前角增加过大时,刀具切削部分的楔角过小,容热、散热体积减小,切削温度反而上升,因此前角应合理选择。

(2)主偏角 κ_r

主偏角增大,使切削刃工作接触长度减小,切削宽度 b_D 减小,散热条件变差,故切削温度升高(见图 3-31)。

4. 工件材料影响

工件材料是通过强度、硬度和导热系数等性能不同对切削温度产生影响的。例如,低碳

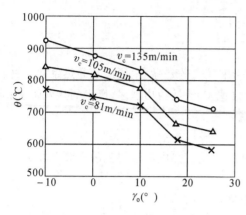
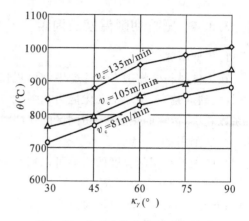

图 3-30 前角与切削温度的关系   图 3-31 主偏角与切削温度的关系

钢的强度、硬度低,导热系数大,因此产生热量少、热量传散快,故切削温度低;高碳钢的强度、硬度高,但导热系数接近于中碳钢,因此,生热多、切削温度高;40Cr 钢的硬度接近中碳钢,但强度略高,且导热系数小,故切削温度高。对于加工导热性差的合金钢,产生的切削温度可高于 45 钢 30%;不锈钢(1Cr18Ni9Ti)的强度、硬度虽较低,但它的导热系数低于 45 钢 3 倍,因此,切削温度很高,比 45 钢约高 40%;脆性材料切削变形摩擦小、生热少,故切削温度低,比 45 钢约低 25%。

5.刀具磨损

刀具主后面磨损时,后角减小,后刀面与工件间摩擦加剧。刃口磨损时,切屑形成过程的塑性变形加剧,使切削温度升高。

6.切削液

利用切削液的润滑功能降低摩擦系数,减少切削热的产生;也可利用它的冷却功用吸收大量的切削热,所以采用切削液是降低切削温度的重要措施。

3.4 刀具磨损和刀具使用寿命

刀具在切除工件余量的同时,本身也在逐渐被磨损。当磨损到一定程度时,如不及时重磨、换刀或刀片转位,刀具便丧失了切削能力,从而使工件的加工精度降低,表面粗糙度增大,并导致切削力和切削温度增加,甚至产生振动。因此,研究刀具磨损的原因,对防止刀具过早、过多磨损有重要的意义。

3.4.1 刀具的失效形式

刀具的失效形式分为正常磨损(即磨损)和非正常磨损(即破损)两类。前者表现为连续地、逐渐地发生;后者表现为突然地发生,如崩刃、碎断、剥落和卷刃等。

1.正常磨损

正常磨损是指随着切削时间的增加,磨损逐渐扩大。主要表现形式为前刀面磨损、后刀面磨损和前后刀面同时磨损(见图 3-32)。

(1)前刀面磨损

前刀面磨损又称为月牙洼磨损。在切削速度较高、切削厚度较大的情况下(一般 $h_D >$

0.5mm)加工塑性金属,刀具前刀面与切屑产生剧烈摩擦,切屑在前刀面上经常会磨出一个月牙洼,该处温度最高、压力最大。其最大深度用 KT、最大宽度用 KB 表示(见图 3-32(b))。

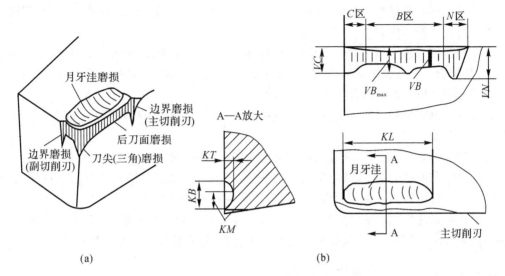

图 3-32　刀具正常磨损形式

(2)后刀面磨损

在切削脆性材料或 $h_D < 0.1$mm 的塑性金属时,由于前刀面上刀屑间的作用相对较弱,刀具后刀面和过渡表面之间存在剧烈的摩擦,远比前刀面上的摩擦严重。因此在后刀面上毗邻切削刃的地方很快被磨出后角为零的小棱面,这种磨损称为后刀面磨损。这种磨损的磨损面高度一般是不规则的,可划分为三个区域:刀尖磨损 C 区,在倒角刀尖附近,由强度低、温度集中造成,磨损量为 VC;中间磨损 B 区,在切削刃的中间位置,磨损量为 VB,局部出现最大磨损量 VB_{max};边界磨损 N 区,在切削刃与待加工表面相交处,因高温氧化和表面硬化层作用造成最大磨损量 VN(见图 3-32(b))。

(3)前后刀面同时磨损

这是一种兼有前两种形式的磨损形式。一般以中等切速及中等进给量切削塑性金属时,多为这种形式的磨损。粗加工和半精加工钢料时也常出现这种磨损。

2. 非正常磨损

刀具的非正常磨损是指在切削过程中突然或过早产生损坏现象,即刀具发生破损。刀具破损主要有两种形式。

(1)脆性破损

在振动、冲击切削条件的作用下,刀具尚未发生明显磨损($VB \leqslant 0.1$mm),但刀具切削部分却出现了刀刃微崩或刀尖崩碎、刀片或刀具折断、表层剥落、热裂纹等现象,使刀具不能继续工作,这种破损称为脆性破损。用脆性大的刀具材料(如硬质合金、陶瓷、立方氮化硼、金刚石刀具等)切削高硬度的工件材料,以及在铣、刨等断续切削加工情况下,刀具破损容易发生。

(2)塑性破损

切削时,刀具由于高温高压的作用,使刀具前、后面的材料发生塑性变形,刀具丧失切削能力,这种破损称为塑性破损。高速钢比硬质合金更容易发生此类破损。

（3）刀具破损的防止

防止刀具破损，一般可采取以下措施：

①合理选择刀具材料的种类和牌号。在具备一定硬度和耐磨性的前提下，必须保证刀具材料具有必要的韧性。

②合理选择刀具几何参数。通过调整刀具前角、后角、主偏角、副偏角、刃倾角等几何角度，保证切削刃和刀尖具有足够的强度和良好的散热条件。例如，采用正前角、负倒棱结构是硬质合金刀具防止崩刃的有效措施之一。

③保证刀具焊接和刃磨质量，避免因焊接、刃磨不善带来的各种缺陷。尽量使用机夹可转位不重磨刀具。

④合理选择切削用量，避免过大的切削力和过高的切削温度，避免产生积屑瘤。

⑤提高工艺系统的刚性，消除可能产生振动的因素，如加工余量不均匀，表面硬度不均匀，铰刀、铣刀等回转类刀具各刀齿的刃尖不在同一圆周上等现象。

⑥采用正确的操作方法，尽量使刀具不承受或少承受突变性的载荷，合理使用切削液。为防止热裂效应，不要断续使用切削液冷却硬质合金、陶瓷等脆性大的刀具材料。

3.4.2　刀具磨损的原因

为减小和控制刀具磨损以及研究新型刀具材料，必须研究刀具磨损的原因和本质，即从微观上探讨刀具在切削过程中是怎样磨损的。刀具经常工作在高温、高压下，因此刀具磨损原因非常复杂。刀具磨损经常是机械的、热的、化学的三种效应综合作用的结果。造成刀具磨损的原因有以下几种。

1. 磨料磨损

在工件材料中存在氧化物、碳化物和氮化物等硬质点，在铸、锻工件表面上存在着硬夹杂物以及积屑瘤的碎片等，这些硬度极高的微小硬质点，可在刀具表面刻划出沟纹，致使刀具磨损，称为磨料磨损。这种磨损在各种切削速度下都存在，但对低速切削的刀具而言，磨料磨损往往是刀具磨损的主要原因。

2. 粘结磨损

切削时，切屑、工件与刀具前、后面之间存在着很大的压力和强烈的摩擦，使接触点产生塑性变形而发生粘结现象，即切屑粘结在刀具前刀面上。由于刀具表层的疲劳、热应力及其他缺陷，使切屑在流出过程中将刀具表面的材料颗粒粘结带走，从而形成粘结（冷焊）磨损。这种磨损一般在中等偏低的切削速度下比较严重。

3. 扩散磨损

在高温作用下，使工件与刀具材料中的合金元素在固态下相互扩散置换造成的刀具磨损，称为扩散磨损。刀具材料中的 C、Co、W 易扩散到切屑和工件中去，且工件中的 Fe 也会扩散到刀具中来，这样就改变了原来材料的成分与结构，使刀具材料变得脆弱，从而加剧了刀具的磨损。扩散磨损常与粘结磨损、磨料磨损同时产生。这种磨损是指中高速切削时，硬质合金刀具磨损的主要原因。

4. 氧化磨损

硬质合金刀具在切削温度达 $700 \sim 800 ℃$ 时，空气中的氧气与硬质合金中的钴及碳化钨、碳化钛等发生氧化作用，产生硬度和强度较低的氧化物，被切屑带走而造成的磨损称为氧化磨损。氧化磨损经常在主副切削刃工作的边界处形成(此处易与空气接触),是造成刀具边界磨损的主要原因之一。

5.热电磨损

工件、切屑与刀具材料不同,切削时在接触区将产生热电势,这种热电势有促进扩散的作用而加速刀具磨损,这种在热电势的作用下产生的扩散磨损称为热电磨损。

综上所述,对于一定的刀具和工件材料,切削温度对刀具磨损具有决定性的影响。高温时扩散磨损和氧化磨损强度较高;在中低温时,粘结磨损占主导地位;磨料磨损则在不同的切削温度下都存在。

3.4.3　刀具磨损过程及磨钝标准

1.刀具磨损过程

以后刀面磨损为例,由实验可得如图 3-33 所示磨损过程曲线,刀具正常磨损过程一般分三个阶段。

(1)初期磨损阶段。在该阶段中,新刃磨的刀具刚投入使用,其主后面与过渡表面之间的实际接触面积很小,表面压强很大,因此磨损速度很快,磨损曲线在该阶段斜率较大。一般经研磨的刀具,初期磨损阶段时间较短。

(2)正常磨损阶段。经过初期磨损阶段后,刀具主后面上表面粗糙度值减小,与过渡表面的实际接触面积增大,接触压强减小,磨损速度缓慢。磨损量随切削时间的延长而成正比的增加,曲线斜率较小,持续的时间较长。斜率的大小表示刀具正常工作时的磨损强度。

(3)剧烈磨损阶段。当刀具后刀面上的磨损宽度 VB 增大到一定数值时,摩擦加剧,切削力及切削温度急剧上升,使刀具材料的切削性能迅速下降,以至于刀具产生大幅度磨损或破损,而完全丧失切削性能。因此,当刀具磨损达到剧烈磨损阶段之前,刀具必须更换、转位或重磨,否则将损坏刀具,恶化已加工表面,损伤机床设备。

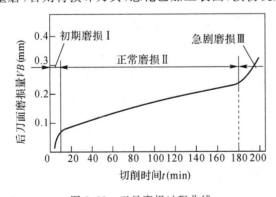

图 3-33　刀具磨损过程曲线

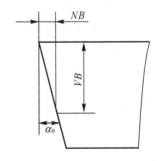

图 3-34　刀具的径向磨损量

2.刀具的磨钝标准

刀具磨损值达到了规定的标准应该重磨或更换切削刃(或更换刀片),而不能继续使用,这个规定的标准就是磨钝标准。一般刀具的后刀面上都有磨损,磨损量比较容易测量,因此在刀具管理和金属切削的科学研究中多根据后刀面的磨损量来制订刀具磨钝标准。

ISO 标准规定以 1/2 背吃刀量处后刀面上测得的磨损带宽度 VB 作为刀具磨钝标准。在自动化生产中使用的精加工刀具,一般以工件径向的刀具磨损量 NB 作为刀具的磨钝标准(见图 3-34)。磨钝标准的具体数值可从切削用量手册中查得。

3.4.4 刀具使用寿命

1. 刀具使用寿命的概念

刀具使用寿命是指刃磨好的刀具从开始切削直到磨损量达到磨钝标准为止的净切削时间,以 T 表示。也可以用相应的切削路程 l_m 或加工出的零件数 N 来定义刀具使用寿命。

刀具使用寿命的大小反映了刀具的磨损快慢。它可以用来比较相同加工条件下,刀具材料的切削加工性能,判断刀具几何参数是否合理及选择切削用量等。

2. 刀具使用寿命实验原理与经验公式

刀具耐用度实验的目的是为了确定在一定加工条件下达到磨损标准的切削时间,或研究切削用量等因素对使用寿命的影响规律。实验研究表明,切削速度 v_c(通过切削温度)是影响使用寿命 T 的最主要因素。

如图 3-35(a)所示,在正常的切削速度范围内,取 5 种以上不同的切削速度进行刀具使用寿命试验,得到刀具磨损过程曲线。根据选定的磨钝标准求出不同切削速度所对应的刀具使用寿命。然后在双对数坐标系中,标出由切削速度和对应的刀具使用寿命所确定的各点,如图 3-35(b)所示。在一定的切削速度范围内,这些点基本上分布在一条直线上。其直线方程为

$$\lg v_c = -m\lg T + \lg A \tag{3-33}$$

式中:A——与实验条件有关的系数(见图 3-35(b)的直线在横坐标上的截距);

m——直线的斜率,$m = \tan(90° - \alpha)$。

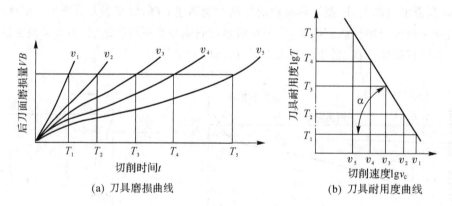

(a) 刀具磨损曲线　　　　　(b) 刀具耐用度曲线

图 3-35　刀具使用寿命实验曲线

式(3-33)可写成

$$v_c T^m = A \tag{3-34}$$

式(3-34)为重要的刀具使用寿命方程式。它揭示了切削速度与刀具使用寿命之间的关系,是选择切削速度的重要依据。m 的大小反映了刀具使用寿命 T 对切削速度 v_c 变化的敏感性。m 越小,直线越平坦,表明 T 对 v_c 的变化极为敏感,也就是说刀具的切削性能较差。对于高速钢刀具,$m = 0.1 \sim 0.125$;对于硬质合金刀具,$m = 0.2 \sim 0.4$;对于陶瓷刀具,$m \geqslant 0.4$。

用与上述同样的方法,可以由实验得出进给量 f 和切削深度 a_p 与刀具使用寿命之间的关系:

$$fT^n = B \tag{3-35}$$

$$a_p T^p = C \tag{3-36}$$

综合式(3-34)、(3-35)和式(3-36),可得到刀具使用寿命的一般方程式为

$$T = \frac{C_T}{v_c^{1/m} f^{1/n} a_p^{1/p}} \tag{3-37}$$

式中：C_T、m、n、p 是与工件材料、刀具材料和其他切削条件有关的常数。

当用 YT5 硬质合金车刀切削 $\sigma_b = 0.637\text{GPa}$ 的碳钢时($f > 0.7\text{mm/r}$),式(3-37)可近似表示为

$$T = \frac{C_T}{v_c^5 f^{2.25} a_p^{0.75}} \tag{3-38}$$

或

$$v_c = \frac{C_v}{T^{0.2} f^{0.45} a_p^{0.15}} \tag{3-39}$$

式中：C_v——切削速度系数,与切削条件有关。

从式(3-39)可看出,切削速度对刀具寿命的影响最大,进给量次之,背吃刀量影响最小。这与三者对切削温度的影响顺序完全一致。生产实践证明,切削用量是通过切削温度影响刀具磨损和刀具寿命的。

3. 刀具使用寿命的选择

(1) 最大生产率使用寿命

根据单件工时最少的原则确定的使用寿命 T,称为最大生产率使用寿命(T_p)。

加工一个零件所需的工序时间 t_w 为

$$t_W = t_m + t_{ct} \frac{t_m}{T} + t_{ot} \tag{3-40}$$

式中：t_m——工序切削时间(机动时间)；

　　t_{ct}——一次换刀所需时间；

　　t_{ot}——除换刀时间外的其他辅助时间。

例如纵车外圆时,t_m 可按下式计算

$$t_m = \frac{l_W \Delta}{n_W f a_p} \tag{3-41}$$

式中：L_W——刀具行程长度,单位 mm；

　　f——进给量,单位 mm/r；

　　n_W——工件转速,单位 r/min；

　　Δ——加工余量,单位 mm；

　　a_p——背吃刀量,单位 mm。

将 $v_c = \dfrac{\pi d_W n_W}{1000}$ 及式(3-34)代入式(3-41)得

$$t_m = \frac{l_W \Delta}{1000 A f a_p} \frac{\pi d_W}{} T^m$$

在选择 v_c 时,a_p 及 f 均为常数,故有

$$t_m = k T^m \tag{3-42}$$

于是有

$$t_w = k T^m + t_{ct} k T^{m-1} + t_{ot} \tag{3-43}$$

要使单件工时最小,可令 $\dfrac{\mathrm{d}t_W}{\mathrm{d}T}=0$,求得

$$T=T_P=\left(\frac{1-m}{m}\right)t_{ct}\tag{3-44}$$

T_P 即为最大生产率使用寿命。若刀具使用寿命超过最大生产率使用寿命 T_P,则由于切削用量降低,使生产率下降;若小于该使用寿命,会增加磨刀和装卸时间,亦会使生产率下降。T_P 也可由图 3-36 所示的曲线来表示,该图直观地显示出了最大生产率使用寿命就是工序工时最短的使用寿命。

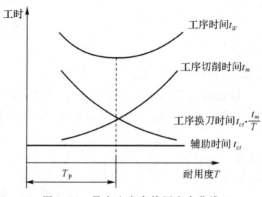

图 3-36　最大生产率使用寿命曲线

(2) 最低成本使用寿命

最低成本使用寿命是以单件工序成本为最低的原则来确定刀具使用寿命的,即经济使用寿命,用 T_C 表示。

每个零件的平均工序成本为

$$C=t_mM+t_{ct}\frac{t_m}{T}M+\frac{t_n}{T}C_t+t_{ct}M\tag{3-45}$$

式中:M——该工序单位时间内所分担的全厂开支;

C_t——刀具每次刃磨后分摊的费用。

将 $t_m=kT^m$ 代入式(3-45),并令 $\dfrac{\mathrm{d}C}{\mathrm{d}T}=0$ 得

$$T=T_C=\left(\frac{1-m}{m}\right)\left(t_{ct}+\frac{C_t}{M}\right)\tag{3-46}$$

如果刀具使用寿命高于最低成本使用寿命 T_C,则工时费增多,成本提高;反之,刀具使用寿命低于 T_C,刀具消耗费和磨刀费增多,成本也高。经济使用寿命 T_C 对应的工序成本最低。

一般情况下多采用经济使用寿命,只有当生产任务急迫或生产中出现不平衡的薄弱环节时,才选用最大生产率使用寿命。机夹可转位刀具因其换刀时间短、刀具成本低而被广泛应用。机夹可转位刀具的经济使用寿命已非常接近最大生产率使用寿命,切削速度大大提高。

3.5　切削条件的合理选择

本节运用金属切削过程的基本规律,从解决改善材料切削加工性能,合理选用切削液、刀具几何参数和切削用量等方面问题,来达到保证加工质量、降低生产成本、提高生产效率

的目的。介绍这些知识,也是为使用与设计刀具以及分析解决生产各有关的工艺技术问题打下必要的基础。

3.5.1　工件材料切削加工性的改善

工件材料的切削加工性是指在一定的切削条件下,工件材料被切削成合格零件的难易程度。研究材料切削加工性的目的,是为了寻找改善材料切削加工性的途径。

1. 工件材料切削加工性的衡量指标

（1）刀具寿命指标

在切削普通金属材料时,用刀具寿命达到 60min 时允许的切削速度 v_{c60} 的高低来评定材料的切削加工性。切削难加工材料用 v_{c20} 来评定。在相同加工条件下,v_{c60} 或 v_{c20} 越高,切削加工性越好;反之,切削加工性越差。v_{c60}、v_{c20} 可由刀具寿命试验求出。

在实际生产中,一般用相对加工性 K_r 来衡量工件材料的切削加工性。通常以 $\sigma_b = 0.637\text{GPa}$ 的 45 钢的 v_{c60} 为基准,记作 $(v_{c60})_j$。将其他工件材料的 v_{c60} 与之相比,其比值即为相对加工性 K_r,即

$$K_r = v_{c60}/(v_{c60})_j \tag{3-47}$$

当 $K_r > 1$ 时,该材料比 45 钢容易切削,例如有色金属等,$K_r > 3$;当 $K_r < 1$ 时,该材料比 45 钢难切削,例如高锰钢、钛合金等,$K_r \leqslant 0.5$,均属难加工材料。目前常用的工件材料,按相对加工性 K_r 可分为 8 级,如表 3-4 所示。

（2）加工表面粗糙度指标

加工表面粗糙度指标是指在相同加工条件下,比较加工后表面粗糙度等级。粗糙度等级低,切削加工性好;反之,切削加工性差。

此外,还有用切屑形状是否容易控制、切削温度高低和切削力大小(或消耗功率多少)来评定材料切削加工性的好坏。

材料切削加工性是上述指标综合衡量的结果。但在不同的加工情况下,评定用的指标也有主次之分。例如粗加工时,通常用刀具寿命和切削力指标;在精加工时,用加工表面粗糙度指标;自动生产线时用切屑形状指标等。

表 3-4　材料相对加工性等级

加工性等级	材料名称及种类		相对加工性 K_r	代表性材料
1	很易切削材料	一般有色金属	>3.0	铜铝合金、铝铜合金、铝镁合金
2	容易切削材料	易切削钢	$2.5\sim3$	退火 15Cr,$\sigma_b = 0.373\sim0.441\text{GPa}$ 自动机铜,$\sigma_b = 0.393\sim0.491\text{GPa}$
3		较易切削钢	$1.6\sim2.5$	正火 30 铜,$\sigma_b = 0.441\sim0.549\text{GPa}$
4	普通材料	一般钢、铸铁	$1.0\sim1.6$	45 钢、灰铸铁
5		稍难切削材料	$0.65\sim1.0$	2Cr13,调质 $\sigma_b = 0.834\text{GPa}$ 85 铜,$\sigma_b = 0.883\text{GPa}$
6	难加工材料	较难切削材料	$0.5\sim0.65$	45Cr,调质 $\sigma_b = 1.03\text{GPa}$ 65Mn,调质 $\sigma_b = 0.932\sim0.981\text{GPa}$
7		难切削材料	$0.15\sim0.5$	50CrV,调质,1Cr18Ni9Ti,某些钛合金
8		很难切削材料	<0.15	某些钛合金,铸造镍基高温合金

2. 工件材料物理力学性能对切削加工性的影响

(1)硬度和强度。工件材料的硬度和强度越高,切削力越大,切削温度也越高,刀具磨损越快,因而切削加工性越差;反之,切削加工性越好。

(2)塑性和韧性。工件材料的塑性越高,切削时产生的塑性变形和摩擦越大,切削力越大,切削温度也越高,刀具磨损越快,因而切削加工性越差。同样,韧性越高,切削时消耗的能量也越多,切削力越大,切削温度越高,且越不易断屑,切削加工性越差。

(3)导热系数。工件材料的导热系数越大,由工件和切屑传出的热量就越多,切削温度就越低,所以,切削加工性好。

(4)弹性模量。工件材料的弹性模量越大,切削加工性越差。但弹性模量很小的材料(如软橡胶)弹性恢复大,易使刀具后刀面与工件表面发生强烈摩擦,切削加工性也差。

3. 改善工件材料切削加工性的途径

(1)进行适当的热处理

通过热处理方法,可以改变材料的金相组织和物理力学性能,例如高碳钢和工具钢,采用球化退火网状、片状的渗碳组织改为球状渗碳组织;热轧中碳钢经过正火使其内部组织均匀,表皮硬度降低;低碳钢通过正火或冷拔以适当降低塑性,提高硬度,铸铁件进行退火,降低表层硬度,消除内部应力,以便于切削加工。

(2)调整材料的化学成分

工件材料来自冶金部门,必要时工艺人员也可提出改善切削加工性的建议,如在不影响工件材料性能的条件下,适当调整化学成分,以改善其切削加工性。如在钢中适当添加一些元素(如硫、铅、钙等),这些添加元素几乎不能与钢基体固溶,而以金属或金属夹杂物的状态分布,在加工过程中起到减小变形和摩擦的作用。

4. 难加工材料的切削加工性及改善措施

切削加工高强度、超高强度的材料时,切削力比切削加工 45 钢时的切削力提高 20%～30%,切削温度也高,刀具磨损快、寿命低,切削加工性差。

可采取以下改善措施:

(1)选用强度大、耐热、耐磨的刀具材料。

(2)为防止崩刃,应增强切削刃和刀尖强度。前角应选很小或负值,切削刃的表面粗糙度应很小,刀尖圆弧半径应在 0.8mm 以上。

(3)粗加工一般应在退火或正火状态下进行。

(4)适当降低切削速度。

切削加工硬度、强度低的高塑性材料时,由于塑性高、切削变形大、刀屑接触长、易粘结冷焊,因此切削力也很大,并易生成积屑瘤,断屑困难,不易获得质量好的加工表面。可采取以下改善措施:

(1)选用适宜的刀具材料和锋利的切削刃,以减小切削变形。

(2)采用较高的切削速度和较大的进给量、背吃刀量。

3.5.2 刀具合理几何参数的选择

当刀具材料和刀具结构确定后,合理选择和改进刀具几何参数是保证加工质量、提高效率、降低成本的有效途径。所谓刀具合理几何参数是指在保证加工质量的前提下,能够满足刀具使用寿命长、生产率高、加工成本低的刀具几何参数。刀具几何参数包括切削刃形状、切削刃刃区剖面形式及参数、刀面形式及参数、刀具角度等。

1. 前角的功用及其选择

前角是刀具上的一个重要几何参数。前角影响切削过程中的变形和摩擦,同时又影响刀具的强度。增大前角,使切削变形和摩擦减小,由此而引起切削力小、切削热少、切削温度低,故加工表面质量好,但刀具强度低、热传导差。过大的前角不仅不能发挥优点,反而会使刀具使用寿命降低而影响切削。因此,前角选择原则是在保证刀具强度的条件下,尽可能选取较大的值。具体选择时,应考虑以下几个方面:

(1)工件材料。工件材料的强度和硬度越低、塑性越大时,应选用的前角越大;反之,应选用小些。当切削脆性材料时,其切屑呈崩碎状,切削力集中在刃口附近且有冲击,为防止崩刃,一般应选取较小的前角。

(2)刀具材料。强度和韧性高的刀具材料应选取较大前角。高速钢的抗弯强度和冲击韧性高于硬质合金,故其前角可大于硬质合金刀具;陶瓷刀具的脆性大于前两者,故其前角应更小一些。

(3)加工要求。粗加工时,特别是工件表面有硬皮、形状误差较大和断续切削时,切削力较大,有冲击,前角应取小值;精加工时,切削力较小,为提高刃口的锋利程度,前角应取大值;成形刀具为减小刃形误差,前角应取小值。

工件材料不同时前角的数值如表 3-5 所示,刀具材料不同时前角的数值如表 3-6 所示。

表 3-5　硬质合金车刀前角值

工件材料	碳钢 σ_b(GPa)				40Cr	调质 40Cr	不锈钢	高锰钢	钛和钛合金
	≤0.445	≤0.558	≤0.784	≤0.98					
前角	20°~30°	16°~20°	12°~15°	20°	13°~18°	10°~15°	15°~30°	3°~−3°	5°~10°

工件材料	碎硬铁					灰铸铁		钢			
	HRC38~41	HRC44~47	HRC50~52	HRC54~58	HRC60~65	HR ≤220	HB >220	紫铜	黄铜	青铜	铝合金
前角	0°	−3°	−5°	−7°	−10°	12°	8°	25°~30°	15°~25°	5°~15°	5°~30°

表 3-6　不同刀具材料加工的前角值

碳钢 σ_b(GPa) ＼ 刀具材料	高速钢	硬质合金	陶 瓷
≤0.784	25°	12°~15°	10°
>0.784	20°	12°~15°	10°

2. 后角的功用及其选择

后角的主要功用是减小刀具后刀面与工件表面之间的摩擦。后角的大小会影响工件表面质量、加工精度、切削刃锋利程度、刀尖的强度以及刀具使用寿命等。适当大的后角可减少主后面与过渡表面之间的摩擦,减少刀具磨损;后角增大,使切削刃钝圆半径减小,在小的进给量时可避免或减小切削刃的挤压,有助于提高表面质量。具体选择应考虑以下几个方面:

(1)切削厚度

切削厚度越大,切削力越大,为保证刃口强度和提高刀具使用寿命,应选取较小的后角。

（2）工件材料

工件材料的硬度、强度较高时，为保证刃口强度，取较小的后角；工件材料塑性越高、材料越软，为减小后刀面的摩擦对加工表面质量的影响，取较大的后角。

（3）加工要求

粗加工时因切削力大，容易产生振动和冲击，为保证切削刃的强度，后角应取小值；精加工时，为保证已加工表面的质量，后角应取较大值。例如在切削 45 钢时，粗车取 $\alpha_0 = 4° \sim 7°$，精车取 $\alpha_0 = 6° \sim 10°$。

（4）工艺系统的刚性

当工艺系统刚性差时，可适当减小后角以防止振动。

副后角的作用主要是减少副后刀面与已加工表面之间的摩擦。其大小通常等于或小于后角。

3. 主偏角、副偏角的功用及其选择

主偏角的大小主要影响已加工表面粗糙度、刀具使用寿命、切削层的形状以及切削分力的大小和比例。主偏角较小，则刀头强度高，散热条件好，已加工表面粗糙度值小；其负面影响是背向力大，易引起振动和工件变形。

通常粗加工时，主偏角应选大些，以利于减振、防止崩刃；精加工时，主偏角可选小些，以减小表面粗糙度。工件材料强度、硬度高时，主偏角应取小些（切削冷硬铸铁和淬硬钢时 κ_r 取 15°），以改善散热条件，提高刀具使用寿命；工艺系统刚性好，应取较小的主偏角，刚性差时应取较大的主偏角。例如车削细长轴时常取 $\kappa_r \geqslant 90°$，以减小背向力。

副偏角主要影响加工表面粗糙度和刀具强度。通常在不产生摩擦和振动的条件下，应选取较小的副偏角。一般 $\kappa_r' = 5° \sim 10°$，最大不超过 15°；精加工刀具 κ_r' 应更小，必要时可磨出 $\kappa_r' = 0$ 的修光刃、切断刀、槽铣刀等。为保证刀头强度和刃磨后刀头宽度尺寸变化较小，取 $\kappa_r' = 1° \sim 2°$。

4. 刃倾角的功用及其选择

刃倾角 λ_s 主要影响切屑的流向和刀具强度。

刃倾角 λ_s 主要根据刀具强度、流屑方向和加工条件选择。如图 3-37 所示，在带间断或冲击振动切削时，选负 λ_s 能提高刀头强度、保护刀尖；许多大前角刀具常配合选用负的刃倾角 λ_s 来增加刀具强度，有些刀具如车刀、镗刀、铰刀和丝锥等，常利用改变刃倾角 λ_s 来获得所需的切屑流向；对于多齿刀具如铣刀、铰刀和拉刀等，可增大刀倾角 λ_s 和同时工作齿数，以提高切削平稳性。刃倾角 λ_s 的具体数值可参考表 3-7 选择。

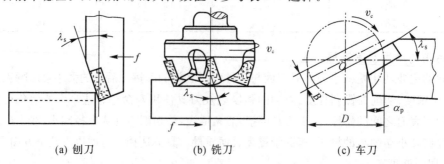

(a) 刨刀　　　　　　(b) 铣刀　　　　　　(c) 车刀

图 3-37　间断切削时的 λ_s

表 3-7 刃倾角 λ_s 数值的选用

λ_s 值	$0°\sim+5°$	$+5°\sim+10°$	$0°\sim-5°$	$-5°\sim-10°$	$-10°\sim-15°$	$-10°\sim45°$	$-45°\sim75°$
应用范围	精车钢、车细长轴	精车有色金属	粗车钢和灰铸铁	粗车余量不均匀钢	断续车削钢、灰铸铁	带冲击切削淬硬钢	大刃倾角刀具薄切削

3.5.3 切削用量的选择

切削用量不仅是机床调整与控制的必备参数,而且其数值选择合理与否,对加工质量、加工效率以及生产成本等均有重要影响。所谓合理的切削用量是指在保证加工质量的前提下,能取得较高的生产效率和较低成本的切削用量。约束切削用量选择的主要条件有工件的加工要求(包括加工质量要求和生产效率要求)、刀具材料的切削性能、机床性能(包括动力特性(功率、扭矩)和运动特性)、刀具寿命要求。

1. 选择切削用量时考虑的因素

(1)切削加工生产率

在切削加工中,材料切除率与切削用量三要素 v_c、f、a_p 均保持线性关系,其中任一参数增大,都可使生产率提高。但由于刀具寿命的制约,当任一参数增大时,其他两参数必须减小。因此,在选择切削用量时,应该使三要素获得最佳组合,此时的高生产率才是合理的。

(2)刀具寿命

切削用量三要素对刀具寿命影响的大小,按顺序排列为 v_c、f、a_p。因此,从保证合理的刀具寿命出发,在确定切削用量时,应先采用尽可能大的背吃刀量,然后再选用大的进给量,最后按确定的刀具寿命按式(3-39)求出切削速度(也可查阅切削用量手册)。

(3)加工表面粗糙度

精加工时,增大进给量将增大加工表面粗糙度值。因此,它是精加工时限制生产率提高的主要因素。

在多刀切削或使用组合刀具切削时,应按各把刀具允许的切削用量中最低的参数,作为调整机床的参数。对自动线加工,各工位加工工序的切削用量,要按生产节拍进行平衡。

2. 切削用量的选择方法(以车削为例)

(1)背吃刀量 a_p 的选择

背吃刀量 a_p 根据加工余量确定。粗加工(R_a 为 $80\sim20\mu m$)时,应尽量一次走刀切除全部余量,在中等功率机床上,背吃刀量 a_p 可达 $8\sim10mm$。若遇到加工余量太大、机床功率和刀具强度不许可、工艺系统刚性不足(如加工薄壁或细长轴工件)、加工余量极不均匀(引起很大振动)、冲击较大的断续切削等情况可分几次走刀。如分两次走刀,第一次的背吃刀量可取加工余量的 $2/3\sim3/4$ 左右,第二次的背吃刀量相应取小些,以保证精加工刀具有高的刀具寿命、高的加工精度和小的表面粗糙度。半精加工(R_a 为 $10\sim5\mu m$)时,背吃刀量 a_p 可取 $0.5\sim2mm$。精加工(R_a 为 $82.5\sim1.25\mu m$)时,背吃刀量 a_p 可取 $0.1\sim0.4mm$。

(2)进给量的选择

粗加工时,进给量的选择主要考虑刀杆、刀片、工件以及机床进给机构等的强度、刚度的限制。半精加工、精加工时,最大进给量 f 主要受工件表面粗糙度的限制。实际生产中,主要用查表法或根据经验确定,如表 3-8 和 3-9 所示。

表 3-8　硬质合金车刀粗车外圆及端面的进给量

工件材料	车刀刀杆尺寸 (mm×mm)	工件直径 (mm)	背吃刀量 a_p(mm)				
			≤3	3~5	5~8	8~12	>12
			进给量 f(mm/r)				
碳素结构钢、合金结构钢及耐热钢	16×25	20	0.3~0.4	—	—	—	—
		40	0.4~0.5	0.3~0.4	—	—	—
		60	0.5~0.7	0.4~0.6	0.3~0.5	—	—
		100	0.6~0.9	0.5~0.7	0.5~0.6	0.4~0.5	—
		140	0.8~1.2	0.7~1.0	0.6~0.8	0.5~0.6	—
	20×30 25×25	20	0.3~0.4	—	—	—	—
		40	0.4~0.5	0.3~0.4	—	—	—
		60	0.6~0.7	0.5~0.7	0.4~0.6	—	—
		100	0.8~1.0	0.7~0.9	0.5~0.7	0.4~0.7	—
		140	1.2~1.4	1.0~1.2	0.8~1.0	0.6~0.9	0.4~0.6
铸铁及铜合金	16×25	40	0.4~0.5	—	—	—	—
		60	0.6~0.8	0.5~0.8	0.4~0.6	—	—
		100	0.8~1.2	0.7~1.0	0.6~0.8	0.5~0.7	—
		400	1.0~1.4	1.0~1.2	0.8~1.0	0.6~0.8	—
	20×30 25×25	40	0.4~0.5	—	—	—	—
		60	0.6~0.9	0.5~0.8	0.4~0.7	—	—
		100	0.9~1.3	0.8~1.2	0.7~1.0	0.5~0.8	—
		400	1.2~1.8	1.2~1.6	1.0~1.3	0.9~1.1	0.7~0.9

(3)切削速度 v_c 的选择

根据已选定的背吃刀量 a_p、进给量 f 和刀具寿命 T,切削速度 v_c 计算式如下:

$$v_c = \frac{C_v}{T^m a_p^{x_v} f^{y_v}} K_v \qquad (3\text{-}48)$$

表 3-9　按表面粗糙度选择进给量的参考值

工件材料	表面粗糙度 (μm)	切削速度范围 (m/min)	刀尖圆弧半径 r_t(mm)		
			0.5	1.0	2.0
			进给量 f(mm/r)		
铸铁、青铜、铝合金	$R_a10\sim5$	不　限	0.25~0.40	0.40~0.50	0.50~0.60
	$R_a5\sim2.5$		0.15~0.20	0.25~0.40	0.40~0.60
	$R_a2.5\sim1.25$		0.10~0.15	0.15~0.20	0.20~0.35
碳钢及合金钢	$R_a10\sim5$	<50	0.30~0.50	0.45~0.60	0.55~0.70
		>50	0.40~0.55	0.55~0.65	0.65~0.70
	$R_a5\sim2.5$	<50	0.18~0.25	0.25~0.30	0.30~0.40
		>50	0.25~0.30	0.30~0.35	0.35~0.50
	$R_a2.5\sim1.25$	<50	0.10	0.11~0.15	0.15~0.22
		50~100	0.11~0.16	0.16~0.25	0.25~0.35
		>100	0.16~0.20	0.20~0.25	0.25~0.35

式中:C_v,x_v,y_v 及 m 的值如表 3-10 所示,加工其他材料和用其他切削加工方法加工时的系数及指数可由切削用量手册查出。K_v 为切削速度的修正系数,是工件材料、毛坯表面

状态、刀具材料、加工方式、主偏角、副偏角、刀尖圆弧半径、刀杆尺寸等对切削速度影响的修正系数的乘积,其值可由切削用量手册查出。

表 3-10　外圆车削时切削速度公式中的系数和指数

工件材料	刀具材料	进给量 f（mm/r）	公式中的系数和指数			
			C_v	x_v	y_v	m
碳素结构钢 $\sigma_b=0.55\text{GPa}$	YT15（不用切削液）	≤0.30	291	0.15	0.20	0.20
		>0.30~0.70	242		0.35	
		>0.70	235		0.45	
	W18Cr4V、W6Mo5Cr4V2（用切削液）	≤0.25	67.2	0.25	0.33	0.125
		>0.25	43		0.66	
灰铸铁 190HBS	YG6（不用切削液）	≤0.40	189.8	0.15	0.20	0.20
		>0.40	158		0.40	

切削速度 v_c 确定后,机床转速 n 为

$$n=\frac{1000v_c}{\pi d_W} \tag{3-49}$$

式中:n——机床转速,单位为 r/min;

d_W——工件未加工前的直径,单位为 mm。

所选定的转速 n 应按机床说明书最后确定。在实际生产中,选择切削速度可参考表 3-11。从表中可看出,由于粗加工时 a_p、f 比精加工时大,所以前者的 v_c 选得比后者的小;工件 材料的切削加工性越差,v_c 选得越低,刀具材料的切削性能越好,v_c 就选得越高。此外,

表 3-11　车削加工的切削速度参考数值

加工材料		硬度(HBS)	背吃刀量 a_p (mm)	高速钢刀具		硬质合金刀具						陶瓷(超硬材料)刀具		说明
						未涂层			涂层					
				v_c(m·min⁻¹)	f(mm·r⁻¹)	v_c(m·min⁻¹)		f(mm·r⁻¹)	材料	v_c(m·min⁻¹)	f(mm·r⁻¹)	v_c(m·min⁻¹)	f(mm·r⁻¹)	
						焊接式	可转位							
易切碳钢	低碳	100~200	1	55~90	0.18~0.2	185~240	220~275	0.18	YT15	320~410	0.18	550~700	0.13	切削条件较好时可用冷压 Al₂O₃ 陶瓷,切削条件较差时宜用 Al₂O₃+TiC 热压混合陶瓷,下同。
			4	41~70	0.40	135~185	160~215	0.50	YT14	215~275	0.40	425~580	0.25	
			8	34~55	0.50	110~145	130~170	0.75	YT5	170~220	0.50	335~490	0.40	
	中碳	175~225	1	52	0.20	165	200	0.18	YT15	305	0.18	520	0.13	
			4	40	0.40	125	150	0.50	YT14	200	0.40	395	0.25	
			8	30	0.50	100	120	0.75	YT5	160	0.50	305	0.40	
碳钢	低碳	125~225	1	43~46	0.18	140~150	170~195	0.18	YT15	260~290	0.18	520~580	0.13	
			4	34~33	0.40	115~125	135~150	0.50	YT14	170~190	0.40	365~425	0.25	
			8	27~30	0.50	88~100	105~120	0.75	YT5	135~150	0.50	275~365	0.40	
	中碳	175~275	1	34~40	0.18	115~130	150~160	0.18	YT15	220~240	0.18	460~520	0.13	
			4	23~30	0.40	90~100	115~125	0.50	YT14	145~160	0.40	290~350	0.25	
			8	20~26	0.50	70~78	90~100	0.75	YT5	115~125	0.50	200~260	0.40	
	高碳	175~275	1	30~37	0.18	115~130	140~155	0.18	YT15	215~230	0.18	460~520	0.13	
			4	24~27	0.40	88~95	105~120	0.50	YT14	145~150	0.40	275~335	0.25	
			8	18~21	0.50	69~76	84~95	0.75	YT5	115~120	0.50	185~245	0.40	
合金钢	低碳	125~225	1	41~46	0.18	135~150	170~185	0.18	YT15	220~235	0.18	520~580	0.13	
			4	32~37	0.40	105~120	135~150	0.50	YT14	175~190	0.40	365~395	0.25	
			8	24~27	0.50	84~95	105~115	0.75	YT5	135~145	0.50	275~335	0.40	
	中碳	175~275	1	34~41	0.18	105~115	130~150	0.18	YT15	175~200	0.18	460~520	0.13	
			4	26~32	0.40	85~90	105~120	0.40~0.50	YT14	135~160	0.40	280~360	0.25	
			8	20~24	0.50	67~73	82~95	0.50~0.75	YT5	105~120	0.50	220~265	0.40	
	高碳	175~275	1	30~37	0.18	105~115	130~145	0.18	YT15	175~190	0.18	460~520	0.13	
			4	24~27	0.40	84~90	105~115	0.50	YT14	135~150	0.40	275~335	0.25	
			8	18~21	0.50	66~72	82~95	0.75	YT5	105~120	0.50	215~245	0.40	

加工材料	硬度(HBS)	背吃刀量 ap(mm)	高速钢刀具 vc(m·min⁻¹)	高速钢刀具 f(mm·r⁻¹)	硬质合金 未涂层 焊接式 vc(m·min⁻¹)	硬质合金 未涂层 可转位 vc	硬质合金 未涂层 f(mm·r⁻¹)	硬质合金 未涂层 材料	硬质合金 涂层 vc(m·min⁻¹)	硬质合金 涂层 f(mm·r⁻¹)	陶瓷(超硬材料)刀具 vc(m·min⁻¹)	陶瓷 f(mm·r⁻¹)	说明
高强度钢	225~350	1	20~26	0.18	90~105	115~135	0.18	YT15	150~185	0.18	380~440	0.13	>300HBS时宜用W12Cr4V5Co5及W2Mo9Cr14VCo8
		4	15~20	0.40	69~84	90~105	0.40	YT14	120~135	0.40	205~265	0.25	
		8	12~15	0.50	53~66	69~24	0.50	YT5	90~105	0.50	145~205	0.4	
高速钢	200~275	1	15~24	0.13~0.18	76~105	85~125	0.18	YW1,YT15	115~160	0.18	420~460	0.13	加工W12Cr4V5Co5等高速钢时应用W12Cr4V5Co5及W2Mo9Cr4VCo8
		4	12~20	0.25~0.40	60~84	69~100	0.40	YW2,YT14	90~130	0.40	250~275	0.25	
		8	9~15	0.4~0.5	46~64	53~76	0.50	YW3,YT5	69~100	0.50	190~215	0.40	
不锈钢 奥氏体	135~275	1	18~34	0.18	58~105	67~120	0.18	YG3X,YW1	84~160	0.18	275~425	0.13	>225HBS时宜用W12Cr4V6Co5及W2Mo9Cr4VCo8
		4	15~27	0.40	49~100	58~105	0.40	YG6,YW1	70~135	0.40	130~275	0.25	
		8	12~21	0.50	38~76	46~84	0.50	YG6,YW1	60~135	0.50	90~185	0.40	
不锈钢 马氏体	175~325	1	20~44	0.18	87~140	95~175	0.18	YW1,YT15	120~260	0.18	350~490	0.13	>275HBS时宜用W12Cr4V5Co5及W2Mo9Cr4VCo8
		4	15~35	0.40	69~115	75~135	0.40	YW1,YT15	100~170	0.40	185~335	0.25	
		8	12~27	0.50	55~90	58~105	0.50~0.75	YW2,YT14	76~135	0.50	120~245	0.40	
灰铸铁	160~260	1	26~43	0.18	84~135	100~165	0.18~0.25		130~190	0.18	395~550	0.13~0.25	>190HBS时宜用W12Cr4V5Co5及W2Mo9Cr4VCo8
		4	17~27	0.40	69~110	81~125	0.40~0.50	YG8,YW2	105~160	0.40	245~365	0.25~0.40	
		8	14~23	0.50	60~90		0.50~0.75		84~120	0.40	185~275	0.40~0.50	
可锻铸铁	160~240	1	18~30	0.18	120~160	135~185	0.25	YT15,YW1	185~235	0.25	305~365	0.13~0.25	
		4	23~30	0.40	90~140	105~135	0.50	YT15,YW1	135~185	0.40	230~290	0.25~0.40	
		8	18~24	0.50	76~100	85~115	0.75	YT14,YW2	105~145	0.50	150~230	0.40~0.50	
铝合金	30~150	1	245~300	0.18	550~610	max	0.25	YG3X,YW1	—	—	365~915	0.075~0.15	背吃刀量0.13~0.40mm金刚石刀具0.40~1.25mm量1.25~3.2mm
		4	215~275	0.40	425~550		0.50	YG6,YW1	—	—	245~760	0.15~0.30	
		8	185~245	0.50	305~365		0.75	YG6,YW1	—	—	150~460	0.30~0.50	
铜合金	30~150	1	40~175	0.18	84~345	90~395	0.18	YG3X,YW1	—	—	305~14600	0.075~0.15	背吃刀量0.13~0.40mm金刚石刀具0.40~1.25mm量1.25~3.2mm
		4	34~145	0.40	69~290	76~335	0.50	YG6,YW1	—	—	150~855	0.15~0.30	
		8	27~120	0.50	64~270	70~305	0.75	YG8,YW2	—	—	90~550	0.30~0.50	
钛合金	300~350	1	12~24	0.13	38~66	49~76	0.13	YG3X,YW1	—	—			高速钢采用W12Cr4V5Co5及W2Mo9Cr4VCo8
		4	9~21	0.25	32~56	41~66	0.20	YG6,YW1	—	—			
		8	8~18	0.40	24~43	26~49	0.25	YG8,YW2	—	—			
高温合金	200~475	0.8	3.6~14	0.13	12~49	14~58	0.13~0.18	TG3X,YW1	—	—	185	0.075	立方氮化硼刀具
		2.5	3.0~11	0.18	9~41	12~49		TG6,YW1	—	—	135	0.13	

在选择切削速度时,还应考虑以下几点:

①断续切削时,为减少冲击和热应力,应适当降低切削速度。

②选择的切削速度应避开易发生自激振动的临界速度。

③加工大件、薄壁件、细长件以及带氧化皮的工件时,应选较低的切削速度。

④精加工时,切削速度的选择应尽量避免积屑瘤产生的区域。

⑤校验机床功率后,如果超载,可采取降低切削速度的方法减小切削功率。

3.5.4　切削液的选择

在金属切削加工过程中,合理选择和使用切削液能有效减小切削力、降低切削温度,减小刀具磨损和工件的热变形,从而提高刀具寿命,提高加工效率和保证加工质量。

1. 切削液的作用

切削液主要有以下几个作用:

(1)冷却作用。切削液可以将切削过程中所产生的热量迅速带走,使切削区温度降低。切削液的流动性越好,比热容、传热系数和汽化热等参数越高,则其冷却性能越好。

(2)润滑作用。切削液的润滑作用在于减小前刀面与切屑、后刀面与工件之间的摩擦。它渗透到刀具、切屑和加工表面之间,其中带油脂的极性分子吸附在刀具的前、后刀面上,形成物理性润滑膜。若与添加剂中的化学物质产生化学反应,还可形成化学吸附膜,从而在高温时能减少粘结和刀具磨损,减少加工表面粗糙度,提高刀具寿命。

(3)清洗和排屑作用。切削液能对粘附在工件、刀具和机床表面的切屑和磨粒起清洗作用,在精密加工、磨削加工和自动线加工中,切削液的清洗作用尤为重要。深孔加工则完全是利用高压切削液排屑的。

(4)防锈作用。切削液中加入防锈添加剂,使之与金属表面起化学反应生成保护膜,起到防锈作用。防锈作用的好坏,取决于切削液本身的性能和加入的防锈添加剂品种与比例。

2. 切削液的分类

生产中常用的切削液可分为三大类:水溶液、乳化液、切削油。

(1)水溶液。水溶液的主要成分是水,冷却性能好,但润滑性差,易使金属生锈,必须加入一定的添加剂,如防锈添加剂、表面活性物质和油性添加剂等,使其具有良好的防锈性能和润滑性能。

(2)乳化液。乳化液是用乳化油加 95%～98% 的水稀释后即成为乳白色或半透明的液体。乳化油是由矿物油、乳化剂及添加剂配制而成。乳化液具有良好的冷却作用,常用于粗加工和普通磨削加工中;高浓度乳化液以润滑作用为主,常用于精加工和复杂刀具的加工中。

(3)切削油。切削油的主要成分是矿物油(包括机械油、轻柴油和煤油等),少数采用动植物油或复合油。纯矿物油不能在摩擦界面上形成坚固的润滑膜,润滑效果一般,常加入极压添加剂(硫、氯、磷等)和防锈添加剂,以提高其润滑性能和防锈性能。

3. 切削液的选择

(1)从工件材料方面考虑,一般切削钢等塑性材料时,需用切削液;切削铸铁等脆性材料时,可不用切削液。切削高强度钢、高温合金等难加工材料时,属高温高压边界摩擦状态,宜选用极压切削油或极压乳化液;切削铜、铝等有色金属及其合金时,可用 10%～20% 的乳化液。

(2)从刀具材料方面考虑,由于高速钢刀具耐热性差,应采用切削液。粗加工时应选用以冷却作用为主的切削液,以降低切削温度;在精加工时则以润滑为主。硬质合金刀具由于耐热性好,一般不用切削液,必要时也可采用低浓度乳化液或水溶液,但必须连续充分供应,否则冷热不均会导致刀片开裂。

(3)从加工方法方面考虑,对半封闭、封闭状态的钻孔、铰孔、攻螺纹及拉削加工,冷却与排屑是主要问题,一般选用极压乳化液或极压切削油。磨削加工时,由于磨削区温度很高,磨屑会破坏已磨削表面质量,为此要求切削液具有良好的冷却和清洗性能,一般选用乳化液。

(4)从加工要求方面考虑,粗加工时的切削用量大,产生大量的切削热,这时主要是降低切削温度,应选用以冷却性能为主的切削液,如 3%～5% 的低浓度乳化液。精加工时,主要是提高加工精度和表面质量,应选用以润滑性能为主的切削液,如极压切削油或高浓度极压乳化液,以减小刀具与切屑间的摩擦与粘结,抑制积屑瘤。

4. 切削液的使用方法

切削液的施加方法通常有浇注法、高压冷却法以及喷雾冷却法等。浇注法流速慢、压力低,难以直接渗透到最高温区,影响使用效果。用高速钢成形刀具切削难加工材料时,可采用高压冷却法,以改善渗透性,提高使用效果。喷雾冷却法是一种较好的使用切削液的方法,适用于难加工材料的切削和超高速切削,能显著提高刀具寿命。

3.6　磨削原理

磨削加工是用磨具以较高的线速度对工件表面进行加工的方法。在机械加工中是一种使用非常广泛的加工方法。它具有如下特点：

(1)加工精度可达 IT5～IT6，加工表面粗糙度可达 $R_a 1.25～0.01\mu m$。当采用镜面磨削时，加工表面粗糙度可达 $R_a 0.04～0.01\mu m$。

(2)可以加工较硬的金属材料及非金属材料，如淬硬钢、硬质合金、陶瓷等。

(3)磨削温度高。由于磨削的速度很高(一般在 35m/s 以上)，砂轮与工件之间剧烈摩擦产生大量热量，使切削区的温度高达 1000℃ 以上。

近年来，由于新品种砂轮磨削性能的改进和新式磨削方法的改善，磨削加工应用日益广泛，不仅用于精加工，也可直接将毛坯磨削到最终加工精度，从而提高了生产率，降低了生产成本。

3.6.1　砂轮的特性与选择

以磨料为主制成的切削工具称为磨具，如砂轮、砂带、油石等，其中以砂轮应用最为广泛。砂轮是一种用结合剂把磨粒粘结起来，经压坯、干燥、焙烧及修整而成的，具有很多气孔，用磨粒进行切削的工具。砂轮的特性主要由磨料、粒度、结合剂、硬度、组织及形状尺寸等因素决定。

1.磨料

磨料是砂轮的主要原料，在砂轮中呈颗粒状，它直接承担切削工作。因此，它必须具有高硬度、高耐热性和一定的韧性，在磨削过程中受力破碎后还要能形成锋利的棱角。目前几种常用磨料的特性和用途如表 3-12 所示。

表 3-12　几种常用磨料的特性和用途

种　类	磨料名称	代号	主要成分	性　质	颜色	用　途	
刚玉类	普通刚玉	G	含 Al_2O_3 约 87%	抗弯强度大，韧性好，硬度低	土褐色	磨韧性材料	不锈钢、可锻铸铁、硬青钢等
	白刚玉	GB	含 Al_2O_3 约 97%		白色		淬火钢、铝件、作精磨及成形磨
碳化物类	黑碳化硅	T	含 SiC> 95%	硬度高，较脆，很锐利	黑色	磨硬脆材料	硬铸铁、黄铜、软青铜等
	绿碳化硅	TL	含 SiC> 97%		绿色		硬质合金和工具钢
	碳化硼	TP	B_4C_3	极硬，很脆	黑色		制粉末，研磨硬质合金
氯化物类	氯化硼		立方氮化硼	极硬，抗弯强度为氧化铝的 2 倍，热稳定性好		磨极硬材料	高硬度、高强度钢、硬质合金等

2.粒度

磨料的大小用粒度表示。粒度是指磨料的颗粒尺寸(μm)。对于用筛选法获得的磨粒来说,粒度号是指用 1 英寸长度有多少孔的筛网来命名的。而用 W×× 表示的微粉,是用显微镜分析法来测量的,W 后的数字(粒度号)是表示磨料颗粒最大尺寸的微米数。常用磨料粒度及尺寸表 3-13 所示。

表 3-13　常用磨料粒度及尺寸 　　　　　　　　　　　　　　　(单位:μm)

类别	粒度	磨粒尺寸	应用范围	类别	粒度	磨粒尺寸	应用范围
磨粒	12# 至 36#	2000～1600 500～400	荒磨、打毛刺	微粉	W40 至 W28	40～28 28～20	珩磨研磨
	46# 至 80	400～315 200～160	粗磨、半精磨、精磨		W20 至 W14	20～14 14～10	研磨、超精加工超精磨削
	100# 至 280#	160～125 50～40	精磨、珩磨		W10 至 W5	10～7 5～3.5	研磨、超精加工镜面磨削

3. 结合剂

结合剂的作用是将许多细小的磨粒粘合成具有一定形状和强度的砂轮。砂轮的强度、抗冲击性及抗腐蚀能力,主要取决于结合剂的成分和性能。常用结合剂的性质和用途如表 3-14 所示。

表 3-14　常用结合剂的性质和用途

粘结剂	代号	性　　质	用　　途
陶瓷	A	粘结强度高,刚性大,耐热、耐温、耐腐蚀都很好,能很好地保持廓形。但脆易裂,韧性及弹性较差,不能承受冲击和弯曲	除切割工件或磨窄槽外,可用在一切砂轮上,工厂中 80% 的砂轮用黏土滑石、硅石等陶瓷材料配制而成
树脂	S	强度高,弹性好,韧性好,不易碎裂,但耐热性差,工作时必须有良好冷却,耐腐蚀性差,与碱性物质易起化学作用	切断、磨槽、磨淬火钢刀具,磨成形表面(如螺纹)以及镗磨内孔
橡胶	X	有更好的弹性和强度,但耐热性差,气孔小,砂轮组织紧密	可制造 0.1mm 的薄砂轮,切削速度可至 65m/s 左右,多用于制作切断、开槽、抛光和无心磨床导轮及成形磨,不宜用于粗加工
青铜	Q	型面保持性好,抗张强度高,有一定韧性,自励性差	制作金刚石砂轮以及主要用以粗磨、精磨硬质合金和磨削与切断光学玻璃、宝石、陶瓷、半导体等

4. 硬度

砂轮的硬度并不是指磨粒本身的硬度,而是指砂轮工作表面的磨粒在外力作用下脱落的难易程度。即磨粒容易脱落的,砂轮硬度为软;反之,为硬。同一种磨料可做出不同硬度的砂轮,它主要取决于结合剂的成分。

砂轮的硬度从低到高分为超软(代号 D、E 或 F)、软 1(G)、软 2(H)、软 3(J)、中软 1(K)中软 2(L)、中 1(M)、中 2(N)、中硬 1(P)、中硬 2(Q)、中硬 3(R)、硬 1(S)、硬 2(T)和超硬(Y)等等级。

5. 组织

砂轮的组织是指组成砂轮的磨料、结合剂、气孔三者体积的比例关系。磨粒占砂轮体积百分比越高,砂轮的组织越紧密;反之,组织越疏松。砂轮组织分为紧密(组织号 0～3)、中等(组织号 4～7)和疏松(组织号 8～12)三种。

6. 砂轮的形状、用途和选择

砂轮的形状和尺寸是根据磨床类型、加工方法及工件的加工要求来确定的。根据GB/T2484—94规定,其主要类型有平形(代号1)、筒形(代号2)、双斜边(代号4)、杯形(代号6)、碗形(代号11)、薄片砂轮(代号41)等多种,分别用于外圆、内孔、平面和刀具的磨削,以及切断、开槽等。

砂轮选择的主要依据是被磨材料的性质、工件表面粗糙度要求和金属磨除率。一般按以下原则选择:

(1)磨削钢时,选用刚玉类砂轮,磨削硬铸铁、硬质合金和非铁金属时,选用碳化硅砂轮。

(2)磨削软材料时,选用硬砂轮;磨削硬材料时,选用软砂轮。

(3)磨削软而韧的材料时,选用粗磨粒(如 $12^{\#} \sim 36^{\#}$);磨削硬而脆的材料时,选用细磨料(如 $46^{\#} \sim 100^{\#}$)。

(4)磨削表面的粗糙度值要求较低时,选用细磨粒,金属磨除率要求高时,选用粗磨粒。

(5)要求加工表面质量好时,选用树脂或橡胶结合剂的砂轮,要求最大金属磨除率时,选用陶瓷结合剂砂轮。

3.6.2 磨削运动与磨削过程

1. 磨削运动

磨削时,由于加工对象不同其所需运动也不同,通常有四个运动,如图 3-38 所示。

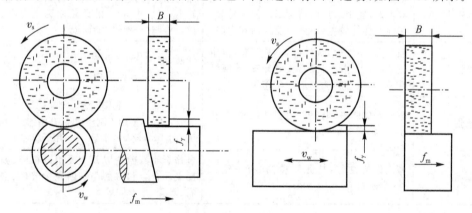

图 3-38 磨削时的运动

(1)主运动

砂轮的旋转运动。磨削速度是指砂轮外圆的线速度。

$$v_s = \frac{\pi d_s n_s}{1000 \times 60} \tag{3-50}$$

式中:v_s——磨削速度,单位为 m/s;

d_s——砂轮直径,单位为 mm;

n_s——砂轮转速,单位为 r/min。

普通磨削速度 v_s 为 30~35m/s,而磨削速度 $v_s > 45$m/s 时,称为高速磨削。

(2)径向进给运动

径向进给运动是指砂轮径向切入工件的运动。在工件每转或工作台每双(单)行程内,工件相对于砂轮径向移动的距离称为径向进给量 f_r。平面磨削时 f_r 的单位为 mm/str 或 mm/dstr；圆柱面磨削时的单位为 mm/r。

(3)轴向进给运动

工件相对于砂轮的轴向运动。以轴向进给量表示，记为 f_a，其单位为 mm/r（圆磨）或 mm/dstr（平磨）。一般 $f_a = (0.2 \sim 0.8)B$，B 为砂轮宽度，单位为 mm。

(4)工件运动

工件的旋转或移动，以工件转动或移动线速度表示，记为 v_w，单位一般为 m/min。外圆磨削时为

$$v_w = \frac{\pi d_w n_w}{1000} \tag{3-51}$$

式中：d_w——工件直径，单位为 mm；

n_w——工件转速，单位为 r/min。

平面磨削时为

$$v_w = \frac{2L n_r}{1000} \tag{3-52}$$

式中：L——磨床工作台的行程长度（mm）；

n_r——磨床工作台每分钟往复次数。

在磨削过程中，磨削速度、工件圆周进给速度、轴向进给量、径向进给量等，统称为磨削用量。合理选择磨削用量对保证磨削加工质量和提高生产率有很大帮助。

2. 磨削过程

磨削是用分布在砂轮表面上的磨粒通过砂轮和工件的相对运动来进行切削的，如图 3-39 所示。磨粒的形状是很不规则的多面体，不同粒度号磨粒的顶尖角多为 $90° \sim 120°$，并且尖端均带有半径的尖端圆角。经修整后的砂轮，磨粒前角可达 $-80° \sim -85°$。单个磨粒的典型磨削过程可分为三个阶段，如图 3-40 所示。

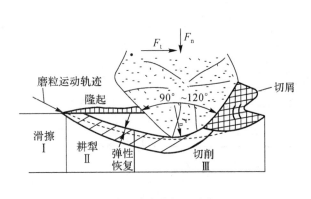

图 3-39　磨粒切入过程

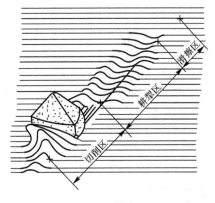

图 3-40　磨削过程中的隆起现象

(1)滑擦阶段。磨粒切削刃开始与工件接触，切削厚度由零开始逐渐增大，由于磨粒刀刃的钝圆半径及负前角很大，所以磨粒并未切削工件，只是沿工件表面滑行，工件仅产生弹性变形。这一阶段称为滑擦阶段。这一阶段的特点是磨粒与工件之间的相互作用主要是摩擦作用，磨削区产生大量的热，工件温度升高较快。

(2)刻划阶段。当磨粒切入工件，磨粒作用在工件上的法向力 F_n 增大到一定值时，工

件表面产生塑性变形,使磨粒前方受挤压的金属向两边流动,在工件表面上耕犁出沟痕,而沟痕的两侧产生隆起(见图 3-40),此时磨粒与工件间的挤压摩擦加剧,热应力增加。这一阶段称为刻划阶段,也称耕犁阶段。这一阶段的特点是工件表层材料在磨粒作用下,产生塑性变形,表层组织内产生变形强化。

(3)切削阶段。随着磨粒继续切入工件,切削厚度不断增加,当其达到某一临界值时,被磨粒挤压的金属材料产生明显的剪切滑移而形成切屑,并沿磨粒前刀面流出。这一阶段以切削为主,但由于磨粒刀刃钝圆半径的影响,同时也伴随表层组织的塑性变形强化。

砂轮表面上的各个磨粒是随机分布的,形状和高低各不相同,其切削过程也有差异。其中一些突出和比较锋利的磨粒,切入工件较深,经过滑擦、耕犁和切削三个阶段,形成非常微细切屑,由于磨削温度很高而使磨屑飞出时氧化形成火花;比较钝的、突出高度较小的磨粒,切不下切屑,只是起刻划作用,在工件表面上挤压出微细的沟痕;更钝的、隐藏在其他磨粒下面的磨粒只能滑擦工件表面。

综上所述,磨削过程是包含切削、刻划和滑擦作用的综合复杂过程。切削中产生的隆起残余量增加了磨削表面的粗糙度,但实验证明,隆起残余量与磨削速度有着密切的关系,随着磨削速度的提高而成正比下降。因此,高速磨削能减少表面粗糙度。

3.6.3　磨粒的切削厚度

磨粒在砂轮表面上是随机分布的,而且高低不平。为了便于分析,现假设磨粒前后对齐并均匀地分布在砂轮的外圆表面上。图 3-41 所示为砂轮磨削平面时的情况,当砂轮上的 A 点旋转到 B 点时,工件上的 C 点在这段时间内就移到 B 点,图中图形 ABC 所包含的材料就被磨削掉了,磨去的最大厚度为 BD。如果用 e 表示砂轮每毫米圆周上的磨粒数,则参加切削的磨粒数为 $AB \times e$,其中弧长 AB 以毫米计。单个磨粒的平均最大切削厚度 $h_{dg\,max}$ 为

$$h_{dg\,max} = \frac{BD}{AB \times e}$$

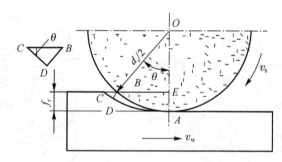

图 3-41　单个磨粒的切削厚度分析

经数学推导有

$$h_{dg\,max} = \frac{2v_w}{v_s}\sqrt{\frac{f_r}{d_s}} \tag{3-52}$$

式中:v_s——砂轮的速度(m/s);

v_w——工件的速度(n/s);

f_r——径向进给量(mm);

d_s——砂轮直径(mm)。

式(3-53)是在假定磨粒分布均匀的前提下得到的。实际上,磨粒在砂轮表面上的分布是极不规则的,不同磨粒的切削厚度可能会相差很大。但仍可从式(3-53)对影响磨粒切削厚度的各有关因素作出如下定性分析。

(1)工件速度 v_w 和径向进给量 f_r 增大时,$h_{dg\max}$ 将增大。

(2)砂轮速度 v_s 和砂轮直径 d_s 增大时,$h_{dg\max}$ 将减小。

(3)粒度号大(细粒度)的砂轮大,$h_{dg\max}$ 相对较小。

单个磨粒的切削厚度增大时,磨粒的切削负荷加重,磨削力增大,磨削温度升高,砂轮磨损加快,工件已加工表面质量将变差。

3.6.4 磨削力与磨削温度

1. 磨削力

磨削与车削过程一样,也有磨削力 F 产生。磨削力来源于两个方面:一是磨削过程中工件材料发生弹塑性变形时所产生的阻力;二是磨粒与工件表面之间的摩擦力。以切除加工余量为主要目的磨削,磨削力以前者为主。在通常的磨削中,尤其是精密的无火花磨削阶段,则磨削力主要是后者。磨削力可以分解为三个分力,即主磨削力(切向磨削力)F_c、切深力(径向磨削力)F_p、进给力(轴向磨削力)F_f,如图 3-42 所示。

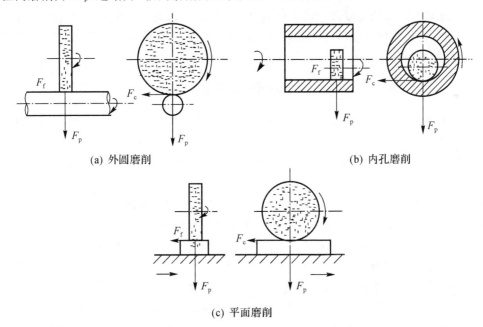

(a) 外圆磨削　　　　　　　　　　(b) 内孔磨削

(c) 平面磨削

图 3-42　磨削时的三向磨削分力

与切削力相比,磨削力有以下主要特征:

(1)单位磨削力大,原因是磨粒大多以较大的负前角进行切削。单位磨削力在 70 kN/mm^2 以上,而其他切削加工的单位切削力均在 $7kN/mm^2$ 以下。

(2)三向磨削分力中切深力 F_p 值最大。在正常磨削条件下,F_p 与 F_c 的比值约为 2.0～2.5。被磨材料塑性越小、硬度越大,F_p 与 F_c 的比值也越大。

2. 磨削温度

由于磨削时单位磨削力比车削加工时大得多,切除金属体积相同时,磨削所消耗的能量远远大于车削加工所消耗的能量。这些能量在磨削中将迅速转变为热能,磨粒磨削点温度高达 1000～1600℃。砂轮磨削区温度也有几百度。磨削温度对加工表面质量影响很大,应设法加以控制。

影响磨削温度的因素主要有以下几个方面:

(1)砂轮速度 v_s。提高砂轮速度 v_s,单位时间内通过工件表面的磨粒数增多,单个磨粒切削厚度减小,挤压和摩擦作用加剧,单位时间内产生的热量增加,使磨削温度升高。

(2)工件速度 v_w。增大工件速度 v_w,单位时间内进入磨削区的工件材料增加,单个磨粒的切削厚度加大,磨削力及能耗增加,磨削温度上升;但从热量传递的观点分析,提高工件速度 v_w,工件表面被磨削点与砂轮的接触时间缩短,工件上受热影响区的深度较浅,可以有效防止工件表面层产生磨削烧伤和磨削裂纹,在生产实践中常采用提高 v_w 的方法来减少工件表面烧伤和裂纹。

(3)径向进给量 f_r。径向进给量 f_r 增大,单个磨粒切削厚度增大,产生的热量增多,使磨削温度升高。

(4)工件材料。磨削韧性大、强度高、导热性差的材料,因其消耗于金属变形的摩擦能量大、发热多、散热性能又差,故磨削温度高。磨削脆性大、强度低、导热性好的材料,磨削温度相对较低。

(5)砂轮特性。选用低硬度砂轮磨削时,砂轮自锐性好,磨粒切削刃锋利,磨削力和磨削温度都比较低。选用粗粒度砂轮磨削时,容屑空间大,磨屑不易堵塞砂轮,磨削温度就比选用细粒度砂轮磨削低。

思考题与习题

3-1 金属切削过程的实质是什么?衡量切削变形程度的指标有哪些?它们之间有何联系和异同?

3-2 切削过程的第一变形区和第二变形区的变形特点是什么?前刀面的摩擦有何特点?

3-3 试述积屑瘤产生的原因及对切削过程的影响。如何抑制积屑瘤的产生?

3-4 试述切削变形规律,生产上如何应用这些规律来提高生产率?

3-5 切削合力为什么要分解成三个分力?试分析三个分力的作用。

3-6 简要分析切削用量对切削力的影响规律。

3-7 何谓单位切削力、单位切削功率?两者有何关系?

3-8 试述影响切削温度的主要因素及理由,可采取哪些措施控制切削温度?

3-9 简述刀具磨损的各种原因,刀具磨损与一般机器零件磨损相比,有何特点?

3-10 刀具磨损有哪几种形式?各在什么条件下产生?

3-11 试分析高速钢刀具在低、中速,硬质合金刀具在中、高速产生磨损的原因。

3-12 刀具磨损分哪几个阶段?各阶段磨损特点如何?

3-13 何谓刀具磨钝标准?试述制订刀具磨钝标准的原则。

3-14 何谓刀具使用寿命?常用的刀具使用寿命有哪几种?简要分析切削用量对刀具使用寿命的影响。

3-15 为何说工件材料的切削加工性是一个相对概念?评定材料切削加工性有哪些指

标？如何改善材料切削加工性？

　　3-16　切削液有什么作用？有哪些种类？如何选用？

　　3-17　刀具角度中 γ_o、λ_s 和 κ_r 各有何功用？如何选择？

　　3-18　简述切削用量选择原则及理由。粗加工和精加工时如何选择切削用量？

　　3-19　砂轮的特性主要由哪些因素所决定？如何选用砂轮？

　　3-20　磨削形成有哪几个阶段？各阶段有何特点？

第4章 金属切削机床与刀具

4.1 车床与车刀

4.1.1 车床概述

车床是机械制造中使用最广泛的一类机床,主要用于加工各种回转表面,如内、外圆柱面,圆锥面,回转体成形表面和回转体的端面,有些车床还能加工螺纹。

1. 车床的分类

车床的种类很多,按其结构及用途可以分为:

(1) 卧式车床及落地车床;

(2) 立式车床;

(3) 转塔车床;

(4) 仿形车床及多刀车床;

(5) 单轴自动车床;

(6) 多轴自动、半自动车床等。

此外,还有各种专门化车床,如曲轴及凸轮轴车床,轮、轴、辊、铲齿车床等。在大批大量生产中还使用各种专用车床。

在各种车床中,普通车床相对专用车床用途更多,其中又以卧式车床应用最为广泛。

2. 车床的工艺范围

卧式车床的工艺范围很广,能车削内外圆柱面、圆锥面、回转体成型面和环形槽、端面及各种螺纹,还可以进行钻孔、扩孔、铰孔、攻丝、套丝和滚花等。图 4-1 所示是在卧式车床完成的典型工序。

4.1.2 CA6140 型卧式车床的组成

CA6140 型卧式车床是典型卧式车床,在我国机械制造类工厂中被广泛使用,它的传动和构造也很典型。本节将以此型号机床为例,进行机床结构、传动系统等方面的分析。

CA6140 型卧式车床的主参数为 400mm,表示床身上最大工件回转直径 D 为 400mm,第二主参数有 750、1000、1500、2000 四种,表示床身长度。

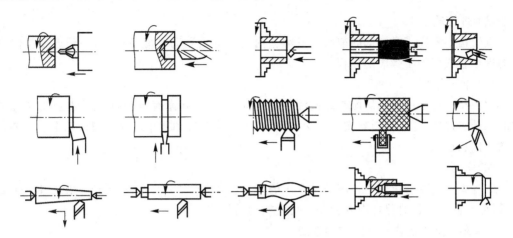

图 4-1　卧式车床能完成的典型工序

1. 组成部件及作用

CA6140 型卧式车床的外形如图 4-2 所示。

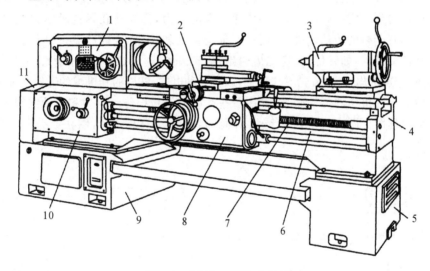

图 4-2　CA6140 型卧式车床

1—主轴箱；2—刀架；3—尾座；4—床身；5,9—床腿；6—光杠；

7—丝杠；8—溜板箱；10—进给箱；11—挂轮变速机构

（1）主轴箱

主轴箱固定在床身的左端，内装有主轴和变速传动机构。工件通过卡盘等夹具装夹在主轴前端。主轴箱的功用是支承主轴，并把动力经变速传动机构传给主轴。

（2）刀架

刀架可沿床身上的刀架导轨纵向移动。刀架部件由几层组成，它的功用是装夹车刀，实现纵向、横向或斜向运动。

（3）尾座

尾座安装在床身右端的尾座导轨上，可沿导轨调整其位置。它的功用是用后顶尖支承长工件，也可以安装钻头、铰刀等孔加工刀具进行加工。

（4）进给箱

进给箱固定在床身左侧的前端。进给箱内装有进给运动的变换机构,用于改变机动进给的进给量或所加工螺纹的导程。

（5）溜板箱

溜板箱与刀架的最下层即与纵向溜板相连,与刀架一起作横向运动,功用是把进给箱传来的运动传递给刀架,使刀架实现纵向和横向进给、快速移动或车螺纹。溜板箱上装有各种操作手柄和按钮。

（6）床身

床身固定在左右床腿上。床身是车床的基本支承件,在床身上安装着车床的各个主要部件,使它们在工作时保持准确的相对位置或运动轨迹。

2. CA6140型卧式车床的传动系统

（1）传动联系和传动原理图

为了得到所需要的运动,需要通过一系列的传动件把执行件和动力源（例如主轴和电动机）,或者把执行件和执行件（例如把主轴和刀架）联接起来,以构成传动联系,称为传动链。前者使执行件得到预定速度的运动,并传递一定的动力,称为外联系传动链;后者使所联系的执行件之间有严格的传动比关系,用来保证运动的轨迹,称为内联系传动链。通常,传动链包括各种传动机构,如带传动、定比齿轮副、齿轮齿条、丝杠螺母、蜗杆蜗轮、滑移齿轮变速机构、离合器变速机构、交换齿轮或挂轮架,以及各种电的、液压的和机械的无级变速机构等。

为了便于研究机床的传动联系,常用一些简明的符号把传动原理和传动路线表示出来,这就是传动原理图。图4-3所示为传动原理图常用符号及其含义,图4-4所示为卧式车床的传动原理图。

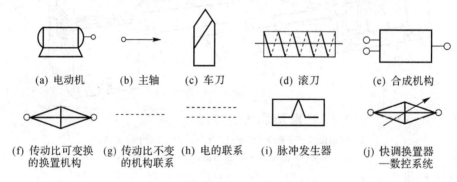

(a) 电动机　(b) 主轴　(c) 车刀　(d) 滚刀　(e) 合成机构

(f) 传动比可变换的换置机构　(g) 传动比不变的机构联系　(h) 电的联系　(i) 脉冲发生器　(j) 快调换置器—数控系统

图4-3　传动原理图常用的示意符号

车床在形成螺旋表面时需要一个复合的成形运动——刀具与工件间相对的螺旋运动。它可以分解为两个部分:主轴的旋转 B_{11} 和车刀的纵向移动 A_{12}。因此,车床应有两条传动链:①联系复合运动两部分 B_{11} 和 A_{12} 的内联系传动链,即主轴—4—5—i_f—6—7丝杠。图中用虚线表示固定传动比的传动机构,i_f 所用的符号表示可以变换传动比的传动机构（挂轮架和进给箱）。②联系动力源与这个复合运动的传动链,可由动力源联系复合运动的任一环节,考虑到大部分动力应输送给主轴,故外联系传动链联系动力源和主轴。图中表示为:电动机—1—2—i_v—3—4—主轴,i_v 所用的符号表示传动比可以改变的换置机构（主轴箱）。

车床在车削圆柱面时,主轴的旋转和刀具的移动是两个独立的简单运动。这时 B_{11} 应

改为 B_1，A_{12} 应改为 A_2。这时车床应有两条外联系传动链。其中一条是：电动机—1—2—i_v—3—4—主轴；另一条是：电动机—1—2—i_v—3—4—5—i_f—6—7—丝杠。其中，电动机—1—2—i_v—3—4 是公共段。这样，虽然车削螺纹和车削外圆时运动的数量和性质不同，但却可以公用一个传动原理图。差别仅在于车削螺纹时，i_f 必须计算和调整得准确，车削外圆时，i_f 只需根据工艺需要用于调整进给速度。

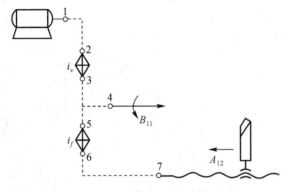

图 4-4　卧式车床的传动原理图

（2）传动系统图

传动原理图所表示的传动关系最后要通过设计传动系统图体现出来。CA6140 型卧式车床的传动系统图如图 4-5 所示。图中各种元件用简单的规定符号代表，各齿轮所标数字表示齿数，规定符号详见国家标准 GB4460—84《机械制图——机动示意图中的规定符号》。机床的传动系统图画在一个能反映机床基本外形和各主要部件相互位置的平面上，并尽可能绘制在机床外形的轮廓线内。各传动元件应尽可能按运动传递的顺序安排。该图只表示传动关系，不代表各传动元件的实际尺寸和空间位置。

车床的传动系统图需具备以下传动链：实现主运动的主运动传动链、实现螺纹进给运动的螺纹进给传动链、实现纵向进给运动的纵向进给传动链、实现横向进给的横向进给传动链。

纵向和横向进给传动链的任务是实现一般车削时的纵向和横向机动进给运动及其变速与换向。这两个运动的动力源从本质上说也是主电动机，因为运动是从下列路线传到刀架的：

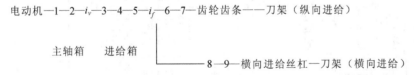

但由于刀架进给量是以主轴每转一转时刀架的进给量来表示的，因此分析这两条传动链时，仍然把主轴和刀架作为两末端件。但需要注意，由于一般车削时，纵向、横向进给运动从表面成形原理来说是独立的简单成形运动，不要求与主轴的旋转保持严格的运动关系，因此纵、横向进给传动链都是外联系传动链，而主轴则可以看作是这两个传动链的间接动力源。

从以上分析可以看出，在进给箱之后分为两支：丝杠实现螺纹进给运动，光杠传动实现纵、横向进给运动。因此，从主轴到进给箱的一段传动是三条进给传动链的公用部分，这样既可以大大减轻丝杠的磨损，有利于长期保持丝杠的传动精度，又可以获得一般车削所需的各种纵、横向进给量。

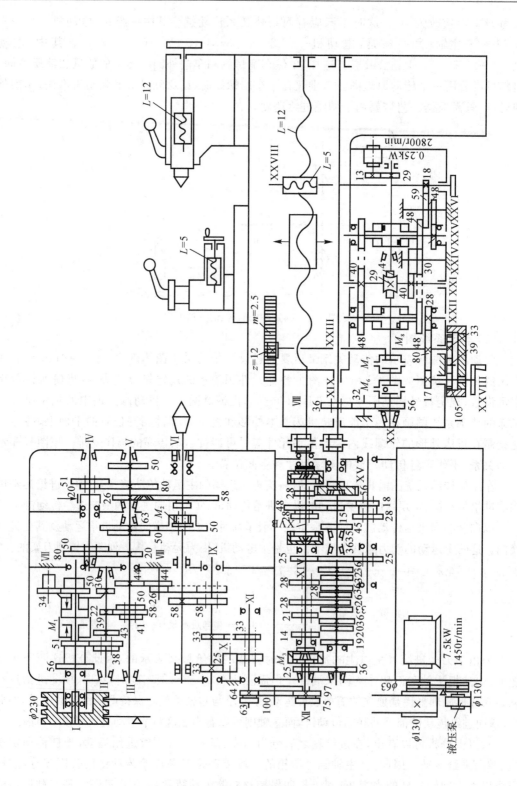

图 4-5　CA6140 型卧式车床的传动系统图

下面逐一分析其各条传动链。

1）主运动传动链

①传动路线

主运动传动链的两末端件是主电动机和主轴。运动由电动机（7.5kW,1450r/min）经三角带轮传动副 $\varphi130mm/\varphi230mm$ 传至主轴箱轴 I。在轴 I 上装有双向多片摩擦离合器 M_1，可使主轴正转、反转或停止。它就是系统的主换向机构。当压紧离合器 M_1 左部的摩擦片时，轴 I 的运动经齿轮副 56/38 或 51/43 传给轴 II，使轴 II 获得两种转速。压紧右部的摩擦片时，轴 I 的运动经齿轮 50、轴 VII 上的空套齿轮 34 传给轴 II 上的固定齿轮 30。这时轴 I 至轴 II 间多一个中间齿轮 34，故轴 II 的转向与经 M_1 左部传动时相反。轴 II 的反转转速只有一种。当离合器处于中间位置时，左、右摩擦片都没有被压紧，轴 I 的运动不能传至轴 II，导致主轴停转。轴 II 的运动可通过轴 II、III 间三对齿轮的任一对传至轴 III，故轴 III 共有 $2\times3=6$ 种正向转速。运动由轴 III 传往主轴有两条路线：一条是高速传动路线，即主轴上的滑移齿轮 50 移至左端，使之与轴 III 上右端的齿轮 63 啮合。运动由轴 III 经齿轮副 63/50 直接传给主轴，得到 $450\sim1400r/min$ 的 6 种高转速。另一条是低速传动路线，即主轴上的滑移齿轮 50 移至右端，使主轴上的齿式离合器 M_2 啮合。轴 III 的运动经齿轮副 20/80 或 50/50 传给轴 IV，又经齿轮副 20/80 或 51/50 传给轴 V，再经齿轮副 26/58 和齿式离合器 M_2 传至主轴，使主轴获得 $10\sim500r/min$ 的低转速。主运动传动链的传动路线表达式如下：

$$\text{电动机}-\frac{\varphi130}{\varphi230}-\text{I}-\begin{bmatrix}M_{1(左)}\atop(正转)-\begin{bmatrix}\dfrac{51}{43}\\[2mm]\dfrac{56}{38}\end{bmatrix}\\[6mm]M_{1(右)}-\dfrac{50}{34}-\text{VII}-\dfrac{34}{30}\end{bmatrix}-\text{II}-\begin{bmatrix}\dfrac{22}{58}\\[2mm]\dfrac{30}{50}\\[2mm]\dfrac{39}{41}\end{bmatrix}-\text{III}-\begin{bmatrix}\begin{bmatrix}\dfrac{20}{80}\\[2mm]\dfrac{50}{50}\end{bmatrix}-\begin{bmatrix}\dfrac{20}{80}\\[2mm]\dfrac{51}{50}\end{bmatrix}-\text{V}-\dfrac{26}{58}-M_2\\[8mm]\dfrac{63}{50}\end{bmatrix}-\text{VI(主轴)}$$

②主轴转速级数

根据传动系统图和传动路线表达式，主轴正转时，利用各滑移齿轮轴向位置的不同组合，共可以得到 $2\times3\times(1+2\times2)=30$ 级转速，但经过计算可知，由于轴 III—V 间的四种传动比为

$$u_1=\frac{50}{50}\times\frac{51}{50}\approx1,\qquad u_2=\frac{50}{50}\times\frac{20}{80}=\frac{1}{4}$$

$$u_3=\frac{20}{80}\times\frac{51}{50}\approx\frac{1}{4},\qquad u_4=\frac{20}{80}\times\frac{20}{80}=\frac{1}{16}$$

其中，u_2 和 u_3 近似相等，因此运动经由中、低速这条路线运动时，主轴实际上只能得到 $2\times3\times(2\times2-1)=18$ 级不同的转速，加上高速路线由齿轮副 $\frac{63}{50}$ 直接传动时获得的 6 级高转速，主轴实际上只能获得 $2\times3\times(1+3)=24$ 级不同的转速。

同理，主轴反转时也只能获得 $3+3\times(2\times2-1)=12$ 级不同的转速。

主轴转速可按下列运动平衡式计算：

$$n_主=n_电\times\frac{D}{D'}\times(1-\varepsilon)\times\frac{Z_{I-II}}{Z'_{I-II}}\times\frac{Z_{II-III}}{Z'_{II-III}}\times\frac{Z_{III-IV}}{Z'_{III-IV}}$$

式中：$n_电$——电动机转速，$n_电=1450(r/min)$；

　　　D——主动皮带轮直径，$D=130mm$；

　　　D'——被动皮带轮直径，$D'=230mm$；

ε——三角带传动的滑动系数,可近似地取 $\varepsilon=0.02$,即 $1-\varepsilon=0.98$;

Z_{I-II}——由轴 I 传动轴 II 的主动轮齿数;

Z'_{I-II}——由轴 I 传动轴 II 的被动轮齿数;

Z_{II-III}——由轴 II 传动轴 III 的主动轮齿数;

Z'_{II-III}——由轴 II 传动轴 III 的被动轮齿数;

Z_{III-IV}——由轴 III 传动轴 IV 的主动轮齿数(或主动齿轮齿数的积);

Z'_{III-IV}——由轴 III 传动轴 IV 的被动轮齿数(或被动齿轮齿数的积)。

主轴反转时,轴 I－II 间的传动比大于正转时的传动比,所以反转转速高于正转。主轴反转主要用于车削螺纹时,在不断开主轴和刀架间传动联系的情况下,采用较高的转速使刀架快速退至起始位置,可节省辅助时间。

2) 螺纹进给传动链

CA6140 型卧式车床的螺纹进给运动链可车削常用的公制、英制、模数制及径节制四种标准螺纹,此外,还可以车削加大螺距、非标准螺距及较精确的螺纹。这些螺纹可以是右旋的,也可以是左旋的。

不同标准的螺纹用不同的参数表示螺距,下面分别分析加工不同的螺纹时,进给运动传动链的传动关系。表 4-1 给出了公制、英制、模数制及径节制四种标准螺纹的螺距参数及其与螺距、导程之间的换算关系。

表 4-1 螺距参数及其与螺距、导程之间的换算关系

螺纹种类	含义	螺距参数	螺距(mm)	导程(mm)
公制	以螺距表示	P(mm)	P	$L=kP$
英制	以模数表示	m(mm)	$P_m=\pi m$	$L_m=kP_m=k\pi m$
模数制	每英寸牙数 α 表示	α 牙/英寸	$P_a=\dfrac{25.4}{\alpha}$	$L_a=kP_a=\dfrac{25.4k}{\alpha}$
径节制	径节 DP	DP 牙/英寸	$P_a=\dfrac{25.4}{DP\,\pi}$	$L_{DP}=kP_{DP}=\dfrac{25.4k}{DP\,\pi}$

注:表中 k 为螺纹头数。

无论车削哪一种螺纹,都必须在加工中形成母线(螺纹面型)和导线(螺旋线)。用螺纹车刀形成母线(成形法)不需要成形运动,形成螺旋线采用轨迹法。螺纹的形成需要一个复合成形运动。为了形成一定导程的螺旋线,必须保证主轴每转一转,刀具准确地移动被加工螺纹一个导程的距离,根据这个相对运动关系,可列出车螺纹时的运动平衡式为

$$1_{(主轴)} \times u_0 \times u_x \times L_{丝} = L_{工} \tag{4-1}$$

式中:u_0——主轴至丝杠间全部定比传动机构的固定传动比,是个常数;

u_x——主轴至丝杠间换置机构的可变传动比;

$L_{丝}$——机床丝杠的导程,CA6140A 型车床的 $L_{丝}=12$mm;

$L_{工}$——被加工螺纹的导程,单位为 mm。

由式(4-1)可知,被加工螺纹的导程正比于传动链中换置机构的可变传动比 u_x,因此,车削不同标准和导程的各种螺纹时,必须对螺纹进行适当调整,使传动比 u_x 根据各种螺纹的标准数列作相应改变。

①车削公制螺纹

公制螺纹(也称米制螺纹)是我国常用的螺纹,在国家标准中规定了公制螺纹的标准螺距值。公制标准螺距数列是按分段等差级数的规律排列的,各段等差数列的差值互相成倍数关系。

车削公制螺纹时,进给箱中的齿式离合器 M_3 和 M_4 脱开,M_5 接合。这时的传动路线为:运动由主轴Ⅵ经齿轮副 $\frac{58}{58}$,轴Ⅸ至轴Ⅺ间的左右螺纹换向机构(车削右旋螺纹为 $\frac{33}{33}$,车左旋螺纹时为 $\frac{33}{25}\times\frac{25}{33}$)、挂轮 $\frac{63}{100}\times\frac{100}{75}$ 传到进给箱的轴Ⅻ,然后由移换机构的齿轮副 $\frac{25}{36}$ 传至轴ⅩⅢ,再经两轴滑移齿轮变速机构的齿轮副传至轴ⅩⅣ,经齿轮副 $\frac{25}{36}\times\frac{36}{25}$ 至轴ⅩⅤ,再经过轴ⅩⅤ与轴ⅩⅦ间的两组滑移齿轮(增倍机构)传至轴ⅩⅦ,最后由齿式离合器 M_5 传至丝杠ⅩⅧ(螺距为 12mm,单头),当溜板箱中的开合螺母与丝杠啮合时,就可带动刀架车削公制螺纹。

车削公制螺纹时传动链的传动路线表达式为

$$主轴Ⅵ-\frac{58}{58}-Ⅸ-\left[\begin{array}{c}\frac{33}{33}(右旋螺纹)\\[2mm]\frac{33}{25}\times\frac{25}{33}(左旋螺纹)\end{array}\right]-ⅩⅠ-\frac{63}{100}\times\frac{100}{75}-Ⅻ-\frac{25}{36}-ⅩⅢ-u_基-$$
$$-ⅩⅣ-\frac{25}{36}\times\frac{36}{25}-ⅩⅤ-u_倍-ⅩⅦ-M_5-ⅩⅧ(丝杠)-刀架$$

以上传动路线中,位于进给箱中轴ⅩⅢ上的 8 个固定齿轮和轴ⅩⅣ上的 4 个公用滑移齿轮组成有 8 个传动比的两轴滑移齿轮变速机构,称为基本变速组,简称基本组。其传动比按分段等差数列排列,满足公制螺纹的螺距按分段等差数列排列的要求。其 8 种传动比为

$$u_{基1}=\frac{26}{28}=\frac{6.5}{7}, \quad u_{基2}=\frac{28}{28}=\frac{7}{7}, \quad u_{基3}=\frac{32}{28}=\frac{8}{7}, \quad u_{基4}=\frac{36}{28}=\frac{9}{7}$$
$$u_{基5}=\frac{19}{14}=\frac{9.5}{7}, \quad u_{基6}=\frac{20}{14}=\frac{10}{7}, \quad u_{基7}=\frac{33}{21}=\frac{11}{7}, \quad u_{基8}=\frac{36}{21}=\frac{12}{7}$$

而轴ⅩⅤ和轴ⅩⅦ上的 2 个双联滑移齿轮及其中间传动轴ⅩⅥ上的 3 个固定齿轮组成的 4 级变速机构称为增倍变速组,简称增倍组,其传动比呈倍数排列,目的是将基本组的传动比成倍地增大(或缩小),以扩大机床所能车削螺纹的螺距种数。其 4 种传动比为

$$u_{倍1}=\frac{18}{45}\times\frac{15}{48}=\frac{1}{8}, \quad u_{倍2}=\frac{28}{35}\times\frac{15}{48}=\frac{1}{4}$$
$$u_{倍3}=\frac{18}{45}\times\frac{35}{28}=\frac{1}{2}, \quad u_{倍4}=\frac{28}{35}\times\frac{35}{28}=1$$

根据传动系统图或传动路线表达式,可以列出车削公制螺纹时的运动平衡式为

$$L=kP=1_{主轴}\times\frac{58}{58}\times\frac{33}{33}\times\frac{63}{100}\times\frac{100}{75}\times\frac{25}{36}\times u_基\times\frac{25}{36}\times\frac{36}{25}\times u_倍\times12 \quad (4-2)$$

式中:L——被加工螺纹的导程(mm),对于单头螺纹为螺距 P;

$u_基$——轴ⅩⅢ-ⅩⅣ间基本组传动比;

$u_倍$——轴ⅩⅤ-ⅩⅦ增倍组传动比。

将式(4-2)简化后得

$$L=7u_基 u_倍$$

分别代入 $u_基$、$u_倍$ 的各值,可得 $8\times4=32$ 种导程值,其中符合标准的只有 20 种,如表4-2所示。

表 4-2 CA6140 型车床米制螺纹表

L(mm) $u_基$ / $u_倍$	$\frac{26}{28}$	$\frac{28}{28}$	$\frac{32}{28}$	$\frac{36}{28}$	$\frac{19}{14}$	$\frac{20}{14}$	$\frac{23}{21}$	$\frac{36}{21}$
$\frac{18}{45}\times\frac{15}{48}=\frac{1}{8}$	—	—	1	—	—	1.25	—	1.5
$\frac{28}{35}\times\frac{15}{48}=\frac{1}{4}$	—	1.75	2	2.25	—	2.5	—	3
$\frac{18}{45}\times\frac{35}{28}=\frac{1}{2}$	—	3.5	4	4.5	—	5	5.5	6
$\frac{28}{35}\times\frac{35}{28}=1$	—	7	8	9	—	10	11	12

由计算可知,上述机构能够车削的公制螺纹的最大导程为 12mm,当机床需加工更大导程的螺纹时,例如车削多头螺纹或者油槽时,就要用到扩大螺距机构,简称扩大组。这时,主轴Ⅵ的运动(此时 M_2 接合,主轴处于低速状态)经斜齿轮传动副 $\frac{58}{26}$ 到轴Ⅴ之间,齿轮机构 $\frac{80}{20}$ 与 $\frac{80}{20}$ 或 $\frac{50}{50}$ 至轴Ⅲ,再经 $\frac{44}{44}$, $\frac{26}{58}$ (轴Ⅸ滑移齿轮 Z_{58} 处于右位与轴Ⅷ上的齿轮 Z_{26} 啮合)传到轴Ⅸ,其传动路线表达式为:

$$
主轴Ⅵ-\begin{cases} 正常导程-\dfrac{58}{58}- \\[4pt] 扩大导程\dfrac{58}{26}-Ⅴ-\dfrac{80}{20}-Ⅳ-\begin{cases}\dfrac{50}{50}\\[4pt]\dfrac{80}{20}\end{cases}-Ⅲ-\dfrac{44}{44}-Ⅷ-\dfrac{26}{58} \end{cases}-Ⅸ-\cdots\cdots ⅩⅧ
$$

（正常螺纹传动路线）

正常螺距时,轴Ⅵ-Ⅸ间的传动比为

$$u_{Ⅵ-Ⅸ}=\frac{58}{58}=1$$

使用扩大导程时,轴Ⅵ-Ⅸ间的传动比如下:

当主轴处于最低的 6 级转速,即 10~32r/min 运行时

$$u_{扩1}=\frac{58}{26}\times\frac{80}{20}\times\frac{80}{20}\times\frac{44}{44}\times\frac{26}{58}=16$$

当主轴转速为 40~125r/min 时

$$u_{扩2}=\frac{58}{26}\times\frac{80}{20}\times\frac{50}{50}\times\frac{44}{44}\times\frac{26}{58}=4$$

由此可知,采用扩大螺距的传动路线可使螺距扩大 4 倍或 16 倍,CA6140 型车床车削大导程米制螺纹时,最大螺纹导程为 192mm。

应当指出,扩大螺距机构的传动齿轮就是主运动中的传动齿轮,当主轴转速确定后,螺距可能扩大的倍数也就确定了。当主轴转速为 160~500r/min 时,即使接通扩大螺距机构也不再具有扩大螺距的功能。这说明车削大螺距螺纹时,只允许选用较低的主轴转速。

②车削模数螺纹

模数螺纹主要用于公制蜗杆(如 Y3150E 型滚齿机的垂直进给丝杠就是模数制的),因车削蜗杆的方法与车削螺纹相同,故称其为模数螺纹。

模数螺纹以模数 m 表示螺距参数,螺距 $P_m=\pi m$。国家标准规定了模数的标准值,也是

分段等差数列,与加工公制螺纹时相似,所以两者可采用同一条传动路线。但是螺距 P_m 包含 π 这个因子,因此要用改变挂轮传动比的方法来解决,即将挂轮更换为 $\frac{64}{100}\times\frac{100}{97}$,移换机构的滑移齿轮传动比为 $\frac{25}{36}$,使螺纹进给传动链的传动比作相应变化,以消除特殊因子 π(因为 $\frac{64}{97}\times\frac{25}{36}\approx\frac{7\pi}{48}$),传动平衡式为

$$L=k\pi m=1_{主轴}\times\frac{58}{58}\times\frac{33}{33}\times\frac{64}{100}\times\frac{100}{97}\times\frac{25}{36}\times u_{基}\times\frac{25}{36}\times\frac{36}{25}\times u_{倍}(\text{M}_5\ 合)\times12\cdots$$

化简后得到

$$1\times\frac{64}{97}\times\frac{25}{36}\times u_{基}\times u_{倍}\times12=k\pi m$$

因为 $\frac{64}{97}\times\frac{25}{36}\times12\times\frac{4}{7}=3.141875$,用此值代替 π(取 π=3.141593),则其绝对误差 Δ=0.000282,其相对误差占 0.00009,故上式可简化为

$$\frac{7}{4}\cdot\pi\cdot u_{基}\cdot u_{倍}=k\pi m$$

从而得到

$$m=\frac{7}{4k}u_{基}\ u_{倍}$$

变换 $u_{基}$、$u_{倍}$ 的值,便可车削各模数螺纹的螺距值。

加工模数螺纹时,如果应用扩大螺距机构,也可车削出大导程的模数螺纹。

③车削英制螺纹

英制螺纹来源于英寸制国家,我国主要用于部分管接头。

英制螺纹螺距参数以每英寸长度上的螺纹扣(牙)数 a 表示(a/in),标准的 a 值也是分段等差数列,所以英制螺纹的螺距和导程是分段调和数列(分母为分段等差数列),将以英寸为单位的螺距和导程换算成为以毫米为单位的螺距值时,含有特殊因子 25.4,即

$$P_a=\frac{1}{a}(\text{in})=\frac{25.4}{a}(\text{mm})$$

因此,螺纹进给传动链必须做作下变动:

● 车削英制螺纹时需把车削公制螺纹的基本组的主、被动关系颠倒过来,即 ⅩⅣ 轴为主动,轴 ⅩⅢ 为被动,这样基本组的传动比数列变成了调和数列。

● 改变部分传动副的传动比,使其包含特殊因子 25.4。

车削英制螺纹时传动链的具体情况调整为,挂轮用 $\frac{63}{100}\times\frac{100}{75}$,进给箱中离合器 M_3 和 M_5 接合,M_4 脱开,同时轴 ⅩⅤ 左端的滑移齿轮 Z_{25} 左移,与固定在轴 ⅩⅢ 上的齿轮 Z_{36} 啮合。运动由轴 ⅩⅡ 经离合器 M_3 传至轴 ⅩⅣ,然后由轴 ⅩⅣ 传至轴 ⅩⅢ,再经齿轮副 $\frac{36}{25}$ 传至轴 ⅩⅤ,从而使基本组的运动方向恰好与车削公制螺纹时相反,同时轴 ⅩⅡ 与轴 ⅩⅤ 之间定比传动机构也由 $\frac{25}{36}\times\frac{25}{36}\times\frac{36}{25}$ 改变为 $\frac{36}{25}$,其余部分传动路线与车削米制螺纹时相同,此时传动路线表达式为

$$主轴Ⅵ-\frac{58}{58}-Ⅸ-\begin{bmatrix}\frac{33}{33}(右旋螺纹)\\\frac{33}{25}\times\frac{25}{33}(左旋螺纹)\end{bmatrix}-Ⅺ-\frac{63}{100}\times\frac{100}{75}-Ⅻ-\text{M}_3-ⅩⅣ-u'_{基}-$$

$$—\text{XⅢ}—\frac{36}{25}—\text{XV}—u_{倍}—\text{XⅦ}—M_5—\text{XⅧ(丝杠)}—刀架$$

运动平衡式为

$$L_a=\frac{25.4k}{a}=1_{主轴}\times\frac{58}{58}\times\frac{33}{33}\times\frac{63}{100}\times\frac{100}{75}\times\frac{25}{36}\times u'_{基}\times\frac{25}{36}\times u'_{倍}\times 12$$

式中：$\frac{63}{100}\times\frac{100}{75}\times\frac{36}{25}\approx\frac{25.4}{21}$，将 $u'_{基}=\frac{1}{u_{基}}$ 代入化简得

$$L_a=\frac{25.4k}{a}=\frac{4}{7}\times 25.4\frac{u_{倍}}{u_{基}},\quad a=\frac{7ku_{基}}{4u_{倍}}$$

改变 $u_{基}$ 和 $u_{倍}$，就可以车削各种规格的螺纹。表 4-3 所示列出了 $k=1$ 时，a 值与 $u_{基}$ 和 $u_{倍}$ 的关系。

表 4-3　CA6140 型车床英制螺纹表

$a/(\text{牙}\cdot\text{in}^{-1})$ $u_{基}$ ＼ $u_{倍}$	$\frac{26}{28}$	$\frac{28}{28}$	$\frac{32}{28}$	$\frac{36}{28}$	$\frac{19}{14}$	$\frac{20}{14}$	$\frac{23}{21}$	$\frac{36}{21}$
$\frac{18}{45}\times\frac{15}{48}=\frac{1}{8}$	—	24	16	18	19	20	—	24
$\frac{28}{35}\times\frac{15}{48}=\frac{1}{4}$	—	7	8	9	—	10	11	12
$\frac{18}{45}\times\frac{35}{28}=\frac{1}{2}$	3.25	3.5	4	4.5	—	5	—	6
$\frac{28}{35}\times\frac{35}{28}=1$	—	—	2	—	—	—	—	3

④车削径节螺纹

径节螺纹主要用于英制蜗杆，其螺距参数用径节数 DP(DP/in) 表示。径节 $\text{DP}=\frac{z}{D}$（z 为齿轮齿数，D 为分度圆直径，单位为英　），即蜗轮或齿轮折算到每英寸分度圆直径上的齿数。标准 DP 也是分段等差数列，而螺距和导程则是分段调和数列，螺距和导程值中包含特殊因子 25.4，和英制螺纹类似，故可以采用英制螺纹的传动路线；但因螺距和导程值中还有特殊因子 π，又和模数螺纹相同，所以需将挂轮换成 $\frac{64}{100}\times\frac{100}{97}$，此时运动平衡式为

$$L_{\text{DP}}=\frac{25.4k\pi}{\text{DP}}=1_{(主轴)}\times\frac{58}{58}\times\frac{33}{33}\times\frac{64}{100}\times\frac{100}{97}\times u_{基}\times\frac{36}{25}\times u_{倍}\times 12$$

式中：$\frac{64}{100}\times\frac{100}{97}\times\frac{36}{25}\approx\frac{25.4k\pi}{84}$，将 $u'_{基}=\frac{1}{u_{基}}$ 代入化简后得

$$L_{\text{DP}}=\frac{25.4k\pi}{\text{DP}}=\frac{25.4\pi}{7}\cdot\frac{u_{倍}}{u_{基}}$$

$$\text{DP}=7k\frac{u_{基}}{u_{倍}}$$

由上述可知，加工公制螺纹和模数制螺纹时，轴 XⅢ 是主动轴；加工英制螺纹和径节制螺纹时，轴 XⅣ 是主动轴。主动轴与被动轴对调，是通过离合器 M_3（米制、模数制，M_3 开，即轴 XⅡ 上滑移齿轮 Z_{25} 向左；英制、径节制，M_3 合，即轴 XⅡ 上滑移齿轮 Z_{25} 向右）和轴 XV 上滑移齿轮 Z_{25} 实现的，而螺纹进给传动链传动比数值中包含的 25.4、π、25.4π 等特殊因子，则由轴 XⅡ—XⅢ 齿轮副 $\frac{25}{36}$，轴 XⅣ—XⅢ—XV 间齿轮副 $\frac{25}{36}\times\frac{36}{25}$、轴 XⅢ—XV 间齿轮副 $\frac{36}{25}$ 与挂轮适当组合得到的。进给箱中具有上述功能的离合器、滑移齿轮和定比传动机构，称为移换机构。

⑤车削非标准螺距和较精密的螺纹

当需要加工非标准螺纹时,用进给箱中的变换机构无法得到所要求的螺纹导程,或者虽然是标准螺纹,但精度要求较高时,可将进给箱中三个离合器 M_3、M_4 和 M_5 全部接合,使轴 ⅩⅡ、轴 ⅩⅣ、轴 ⅩⅦ 和丝杠 ⅩⅧ 联成一体。这时运动直接从轴 ⅩⅡ 传至丝杠 ⅩⅧ,所要求的工件螺纹导程可通过选择挂轮的传动比 $u_{挂}$ 得到。在这种情况下,由于主轴至丝杠的传动路线大为缩短,减少了传动件制造和装配对螺纹螺距精度的影响,因此可车削出精度较高的螺纹。此时,螺纹进给传动链的运动平衡式为

$$L = 1_{(主轴)} \times \frac{58}{58} \times \frac{33}{33} \times u_{挂} \times 12$$

化简后得到配换挂轮传动比为

$$u_{挂} = \frac{a}{b} \cdot \frac{c}{d} = \frac{L}{12} \tag{4-3}$$

由式(4-3)即可配算出挂轮架上 a、b、c、d 齿轮的齿数。

加工非标准螺距的传动路线比加工标准螺距的传动路线大为缩短,从而减少了传动件误差对螺纹螺距精度的影响。如果 $u_{挂}$ 选配得足够精确,则可加工出精度较高的螺纹螺距,利用这条传动路线即可加工较精确螺距的螺纹。

3)纵向和横向进给传动链

车削加工时,刀架的纵向和横向机动进给运动是由光杠经溜板箱中的传动机构分别传至齿轮齿条机构或横向进给丝杠 ⅩⅩⅦ 而实现的。其传动路线表达式为

$$主轴(Ⅵ) - \begin{bmatrix} (公制螺纹传动路线) \\ (英制螺纹传动路线) \end{bmatrix} - ⅩⅦ - \frac{28}{56} - ⅩⅨ(光杠) - \frac{36}{32} \times \frac{32}{56} -$$

$$- M_6(超越离合器) - M_7(安全离合器) - ⅩⅩ - \frac{4}{29} - ⅩⅪ -$$

$$- \begin{bmatrix} \begin{bmatrix} \frac{40}{48} - M_8 \uparrow \\ \frac{40}{30} \times \frac{30}{48} - M_8 \downarrow \end{bmatrix} - ⅩⅩⅤ - \frac{48}{48} \times \frac{59}{18} - ⅩⅩⅦ(丝杠) - 刀架(横向进给) \\ \begin{bmatrix} \frac{40}{48} - M_9 \uparrow \\ \frac{40}{30} \times \frac{30}{48} - M_9 \downarrow \end{bmatrix} - ⅩⅩⅡ - \frac{48}{48} \times \frac{28}{80} - ⅩⅩⅢ - Z_{12} - 齿条 - 刀架(纵向进给) \end{bmatrix}$$

溜板箱中两个双向牙嵌式离合器 M_8、M_9 和齿轮副 $\frac{40}{48}$、$\frac{40}{30} \times \frac{30}{80}$ 用于变换纵向和横向进给运动的方向。利用进给箱中的基本螺距机构和增倍机构,以及进给传动链的不同传动路线,可以获得纵向和横向进给量各 64 级。

纵向和横向进给传动链两端件的计算位移为:

纵向进给:主轴转 1 转——刀架纵向移动 $f_{纵}$(单位为 mm);

横向进给:主轴转 1 转——刀架横向移动 $f_{横}$(单位为 mm)。

纵向机动进给量计算步骤如下:

①当进给运动经过正常公制螺纹路线传动时,可得到 0.08～1.22(mm/r)的 32 种进给量,其传动平衡式为

$$f_{纵} = 1_{主轴} \times \frac{58}{58} \times \frac{33}{33} \times \frac{63}{100} \times \frac{100}{75} \times \frac{25}{36} \times u_{基} \times \frac{25}{36} \times \frac{36}{25} \times u_{倍} \times \frac{28}{56} \times \frac{36}{32} \times \frac{32}{56}$$

$$\times \frac{4}{29} \times \frac{40}{30} \times \frac{30}{48} \times \frac{28}{80} \times \pi \times 2.5 \times 12$$

化简后可得

$$f_{纵} = 0.71 u_{基} u_{倍}$$

②当运动经正常螺距的英制螺纹传动路线传动时，类似的有

$$f_{纵} = 1.474 \frac{u_{倍}}{u_{基}}$$

变换 $u_{基}$，并使 $u_{倍} = 1$，可得到 0.86～1.59 mm/r 的 8 种较大的进给量。

③当主轴为 10～12.5 r/min 时，运动经扩大螺距机构及英制螺纹传动路线传动，可得到 16 种供强力切削或宽刀精车用的加大进给量，其范围为 1.71～6.33 mm/r。

④当主轴转速为 450～1400 r/min（其中 500 r/min 除外）时（此时主轴由轴Ⅲ经齿轮副 $\frac{63}{50}$ 直接传动），运动经扩大螺距机构及公制螺纹传动路线传动，可获得 8 种供高速精车用的细进给量，其范围为 0.028～0.054 mm/r。

由传动分析可知，横向机动进给在与其纵向进给路线一致时，所得的横向进给量是纵向进给量的一半。这是因为横向进给经常用于切槽或切断，容易产生震动，切削条件差，故选用较小的进给量。横向进给量与纵向进给量的种数相同，都是 32 种。

4）刀架快速移动传动链

刀架快速移动由装在溜板箱内的快速电动机（0.25kW，2800r/min）传动。快速电动机的运动经齿轮副 $\frac{13}{29}$ 传至轴ⅩⅩ，然后再经溜板箱内与机动工作进给相同的传动路线传至刀架，使其实现纵向和横向的快速移动。当快速电动机使传动轴ⅩⅩ快速旋转时，依靠齿轮 Z_{56} 与轴ⅩⅩ间的超越离合器 M_6，可避免与进给箱传来的低速工作进给运动发生干涉。

超越离合器 M_6 的结构原理如图 4-6 所示。它由空套齿轮 1（即溜板箱中的齿轮 Z_{56}）、星形体 2（轴ⅩⅩ）、短圆柱滚子 3、顶销 4 和弹簧 5 组成。当空套齿轮 1 为主动并逆时针旋转

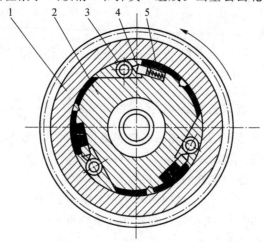

图 4-6 超越离合器
1—空套齿轮；2—星形体；3—滚柱；4—顶销；5—弹簧

时,三个短圆柱滚子分别在弹簧 5 的弹力和摩擦力作用下,被楔紧在空套齿轮 1 和星形体 2 之间,齿轮 1 通过滚子 3 带动星形体 2 一起转动,于是运动便经安全离合器 M_7 带动轴 XX 转动,实现机动工作进给。当快速电动机启动时,星形体 2 由轴 XX 带动逆时针方向快速旋转。由于星形体 2 得到了一个与空套齿轮 $1(Z_{56})$ 转向相同而转速却快得多的旋转运动,此时,在摩擦力的作用下,使滚子 3 压缩弹簧 5 而退出楔缝窄端,使星形体 2 和齿轮 1 自动脱开联系,因而由进给箱光杠(XIX)传给空套齿轮 $1(Z_{56})$ 的低速端虽照常运行,却不再传给轴 XX 。因此轴 XX 由快速电动机传动作快速转动,使刀架实现快速运动,一旦快速电动机停止转动,超越离合器 M_6 自动接合,刀架立即恢复正常的工作进给运动。

3. CA6140 型卧式车床的主要结构

（1）主轴箱

主轴箱的功用是支承主轴和传递运动,实现主轴旋转运动的起动、停止、变速及换向等。它由离合器、制动器、主轴组件及其他轴组件、传动机构、操纵机构及润滑系统等组成。

1）传动机构

主轴箱中的传动机构包括定比机构和变速机构两部分,前者仅用于传递运动和动力,或进行升速、降速,一般采用齿轮传动副,变速机构通常采用滑移齿轮变速机构,其结构简单紧凑,传动效率高,传动比准确。但当变速齿轮为斜齿或其尺寸太大时,则采用离合器变速。

2）主轴部件

车床的主轴部件由主轴、主轴轴承及安装在主轴上的传动件、密封件等组成。车床在加工时,主轴部件带动刀具或工件旋转,直接参与表面成形运动,并使刀具或工件与机床其他有关部件间保持正确的相对位置。因而主轴部件的性能直接影响加工质量及生产效率。

为了保证工件的加工精度及表面粗糙度,主轴部件必须有高的旋转精度、刚度、抗震性及热稳定性与耐磨性。CA6140 车床的主轴部件采用三点支承。中间支承处装有一个单列向心短圆柱滚子轴承,中间支承一般不受力,当主轴受到较大力作用时用于承受径向力。前后支承处各安装有一个双列短圆柱滚子轴承,这种轴承的刚度和承载能力大,旋转精度高,且内孔是锥度为 1∶12 的锥孔,可通过其相对主轴轴颈的轴向移动来调整轴承间隙,因而可保证主轴有较高的旋转精度和刚度。前支承处还装有一个 60° 角接触的双列推力向心球轴承,可用于承受左右两个方向的轴向力。机床的主轴用前支承中的双向推力轴承承受双向轴向力的支承方式称前端固定式,优点是当主轴发热时可向后端自由伸长,故可减少主轴热变形对加工精度的影响,但前支承结构复杂,装配不方便。图 4-7 所示是其主轴部件图。

主轴上装有三个齿轮(见图 4-7)。右边的斜齿轮 $Z_{58}(m=4,\beta=10°,$ 左旋)空套在主轴上。采用斜齿轮既能提高承载能力,又能使主轴运转平稳。由于它是左旋齿轮,传动时作用在主轴上的轴向力方向与轴向切削力相反,因此可减少主轴前支承受的轴向力。中间的齿轮 $Z_{50}(m=3)$ 可在主轴上滑移,当移到右边位置时,主轴作低速运转;移到左边位置时,主轴作高速运转;处于中间不啮合(空挡)位置时,主轴与轴 Ⅲ 及轴 V 间的传动联系断开,这时可用手转动主轴,以便测量主轴精度或装夹工件时找正。左边的齿轮 $Z_{58}(m=2)$ 固定在主轴上,它用于传动进给系统。

CA6140 型普通车床的主轴是一个空心阶梯轴。其内孔用于通过长棒料以及气动、液压等夹紧驱动装置的传动杆,也用于穿入钢棒以便卸下顶尖。主轴前端的莫氏 6 号锥孔,用于安装顶尖或心轴,利用锥孔配合的摩擦力直接带动顶尖或心轴转动。主轴的前端为短锥法兰式结构,它以短锥和轴肩端面作定位面,用以安装卡盘、拨盘或其他夹具。如图 4-8 所示,安装时使卡盘或拨盘座 4 上的四个螺栓 5 及其螺母 6 通过主轴轴肩及装在主轴轴肩后面的锁紧盘 2 的孔,然后将锁紧盘转动一个角度,使螺栓进入锁紧盘上宽度较窄的圆弧槽内,把螺母卡住,并拧紧螺钉 1 及螺母 6,就可使卡盘或拨盘可靠地安装在主轴的前端。这种主轴轴端结构的定心精度高,连接刚度好,卡盘的悬伸长度小,装卸卡盘也比较方便,目前已得到广泛的应用。

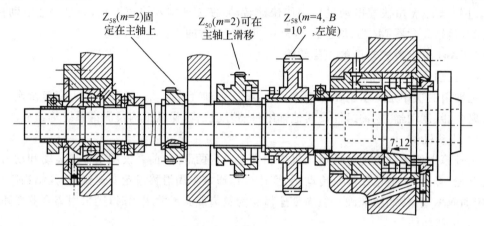

$Z_{58}(m=2)$固定在主轴上　　$Z_{50}(m=2)$可在主轴上滑移　　$Z_{58}(m=4, B=10°,$左旋$)$

7:12

图 4-7　CA6140 卧式车床主轴组件

A－A 展开

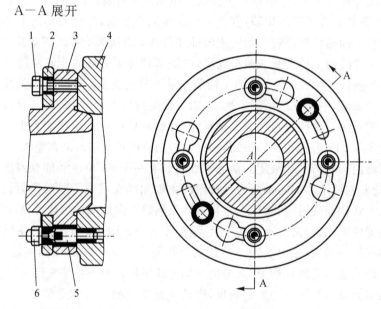

图 4-8　主轴前端短锥法兰式结构

1—螺钉;2—锁紧盘;3—主轴;4—卡盘座;5—螺栓;6—螺母

3) 开停和换向装置

开停装置用于控制主轴的起动和换向,换向装置用于改变主轴旋转方向。

CA6140 型卧式车床采用双向多片式摩擦离合器实现主轴开停和换向。如图 4-9 所示为双向多片式摩擦离合器装在轴 I 上,它由外摩擦片 2、内摩擦片 3、止推片 11、压套 14 及两个空套齿轮块等组成。离合器左、右两部分的结构相同,左离合器用来传动主轴正转,用于切削工作,传递的扭矩较大,所以片数较多(外摩擦片 8 片,内摩擦片 9 片);右离合器用来传动主轴反转,主要用于车削螺纹时的退刀,故片数较少(外摩擦片 4 片,内摩擦片 5 片)。

内摩擦片 3 与外摩擦片 2 相间安装,通过花键装在轴 Ⅰ 上,与轴 Ⅰ 一起旋转。外摩擦片 2 空套在轴 Ⅰ 上,而其外圆上相当于键的四个凸起则装在空套双联齿轮 1 右侧的缺口槽中。当内摩擦片未被压紧时,彼此互不联系,轴 Ⅰ 不能带动双联齿轮转动。当操纵机构拨动滑套 8 至右边位置时,滑套将羊角形摆块 10 的右角压下,使它绕销轴 9 顺时针摆动,其下端推动拉杆 7 向左,通过固定在拉杆左端的圆销 5,带动压套 14 和螺母 4a,将左离合器内外摩擦片压紧在止推片 11 和 12 上,使轴 Ⅰ 和双联齿轮连接,于是轴 Ⅰ 的运动便通过内、外摩擦片间的摩擦力而传给左齿轮,使主轴正转。同理,当滑套 8 至左边位置时,可使右离合器的内、外摩擦片压紧,使主轴反转。当滑套 8 处于中间位置时,左、右离合器都处于脱开状态,这时轴 Ⅰ 虽转动,但离合器不传递运动,主轴处于停止状态。

摩擦离合器除了利用摩擦力传递运动和扭矩外,还能起过载保险装置的作用。当机床过载时,摩擦片便打滑,主轴就停止运动,可避免损坏机床。摩擦片间的压紧力是根据离合器应传递的额定扭矩来确定的。当摩擦片磨损后,压紧力减少,这时可拧动压套上的螺母 4a、4b 进行调整,螺母 6 用弹簧销加以定位。

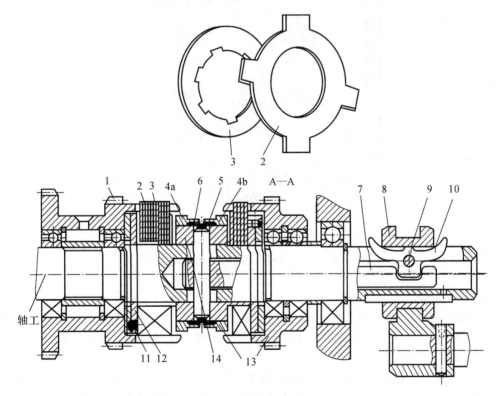

图 4-9　双向多片摩擦离合器机构(CA6140)

1—双联齿轮;2—外摩擦片;3—内摩擦片;4a、4b—螺母;5—圆销;6—弹簧销;7—拉杆
8—滑套;9—销轴;10—羊角形摆块;11、12—止推片;13—齿轮外摩擦片;14—压套

4) 制动装置

制动装置的作用是在车床的停车过程中克服主轴中各运动件的惯性,使主轴迅速停止

转动,以缩短辅助时间。

图 4-10 所示为 CA6140 型车床采用的闸带式制动器,它由制动轮 7、制动带 6 和杠杆 4 等组成。制动轮 7 是一个钢制圆盘,与制动轴 8(轴Ⅳ)用花键连接。制动带绕在制动轮上,一端通过调节螺钉 5 与主轴箱体 1 连接,另一端固定在杠杆 4 的上端。杠杆 4 可绕轴 3 摆动,当它的下端与齿条轴 2 上的圆弧形凹部 a 或 c 接触时,制动带处于放松状态,制动器不起作用;移动齿条轴 2,其上凸部分 b 与杠杆 4 下端接触时,杠杆绕 3 逆时针摆动,使制动带抱紧制动轮,产生摩擦制动力矩,轴 8(Ⅳ轴)通过传动齿轮使主轴迅速停止转动。制动时制动带的拉紧程度,可用螺钉 5 进行调节。在调整合适的情况下,应是停车时主轴能迅速停止,而开车时制动带能完全松开。

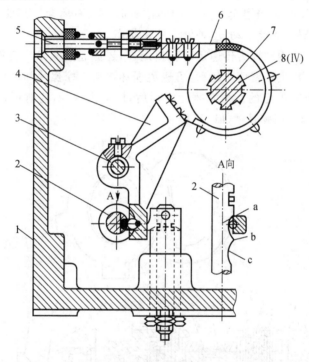

图 4-10 制 动 器

1—箱体;2—齿条轴;3—拉杆支撑轴;4—杠杆
5—调节螺钉;6—制动带;7—制动轮;8—传动轴

5) 操纵机构

主轴箱中的操纵机构用于控制主轴起动、停止、制动、变速、换向以及变换左、右螺纹等。为使操纵方便,常采用集中操作方式,即用一个手柄操纵几个传动件(滑移齿轮、离合器等)以控制几个动作。

图 4-11 所示为轴Ⅱ上双联滑移齿轮和轴Ⅲ上三联滑移齿轮的操纵机构。转动手柄 9,通过链条 8 可传动装在轴 7 上的曲柄 5 和盘型凸轮 6 转动,手柄轴和轴 7 的传动比为 1∶1,即手柄轴和轴 7 同步转动。曲柄 5 上的拨销 4 伸入拨叉 3 的长槽中。当曲柄转动时,带动拨叉 3 使三联齿轮 2 沿轴Ⅲ左右移换位置。盘形凸轮 6 的端面上有一条封闭的曲线槽,它由不同半径的两段圆弧和过渡直线组成,每段圆弧的中心角稍大于 120°。凸轮曲线槽经圆销 10,通过杠杆 11 和拨叉 12,使双联齿轮 1 沿轴Ⅱ移换位置。

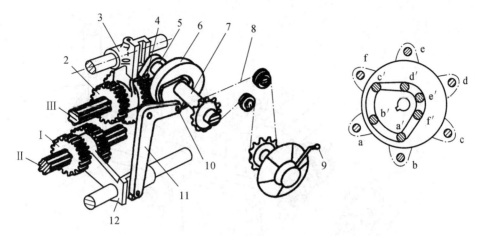

图 4-11　变速操纵机构示意图(CA6140)

1—双联齿轮；2—三联齿轮；3—拨叉；4—拨销；5—曲轴；6—盘形凸轮；7—轴

8—链条；9—变速手柄；10—圆销；11—杠杆；12—拨叉；Ⅰ，Ⅱ—传动轴

6) 润滑装置

为了保证机床正常工作和减少零件磨损，对主轴箱中的轴承、齿轮、摩擦离合器等必须进行良好的润滑。CA6140 型车床主轴箱采用油泵供油循环润滑系统进行润滑。

(2) 进给箱

进给箱的作用是变换被加工螺纹的种类和导程，以及获得所需的各种机动进给量。

(3) 溜板箱

溜板箱的主要功用是将丝杠或光杠传来的旋转运动转变为直线运动并带动刀架进给，控制刀架运动的接通、断开和换向；机床过载时控制刀架自动停止进给，手动操纵刀架时实现快速移动等。溜板箱主要由以下几部分组成：双向牙嵌式离合器 M_6 和 M_7，纵、横向机动进给和快速移动的操纵机构，开合螺母及操纵机构，互锁机构，超越离合器和安全离合器等。

1) 纵、横向机动进给操纵机构

图 4-12 所示为 CA6140 型车床的机动进给操纵机构。它利用一个手柄集中操纵纵向机动进给运动的接通、断开和换向，且手柄扳动方向与刀架运动方向一致，使用非常方便。向左或向右扳动手柄 1，使手柄座 3 绕着销轴 2 摆动时(销轴 2 装在轴向位置固定的轴 23 上)，手柄座下端的开口槽通过球头销 4 拨动轴 5 轴向移动，再经杠杆 11 和连杆 12 使凸轮 13 转动，凸轮上的曲线槽又通过圆销 14 带动轴 15 以及固定在它上面的拨叉 16 向前或向后移动，拨叉拨动离合器 M_8，使之与轴 ⅩⅩⅠ 上两个空套齿轮之一啮合，于是纵向机动进给运动接通，刀架相应地向左或向右移动。

向后或向前扳动手柄 1，通过手柄座 3 使轴 23 以及固定在它左端的凸轮 22 转动时，凸轮上曲线槽通过圆销 19 使杠杆 20 绕销轴 21 摆动，再经杠杆 20 上的另一圆销 18，带动轴 10 以及固定在它上面的拨叉 17 向前或向后移动，拨叉拨动离合器 M_9，使之与轴 ⅩⅩⅤ 上两空套齿轮之一啮合，于是横向机动进给运动接通，刀架相应地向前或向后移动。

手柄 1 扳至中间直立位置时，离合器 M_8 和 M_9 均处于中间位置，机动进给传动链断开。当手柄扳至左、右 1 前、后任一位置时，若按下装在手柄 1 顶端的按钮 K，则快速电动机起动，刀架便在相应方向上快速移动。

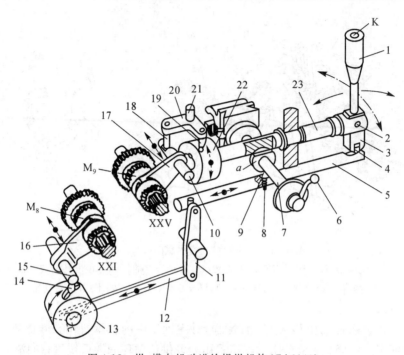

图 4-12　纵、横向机动进给操纵机构(CA6140)

1—手柄;2—销轴;3—手柄座;4—球头销;5—轴;6—手柄;7—轴;8—弹簧销

9—球头销;10—拨叉销;11—杠杆;12—连杆;13—凸轮;14—圆销;15—拨叉销

16,17—拨叉;18,19—圆销;20—杠杆;21—销轴;22—凸轮;23—轴

2)开合螺母

开合螺母机构的结构如图 4-13 所示。开合螺母由上下两个半螺母 26 和 25 组成,装在溜板箱体后壁的燕尾形导轨中,可上下移动。上下半螺母的背面各装有一个圆销 27,其伸出端分别嵌在槽盘 28 的两条曲线槽中。扳动手柄 6,经轴 7 使槽盘逆时针转动时,曲线槽

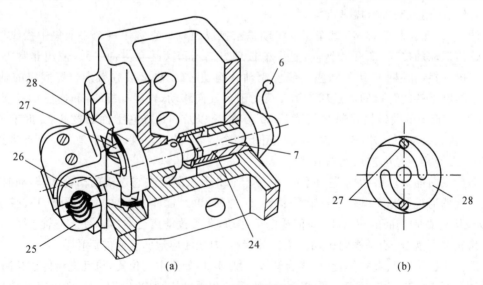

(a)　　　　　　　　　　　　　　(b)

图 4-13　开合螺母机构

24—支撑套;25—下半螺母;26—上半螺母;27—圆销;28—槽盘

迫使两圆销互相靠近,带动上下半螺母合拢,与丝杠啮合,刀架便由丝杠螺母经溜板箱传动进给。槽盘顺时针转动时,曲线槽通过圆销使两半螺母相互分离,与丝杠脱开啮合,刀架便停止进给。槽盘 28 上的偏心圆弧槽接近盘中心部分的倾角比较小,使开合螺母闭合后能自锁,不会因为螺母上的径向力而自动脱开。

3)互锁机构

机床工作时,如因操作失误同时将丝杠传动和纵、横向机动进给(或快速运动)接通,则将损坏机床。为了防止发生上述事故,溜板箱中设有互锁机构,以保证开合螺母合上时,机动进给不能接通;反之,机动进给接通时,开合螺母不能合上。

如图 4-14 所示,互锁机构由开合螺母操纵轴 7 上的凸肩 a、轴 5 上的球头销 9 和弹簧销 8 以及支承套 24(见图 4-12、图 4-13)等组成。图 4-12 表示丝杠传动和纵横向机动进给均未接通的情况,此位置称中间位置。此时可扳动手柄 1,至前、后、左、右任意位置,接通相应方向的纵向或横向机动进给,或者扳动手柄 6,使开合螺母合上。

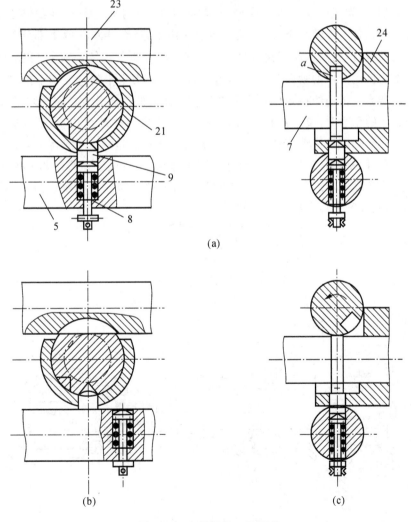

图 4-14   互锁机构工作原理

5,7,23—轴;8—弹簧销;9—球头锁;24—支撑套

如果向下扳动手柄 6 使开合螺母合上,则轴 7 顺时针转过一个角度,其上凸肩 a 嵌入轴 23 的槽中,将轴 23 卡住,使其不能转动,同时,凸肩又将装在支承套 24 横向孔中的球头销 9 压下,使它的下端插入轴 5 的孔中,将轴 5 锁住,使其不能左右移动(见图 4-14(a))。这时纵、横向机动进给都不能接通。如果接通纵向机动进给,则因轴 5 沿轴线移动了一定位置,其上的横向孔与球头销 9 错位(轴线不在同一直线上),使球头销 9 不能往下移动,因而铀 7 被锁住而无法转动(见图 4-14(b))。如果接通横向机动进给时,由于轴 23 转动了位置,其上的沟槽不再对准轴 7 的凸肩 a,使轴 7 无法转动(见图 4-14(c)),因此,接通纵向或横向机动进给后,开合螺母均不能合上。

4)过载保险装置(安全离合器)

在进给过程中,当进给力过大或刀架移动受到阻碍时,为了避免损坏传动机构,在溜板箱中设置有进给过载保险装置,使刀架在过载时能自动停止进给。图 4-15 所示为 CA6140 型车床溜板箱中所采用的安全离合器结构图。它由端面带螺旋形齿爪的左右两半部 5 和 6 组成,其左半部 5 用键装在超越离合器 M_6 的星轮 4 上,且与轴 XX 空套,右半部 6 与轴 XX 用花键连接。在正常工作情况下,在弹簧 7 压力作用下,离合器左右两半部分相互啮合,由光杠传来的运动,经齿轮 Z_{56}、超越离合器 M_6 和安全离合器 M_7,传至轴 XX 和蜗杆 10,此时安全离合器螺旋齿面产生的轴向分力 $F_{轴}$,由弹簧 7 的压力来平衡。刀架上的载荷增大时,通过安全离合器齿爪传递的扭矩以及作用在螺旋齿面上的轴向分力都将随之增大。当轴向分力超过弹簧 7 的压力时,离合器右半部 6 将压缩弹簧向右移动,与左半部 5 脱开,导致安全离合器打滑。于是机动进给传动链断开,刀架停止进给。过载现象消除后,弹簧 7 使离合器自动重新接合,回复正常工作。机床许用的最大进给力,取决于弹簧 7 调定的弹力。拧紧螺母 3,通过装在轴 XX 内孔上的拉杆 1 和圆销 8,可调整弹簧座 9 的轴向位置,改变弹簧 7 的压缩量,从而调整安全离合器能传递的扭矩大小。

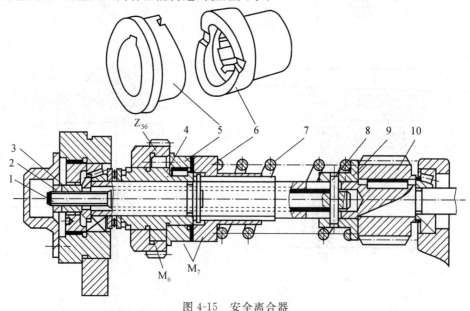

图 4-15　安全离合器

1—拉杆;2—锁紧螺母;3—调整螺母;4—超越离合器的星轮;5—安全离合器的左半部
6—安全离合器右半部;7—弹簧;8—圆销;9—弹簧座;10—蜗杆

4.1.3　车刀

1. 车刀的种类和用途

车刀是金属切削加工中使用最广泛的刀具,它可以在各种车床上使用。由于它的用途不同,所以,它的形状、尺寸和结构等也不同。车刀按其用途可分为外圆车刀、端面车刀、切断车刀等。

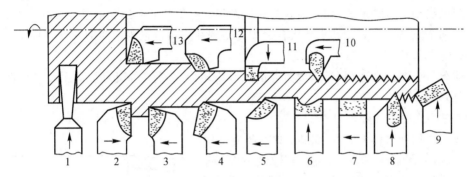

图 4-16　常用车刀的种类及用途

1—外切槽刀;2—左偏刀;3—右偏刀;4,5—外圆车刀;6—成形车刀;7—宽刃车刀
8—外螺纹车刀;9—端面车刀;10—内螺纹车刀;11—内切槽刀;12,13—内孔车刀

（1）外圆车刀

主要用于加工外圆柱面和外圆锥面,它分为直头和弯头两种,经常使用的外圆车刀如图4-16 中 2,3,4,5 所示。弯头外圆车刀不仅可以纵车外圆面,还可车端面和倒内外角。外圆车刀又可分为粗车刀、精车刀和宽刃光刀,精车刀刀尖圆弧半径较大,可获得较小的残留面积,以减小表面粗糙度;宽刃光刀用于低速精车;当外圆车刀的主偏角为 90°时,可用于车削阶梯轴、凸肩、端面及刚度较低的细长轴。外圆车刀按进给方向又分为左偏刀和右偏刀,如图4-16 中 2、3 所示。

（2）端面车刀

专门用来加工工件的端面。一般情况下,这种车刀都是由外圆向中心进给的,如图 4-17 所示,取 $\kappa_r \leqslant 90°$,加工带孔工件的端面时,这种车刀也可以由中心向外圆进给。

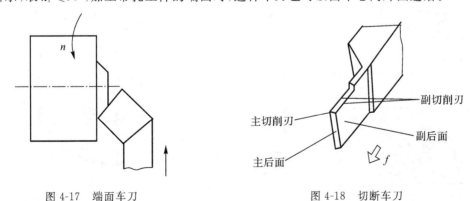

图 4-17　端面车刀　　　　　　　　　图 4-18　切断车刀

（3）切断车刀

专门用于切断工件。为了能完全切断工件,车刀刀头必须伸出很长(一般应比工件半径

大 5～8mm)，同时为了减少工件材料消耗，刀头宽度应尽可能取得小些(一般为 2～6mm)，所以切断车刀的刀头显得长而窄(见图 4-18)，刚性差，工作时切屑排出困难，为了改善它的工作条件，底部可设计成带圆弧形状。

切槽用的车刀，在形式上类似于切断车刀，其不同点在于，刀头伸出长度和宽度应根据工件上槽的深度和宽度来决定。

2. 车刀的结构形式

车刀的结构有多种形式，如整体式高速钢车刀、焊接式硬质合金车刀、机械夹固式硬质合金车刀和金刚石车刀等。其中硬质合金车刀是现在应用得最为广泛的一种刀具。

(1) 整体车刀

整体车刀主要是高速钢车刀，截面为正方形或矩形，俗称"白钢刀"，使用时可根据不同用途进行修磨。

(2) 焊接式硬质合金车刀

在普通结构钢刀杆上镶焊(钎焊)硬质合金刀片，经刃磨而成，如图 4-19 所示。焊接式车刀的硬质合金刀片的形状和尺寸有统一的规格，由专门的硬质合金厂按照冶金工业部标准 YB850—75 的规定生产供应。由于其结构简单、紧凑，抗震性能好，制造方便，使用灵活，因此使用非常广泛。

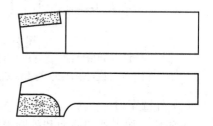

图 4-19　焊接车刀

但是，这种车刀的缺点有刀片较易崩裂，刀杆尺寸大时不易刃磨，刀杆不能重复使用，浪费较大等。

(3) 机械夹固式车刀

将硬质合金刀片用机械夹固的方法安装在刀杆上，如图4-20所示。其优点是刀杆可以重复使用，刀具管理简便；刀杆也可进行热处理，提高硬质合金刀片支承面的硬度和强度，这就相当于提高了刀片的强度，减少了打刀的危险性，从而提高了刀具的使用寿命；此外，刀片不经高温焊接，排除了焊接裂纹的可能性。但是这种结构的车刀在使用过程中仍需刃磨，还不能完全避免由于刃磨而可能引起的裂纹。

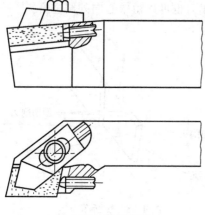

图 4-20　机夹车刀

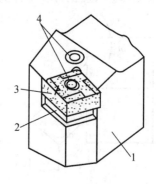

图 4-21　可转位车刀的组成
1—刀杆；2—刀垫；3—刀片；4—夹固元件

（4）机械夹固式可转位车刀

为进一步消除刃磨或重磨时内应力可能引起的裂纹，人们又创造了机械夹固式可转位车刀，如图 4-21 所示。它与普通机夹车刀的不同之处是刀片为多边形，每一边都可作切削刃，用钝后只需将刀片转位，即可使新的切削刃投入工作，当几个切削刃都磨钝后，可更换新刀片。可转位车刀由刀杆、刀片、刀垫和夹固元件组成，硬质合金可转位刀片已有国家标准（GB 2079—80）。刀片形状很多，常用的有三角形、偏 8°三角形、凸三角形、正方形、五角形、圆形等，如图 4-22 所示。刀片大多不带后角，但在每个切削刃上做有断屑槽并形成刀片的前角。有少数车刀刀片做成带后角而不带前角的，多用于内孔车刀。刀具的实际角度由刀片和刀槽的角度组合确定。

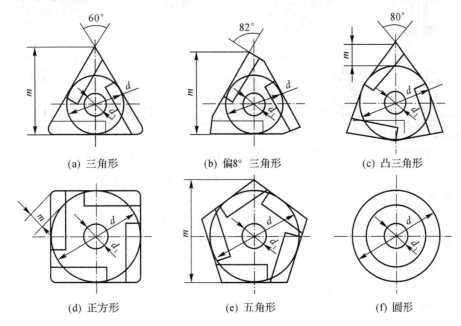

(a) 三角形　　　　(b) 偏8° 三角形　　　　(c) 凸三角形

(d) 正方形　　　　(e) 五角形　　　　(f) 圆形

图 4-22　硬质合金可转位刀片的常用形状

4.2　铣床与铣刀

用铣刀在铣床上的加工称为铣削，铣削是一种应用非常广泛的切削加工方法。它可以对许多不同形状的表面进行粗加工和半精加工，一般粗铣加工精度为 IT13～IT11，表面粗糙度 $R_a12.5\mu m$，精铣加工精度 IT9～IT7，表面粗糙度 $R_a3.2～1.6\mu m$。

4.2.1　铣削加工

1. 铣削加工的特点

（1）多齿切削

铣刀同时有多个刀齿参与切削，切削刃的作用总长度长、生产率高。其副效应为：由于刃磨和装配的误差，难以保持各个刀齿在刀体上应有的正确位置，从而容易引起振动和冲击。

（2）工艺范围广

主要用于加工平面，也可用于加工沟槽、螺旋面等，装上分度头还可以进行分度加工，如铣齿轮,如图 4-23 所示。

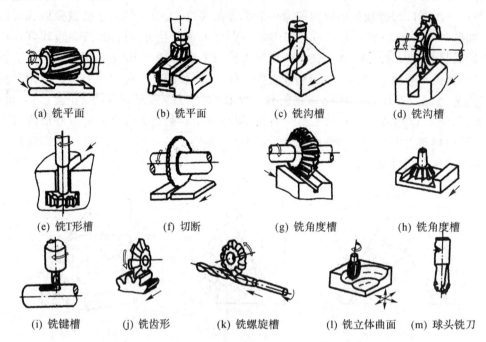

(a) 铣平面　　　(b) 铣平面　　　(c) 铣沟槽　　　(d) 铣沟槽

(e) 铣T形槽　　　(f) 切断　　　(g) 铣角度槽　　　(h) 铣角度槽

(i) 铣键槽　　(j) 铣齿形　　(k) 铣螺旋槽　　(l) 铣立体曲面　　(m) 球头铣刀

图 4-23　铣削加工的工艺范围

(3)断续切削

铣削时刀齿依次切入和切离工件,有利于刀齿散热,但易引起周期性的振动和冲击。

2. 铣削方式

(1)端铣和周铣

用分布于铣刀端平面上的刀齿进行的铣削称为端铣,用分布于铣刀圆柱面上的刀齿进行的铣削称为周铣,如图 4-24 所示。

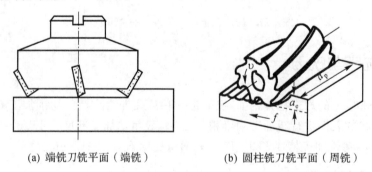

(a) 端铣刀铣平面（端铣）　　　　(b) 圆柱铣刀铣平面（周铣）

图 4-24　端铣和周铣

(2)逆铣和顺铣

铣刀切削速度 v 方向与工件进给速度 v_f 方向相反时,称为逆铣,如图 4-25(a)所示。

铣刀切削速度 v 方向与工件进给速度 v_f 方向相同时,称为顺铣,如图 4-25(b)所示。

逆铣和顺铣时,由于切入工件时的切削厚度不同,以及刀齿与工件的接触长度不同,故铣刀磨损程度不同。实践表明:顺铣时铣刀耐用度可比逆铣时提高 2~3 倍,表面粗糙度也可降低。但顺铣不宜用于铣削带硬皮的工件。

逆铣时,工件受到的纵向分力 F_1 与进给运动的方向相反(见图 4-26(a)),铣床工作台丝杠与螺母始终接触,而顺铣时工件所受纵向分力 F_1 与进给方向相同,本来是螺母螺纹表面推动丝杠(工作台)前进的运动形式,可能变成由铣刀带动工作台前进的运动形式。由于丝杠、螺母之间有螺纹间隙,就会造成工作台窜动,使铣削进给量不匀,甚至还会打刀。因此铣床上必须配备消除螺纹间隙的装置,才能采用顺铣;否则,只能采用逆铣。

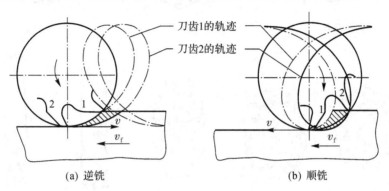

图 4-25　逆铣与顺铣

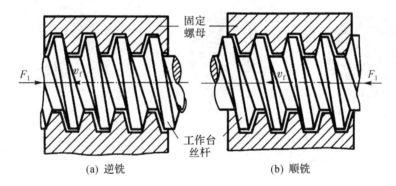

图 4-26　逆铣与顺铣时的受力

4.2.2　铣刀

1. 铣刀的种类

铣刀是机械加工中使用最多的刀具之一。它是多刃回转刀具,规格、品种很多。根据用途,铣刀可分为 8 类。

(1) 圆柱平面铣刀

圆柱平面铣刀如图 4-27(a)所示,该类铣刀用于在卧式铣床上加工平面,一般切削刃为螺旋形,其材料有整体高速钢和镶焊硬质合金两种。

(2) 面铣刀

面铣刀如图 4-27(b)所示,面铣刀又称为端铣刀,主切削刃分布在铣刀端面上,多用于在立式铣床上加工平面,端铣刀主要采用硬质合金可转位刀片,生产效率较高。

(3) 盘铣刀

盘铣刀分为单面刃、双面刃和三面刃 3 种,如图 4-27(c)、(d)、(e)所示,主要用于加工沟槽和台阶。图 4-27(f)所示为错齿三面刃铣刀,其刀齿左右交错,并分左右螺旋,可改善切削

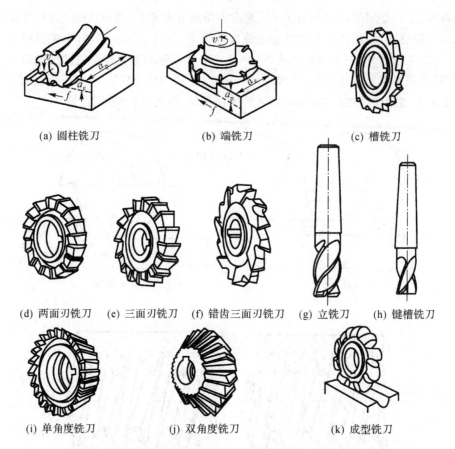

(a) 圆柱铣刀　　　　(b) 端铣刀　　　　(c) 槽铣刀

(d) 两面刃铣刀　(e) 三面刃铣刀　(f) 错齿三面刃铣刀　(g) 立铣刀　(h) 键槽铣刀

(i) 单角度铣刀　　　(j) 双角度铣刀　　　(k) 成型铣刀

图 4-27　铣刀与铣削加工

条件,这种铣刀多采用硬质合金机夹结构。

（4）锯片铣刀

锯片铣刀实际上是薄片槽铣刀,但齿数少、容屑空间大,主要用于切断和切窄槽。

（5）立铣刀

立铣刀如图 4-27(g)所示。立铣刀圆柱面上的螺旋刃为主切削刃,端面刃为副切削刃,因此,它不能沿轴向进给,主要加工槽和台阶面。

（6）键槽铣刀

键槽铣刀如图 4-27(h)所示,它是铣键槽的专用刀具,其端面刃和圆周刃都可作为主刃。铣键槽时,先轴向进给切入工件,然后沿键槽方向进给铣出键槽,重磨时只磨端面刃。

（7）角度铣刀

角度铣刀分为单面角度铣刀如图 4-27(i)和双面角度铣刀 4-27(j)两种,用于铣削斜面、燕尾槽等。

（8）成型铣刀

成型铣刀如图 4-27(k)所示,又称为铲齿成型铣刀,用在普通铣床上加工各种成型表面,其特点是齿背为特定曲面型面,由被加工工件廓形确定,经铲制而成,铣刀用钝后仅刃磨前刀面,如加工齿轮的盘状铣刀、指状铣刀等。

2. 铣刀的几何角度

圆柱铣刀和面铣刀是铣刀的基本形式,图 4-28 给出了这两种刀具的几何角度。

(1)前角 γ_o 及 γ_n。铣刀前角 γ_o 在正交平面 P_o 中测量。为了便于铣刀制造和测量,圆柱形铣刀还要标注法平面 P_n 内的法前角。

(2)后角 α_o。铣刀后角在正交剖面 P_o 中测量。

(3)刃倾角 λ_s。铣刀的刃倾角是主切削刃和基面之间的夹角,在切削平面 P_s 中测量。圆柱形铣刀的刃倾角就是刀齿的螺旋角 β。

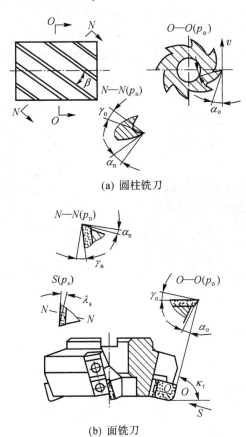

(a) 圆柱铣刀

(b) 面铣刀

图 4-28　铣刀的几个角度

4.2.3　铣　床

铣床的种类很多,主要有升降台铣床、龙门铣床、工具铣床、圆台铣床、仿形铣床,以及近年发展起来的数控铣床等。

1. 升降台铣床

升降台铣床是铣床中使用较广泛的一种类型。升降台铣床根据主轴的布局可分为卧式和立式两种。升降台铣床的结构特征是:主轴带动铣刀旋转实现主运动,其轴线位置通常固定不动;工作台安装在可垂直升降的升降台上,使工作台可在相互垂直的三个方向上调整位置或完成进给运动。由于升降台刚性差,因此适宜于加工中小型工件。

（1）卧式升降台铣床

卧式升降台铣床如图 4-29 所示，主轴水平放置，床身 2 固定在底座 1 上，用于安装和支承机床的其他部件，床身内装有主运动变速机构、主轴部件以及操纵机构等。床身 2 顶部的燕尾槽导轨上装有悬梁 3，可沿主轴轴线方向前后调整位置，悬梁上装有刀杆支架，用于支承刀杆的悬臂端。升降台安装在床身前面的垂直导轨上，用于支承刀杆的悬臂端。升降台安装在床身前面的垂直导轨上，可以沿导轨垂直上下移动，升降台内装有进给机构以及操纵机构。升降台的水平导轨上装有床鞍 8，可以沿主轴轴线方向移动（横向移动）。床鞍 8 的导轨上安装有工作台 6，可沿垂直于主轴轴线方向移动（纵向移动）。在工作台 6 和床鞍 8 之间有一回转盘 7，它可以相对于床鞍 8 在水平面内调整 ±45° 偏转，改变工作台的移动方向，从而可加工斜槽、螺旋槽等。此外，还可换用立式铣头等附件，扩大机床的加工范围。

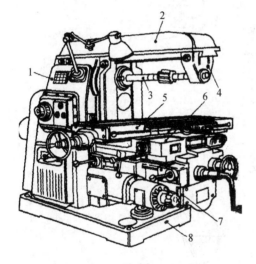

图 4-29　卧式升降台铣床
1—床身；2—悬梁；3—主轴；4—刀轴支架；
5—工作台；6—床鞍；7—升降台；8—底座

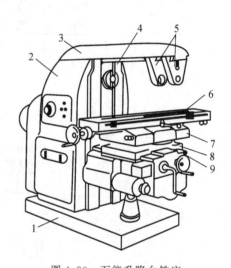

图 4-30　万能升降台铣床
1—底座；2—床身；3—悬梁；4—主轴；
5—刀轴支架；6—工作台；7—回转盘；8—床鞍

图 4-30 所示为万能升降台铣床，它与卧式升降台铣床的区别在于它在工作台 6 与床鞍 8 之间增装了一层转盘 7，可以相对于床鞍 8 在水平面内调整 ±45° 偏转，改变工作台的移动方向，从而可加工斜槽、螺旋槽等。

（2）立式升降台铣床

图 4-31 所示为立式升降台铣床。立式升降台铣床与卧式升降台铣床的主要区别在于安装铣刀的机床主轴垂直于工作台面，用面铣刀或立铣刀进行铣削。立式升降台铣床的工作台 3、床鞍 4 及升降台 5 的结构与卧式升降台铣床相同。铣头 1 可以在垂直平面内调整角度，主轴可沿其轴线方向进给或调整位置。

2. 圆台铣床

圆台铣床可分为单轴和双轴两种形式，图 4-32 所示为双轴圆台铣床。主轴箱 1 的两个主轴上分别安装有用于粗铣和半精铣的端铣刀。滑座 4 可沿床身 5 的导轨横向移动，以调整工作台 3 与主轴间的横向位置，以便使刀具与工件的相对位置准确。加工时，可在工作台 3 上装夹多个工件，工作台 3 可做连续转动，由两把铣刀分别完成粗、精加工，装卸工件的辅助时间与切削时间重合，生产效率较高，但需专用夹具。它适用于成批或大量生产中铣削中

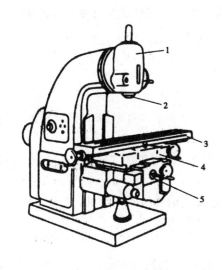

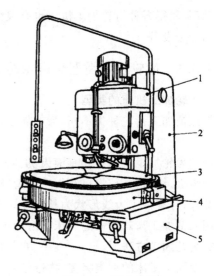

图 4-31　立式升降台铣床　　　　　　　　图 4-32　圆台铣床

1—铣头；2—主轴；3—工作台　　　　　　1—主轴箱；2—立柱；3—圆工作台

4—床鞍；5—升降台　　　　　　　　　　4—滑座；5—床身

小型工件的顶平面。

3. 龙门铣床

龙门铣床主要用来加工大型工件上的平面和沟槽，是一种大型高效通用铣床。机床主要结构呈龙门式框架，如图 4-33 所示。龙门铣床刚度高，可多刀同时加工多个工件或多个表面，生产率高，适用于成批大量生产。

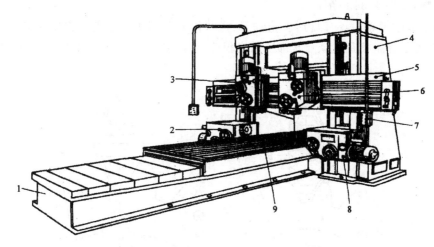

图 4-33　龙门铣床

1—床身；2,8—卧铣头；3,6—立铣头；4—立柱；5—横梁；7—控制器；9—工作台

4.3　齿轮加工机床与刀具

齿轮传动具有传动比准确、传递功率大、效率高、结构紧凑、可靠耐用等优点，因此被广泛地应用于各种机器及仪表中。现代技术的进步对齿轮传动的线速度和传动精度等的要求

越来越高,使得各种齿轮加工机床也有很大发展,齿轮加工机床已成为机械制造工业中一种重要的加工设备。

4.3.1　齿轮机床类型与齿轮的加工方法

1. 齿轮加工机床的类型

按照被加工齿轮种类不同,齿轮加工机床可分为圆柱齿轮加工机床和锥齿轮加工机床两大类。

圆柱齿轮加工机床主要有滚齿机、插齿机、车齿机等;锥齿轮加工机床有加工直齿锥齿轮的刨齿机、铣齿机、拉齿机和加工弧齿锥齿轮的铣齿机;

此外,还有加工齿线形状为长幅外摆线或延伸渐开线的锥齿轮铣齿机。

用来精加工齿轮齿面的机床有珩齿机、剃齿机和磨齿机等。

2. 齿轮加工方法

齿轮加工机床的种类繁多、构造各异,加工方法也各不相同,按齿面加工原理可分为范成法和成型法。

(1)成型法

成型法是使用切削刃形状与被加工齿轮齿槽截形完全相符的成型刀具切出齿轮的方法。

在铣床上用盘状或指状齿轮铣刀铣削齿轮,在刨床或插床上用成形刀具刨削或插削齿轮。加工时,刀具作快速的切削运动(旋转运动或直线运动),并沿齿槽作进给运动,即可切出齿槽。利用分度头,加工完一个齿槽后,工件分度转动一个齿距,再加工另一齿槽,直至切出全部齿槽,如图4-34所示。

常用的成型齿轮刀具有盘形齿轮铣刀、指状齿轮铣刀等。这类铣刀结构简单、制造容易,可在普通铣床上使用。缺点是加工精度较低、生产率不高,主要用于单件、小批量生产和修配。

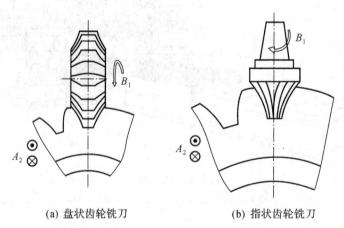

(a) 盘状齿轮铣刀　　　　　　　(b) 指状齿轮铣刀

图4-34　成形法加工齿轮

(2)范成法

用范成法加工齿轮时,刀具与工件模拟一对齿轮(或齿轮与齿条)作啮合运动(范成运动),在运动过程中,刀具齿形的运动轨迹逐步包络出工件的齿形,如图4-35所示。刀具的齿形可以和工件齿形不同,所以可以使用直线齿廓的齿条式工具来制造渐开线齿轮刀具,例如用修整得非常精确的直线齿廓的砂轮来刃磨渐开线齿廓的插齿刀。这为提高齿轮刀具的制造精度和高精度齿轮的加工提供了有利条件。

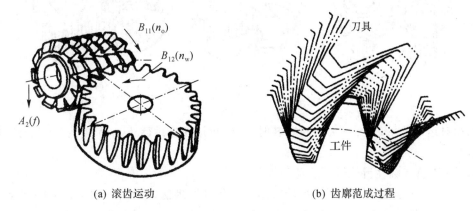

(a) 滚齿运动   (b) 齿廓范成过程

图 4-35 范成法加工齿轮

范成法切齿刀具的齿形可以和工件齿形不同,且可以用一把刀具切出同一模数而齿数不同的齿轮,加工时连续分度,具有较高的加工精度和生产率。常用的范成法齿轮刀具有滚齿刀、插齿刀、剃齿刀等。

滚齿机、插齿机、剃齿机和弧齿锥齿轮铣齿机均是利用范成法加工齿轮的齿轮加工机床。

4.3.2 Y3150E 型滚齿机

滚齿机生产效率高,在生产中应用广泛,主要用于加工直齿、斜齿圆柱齿轮及蜗轮,还可加工轴齿轮、花键轴等。

中型通用滚齿机常见的布局形式有立柱移动式和工作台移动式两种。滚齿机的主要运动是由主运动传动链、展成运动传动链、进给运动传动链和附加运动传动链组成的。此外,还有空行程快速传动链,用于快速调整机床的部件。

1. 滚齿原理

齿轮滚刀是按展成法加工齿轮的刀具,在齿轮制造中应用很广泛,可以用来加工外啮合的直齿轮、斜齿轮、标准齿轮和变位齿轮。滚刀加工齿轮的范围很大,从模数大于 0.1 到小于 40 的齿轮,均可用滚刀加工。加工齿轮的精度一般达 7～9 级,在使用超高精度滚刀和严格的工艺条件下也可以加工 5～6 级精度的齿轮。用一把滚刀可以加工模数相同、齿数任意的齿轮。

用齿轮滚刀加工齿轮的过程,相当于一对螺旋齿轮啮合滚动的过程(见图 4-36(a)),其中的一个齿数减少到 1 个或几个(即滚刀的头数),轮齿的螺旋角很大(见图 4-36(b)),开槽并铲背后,成为齿轮滚刀(见图 4-36(c))。当机床使滚刀和工件严格地按一对螺旋齿轮的传动关系做相对旋转运动时,分布在螺旋线上的滚刀各齿相继切去齿槽中的一薄层金属,就可在工件上连续不断地切出齿来,渐开线齿廓则由刀刃一系列瞬时位置包络而成,如图 4-35(b)所示。滚齿时齿面的形成过程与齿轮的分度过程是结合在一起的,因而范成运动也就是分度运动。

由上述可知,为了得到所需的渐开线齿廓和齿轮齿数,滚齿时滚刀和工件之间必须保持

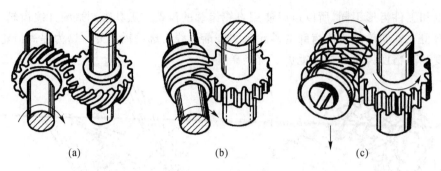

图 4-36　滚齿原理

严格的相对运动关系,即当滚刀转过 1 转时,工件应该相应地转 k/z 转(k 为滚刀头数,z 为工件齿数)。

(1)加工直齿圆柱齿轮时的运动和传动原理

图 4-37 所示是滚切直齿圆柱齿轮时的机床传动原理图。用滚刀加工直齿圆柱齿轮必须有两个运动:形成渐开线齿形所需的展成运动(B_{11},B_{12})和形成全齿长所需的滚刀沿轴线的移动(A_2)。展成运动是滚刀与工件之间的啮合运动,是一个复合的表面成形运动。复合运动的两部分 B_{11} 和 B_{12} 之间需要有一个内联系传动链,用以保持 B_{11} 和 B_{12} 之间相对运动关系。这条传动链是:滚刀—4—5—u_x—6—7—工件。设滚刀的头数为 k,工件齿数为 z,则滚刀每转 $1/k$ 转,工件应转 $1/z$ 转。展成运动还应有一条外联系传动与动力源相联系。这条传动链为:电动机—1—2—u_v—3—4—滚刀。从切削的角度看,滚刀的旋转是主运动,因而这条传动链称为主运动链。为了形成齿长,滚刀还需做轴向直线运动 A_2。这个运动是维持切削得以连续的运动,是进给运动。A_2 是一个简单运动,可以使用独立的动力源驱动,但是,工件转速和刀架移动速度之间的相对关系,会影响齿面加工的表面粗糙度,因此,滚齿机的进给以工件每转时滚刀架的轴向移动量计,单位 mm/r。把工作台作为间接动力源,这条传动链为:工件—7—8—u_f—9—10—刀架升降丝杠。这是一条外联系传动链,称为进给传动链。

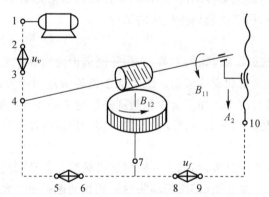

图 4-37　滚切直齿圆柱齿轮的原理图

(2)加工斜齿圆柱齿轮时的运动和传动原理

斜齿圆柱齿轮与直齿圆柱齿轮不同之处是齿线为螺旋线,因此,滚切斜齿齿轮时,除了与滚切直齿一样需要有范成运动、主运动和轴向进给运动外,为了形成螺旋线齿线,在滚刀作轴向进给运动的同时,工件还应作附加旋转运动 B_{22}(简称附加运动),而且这两个运动之间必须保持确定的关系,即滚刀移动一个工件螺旋线导程 L 时,工件应准确地附加转过一转,对此可用图 4-38(a)来加以说明。设工件螺旋线为右旋,当刀架带着滚刀沿工件轴向进给 f(单位为 mm),滚刀由 a 点到 b 点时,为了能切出螺旋线齿线,应使工件的 b 点转到 b'点,即在工件原来的旋转运动 B_{12} 的基础上,再附加转动 bb'。当滚刀进给至 c 点时,工件应附加转动 cc'。依此类推,当滚刀进给至 p 点,即滚刀进给一个工件螺旋线导程 L 时,工件上的 p 点应转到 p' 点,就是说工件应附加转 1 转。附加运动 B_{22} 的方向,与工件在范成运动中的旋转运动 B_{12} 方向或者相同,或者相反,这取决于工件螺旋线方向及滚刀进给方向;如果B_{22} 和 B_{12} 同向,计算时附加运动取 $+1$ 转,反之,若 B_{22} 和 B_{12} 方向相反,则取 -1 转。由上述分析可知,滚刀的轴向进给运动 A_{12} 和工件的附加运动 B_{22} 是形成螺旋线齿线所必需的运动,它们组成一个复合运动——螺旋轨迹运动。

图 4-38(b)所示是滚切斜齿圆柱齿轮的机床传动原理图。其中范成运动、主运动以及轴向进给运动传动链与加工直齿圆柱齿轮时相同,进给运动是一个形成螺旋线的复合运动,由滚刀架的直线运动 A_{21} 和工作台的附加旋转运动 B_{22} 组成,是内联系传动链,以保证当刀架直线移动距离为斜齿轮螺旋线的一程程时,工件的附加转动为 1 转。这条内联系传动链习惯上称为差动链,在图 4-38(b)中为:丝杠—12—13—u_y—14—15—[合成]—6—7—u_x—8—9—工件。由图 4-38(b)可以看出,展成运动链要求工件转动 B_{12},差动传动链又要求工件附加转动 B_{22},因此必须采用 2 自由度加法合成机构,把来自滚刀的运动(点 5)和来自刀架的运动(点 15)加起来,在点 6 传给工件。

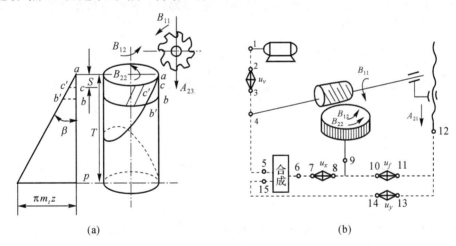

图 4-38　滚切斜齿圆柱齿轮的原理图

(3) 滚齿机的运动合成机构

滚齿机上加工斜齿圆柱齿轮、大质数齿轮以及用切向进给法加工蜗轮时,都需要通过运动合成机构将范成运动中工件的旋转运动和工件的附加运动合成后传到工作台,使工件获得合成运动。

滚齿机所用的运动合成机构通常是圆柱齿轮或锥齿轮行星机构。图 4-39 所示为Y3150E 型滚齿机所用的运动合成机构,由模数 $m=3$,齿数 $z=30$,螺旋角 $\beta=0°$ 的 4 个弧齿锥齿轮组成。

当需要附加运动时(见图 4-39(a)),在轴 X 上先装上套筒 G(用键与轴连接),再将离合器 M_2 空套在套筒 G 上。离合器 M_2 的端面齿与空套齿轮 z_y 的端面齿以及转臂 H 右部套筒

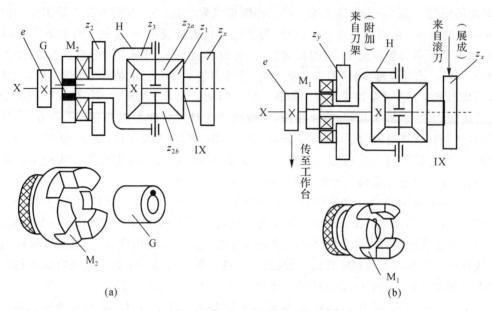

(a)　　　　　　　　　　　　　　　　　(b)

图 4-39　Y3150E 型滚齿机运动合成机构

上的端面齿同时啮合,将它们连接在一起,因而采自刀架的运动可通过齿轮 z_y 传递给转臂 H。

设 n_X , n_{IX} ,n_H 分别为轴Ⅹ,Ⅸ及转臂 H 的转速,根据行星齿轮机构传动原理,可以列出运动合成机构的传动比计算式为

$$\frac{n_X-n_H}{n_{IX}-n_H}=(-1)\frac{z_1}{z_{2a}}\frac{z_{2a}}{z_3}$$

式中:(-1)由锥齿轮传动的旋转方向确定。将锥齿轮齿数 $z_1=z_{2a}=z_{2b}=z_3=30$ 代入上式,可得

$$\frac{n_X-n_H}{n_{IX}-n_H}=-1$$

进一步可得运动合成机构中从动件的转速 n_X 与两个主动件的转速 n_{IX} 及 n_H 的关系式为

$$n_X=2n_H-n_{IX}$$

在范成运动传动链中,来自滚刀的运动由齿轮 z_x 经合成机构传至轴Ⅹ。可设 $n_H=0$,则轴Ⅸ与Ⅹ之间的传动比为

$$u_{合1}=\frac{n_X}{n_{IV}}=-1$$

在附加运动传动链中,来自刀架的运动由齿轮 z_y 传给转臂 H,再经合成机构传至轴Ⅹ。可设 $n_{IX}=0$,则转臂 H 与轴Ⅹ之间的传动比为

$$u_{合2}=\frac{n_X}{n_H}=2$$

综上所述,加工斜齿圆柱齿轮、大质数齿轮以及用切向法加工蜗轮时,范成运动和附加运动同时通过合成机构传动,并分别按传动比 $u_{合1}=-1$ 及 $u_{合2}=2$ 经轴Ⅹ和齿轮 e 传往工作台。

加工直齿圆柱齿轮时,工件不需要附加运动。为此需卸下离合器 M_2 及套筒 G,而将离

合器 M_1 装在轴 X 上(见图 4-39(b))。M_1 通过键和轴 X 连接,其端面齿爪只和转臂 H 的端面齿爪连接,所以此时:

$$n_H = n_X$$
$$n_X = 2n_X - n_{IX}$$
$$n_X = n_{IX}$$

范成运动传动链中轴 X 与轴 IX 之间的传动比为

$$u_{合1} = \frac{n_X}{n_{IV}} = 1$$

实际上,在上述调整状态下,转臂 H、轴 X 与轴 IX 之间都不能作相对运动,相当于联成一整体,因此在范成运动传动链中,运动由齿轮 z_x,经轴 IX 直接传至轴 X 及齿轮 e,即合成机构的传动比 $u_{合1}' = 1$。

2. Y3150E 型滚齿机的传动系统及其调整计算

中型通用滚齿机常见的布局形式有立柱移动式和工作台移动式两种。Y3150E 型滚齿机属于工作台移动式。图 4-40 所示为该机床的外形。

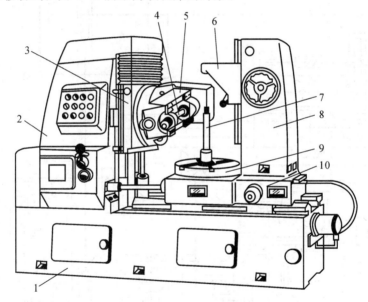

图 4-40　Y3150E 型滚齿机

1—床身;2—立柱;3—刀架溜板;4—刀杆;5—刀架体;6—支架
7—心轴;8—后立柱;9—工作台;10—床鞍

床身 1 上固定有立柱 2,刀架溜板 3 可沿立柱上的导轨垂直移动,滚刀用刀杆 4 安装在刀架体 5 中的主轴上。工件安装在工作台 9 的心轴 7 上,随同工作台一起旋转。后立柱 8 和工作台装在床鞍 10 上,可沿床身的水平导轨移动。用于调整工件的径向位置或作径向进给运动。后立柱上的支架 6 可用轴套或顶尖支承工件心轴上端。

机床的主要技术性能参数如下:

工件最大直径　　　　500mm

工件最大加工宽度　　250mm

工件最大模数　　　　8mm

工件最小齿数　　　$z_{min}=5 \times k_{滚刀头数}$

滚刀主轴转速　　　40,50,63,80,100,125,160,200,250

刀架轴向进给量　　0.4,0.56,0.63,0.87,1,1.16,1.41,1.6,1.8,2.5,2.9,4 mm/r

图 4-41 所示是 Y3150E 型滚齿机的传动系统图。传动系统中每一条传动链的分析计算步骤是：找出末端件；确定计算位移；对照传动系统图，列出运动平衡式；计算换置式。

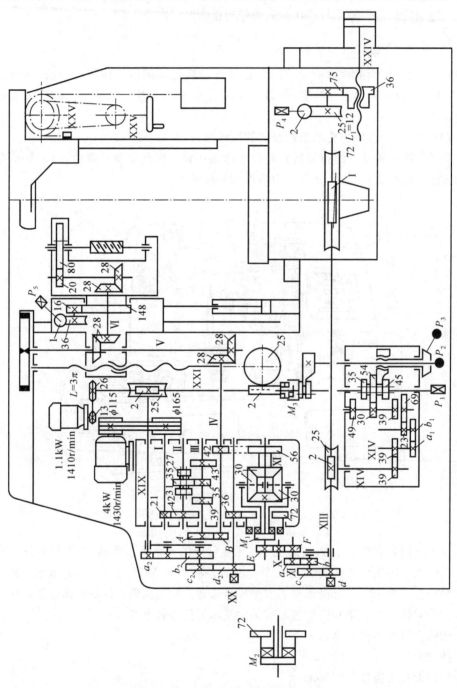

图 4-41　Y3150E 型滚齿机的传动系统图

(1)加工直齿圆柱齿轮的换置计算

1)主运动传动链

主运动传动链的两端件是:电动机—滚刀主轴Ⅷ。

计算位移是:电动机 $n_电$(单位为 r/min)—滚刀主轴 $n_刀$(单位为 r/min)。

其运动平衡式为

$$n_电 \times \frac{115}{165} \times \frac{21}{42} \times u_变 \times \frac{A}{B} \times \frac{28}{28} \times \frac{28}{28} \times \frac{28}{28} \times \frac{20}{80} = n_刀$$

式中:$n_电 = 1430 \text{r/min}$。

化简可得换置公式为

$$u_v = u_变 \times \frac{A}{B} = \frac{n_刀}{124.583}$$

式中:$u_变$ 为轴Ⅱ—Ⅲ之间的可变传动比,共 3 种:$\frac{27}{43}, \frac{31}{39}, \frac{35}{35}$;

$\frac{A}{B}$——主运动变速挂轮齿数比,共 3 种:$\frac{A}{B} = \frac{22}{44}, \frac{33}{33}, \frac{44}{22}$。

只要确定了 $n_刀$,就可以计算出 u_v 的值,并由此确定出变速箱中啮合齿轮对和挂轮的齿数。

2)范成运动传动链

范成运动传动链的两端件是:滚刀主轴—工作台。

计算位移是滚刀主轴转 1 转时,工件转 k/z 转(k 是滚刀头数),其运动平衡式为

$$1 \times \frac{80}{20} \times \frac{28}{28} \times \frac{28}{28} \times \frac{28}{28} \times \frac{42}{56} \times u_{合成} \times \frac{e}{f} \times \frac{a}{b} \times \frac{c}{d} \times \frac{1}{72} = \frac{k}{z}$$

滚切直齿圆柱齿轮时,运动合成机构用离合器 M_1 连接,故 $u_{合1} = 1$。

由上式得范成运动传动链换置公式为

$$u_x = \frac{a}{b} \times \frac{c}{d} = \frac{f}{e} \frac{24k}{z}$$

式中:$\frac{e}{f}$ 为挂轮,用于工件齿数 z 在较大范围内变化时调整 u_x 的数值,使其数值适中,以便于选取挂轮。根据 $\frac{z}{k}$ 值,$\frac{e}{f}$ 可以有如下三种选择:

① $5 \leqslant \frac{z}{k} \leqslant 20$ 时取 $e = 18, f = 24$;

② $21 \leqslant \frac{z}{k} \leqslant 142$ 时取 $e = 36, f = 36$;

③ $\frac{z}{k} \geqslant 143$ 时取 $e = 24, f = 48$。

3)轴向进给运动链

轴向进给运动传动链的两端件是:工作台(工件转动)—刀架(滚刀移动)。

计算位移是工作台转 1 转时,刀架进给 f(单位为 mm/r),运动平衡式为

$$1 \times \frac{72}{1} \times \frac{2}{25} \times \frac{39}{39} \times \frac{a_1}{b_1} \times \frac{23}{69} \times u_进 \times \frac{2}{25} \times 3\pi = f$$

计算换置式为:

$$u_f = \frac{a_1}{b_1} \times u_进 = \frac{f}{0.4608\pi}$$

式中:f——轴向进给量,单位为 mm/r,根据工件材料、加工精度及表面粗糙度等条件选定;

$\dfrac{a_1}{b_1}$——轴向进给挂轮；

$u_{\text{进}}$——进给箱轴 XVII — XVIII 之间的可变传动比，共 3 种：$\dfrac{49}{35}$，$\dfrac{30}{54}$，$\dfrac{39}{45}$。

（2）加工斜齿圆柱齿轮的换置计算

1）主运动传动链

加工斜齿圆柱齿轮时，机床主运动传动链的调整计算和加工直齿圆柱齿轮时相同。

2）范成运动传动链

加工斜齿圆柱齿轮时，虽然范成运动传动链的传动路线以及两端件计算位移都和加工直齿圆柱齿轮时相同，但此时因运动合成机构用离合器 M_2 连接，其传动比为 $u_{\text{合}1}=-1$，代入运动平衡式得到换置公式为

$$u_x = \frac{a}{b} \times \frac{c}{d} = -\frac{f}{e}\frac{24k}{z}$$

式中：负号说明范成运动中轴 X 与轴 IX 的转向相反，而在加工直齿圆柱齿轮时两轴转向相同。

3）轴向进给运动链

加工斜齿圆柱齿轮时，轴向进给传动链的调整计算和加工直齿圆柱齿轮时相同。

4）附加运动传动链

附加运动传动链的两端件是：滚刀刀架（滚刀移动）—工作台（工件附加转动）。

计算位移是刀架沿工件轴向移动一个螺旋线导程 L 时，工件应附加转动 ±1 转，其运动平衡式为

$$\frac{L}{3\pi} \times \frac{25}{2} \times \frac{2}{25} \times \frac{a_2}{b_2} \times \frac{c_2}{d_2} \times \frac{36}{72} \times u_{\text{合}2} \times \frac{e}{f} \times \frac{a}{b} \times \frac{c}{d} \times \frac{1}{72} = \pm1 \tag{4-4}$$

式中：3π——轴向进给丝杠的导程，单位为 mm；

$u_{\text{合}2}$——运动合成机构在附加运动传动链中的传动比，$u_{\text{合}2}=2$；

$\dfrac{a}{b} \times \dfrac{c}{d}$——范成运动链挂轮传动比，$\dfrac{a}{b} \times \dfrac{c}{d} = -\dfrac{f}{e} \times \dfrac{24k}{z}$；

L——被加工齿轮螺旋线的导程，单位为 mm，$L=\dfrac{\pi m_n z}{\sin\beta}$；

m_n——法向模数，单位为 mm；

β——被加工齿轮的螺旋角，单位为度。

代入式（4-4），得

$$u_y = \frac{a_2}{b_2} \times \frac{c_2}{d_2} = \pm9\,\frac{\sin\beta}{m_n k}$$

（3）快速运动传动链

利用快速电动机可使刀架作快速升降运动，以便调整刀架位置及进给前后实现快进和快退。此外，在加工斜齿圆柱齿轮时，启动快速电动机经附加运动传动链传动工作台旋转，以便检查工作台附加运动的方向是否正确。

刀架快速移动的传动路线：快速电动机—$\dfrac{13}{26}$—M_3—$\dfrac{2}{25}$—XXI（刀架轴向进给丝杠）。

3. 滚刀安装角的调整

滚齿时,为切出准确的齿形,应要求在切削部位滚刀的螺旋线方向与工件齿长方向一致,这是沿齿向进给切出全齿长的条件。为此,需将滚刀轴线与工件顶面安装成一定的角度,称作安装角 δ(见图 4-42)。

$$\delta = \beta \pm \omega \qquad\qquad (4-5)$$

式中:β——被加工齿轮的螺旋角;

　　　ω——滚刀的螺旋升角。

式(4-5)中,当被加工的斜齿轮的螺旋线方向相反时取"+"号,方向相同时取"-"号。滚刀滚切斜齿轮时,应尽量采用与工件螺旋方向相同的滚刀,使滚刀安装角较小,有利于提高机床运动平稳性及加工精度。

当加工直齿圆柱齿轮时,因 $\beta = 0$,所以安装角 δ 为

$$\delta = \pm \omega$$

这说明在滚齿机上切削直齿圆柱齿轮时,滚刀的轴线也是倾斜的,与水平面成 β 角(对立式滚齿机而言),倾斜方向则决定于滚刀的螺旋线方向。图 4-42 所示为右旋滚刀加工直齿轮。

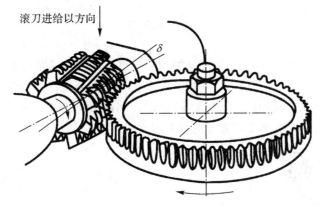

滚刀进给以方向

δ

图 4-42　滚刀的安装角

4. 滚齿的特点

(1) 适应性好;

(2) 生产效率高;

(3) 被切齿轮的齿距偏差小;

(4) 滚齿加工出来的齿廓表面粗糙度大于插齿加工的齿廓表面粗糙度;

(5) 滚齿加工主要用于加工直齿、斜齿圆柱齿轮和蜗轮,不能加工内齿轮和多联齿轮。

4.3.3　齿形的其他加工方法

1. 插齿

在范成加工中,插齿加工也是一种应用非常广泛的方法。它一次完成齿槽的粗、半精加工,其加工精度为 7～8 级,表面粗糙度值为 $R_a 0.16\mu m$。插齿主要用于加工内啮合和外啮合的直齿、斜齿圆柱齿轮,尤其适合于加工内齿轮和多联齿轮,但不能加工蜗轮。

插齿刀实质上是一个端面磨有前角,齿顶及齿侧均磨有后角的齿轮(见图 4-43(a))。插齿时,插齿刀沿工件轴向作直线往复运动以完成切削主运动,在刀具与工件轮坯作"无间

隙啮合运动"过程中,在齿坯上渐渐切出齿廓。加工过程中,刀具每往复一次,仅切出工件齿槽的一小部分,齿廓曲线是在插齿刀刀刃多次相继切削中,由刀刃各瞬时位置的包络线所形成的(见图 4-43(b))。

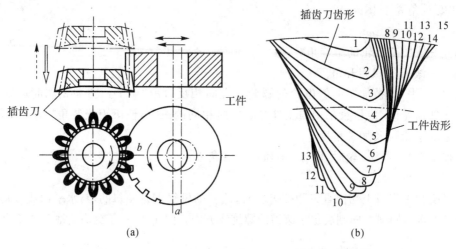

图 4-43　插齿原理

2. 剃齿

剃齿是由剃齿刀带动工件自由转动并模拟一对螺旋齿轮作双面无侧隙啮合的过程。剃齿刀与工件的轴线交错成一定角度。剃齿刀可视为一个高精度的斜齿轮,并在齿面沿渐开线方向上开了很多槽形成切削刃,如图 4-44 所示。剃齿常用于未淬火圆柱齿轮的精加工,生产效率很高,是软齿面精加工最常见的加工方法之一。

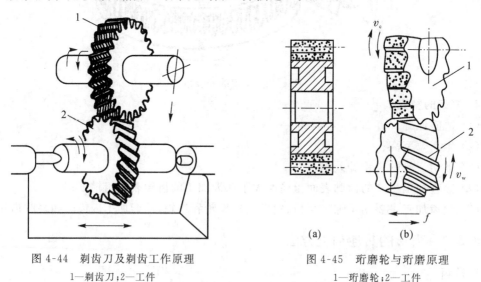

图 4-44　剃齿刀及剃齿工作原理
1—剃齿刀;2—工件

图 4-45　珩磨轮与珩磨原理
1—珩磨轮;2—工件

3. 珩齿

珩齿是一种用于加工淬硬齿面的齿轮精加工方法。工作时,珩磨轮与工件之间的相对运动关系与剃齿相同(见图 4-45),所不同的是作为切削工具的珩磨轮是用金刚砂磨料加入环氧树脂等材料作结合剂浇铸或热压而成的塑料齿轮,而不像剃齿刀有许多切削刃。在珩磨轮与工件"自由啮合"的过程中,凭借珩磨轮齿面密布的磨粒,以一定压力和相对滑动速度进行切削。

4. 磨齿

磨齿多用于对淬硬的齿轮进行齿廓的精加工。磨齿后,精度最低为 6 级。有的磨齿机可磨 3、4 级齿轮。磨齿机有两大类,即用成型砂轮磨齿和用展成法磨齿。成型砂轮磨齿机的砂轮截面形状修整得与齿槽形状相同,如图 4-46 所示。磨齿时,砂轮高速旋转并沿工件轴线方向做往复运动,1 个齿磨完后分度,再磨第 2 个齿。

用展成法原理工作的磨齿机,有连续磨齿和分度磨齿两大类,如图 4-47 所示。

(1) 连续磨齿

展成法连续磨削的磨齿机,工作原理与滚齿机相似,砂轮为蜗杆形,称为蜗杆砂轮磨。工作原理如图 4-47(a)所示。在各类磨齿机中,这类机床的生产率最高,但修整砂轮工杂,因此常用于成批生产。

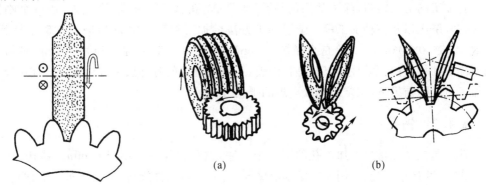

图 4-46　成型砂轮磨齿的工作原理　　　　　图 4-47　展成法磨齿的工作原理

(2) 分度磨齿

利用齿条和齿轮的啮合原理,用砂轮代替齿条来磨削齿轮。齿条的齿廓是直线,形状简单,易于保证砂轮的修整精度。碟形砂轮磨齿机(见图 4-47(b))用两个碟形砂轮代替齿条的两个齿侧面。加工时,被切齿轮在想像中的齿条上滚动。每往复滚动 1 次,完成 1 个或 2 个齿面的磨削。需多次分度,才能磨完齿轮的全部齿面。

4.4　孔加工刀具

4.4.1　孔加工特点与分类

孔是各种机器零件上最多的几何表面之一,按照它和其他零件之间的连接关系来区分,可分为非配合孔和配合孔。前者一般在毛坯上直接钻、扩出来;而后者则必须在钻孔、扩孔等粗加工的基础上,根据不同的精度和表面质量的要求,以及零件的材料、尺寸、结构等具体情况,作进一步加工。无论后续的半精加工和精加工采取何种方法,总的来说,在加工条件相同的情况下,加工一个孔的难度要比加工外圆大得多。这主要是由于孔加工刀具有以下一些特点:

(1) 大部分孔加工刀具为定尺寸刀具。刀具本身的尺寸精度和形状精度不可避免地对孔的加工精度有着重要的影响。

(2) 孔加工刀具(含磨具)切削部分和夹持部分的有关尺寸受被加工孔尺寸的限制,致使刀具的刚性差,容易产生弯曲变形和对正确位置的偏离,也容易引起振动。孔的直径尺寸越小、深径比越大,影响作用越大。

(3) 孔加工时,刀具一般是被封闭或半封闭在一个窄小的空间内进行。切削液难以被输送到切削区域;切屑的折断和及时排出也较困难,散热条件差,对加工质量和刀具耐用度都产生不利的影响。此外,在加工过程中对加工情况的观察、测量和控制,都比外圆和平面加工复杂得多。

基于以上原因,在机械设计过程中选用孔和轴配合的公差等级时,经常把孔的公差等级定得比轴低一级。例如 C6132 型卧室车床尾座丝杠轴径与后盖孔之间、手柄与手轮之间,其配合分别为 $\varphi20\,\dfrac{H7}{g6}$ 和 $\varphi10\,\dfrac{H7}{k6}$。此外,内孔与外圆具有较高的相互位置精度时,一般都是先加工内孔,然后以孔为定位基准再加工外圆,就比较容易得到保证。

孔加工的方法很多,除了常用的钻孔、扩孔、锪孔、铰孔、镗孔、磨孔外,还有金刚镗、珩磨、研磨、挤压以及特种加工等。上述加工方法的加工精度通常为 IT5～IT15,表面粗糙度为 $R_a12.5\sim0.006\mu m$。无论是直径在 $\varphi100mm$ 以上的大孔,还是直径 $\varphi0.01mm$ 的微细孔,也不论工件材料的力学性能以及是否淬硬,总可以对孔的各种加工方法进行合理选择,在确保加工质量的前提下,制定出比较理想的工艺方案。

4.4.2　钻孔

钻孔是在实心材料上加工孔的第一个工序,钻孔直径一般小于 80mm。钻孔加工有两种方式,一种是钻头旋转,例如在钻床上钻孔;另一种是工件旋转,例如在车床上钻孔。

1. 钻削加工范围

钻床是孔加工用机床,在钻床上加工时,工件不动,刀具做旋转主运动,同时沿轴向做进给运动。钻床可完成钻孔、扩孔、铰孔、刮平面以及攻螺纹等工作。使用的孔加工工具主要有麻花钻、中心钻、深孔钻、扩孔钻、铰刀、丝锥、锪钻等。钻床可分为立式钻床、台式钻床、摇臂钻床以及深孔钻床等。单件小批量生产中,中、小型工件上的小孔($D<13mm$),常用台式钻床加工;中、小型工件上直径较大的孔($D<50mm$),常用立式钻床加工;大、中型工件上孔应采用摇臂钻床;回转体工件上的孔常在车床上加工。在成批大量生产中,为了保证加工精度,提高生产效率和降低加工成本,广泛使用钻模在多轴钻或组合机床上进行孔的加工。

钻床的加工方法及所需的运动如图 4-48 所示。

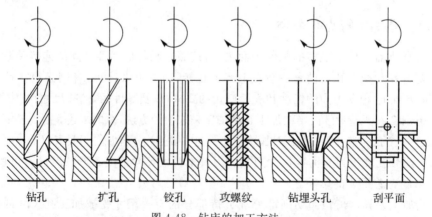

| 钻孔 | 扩孔 | 铰孔 | 攻螺纹 | 钻埋头孔 | 刮平面 |

图 4-48　钻床的加工方法

2. 麻花钻

常用的钻孔刀具有麻花钻、中心钻、深孔钻等。其中最常用的是麻花钻,其直径规格为 $\varphi 0.1 \sim 80$mm。标准麻花钻的结构如图 4-49 所示。

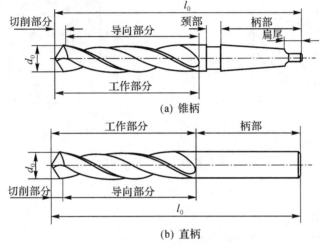

图 4-49　标准麻花钻的结构

麻花钻的切削部分如图 4-50 所示。麻花钻有两条主切削刃和两条副切削刃,两条螺旋槽沟形成前刀面,主后刀面在钻头端面上。钻头外缘上两小段窄棱边形成的刃带是副后刀面,钻孔时刃带起着导向作用,为减小与孔壁的摩擦,向柄部方向有减小的倒锥量,从而形成副偏角 κ_r'。为了使钻头具有足够的强度,麻花钻的中心有一定的厚度,形成钻心,钻心直径 d_c 向柄部方向递增。在钻心上的切削刃叫横刃,两条主切削刃通过横刃相连接。

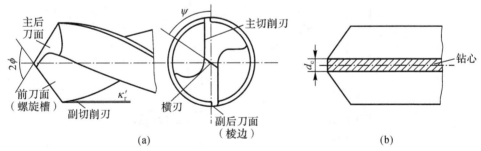

图 4-50　麻花钻的切削部分

表示麻花钻切削部分结构的几何参数主要有以下几个方面。

(1)基面 P_r 与切削平面 P_s

主切削刃上各点切削速度方向不同,因而切削平面位置不同,基面位置不同,但基面总是包含钻头轴线的平面,如图 4-51 所示。

(2)螺旋角 β

麻花钻螺旋槽上各点的导程 P 相等,因而在主切削刃上半径不同的点的螺旋角不相等。切削刃上最外缘点的螺旋角 β 称为钻头的螺旋角,如图 4-52 所示。

$$\tan\beta = \frac{2\pi R}{P}$$

切削刃上任意点 y 的螺旋角 β_y 为

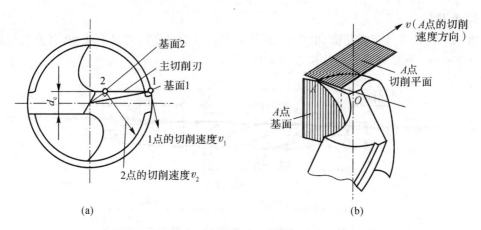

图 4-51 麻花钻的基面与切削平面

$$\tan\beta_y = \frac{2\pi r_y}{P} = \frac{r_y}{R}\tan\beta \qquad (4-6)$$

式中：r——钻头半径；

r_y——主切削刃上任一点 y 的半径。

由式(4-6)可知，钻头外缘处的螺旋角最大，越靠近钻头中心螺旋角越小，螺旋角实际上是钻头的进给前角 γ_f，因此，螺旋角越大，钻头越锋利。但是螺旋角过大，会削弱钻头强度，散热条件也差。标准麻花钻的螺旋角一般在 $18°\sim30°$ 范围内，大直径钻头取大值。

(3)顶角 2φ

钻头的顶角 2φ 是两个切削刃在与其平行的平面上投影的夹角。标准麻花钻取顶角 $2\varphi=118°$，顶角与基面无关，如图 4-52 所示。

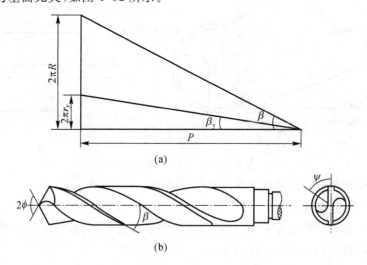

图 4-52 麻花钻的螺旋角

(4)刃倾角 λ_s

麻花钻的刃倾角 λ_s 是切削平面内的主切削刃与基面之间的夹角，因为主切削刃上各点基面与切削平面的位置不同，因此刃倾角也是变化的。图 4-53 所示的 P_s 向视图中表示出主切削刃上外缘处的刃倾角。

麻花钻主切削刃上任意点的端面刃倾角 λ_{ty}，是该点的基面与主切削刃在端面投影中的夹角(见图 4-53),由于主切削刃上各点的基面不同,因此各点的端面刃倾角也不相等,外缘处最小,越接近钻心越大。主切削刃上任意点的端面刃倾角可按下式计算:

$$\sin\lambda_{ty}=d_c/2r_y$$

式中:d_c——钻心直径,单位为 mm;

r_y——主切削刃上任意点 y 的半径,单位为 mm;

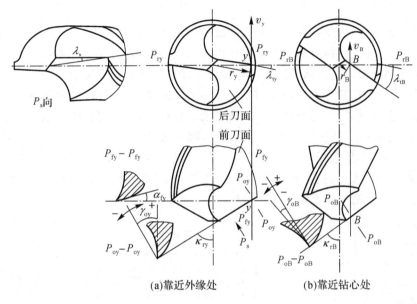

(a)靠近外缘处   (b)靠近钻心处

图 4-53

(5) 主偏角 κ_r 与副偏角 $\kappa_r{}'$

钻头的主偏角 κ_r 是主切削刃在基面上的投影与进给方向的夹角。由于主切削刃上各点基面的位置不同,因此主切削刃上各点的主偏角也是变化的。

为了减小导向部分与孔壁的摩擦,在国家标准中除了规定直径大于 0.75mm 的麻花钻在导向部分上制有两条窄的棱边外,还规定直径大于 1mm 的麻花钻有向柄部方向减小的直径倒锥量(每 100mm 长度上减小 0.003mm~0.12mm),从而形成副偏角 $\kappa_r{}'$,如图 4-51 所示。

(6) 前角 γ_o

麻花钻主切削刃上任意点的前角 γ_{oy} 是在主剖面中(见图 4-53 中 $P_{oy}-P_{oy}$)测量的前刀面与基面之间的夹角。主切削刃上各点前角变化很大,从外缘到钻心,前角由 $30°$ 减到 $-30°$。

(7) 进给后角 α_f

如图 4-53 所示,主切削刃上任意点的进给后角 α_{fy} 是在进给剖面 $P_{fy}-P_{fy}$,即以钻心为轴心线的圆柱面的切平面上测量的。由于主切削刃在进行切削时做圆周运动,进给后角比较能反映钻头后刀面与加工表面之间的摩擦关系,同时测量也方便,所以常用进给后角 α_{fy} 作为刃磨后角参数。

(8) 横刃角度 Ψ

横刃是两个主后刀面的相交线。在端面投影上,横刃与主切削刃之间的夹角为横刃斜角,标准麻花钻的横刃斜角 $\Psi=50°\sim55°$。

由于构造上的限制,钻头的弯曲刚度和扭转刚度均较低,加之定心性不好,钻孔加工的精度较低,一般只能达到IT13~IT11;表面粗糙度也较差,一般为$R_a50~12.5\mu m$;但钻孔的金属切除率大、切削效率高。钻孔主要用于加工质量要求不高的孔,例如螺栓孔、螺纹底孔、油孔等。对于加工精度和表面质量要求较高的孔,则应在后续加工中通过扩孔、铰孔、镗孔或磨孔来达到。

4.4.3 扩孔

扩孔是用扩孔钻对已经钻出、铸出或锻出的孔作进一步加工,以扩大孔径并提高孔的加工质量,扩孔加工既可以作为精加工孔前的预加工,也可以作为要求不高的孔的最终加工。扩孔钻与麻花钻相似,但刀齿数较多,没有横刃,如图4-54和4-55所示。

与钻孔相比,扩孔具有下列特点:(1)扩孔钻齿数多(3~8个)、导向性好,切削比较稳定;(2)扩孔钻没有横刃、切削条件好;(3)加工余量较小,容屑槽可以做得浅些,钻心可以做得粗些,刀体强度和刚性较好。扩孔加工的精度一般为:IT11~IT10级,表面粗糙度为$R_a12.5~6.3\mu m$。扩孔常用于直径小于$\varphi100mm$孔的加工。在钻直径较大的孔时($D>30mm$),常先用小钻头(直径为孔径的$0.5~0.7$倍)预钻孔,然后再用相应尺寸的扩孔钻扩孔,这样可以提高孔的加工质量和生产效率。

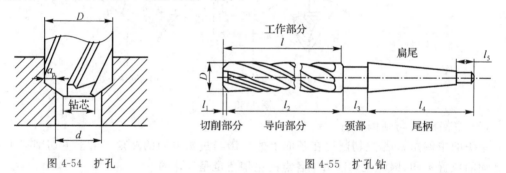

图 4-54 扩孔   图 4-55 扩孔钻

扩孔除了可以加工圆柱孔之外,还可以用各种特殊形状的扩孔钻(亦称锪钻)来加工各种沉头座孔和锪平端面。锪钻的前端常带有导向柱,用于已加工孔导向,如图4-56所示。

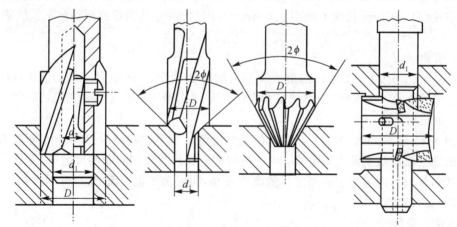

(a) 带导向柱平底锪钻   (b) 带导向柱锥面锪钻   (c) 不带导向柱锥面锪钻   (d) 端面锪钻

图 4-56 锪 钻

4.4.4　铰孔

铰孔是孔的精加工方法之一,在生产中应用很广。加工精度可达 IT6～IT8,表面粗糙度 R_a 值可达 $1.6\sim0.4\mu m$。在用于较小的孔时,相对于内圆磨削及精镗而言,铰孔是一种较为经济实用的加工方法。

1. 铰刀

铰刀一般分为手用铰刀及机用铰刀两种,如图 4-57 所示。手用铰刀柄部为直柄,工作部分较长,导向作用较好。手用铰刀又分为整体式和外径可调整式两种。机用铰刀可分为带柄的和套式的。铰刀不仅可加工圆形孔,也可用锥度铰刀加工锥孔。

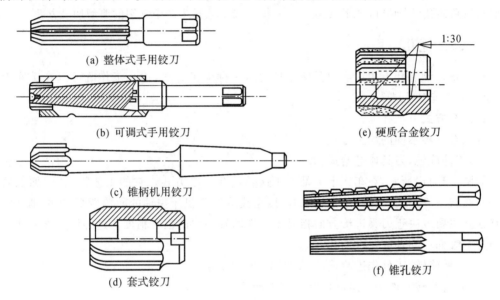

(a) 整体式手用铰刀

(b) 可调式手用铰刀

(c) 锥柄机用铰刀

(d) 套式铰刀

(e) 硬质合金铰刀

(f) 锥孔铰刀

图 4-57　不同种类的铰刀

铰刀由工作部分、颈部及柄部组成。工作部分又分为切削部分与校准(修光)部分。图 4-58所示为铰刀结构和铰刀的几何参数。

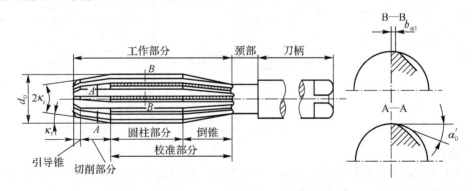

图 4-58　铰刀结构和铰刀的几何参数

2. 铰孔的工艺特点及应用

铰孔余量对铰孔质量的影响很大,余量太大,铰刀的负荷就大,切削刃就会很快被磨钝,不易获得光洁的加工表面,尺寸公差也不易保证;余量太小,不能去掉工序上留下的刀痕,自然也就没有改善孔加工质量的作用。一般粗铰余量取为 0.35～0.15mm,精铰取为 0.15～0.05mm。

铰孔通常采用较低的切削速度以避免产生积屑瘤。进给量的取值与被加工孔径有关,孔径越大,进给量取值越大。

铰孔时必须用适当的切削液进行冷却、润滑和清洗,以防止产生积屑瘤并减少切屑在铰刀和孔壁上的粘附。与磨孔和镗孔相比,铰孔生产率高,容易保证孔的精度;但铰孔不能校正孔轴线的位置误差,孔的位置精度应由前工序保证。铰孔不宜加工阶梯孔和盲孔。

铰孔尺寸精度一般为 IT9～IT7 级,表面粗糙度一般为 $R_a 3.2～0.8\mu m$。对于中等尺寸、精度要求较高的孔(例如 IT7 级精度孔),钻—扩—铰工艺是生产中常用的典型加工方案。

4.4.5　镗孔

镗孔是在预制孔上用切削刀具使之扩大的一种加工方法,镗孔工作既可以在镗床上进行,也可以在车床上进行。

1. 镗孔方式

镗孔有三种不同的加工方式。

(1)工件旋转,刀具作进给运动

如图 4-59(a)所示,在车床上大都属于这类镗孔加工方式。它的工艺特点是:加工后孔的轴心线与工件的回转轴线一致,孔的圆度主要取决于机床主轴的回转精度,孔的轴向几何形状误差主要取决于刀具进给方向相对于工件回转轴线的位置精度。这种镗孔方式适于加工与外圆表面有同轴度要求的孔。

(2)刀具旋转,工件作进给运动(如图 4-59(b)所示)

(3)刀具旋转并作进给运动(如图 4-59(c)所示)

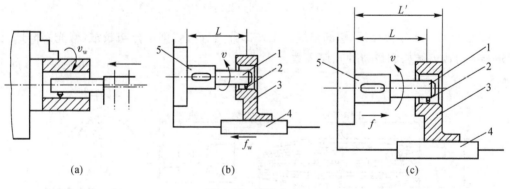

图 4-59　镗孔方式

2. 镗刀

按不同结构,镗刀可分为单刃镗刀和双刃镗刀。单刃镗刀结构简单、制造方便、通用性好、使用较多。单刃镗刀一般均有尺寸调节装置。图4-60(a)、(b)所示分别是在镗床上镗通孔和镗盲孔用的单刃镗刀,图 4-60(c)所示为精镗机床上用的微调镗刀,旋转有刻度的精调螺母,可将镗刀调到所需直径。

图 4-61 所示是浮动双刃镗刀,它两端都有切削刃,工作时可以消除径向力对镗杆的影

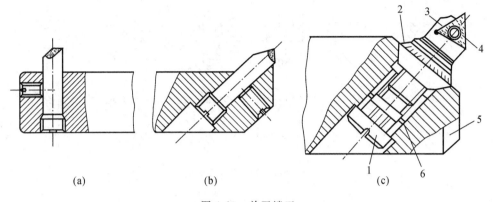

图 4-60　单刃镗刀

1—紧固螺钉;2—精调螺母;3—刀块;4—刀片;5—镗杆;6—导向键

响,工件的孔径尺寸与精度由镗刀径向尺寸保证。镗刀上高速钢或镶焊硬质合金做成的两个刀片径向可以调整,因此,可以加工一定尺寸范围的孔。

3.镗孔的工艺特点及应用范围

镗孔和钻—扩—铰工艺相比,孔径尺寸不受刀具尺寸的限制,且镗孔具有较强的误差修正能力,可通过多次走刀来修正原孔轴线偏斜误差,而且能使镗孔与定位表面保持较高的位置精度。

镗孔和车外圆相比,由于刀杆系统的刚性差、变形大,散热排屑条件不好,工件和刀具的热变形比较大;因此,镗孔的加工质量和生产效率都不如车外圆高。

综上分析可知,镗孔工艺范围广,可加工各种不同尺寸和不同精度等级的孔。对于孔径较大、尺寸和位置精度要求较高的孔和孔系,镗孔几乎是唯一的加工方法。

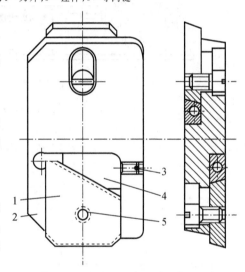

图 4-61　浮动双刃镗刀

1—刀块;2—刀片;3—调节螺钉

4—斜面垫块;5—紧固螺钉

镗孔的加工精度为IT9~IT7级,表面粗糙度为 $R_a3.2~0.5\mu m$。镗孔可以在镗床、车床、铣床等机床上进行,具有机动灵活的优点。在单件或成批生产中,镗孔是经济易行的方法。在大批大量生产中,为提高效率,常使用镗模。

4.4.6　拉孔

1.拉削与拉刀

拉孔是一种高生产率的精加工方法,它是用特制的拉刀在拉床上进行的,图 4-62 所示是拉削的典型表面。

拉床分卧式拉床和立式拉床两种,以卧式拉床最为常见。图 4-63 所示是在卧式拉床上拉削圆孔的加工示意图。图 4-64 所示是拉床和拉刀拉削方法示意图。

拉刀切削部分的几何参数和加工原理如图 4-65 所示。刀齿主要参数有:前角 γ_o、后角

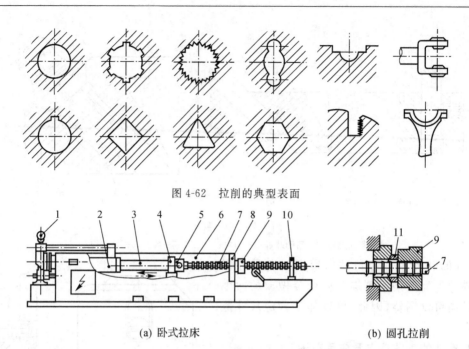

图 4-62　拉削的典型表面

(a) 卧式拉床　　　　　　　　　　　　(b) 圆孔拉削

图 4-63　在卧式拉床上拉孔

1—压力表;2—液压缸;3—活塞拉杆;4—随动支架;5—夹头;6—床身

7—拉刀;8—靠板;9—工件;10—滑动托架;11—球面支承垫圈

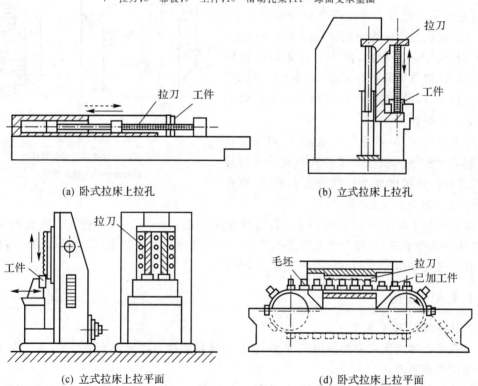

(a) 卧式拉床上拉孔　　　　　　　　　　(b) 立式拉床上拉孔

(c) 立式拉床上拉平面　　　　　　　　　(d) 卧式拉床上拉平面

图 4-64　拉床及拉削加工方法

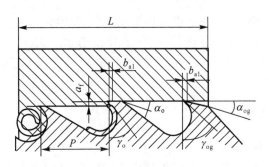

图 4-65　拉刀拉削部分的几何参数

α_o 和刃带宽度 b_{a1}，前后两齿间距 P 形成容屑空间，后一刀齿比前一刀齿高一个齿升量 a_f，因而每一个刀齿只切除很薄的一层金属。齿升量一般根据被加工材料、拉刀类型、拉刀及工件刚性等因素选取，用普通拉刀拉削钢件圆孔时，粗切刀齿的齿升量为 0.15～0.03mm/齿，精切刀齿的齿升量为 0.005～0.015mm/齿。刀齿切下的切屑落在容屑槽中。拉刀同时工作的齿数一般应不少于 3 个，否则拉刀工作不平稳，容易在工件表面产生环状波纹。为了避免产生过大的拉削力而使拉刀断裂，拉刀工作时，工作刀齿数一般不应超过 6～8 个。

圆孔拉刀的结构如图 4-66 所示，由下列几个部分组成：

头部——夹持刀具、传递动力的部分；

颈部——联接头部与其后各部分，也是打标记的地方；

过渡锥部——使拉刀前导部易于进入工件孔中，起对准中心作用；

前导部——工件以前导部定位进行切削；

切削部——担负切削工作，包括粗切齿、过渡齿与精切齿三部分；

校准部——校准和刮光已加工表面；

后导部——在拉刀工作即将结束时，由后导部继续支承住工件，防止因工件下垂而损坏刀齿和碰伤已加工表面；

支承部——当拉刀又长又重时，为防止拉刀因自重下垂，应增设支承部，由它将拉刀支承在滑动托架上，托架与拉刀一起移动。

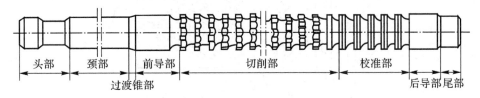

图 4-66　圆孔拉刀的组成部分

2. 拉孔的工艺特征及应用范围

(1)拉刀是多刃刀具，在一次切削行程中就能顺序完成孔的粗加工、精加工和精整、光整加工工作，生产效率高。

(2)拉孔精度主要取决于拉刀的精度。在通常条件下，拉孔精度可达 IT9～IT7，表面粗糙度可达 $R_a6.3～1.6\mu m$。

(3)拉孔时，工件以被加工孔自身定位(拉刀前导部就是工件的定位元件)，拉孔不易保证孔与其他表面的相互位置精度；对于那些内、外圆表面具有同轴度要求的回转体零件的加工，往往都是先拉孔，然后以孔为定位基准加工其他表面。

（4）拉刀不仅能加工圆孔，而且还可以加工成形孔、花键孔。

（5）拉刀是定尺寸刀具，形状复杂、价格昂贵，不适合加工大孔。

拉孔常用在大批大量生产中加工孔径为 $\varphi10\sim80mm$、孔深不超过孔径 5 倍的中小零件上的通孔。

4.4.7 珩磨孔

1. 珩磨原理及珩磨头

珩磨是利用带有磨条（油石）的珩磨头对孔进行精整、光整加工的方法。珩磨时，工件固定不动，珩磨头由机床主轴带动旋转并作往复直线运动。在相对运动过程中，磨条以一定压力作用于工件表面，从工件表面上切除一层极薄的材料，其切削轨迹是交叉的网纹。为使砂条磨粒的运动轨迹不重复，珩磨头回转运动的每分钟转数与珩磨头每分钟往复行程数应互成质数。

2. 珩磨的工艺特点及应用范围

（1）珩磨能获得较高的尺寸精度和形状精度，加工精度为 IT7～IT6 级，孔的圆度和圆柱度误差可控制在 $3\sim5\mu m$ 的范围之内，但珩磨不能提高被加工孔的位置精度。

（2）珩磨能获得较高的表面质量，表面粗糙度 R_a 为 $0.2\sim0.025\mu m$，表层金属的变质缺陷层深度极微（$2.5\sim25\mu m$）。

（3）与磨削速度相比，珩磨头的圆周速度虽不高，但由于砂条与工件的接触面积大，往复速度相对较高，所以珩磨仍有较高的生产率。

珩磨在大批大量生产中广泛用于发动机缸孔及各种液压装置中精密孔的加工，孔径范围一般为 $\varphi15\sim500mm$ 或更大，并可加工长径比大于 10 的深孔。但珩磨不适合加工塑性较大的有色金属工件上的孔，也不能加工带键槽的孔、花键孔等断续表面。

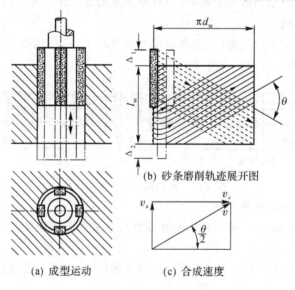

（a）成型运动　　（b）砂条磨削轨迹展开图　　（c）合成速度

图 4-67 珩磨原理

4.5　磨削加工与磨床

磨削加工在机械制造中是一种非常广泛的加工方法,其加工精度可达 IT6～IT4,表面粗糙度可达 R_a1.25～0.01μm。磨削的最大优点是对各种工件材料和各种几何表面都有广泛的适用性。过去磨削只是作为一种精加工方法,而现在其应用范围已扩大到对毛坯进行单位时间内金属切除量很大的加工(如蠕动磨削),并使之成为无须进行预先切削加工的基本工序。

4.5.1　磨床的应用范围

用磨料或磨具(砂轮、砂带、油石或研磨料等)作为工具对工件表面进行切削加工的机床统称为磨床。它们是应精加工和硬表面加工的需要而发展起来的。目前不少高效磨床也用于粗加工。磨床可用于磨削内、外圆柱面和圆锥面、平面、螺旋面、齿面以及各种成型面等,还可以刃磨刀具,应用范围非常广泛。图 4-68 所示为一些主要磨削加工形式。

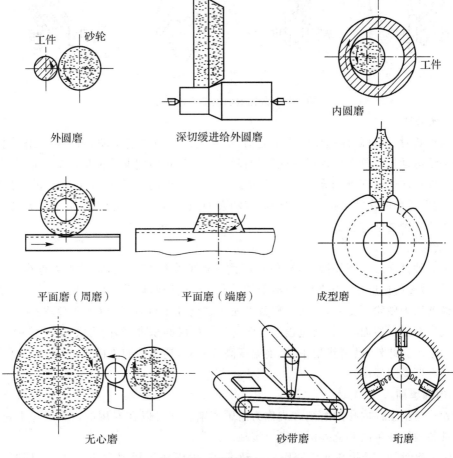

图 4-68　各种磨削加工方式

4.5.2　磨削加工类型

磨削加工是用高速回转的砂轮或其他磨具以给定的背吃刀量对工件进行加工的方法。根据工件被加工表面的形状和砂轮与工件之间的相对运动,磨削分为外圆磨削、内圆磨削、平面磨削和无心磨削等几种主要加工类型。

1. 外圆磨削

外圆磨削是用砂轮外圆周来磨削工件的外回转表面的。它能加工圆柱面、圆锥面、端面、球面和特殊形状的外表面等,如图 4-69 所示。这种磨削方式按照不同的进给方向又可分为纵磨法和横磨法两种。

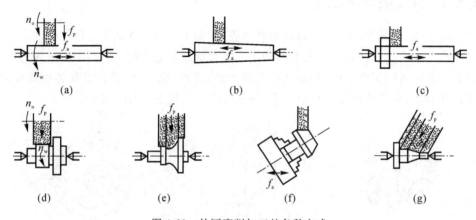

图 4-69　外圆磨削加工的各种方式

(1) 纵磨法

磨削外圆时,砂轮的高速旋转为主运动,工件则作圆周进给运动,同时随工作台沿轴向作纵向进给运动。每单次行程或每往复行程终了时,砂轮做周期性的横向进给运动,从而逐渐磨去工件径向的全部磨削余量。采用纵磨法每次的横向进给量小、磨削力小、散热条件好,并且能以光磨的次数来提高工件的磨削和表面质量,因而加工质量高,是目前生产中使用最广泛的一种磨削方法。

(2) 横磨法

采用这种磨削形式磨外圆时,砂轮宽度比工件的磨削宽度大,工件不需作纵向进给运动,砂轮以缓慢的速度连续或断续地沿工件径向作横向进给运动,直至磨到要求的工件尺寸为止。横磨法因砂轮宽度大,一次行程就可完成磨削加工过程,所以加工效率高,同时它也适用于成形磨削。然而,在磨削过程中砂轮与工件接触面积大、磨削力大,必须使用功率大、刚性好的磨床。此外,磨削热集中、磨削温度高,势必影响工件的表面质量,必须给予充分的切削液来降低磨削温度。

2. 内圆磨削

用砂轮磨削工件内孔的磨削方式称为内圆磨削。它可以在专用的内圆磨床上进行,也能够在具备内圆磨头的万能外圆磨床上实现。

如图 4-70 所示,砂轮高速旋转作主运动 n_o,工件旋转作圆周进给运动 n_w,同时砂轮或工件沿其轴线往复移动作纵向进给运动 f_a,砂轮则作径向进给运动 f_p。

与外圆磨削相比,内圆磨削所用的砂轮和砂轮轴的直径都比较小。为了获得所要求的

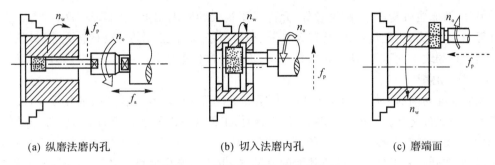

(a) 纵磨法磨内孔　　　　　　　(b) 切入法磨内孔　　　　　　　(c) 磨端面

图 4-70　普通内圆磨床的磨削方法

砂轮线速度,就必须提高砂轮主轴的转速,故容易发生振动,影响工件的表面质量。此外,由于内圆磨削时砂轮与工件的接触面积大、发热量集中、冷却条件差及工件热变形大,特别是砂轮主轴刚性差、易弯曲变形,因此内圆磨削不如外圆磨削的加工精度高。

3. 平面磨削

常见的平面磨削方式有四种,如图 4-71 所示。工件安装在具有电磁吸盘的矩形或圆形工作台上作纵向往复直线运动或圆周进给运动。由于砂轮宽度限制,需要砂轮沿轴线方向作横向进给运动。为了逐步切除全部余量,砂轮还需周期性地沿垂直于工件被磨削表面的方向进给。

(a) 立轴平面磨床磨削　　　　　　　　　(b) 卧轴圆台平面磨床磨削

(c) 立轴平面磨床磨削　　　　　　　　　(d) 立轴矩台平面磨床磨削

图 4-71　平面磨削方式

如图 4-71(a)、(b)所示属于圆周磨削。这时砂轮与工件的接触面积小、磨削力小、排屑及冷却条件好、工件受热变形小,且砂轮磨损均匀,所以加工精度较高。然而,砂轮主轴呈悬臂状态、刚性差,不能使用较大的磨削用量,生产率较低。

如图 4-71(c)、(d)所示属于端面磨削,砂轮与工件的接触面积大,同时参加磨削的磨粒多。另外,磨床主轴受压力,刚性较好,允许采用较大的磨削用量,故生产率高。但是,在磨削过程中,磨削力大、发热量大、冷却条件差、排屑不畅,造成工件的热变形较大,且砂轮端面沿径向各点的线速度不等,使砂轮磨损不均匀,所以这种磨削方法的加工精度不高。

4. 无心磨削

无心外圆磨削的工作原理如图 4-72 所示。工件置于砂轮和导轮之间的托板上,以工件自身外圆为定位基准。当砂轮以转速 n_o 旋转时,工件就有以与砂轮相同的线速度回转的趋势,但由于受到导轮摩擦力对工件的制约作用,结果使工件以接近于导轮线速度(转速 n_w)回转,从而在砂轮和工件之间形成很大的速度差,由此而产生磨削作用。改变导轮的转速,便可以调整工件的圆周进给速度。

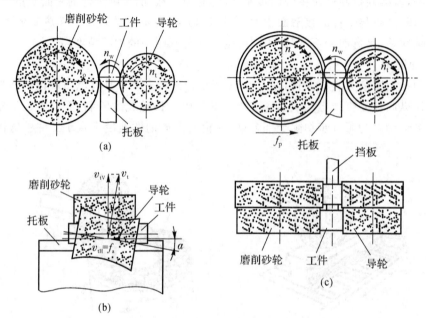

图 4-72　无心外圆磨削的加工示意图

无心外圆磨削有两种磨削方式:贯穿磨法(见图 4-72(a)、(b))和切入磨法(见图 4-72(c))。

贯穿磨削时,将导轮在与砂轮轴平行的平面内倾斜一个角度 α(通常 $\alpha = 2° \sim 6°$,这时需将导轮的外圆表面修磨成双曲回转面以与工件呈线接触状态),这样就在工件轴线方向上产生一个轴向进给力。设导轮的线速度为 v_t,它可分解为两个分量 v_{tV} 和 v_{tH}。v_{tV} 带动工件回转,并等于 v_w;v_{tH} 使工件作轴向进给运动,其速度就是 f_a,工件一面回转一面沿轴向进给,就可以连续地进行纵向进给磨削。

切入磨削时,砂轮作横向切入进给运动(f_p)来磨削工件表面。

在无心外圆磨削过程中,由于工件是靠自身轴线定位的,因而磨削出来的工件尺寸精度与几何都比较高,表面粗糙度小。如果配备适当的自动装卸料机构,就易于实现自动化。但是,无心外圆磨床调整费时,只适于大批量生产。

4.5.3　M1432A 型万能外圆磨床

图 4-73 所示是 M1432A 型万能外圆磨床的外形图。

1. 主要部件

（1）床身

床身是磨床的支承部件,在其上装有砂轮架、头架、尾座及工作台等部件。床身内部装有液压缸及其他液压元件,用来驱动工作台和横向滑鞍的移动。

（2）头架

头架用于安装及夹持工件,并带动其旋转,可在水平面内逆时针方向转动 90°。

（3）工作台

工作台由上下两层组成,上工作台可相对于下工作台在水平面内转动很小的角度（±10°）,用以磨削锥度不大的长圆锥面。上工作台顶面装有头架和尾座,它们随工作台一起沿床身导轨作纵向往复运动。

（4）内圆磨装置

内圆磨装置用于支承磨内孔的砂轮主轴部件,由单独的电动机驱动。

（5）砂轮架

砂轮架用于支承并传动高速旋转的砂轮主轴。砂轮架装在滑鞍上,当需磨削短圆锥时,砂轮架可在±30°内调整位置。

（6）尾座

尾座和头架的前顶尖一起支承工件。

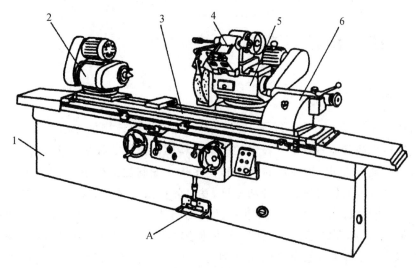

图 4-73　M1432A 型万能外圆磨床

1—床身;2—头架;3—工作台;4—内圆磨装置;5—砂轮架;6—尾架

A—脚踏操纵板卧轴矩台

2. 机床的运动与传动

图 4-74 所示是机床几种典型的加工方法。其中图 4-74(a)、(d)与(b)是采用纵磨法磨削外圆柱面和内、外圆锥面的。这时机床需要三个表面成形运动:砂轮的旋转运动 n、工件

纵向进给运动 f_a 以及工件的圆周进给运动 n_w。图 4-74(c)所示是切入法磨削短圆锥面,这时只有砂轮的旋转运动和工件的圆周进给运动。此外,机床还有两个辅助运动:砂轮横向快速进退和尾座套筒缩回,以便装卸工件。

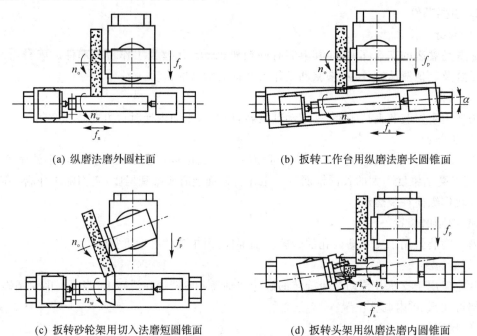

(a) 纵磨法磨外圆柱面   (b) 扳转工作台用纵磨法磨长圆锥面

(c) 扳转砂轮架用切入法磨短圆锥面   (d) 扳转头架用纵磨法磨内圆锥面

图 4-74   万能外圆磨床加工示意图

4.6   数控机床与加工中心

4.6.1   数控机床

数控机床是一种以数字量作为指令信息形式,通过电子计算机控制的机床。数控机床的运动用伺服电机或其他各种电子控制的执行机构驱动。在数控机床上加工工件时,首先按照加工零件图纸的要求,用规定的代码和程序格式编制加工程序,输送给计算机数控装置。数控装置对输入的信息进行处理和运算,发出各种指令来控制机床各坐标的伺服系统和机床的各个功能执行元件,驱动机床相应的运动部件(如刀架、工作台等),并控制其他动作(如变速、换刀、开停冷却液泵等),使机床按照给定的程序,自动地加工出符合图样要求的工件。数控机床加工零件的过程如图 4-75 所示。计算机数控装置是数控机床的中枢,从零件图到加工出工件需经过信息的输入、信息的处理、信息的输出和对机床的控制等几个主要环节,由计算机进行合理的组织,使整个系统有条不紊地工作。

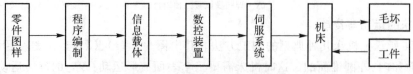

图 4-75   数控机床加工零件过程

一般数控机床按功能分类和通用机床一样,有数控车、铣、钻、镗、磨等类机床。其中每类又有很多品种,例如数控铣床中就有立铣、卧铣、工具铣、龙门铣等。

4.6.2　加工中心

在机械零件中,箱体类零件占相当大的比例,例如变速箱、气缸体、气缸盖等。这类零件往往重量较大、形状复杂、加工工序多。如果能在一台机床上,一次装卡自动地完成大部分工序,对于提高生产率、加工质量和自动化程度将有很大的意义。箱体类零件的加工工序,主要是铣端面和钻孔、攻螺纹、镗孔等孔加工。因此,这类机床集中了钻床、铣床和镗床的功能,有下列特点。

(1) 工序集中:集中了铣削和不同直径的孔加工工序。

(2) 自动换刀:按预定加工程序,自动地把各种刀具换到主轴上去,把用过的刀具换下来,为此,机床配备有自动刀库、换刀机械手等。

(3) 精度高:各孔的中心距全靠各坐标的定位精度保证,不用钻、镗模,有的机床还有自动转位工作台,用来保证各面各孔间的角度,镗孔时,还可先镗一个壁上的孔,然后工作台转180°,再镗对面壁上的孔(称为"掉头镗"),两孔要保证达到一定的同轴度。

这种机床称为镗铣加工中心,镗铣加工中心有立式(竖直主轴)的和卧式(水平主轴)的两种。

钻削加工中心主要进行钻孔,也可进行小面积的端铣。机床多为小型、立式。工件不太复杂,所用的刀具不多,故常用转塔来代替刀库。转塔常为圆形,径向有多根主轴,内装各种刀具,使用时依次转位。

复合加工中心的主轴头可绕 45°轴自动回转。主轴可转成水平,也可转成竖直。当主轴为水平,配合转位工作台,可进行四个侧面和侧面上孔的加工;主轴转为竖直,可加工顶面及顶面上的孔,故也称为"五面加工复合加工中心"。

继镗铣加工中心之后,又研制出了车削加工中心来加工轴类零件。除车削工序外,还集中了铣(如铣扁、铣六角、铣槽等)、钻(钻横向孔等)等工序。

由于加工生产的需要,目前还研制出现了其他多种类型的加工中心。

思考题与习题

4-1　说明车床的工艺范围。CA6140 车床由哪几大部分组成?

4-2　举例说明何谓外联系传动链,何谓内联系传动链,其本质区别是什么。

4-3　计算在 CA6140 型卧式车床主轴正转、反转时的最高转速与最低转速。

4-4　在 CA6140 型卧式车床上车削下列螺纹:

　　a) 米制螺纹 $P=3mm;P=8mm,K=2;P=48mm$;

　　b) 英制螺纹 $a=4\frac{1}{2}$牙/英寸;

　　c) 模数螺纹 $m=4mm,K=2$。

　　写出其传动路线表达式,并说明车削这些螺纹时,可采用的主轴转速范围及其理由。

4-5　分析 CA6140 型卧式车床的传动系统:

　　a) 证明 $f_{纵}=f_{横}$;

b）当主轴转速分别为 40、160 以及 400r/min 时，能否实现螺距扩大 4 及 16 倍？为什么？

c）为什么用丝杠和光杠分别担任切削螺纹和车削进给运动？如果只用其中的一个，既切削螺纹又传动进给，将会有什么问题？

d）说明 M_3、M_4 和 M_5 的功用。是否可取消其中之一？

e）为什么在主轴箱中有两个换向机构？能否取消其中一个？溜板箱内的换向机构又有什么用处？

f）溜板箱内为什么要设置互锁机构？

4-6 车刀有哪几种形式？可转位车刀有何特点？

4-7 试述铣削加工的工艺特点？

4-8 什么是逆铣？什么是顺铣？试分析其工艺特征。

4-9 试述铣床的工艺范围、种类及其适用的范围。

4-10 齿轮加工有哪两种方法？各有什么特点？

4-11 滚齿机上滚切直齿圆柱齿轮时有哪几条传动链？滚切斜齿圆柱齿轮时为何要增加一条附加运动传动链？

4-12 对比滚齿机与插齿机的加工方法，说明它们各自的特点及主要应用范围。

4-13 剃齿、珩齿及磨齿各有何特点，各用于什么场合？

4-14 常用的孔加工刀具有哪些？分别适合哪些孔的加工？

4-15 拉削速度并不高，但为什么说拉削是一种高生产率的加工方法？

4-16 砂轮的特性取决于哪些因素？

4-17 磨床的工艺范围有哪些？

4-18 外圆磨削方式有哪几种？内圆磨削有哪几种？平面磨削有哪几种？各有什么特点？

第5章 机械加工工艺规程制定

5.1 制定机床加工工艺规程的方法和步骤

5.1.1 工艺规程的作用与形式

1. 工艺规程的作用

机械加工工艺规程一般简称为工艺规程,它将制订好的零(部)件的机械加工工艺过程按表格形式制成的指令性技术文件。它是结合具体的生产条件,把最合理或较合理的工艺过程和操作方法用按规定的形式书写成工艺文件,经审批后用来指导生产。工艺规程中包括各个工序的排列顺序,加工尺寸、公差及技术要求,工艺设备及工艺措施,切削用量及工时定额等内容。

工艺规程是机械制造厂最主要的技术文件之一,是工厂规章条例的重要组成部分。其具体作用如下:

(1)它是指导生产的主要技术文件

工艺规程是合理的工艺过程的表格化,是在工艺理论和实践经验的基础上制订的。工人只有按照工艺规程进行生产,才能保证产品质量和较高的生产率以及较好的装配效果。

(2)它是组织和管理生产的基本依据

在产品投产前要根据工艺规程进行大量的生产准备工作,如安排原材料的供应、通用工装设备的准备、专用工装设备的设计与制造、生产计划的编排、经济核算等工作。生产中对工人业务的考核也是以工艺规程为主要依据的。

(3)它是新建和扩建机械制造厂的基本资料

新建或扩建机械制造厂或车间时,要根据工艺规程来确定所需要的机床设备的品种和数量、机床的布置、厂房面积,以及生产工人的工种和数量。

总之,零件的机械加工工艺规程是每个机械制造厂或加工车间必不可少的技术文件。生产前用它做生产的准备,生产中用它做生产的指挥,生产后用它做生产的检验。

2. 工艺规程的形式

把工艺过程的各项内容用表格的形式固定下来,这种表格就是工艺规程。其格式工厂可根据具体情况自行确定。常见的有以下几种卡片。

（1）机械加工工艺过程卡

过程卡主要列出了零件加工所经过的步骤（包括毛坯制造、机械加工、热处理等），一般不用于直接指导工人操作，而多作为生产管理方面使用。但是，在单件小批生产时，通常用这种卡片指导生产，这时应编制得详细些。工艺过程卡的格式如表 5-1 所示。

表 5-1　机械加工工艺过程卡片

（工厂名）	机械加工工艺过程卡片	产品名称及型号		零件名称			零件图号			
		材料	名　称	毛坯	种　类		零件质量（kg）	毛重		第　页
			牌　号		尺　寸			净重		共　页
			性　能	每料件数			每台件数		每批件数	
工序号	工 序 内 容			加工车间	设备名称及编号	工艺装备名称及编号			技术等级	时间定额（min）	
						夹具	刀具	量具		单件	准备—终结
更改内容											
编制		抄写		校对		审核			批准		

（2）机械加工工艺卡

工艺卡是以工序为单位，详细说明零件工艺过程的工艺文件，它用来指导工人操作和帮助管理人员及技术人员掌握零件加工过程，广泛用于批量生产的零件和小批生产的重要零件。工艺卡的格式和内容如表 5-2 所示。

表 5-2　机械加工工艺卡片

（工厂名）	机械加工工艺卡片	产品名称及型号		零件名称			零件图号			
		材料	名　称	毛坯	种　类		零件质量（kg）	毛重		第　页
			牌　号		尺　寸			净重		共　页
			性　能	每料件数			每台件数		每批件数	
工序	安装	工步	工序内容	同时加工零件数	切 削 用 量				设备名称及编号	工艺装备名称及编号			技术等级	时间定额（min）	
					背吃刀量 mm	进给量 mm/r 或 mm/min	切削速度 r/min 或双行程数/min	切削速度 m/min		夹具	刀具	量具		单件	准备—终结

续表

更改内容					
编制		抄写		校对	
		审核		批准	

（3）机械加工工序卡

工序卡是用来具体指导生产的一种详细的工艺文件。它根据工艺卡以工序为单位制订，包括加工工序图和详细的工步内容，多用于大批大量生产。其格式和内容如表 5-3 所示。

表 5-3　机械加工工序卡片

（工厂名）	机械加工工序卡片	产品名称及型号		零件名称	零件图号	工序名称	工序号	第　页
								共　页
（画工序简图处）				车　间	工　段	材料名称	材料牌号	力学性能
				同时加工件　数	每料件数	技术等级	单件时间(min)	准备—终结时间(min)
				设备名称	设备编号	夹具名称	夹具编号	工作液
				更改内容				

工步号	工步内容	计算数据(mm)			走刀次数	切　削　用　量				工时定额(min)			刀具、量具及辅助工具			
		直径或长度	进给长度	单边余量		背吃刀量 mm	进给量 mm/r 或 mm/min	切削速度 r/min 或双行程数 /min	切削速度 m/min	基本时间	辅助时间	工作地服务时间	工步号	名称	规格	编号	数量
编制		抄写		校对			审核			批准						

5.1.2　工艺规程的设计原则与步骤

1. 机械加工工艺规程的设计原则

在编制机械加工工艺规程时，应遵循的原则主要有以下几条：

（1）所编制的工艺规程应能保证零件的加工质量和机器的装配质量，达到设计图纸规定的各项技术要求。

（2）在保证加工质量的基础上，应使工艺过程有较高的生产效率和较低的成本。

（3）应充分考虑和利用现有生产条件，尽可能做到平衡生产。

（4）注意减轻工人的劳动强度，保证安全生产。

(5)积极采用先进技术和工艺,力争减少材料和能源消耗,并应符合环境保护要求。

2. 机械加工工艺规程的设计步骤

(1)分析零件图和产品装配图

阅读零件图和产品装配图,以了解产品的用途、性能及工作条件,明确零件在产品中的位置、功用及其主要的技术要求。

(2)对零件图和产品装配图进行工艺审查

主要审查零件图上的视图、尺寸和技术要求是否完整、正确;分析各项技术要求制订的依据,找出其中的主要技术要求和关键技术问题,以便在设计工艺规程时采取措施予以保证;审查零件的结构工艺性。

(3)确定毛坯的种类及其制造方法

常用的机械零件的毛坯有铸件、锻件、焊接件、型材、冲压件以及粉末冶金、成型轧制件等。零件的毛坯种类有的已在图纸上明确,如焊接件。有的随着零件材料的选定而确定,如选用铸铁、铸钢、青铜、铸铝等,此时毛坯必为铸件,且除了形状简单的小尺寸零件选用铸造型材外,均选用单件造型铸件。对于材料为结构钢的零件,除了重要零件如曲轴、连杆明确是锻件外,大多数只规定了材料及其热处理要求,这就需要工艺规程设计人员根据零件的作用、尺寸和结构形状来确定毛坯种类。如作用一般的阶梯轴,若各阶梯的直径差较小,则可直接以圆棒料作毛坯;重要的轴或直径差大的阶梯轴,为了减少材料消耗和切削加工量,则宜采用锻件毛坯。常用毛坯的特点及适用范围如表5-4所示。

表 5-4 各类毛坯的特点及适用范围

毛坯种类	制造精度	加工余量	原 材 料	工件尺寸	工件形状	机械性能	适用生产类型
型 材		大	各种材料	小 型	简 单	较好	各种类型
型材焊接件		一般	钢 材	大、中型	较复杂	有内应力	单 件
砂型铸造	13级以下	大	铸铁、铸钢、青铜	各种尺寸	复 杂	差	单件小批
自由锻造	13级以下	大	钢材为主	各种尺寸	较简单	好	单件小批
普通模锻	11～15	一般	钢、锻铝、铜等	中、小型	一般	好	中批、大批量
钢模铸造	10～12	较小	铸铝为主	中、小型	较复杂	较好	中批、大批量
精密锻造	8～11	较小	钢材、锻铝等	小 型	较复杂	较好	大批量
压力铸造	8～11	小	铸铁、铸钢、青铜	中、小型	复杂	较好	中批、大批量
熔模铸造	7～10	很小	铸铁、铸钢、青铜	小型为主	复杂	较好	中批、大批量
冲压件	8～10	小	钢	各种尺寸	复杂	好	大批量
粉末冶金件	7～9	很小	铁基、铜基、铝基材料	中、小尺寸	较复杂	一般	中批、大批量
工程塑料件	9～11	较小	工程塑料	中、小尺寸	复杂	一般	中批、大批量

(4)拟定工艺路线

这是机械加工工艺规程设计的核心部分,其主要内容有选择定位基准,确定加工方法,安排加工顺序以及安排热处理、检验和其他工序等。

(5)确定各工序所需的机床和工艺装备

工艺装备包括夹具、刀具、量具、辅具等。机床和工艺装备的选择应在满足零件加工工艺的需要和可靠地保证零件加工质量的前提下,与生产批量和生产节拍相适应,并应优先考虑采用标准化的工艺装备和充分利用现有条件,以降低生产准备费用。对必须改装或重新设计的专用机床、专用或成组工艺装备,应在进行经济性分析和论证的基础上提出设计任务书。

(6)确定各工序的加工余量,计算工序尺寸和公差

(7)确定切削用量和工时定额

(8)确定各主要工序的技术检验要求及检验方法

(9)工艺方案的技术经济分析

对所制定的工艺方案应进行技术经济分析,并应对多种工艺方案进行比较,或采用优化方法,以确定出最优工艺方案。

(10)填写工艺文件

5.2　定位基准的选择

拟订加工路线的第一步是选择定位基准。定位基准有精基准和粗基准两类,用毛坯上未经加工过的表面作定位基准,这种定位基准称为粗基准;用加工过的表面作定位基准,这种定位基准称为精基准。定位基准的选择合理与否,将直接影响所制订的零件加工工艺规程的质量。基准选择不当,往往会增加工序,或使工艺路线不合理,或使夹具设计困难,甚至达不到零件的加工精度(特别是位置精度)要求。

选择定位基准时,是从保证工件加工精度要求出发的,因此,定位基准的选择应先选择精基准,再选择粗基准。

5.2.1　精基准选择原则

选择精基准时,主要应考虑保证加工精度和安装方便可靠,其选择原则如下:

1. 基准重合原则

应尽量选择加工表面的设计基准作为精基准,即为基准重合原则。这样可避免由于基准不重合而产生的定位误差。在对加工面位置尺寸和位置关系有决定性影响的工序中,特别是当位置公差要求较严时,一般不应违反这一原则,否则,将由于存在基准不重合误差,而增大加工难度。

2. 统一基准原则

应采用同一组基准定位加工零件上尽可能多的表面,这就是基准统一原则。这样减少了基准转换,避免了因基准转换而产生误差,便于保证各加工表面的相互位置精度。例如,加工轴类零件时,一般都采用两个顶尖孔作为统一的精基准来加工轴类零件上的所有外圆表面和端面,这样就可以保证各外圆表面间的同轴度和端面对轴心线的垂直度。另外,可以简化工艺规程的制订工作,减少夹具设计、制造工作量和成本,缩短生产准备周期。

在实际生产中,经常使用的统一基准形式有:

(1)轴类零件常使用两个顶尖孔作统一精基准;

(2)箱体类零件常使用一面两孔(一个较大的平面和两个距离较远的销孔)作统一精基准;

(3)盘套类零件常使用止口面作统一精基准;

(4)套类零件用一长孔和一止推面作统一精基准。

3. 互为基准原则

当对工件上两个相互位置精度要求很高的表面进行加工时,需要用两个表面互相作为

基准,反复进行加工,以保证位置精度要求,这就是"互为基准"的原则。例如要保证精密齿轮的齿圈跳动精度,在齿面淬硬后,先以齿面定位磨内孔,再以内孔定位磨齿面,从而保证位置精度。

4. 自为基准原则

对一些精度要求很高的表面,在精密加工时,为了保证加工精度,要求加工余量小而且均匀,这时可以已经精加工过的表面自身作为定位基准,这就是自为基准的原则。

图 5-1 所示的是一个在导轨磨床上磨床身导轨表面的加工示意图,被加工工件(床身)1通过楔铁 2 支承在工作台 4 上,纵向移动工作台时,轻压在被加工导轨面上的百分表指针便给出了被加工导轨面相对于机床导轨的不平行度读数,根据百分表读数,操作工人调整工件 1 底部的 4 个楔铁 2,直至机床工作台带动工件纵向移动时百分表指针基本不动为止,然后将工件 1 夹紧在工作台上进行磨削。这是一个以被加工表面自身为基准的加工实例。

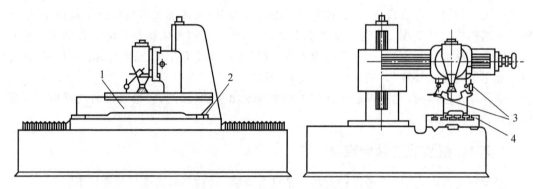

图 5-1　在导轨磨床上磨床身导轨面
1—工件(床身);2—楔铁;3—百分表;4—机床工作台

5. 便于装夹原则

所选择的精基准,尤其是主要定位面,应有足够大的面积和精度,以保证定位准确、可靠。同时还应使夹紧机构简单、操作方便。

上述五项选择精基准的原则,不可能同时满足,应根据实际条件取舍。

5.2.2　粗基准选择原则

工件加工的第一道工序要用粗基准,粗基准选择正确与否不仅与第一道工序的加工有关,而且还将对工件加工的全过程产生重大影响。粗基准选择一般应遵循以下原则:

1. 保证相互位置要求原则

如果首先要求保证工件上加工面与不加工面的相互位置要求,则应以不加工面作为粗基准。图 5-2 所示为套筒法兰零件,表面 1 为不加工表面,为保证镗孔后零件的壁厚均匀,应选表面 1 作粗基准镗孔、车外圆、车端面。当零件上有几个不加工表面时,应选择与加工面相对位置精度要求较高的不加工表面作粗基准。

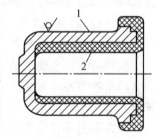

图 5-2　零件加工实例
1—不加工表面;2—加工表面

2. 余量均匀分配原则

如果首先要求保证工件某重要表面加工余量均匀时,应选择该表面的毛坯面作为粗基准。再如车床床身加工,导轨面是床身的重要表面,不但精度要求高,而且要求材料的金相组织均匀和较高的耐磨性。由于在铸造床身时,导轨面是倒扣在砂箱的最底部浇铸成形状的,导轨面材料质地致密,砂眼、气孔相对较少,因此,要求在加工床身时,导轨面的实际切除量要尽可能地小而均匀,故应选导轨面作粗基准加工机床床身底面(见图 5-3(a)),然后再以加工过的床身底面作精基准加工导轨面(见图 5-3(b)),这样,就可以保证从导轨面上去除的加工余量小而均匀。

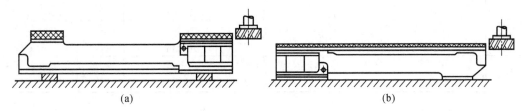

图 5-3　床身加工粗基准选择

3. 便于工件装夹原则

要求选用的粗基准面尽可能平整、光洁,且有足够大的尺寸,不允许有锻造飞边、铸造浇、冒口或其他缺陷,也不宜选用铸造分型面作粗基准。

4. 粗基准一般不得重复使用原则

因为粗基准本身是毛坯表面,精度和粗糙度均较差,如果在两次装夹中重复使用同一粗基准,就会造成两次加工出的表面之间出现较大的位置误差,所以一般不得重复使用。

5.3　工艺路线的制定

5.3.1　经济加工精度

1. 经济加工精度定义

机器零件的结构形状虽然多种多样,但它们都是由一些最基本的几何表面(外圆、孔、平面等)组成的,机器零件的加工就是获得这些几何表面的过程。同一种表面可以选用各种不同的方法,任何一种加工方法,可以获得的精度和表面粗糙度值均有一个较大的范围,例如精细地操作,选择低的切削用量,可获得的精度较高。但是,又会降低生产率,提高成本。反之,如增加切削用量提高了生产率,虽然成本降低了,但精度也较低,所以,只有在一定的精度范围内才是经济的。经济加工精度和表面粗糙度指在正常的加工条件下(采用符合质量标准的设备和工艺装备、使用标准技术等级的工人、不延长加工时间),一种加工方法所能保证的加工精度。表 5-5、表 5-6、表 5-7 分别列出了外圆加工、孔加工、平面加工等的经济加工精度和表面粗糙度。

表 5-5 外圆加工中各种加工方法的加工经济精度和表面粗糙度

加工方法	加工情况	加工经济精度 IT	表面粗糙度 $R_a(\mu m)$	加工方法	加工情况	加工经济精度 IT	表面粗糙度 $R_a(\mu m)$
车	粗车	12~13	10~80	外磨	精磨	6~7	0.16~1.25
	半精车	10~11	2.5~10		精密磨(精修整砂轮)	5~6	0.08~0.32
	精车	7~8	1.25~55		镜面磨	5	0.008~0.08
	金刚石车(镜面车)	5~6	0.02~1.25	抛光			0.008~1.25
铣	粗铣	12~13	10~80	研磨	粗研	5~6	0.16~0.63
	半精铣	11~12	2.5~10		精研	5	0.04~0.32
	精铣	8~9	1.25~2.5		精密研	5	0.008~0.08
车槽	一次行程	11~12	10~20	超精加工	精	5	0.08~0.32
	二次行程	10~11	2.5~10		精密	5	0.01~0.16
外磨	粗磨	8~9	1.25~10	砂带磨	精磨	5~6	0.02~0.16
	半精磨	7~8	0.63~2.5		精密磨	5	0.01~0.04

表 5-6 孔加工中各种加工方法的加工经济精度和表面粗糙度

加工方法	加工情况	加工经济精度 IT	表面粗糙度 $R_a(\mu m)$	加工方法	加工情况	加工经济精度 IT	表面粗糙度 $R_a(\mu m)$
钻	$\varphi15mm$ 以下	11~13	5~80	镗	粗镗	12~13	5~20
	$\varphi15mm$ 以上	10~12	20~80		半精镗	10~11	2.5~10
扩	粗扩	12~13	5~20		精镗(浮动镗)	7~9	0.63~5
	一次扩孔(铸孔或冲孔)	11~13	10~40		金刚镗	5~7	0.16~1.25
	精扩	9~11	1.25~10	内磨	粗磨	9~11	1.25~10
铰	半精铰	8~9	1.25~10		半精磨	9~10	0.32~1.25
	精铰	6~7	0.32~2.5		精磨	7~8	0.08~0.63
	手铰	5	0.08~1.25		精密磨(精修整砂轮)	6~7	0.04~0.16
拉	粗拉	9~10	1.25~5	珩	粗珩	5~6	0.16~1.25
	一次拉孔(铸孔或冲孔)	10~11	0.32~2.5		精珩	5	0.04~0.32
	精拉	7~9	0.16~0.63	研磨	粗研	5~6	0.16~0.63
推	半精推	6~8	0.32~1.25		精研	5	0.04~0.32
	精推	6	0.08~0.32		精密研	5	0.008~0.08
				挤	滚珠、滚柱扩孔器，挤压头	6~8	0.01~1.25

注:加工非铁金属时,表面粗糙度取 R_a 小值。

表 5-7　平面加工中各种加工方法的加工经济精度和表面粗糙度

加工方法	加工情况	加工经济精度 IT	表面粗糙度 $R_a(\mu m)$	加工方法	加工情况		加工经济精度 IT	表面粗糙度 $R_a(\mu m)$
周铣	粗铣	11～13	5～20	平磨	粗磨		8～10	1.25～10
	半精铣	8～11	2.5～10		半精磨		8～9	0.63～2.5
	精铣	6～8	0.63～5		精磨		6～8	0.16～1.25
端铣	粗铣	11～13	5～20		精密磨		6	0.04～0.32
	半精铣	8～11	2.5～10	刮	$25\times25mm^2$ 内点数	8～10		0.63～1.25
	精铣	6～8	0.63～5			10～13		0.32～0.63
车	半精车	8～11	2.5～10			13～16		0.16～0.32
	精车	6～8	1.25～10			16～20		0.08～0.16
	细车(金刚石车)	6	0.02～1.25			20～25		0.04～0.08
刨	粗刨	11～13	5～20	研磨	粗研		6	0.16～0.63
	半精刨	8～11	2.5～10		精研		5	0.04～0.32
	精刨	6～8	0.63～5		精密研		5	0.008～0.08
	宽刀精刨	6	0.16～1.25	砂带磨	精磨		5～6	0.04～0.32
插			2.5～20		精密		5	0.01～0.04
拉	粗拉(铸造或冲压表面)	10～11	5～20	滚压			7～10	0.16～2.5
	精拉	6～9	0.32～2.5					

注:加工非铁金属时,表面粗糙度 R_a 取小值。

2. 加工精度与成本关系

任何一种加工方法的加工精度与加工成本之间有如图 5-4 所示关系。图中 δ 为加工误差,表示加工精度;C 表示加工成本。由图中曲线可知,两者关系的总趋势是加工成本随着加工误差的下降而上升,但在不同的误差范围内成本上升的比率不同。A 点左侧曲线,加工误差减少一点,加工成本会上升很多;加工误差减少到一定程度,投入的成本再多,加工误差的下降也微乎其微,这说明某种加工方法加工精度的提高是有极限的(见图中 δ_L)。在 B 点右侧,即使加工误差放大许多,成本下降却很少,这说明对于一种加工方法,成本的下降也是有极限的,即有最低成本(见图中 C_L)。只有在曲线的 AB 段,加工成本随加工误差的减少而上升的比率相对稳定。可见,只有当加工误差等于曲线 AB 段对应的误差值时,采用相应的加工方法加工才是经济的,该误差值所对应的精度即为该加工方法的经济精度。因此,加工经济精度是指一个精度范围而不是一个值。

3. 加工精度与年代的关系

各种加工方法的经济精度随年代增长和技术进步而不断提高,如图 5-5 所示。

5.3.2　加工方法的选择

选择表面加工方法时,一般先根据表面的精度和粗糙度要求选定最终加工方法,然后再确定精加工前准备工序的加工方法,即确定加工方案。由于获得同一精度和粗糙度的加工方法往往有几种,选择时应考虑生产率要求和经济效益,考虑工件的结构形状、尺寸大小、材料和热处理要求以及工厂的生产条件等。图 5-6、图 5-7、图 5-8 分别列出了外圆、内孔和平面的加工方案,可供选择时参考。

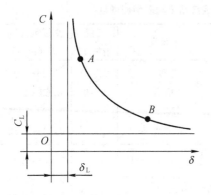

图 5-4　加工精度与加工成本的关系

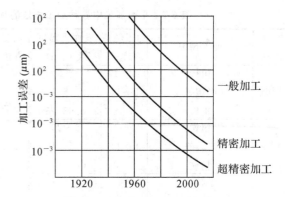

图 5-5　加工精度与年代的关系

机器零件的结构形状虽然多种多样,但它们都是由一些最基本的几何表面(外圆、孔、平面等)组成的,机器零件的加工过程实际就是获得这些几何表面的过程。同一种表面可以选用各种不同的加工方法加工,但每种加工方法的加工质量、加工时间和所花费的费用却是各不相同的。工艺人员的任务,就是根据具体的加工条件(生产类型、设备情况、工人的技术水平等)选用最经济、最合理的方法,保证加工出符合图纸要求的零件。

具有一定技术要求的加工表面,一般都不是只通过一次加工就能达到图样要求的,对于精密零件的主要表面,往往要通过多次加工才能逐步达到加工质量要求。在选择加工方法时,一般总是首先根据零件主要表面的技术要求和工厂具体条件,先选定该表面终加工工序加工方法,然后再逐一选定该表面各有关前导工序的加工方法。主要表面的加工方案和加工方法选定之后,再选定次要表面的加工方案和加工方法。

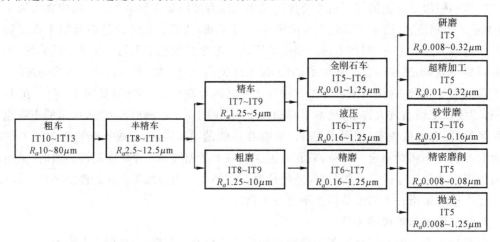

图 5-6　外圆表面加工方案

5.3.3　加工阶段的划分

1. 加工阶段的任务

为了保证零件的加工质量、生产效率和经济性,通常在安排工艺路线时,将其划分成几个阶段。对于一般精度零件,可划分成粗加工、半精加工和精加工三个阶段。对精度要求高和特别高的零件,还需安排精密加工(含光整加工)和超精密加工阶段。各阶段的主要任务是:

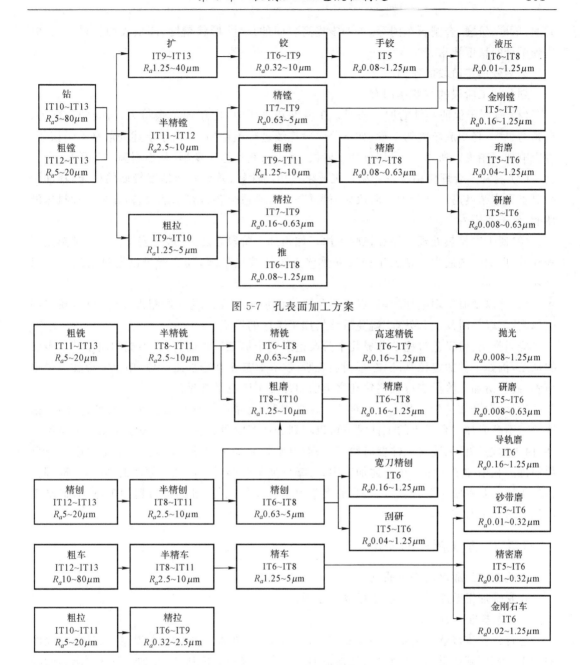

图 5-7　孔表面加工方案

图 5-8　平面加工方案

(1)粗加工阶段——主要去除各加工表面的大部分余量,并加工出精基准。

(2)半精加工阶段——减少粗加工阶段留下的误差,使加工面达到一定的精度,为精加工做好准备,并完成一些精度要求不高表面的加工。

(3)精加工阶段——主要是保证零件的尺寸、形状、位置精度及表面粗糙度,这是相当关键的加工阶段。大多数表面至此加工完毕,也为少数需要进行精密加工或光整加工的表面做好准备。

(4)精密和超精密加工阶段——精密和超精密加工采用一些高精度的加工方法,如精密磨削、珩磨、研磨、金刚石车削等,进一步提高表面的尺寸、形状精度,降低表面粗糙度,最终达到图纸的精度要求。

2. 划分加工阶段的作用

划分加工阶段的主要作用有:

(1) 有利于保证零件的加工质量。工件在粗加工时,由于加工余量大,所受的切削力、夹紧力也大,将引起较大的变形,如不分阶段连续进行粗精加工,由于上述变形来不及恢复,将影响加工精度。所以,需要划分加工阶段,逐步恢复和修正变形,从而提高加工质量。

(2) 有利于合理使用设备。粗加工要求采用刚性好、效率高而精度较低的机床,精加工则要求机床精度高。划分加工阶段后,可以分别安排适合各自要求的设备,充分发挥机床的性能,延长使用寿命。

(3) 便于安排热处理工序和检验工序。如粗加工阶段之后,一般要安排去应力的热处理和检验,以消除内应力。精加工前要安排淬火等最终热处理,其变形可以通过精加工予以消除。

(4) 可以及时发现毛坯缺陷,以及避免损伤已加工表面。毛坯经粗加工阶段后,缺陷即已暴露,可以及时发现和处理,避免后续精加工工序的浪费。

应当指出,将工艺过程划分成几个阶段是对整个加工过程而言的,不能拘泥于某一表面的加工,例如工件的定位基准,在半精加工阶段(有时甚至在粗加工阶段)中就需要加工得很精确;而在精加工阶段安排某些钻孔之类的粗加工工序也是常见的。

当然,划分加工阶段并不是绝对的。在高刚度、高精度机床设备上加工刚性好、加工精度要求不高或加工余量小的工件时就可以不划分加工阶段。有些精度要求不太高的重型零件,由于运输工件和装夹工件费时费工,一般也不划分加工阶段,而是在一个工序中完成全部粗加工和精加工工作。在上述加工中,为减少夹紧变形对工件加工精度的影响,一般都在粗加工后松开夹紧装置,然后用较小的夹紧力重新夹紧工件,继续进行精加工,这对提高工件加工精度是有利的。

5.3.4 加工顺序的安排

1. 机械加工顺序的安排原则

在安排加工顺序时一般应遵循以下原则:

(1) 先基准面后其他

应首先安排被选作精基准的表面加工,再以加工出的精基准为定位基准,安排其他表面的加工。该原则还有另一层意思,是指精加工前应先修一下精基准。例如,精度要求高的轴类零件,第一道加工工序就是以外圆面为粗基准加工两端面及顶尖孔,再以顶尖孔定位完成各表面的粗加工;精加工开始前首先要修整顶尖孔,以提高轴在精加工时的定位精度,然后再安排各外圆面的精加工。

(2) 先粗后精

零件表面加工一般都需要分阶段进行,先安排各表面粗加工,其次安排半精加工,最后安排主要表面的精加工和光整加工。

(3) 先主后次

主要表面一般指零件上的设计基准面和重要工作面。这些表面是决定零件质量的主要因素,对其进行加工是工艺过程的主要内容,因而在确定加工顺序时,要首先考虑加工主要表面的工序安排,以保证主要表面的加工精度。在安排好主要表面加工顺序后,常常从加工的方便与经济角度出发,安排次要表面的加工。此外,次要表面和主要表面之间往往有相互位置要求,常常要求在主要表面加工后,以主要表面定位进行加工。

(4) 先面后孔

这主要是指箱体和支架类零件的加工而言。一般这类零件上既有平面,又有孔或孔系,这时应先将平面(通常是装配基准)加工出来,再以平面为基准加工孔或孔系。此外,在毛坯面上钻孔或镗孔,容易使钻头引偏或打刀。此时也应先加工面,再加工孔,以避免上述情况的发生。

2. 热处理和表面处理工序的安排

(1)为改善材料切削性能而进行的热处理工序(如退火、正火等),应安排在切削加工之前进行。

(2)为消除内应力而进行的热处理工序(如退火、人工时效等),最好安排在粗加工之后、精加工之前进行;有时也可安排在切削加工之前进行。

(3)为改善工件材料的力学物理性质而进行的热处理工序(如调质、淬火等),通常安排在粗加工后、精加工前进行。其中渗碳淬火一般安排在切削加工后、磨削加工前进行。而表面淬火和渗氮等变形小的热处理工序,允许安排在精加工后进行。

(4)为了提高零件表面耐磨性或耐蚀性而进行的热处理工序以及以装饰为目的的热处理工序或表面处理工序(如镀铬、镀锌、氧化、煮黑等)一般放在工艺过程的最后。

3. 其他工序的安排

为了保证零件制造质量,防止产生废品,需在以下场合安排常规检验工序:

(1)重要工序的加工前后;

(2)不同加工阶段的前后,如粗加工结束、精加工前;精加工后、精密加工前等;

(3)工件从一个车间转到另一个车间前后;

(4)零件的全部加工结束以后。

另外,对于某些零件还要安排探伤、密封、称重、平衡等检验工序。

零件表层或内腔的毛刺对机器装配质量影响很大,在切削加工以后,应安排去毛刺工序。

零件在装配之前,一般都应安排清洗工序。工件内孔、箱体内腔易存留切屑;研磨、珩磨等光整加工工序之后,微小磨粒易附着工件表面上,要注意清洗。

在用磁力夹紧的工序之后,要安排去磁工序,不能让带有剩磁的工件进入装配线。

5.3.5 工序的集中与分散

确定加工方法之后,就要按零件加工的生产类型和工厂(车间)具体条件确定工艺过程的工序数。确定零件加工过程工序数有两种不同的原则:一种是工序集中原则;另一种是工序分散原则。按工序集中原则组织工艺过程,就是使每个工序所包含的加工内容尽量多些;最大限度的工序集中,就是在一个工序内完成工件所有表面的加工。按工序分散原则组织工艺过程,就是使每个工序所包含的加工内容尽量少些;最大限度的工序分散,就是使每个工序只包含一个简单工步。

工序集中具有以下特点：

（1）在一次安装中可加工出多个表面，不但减少了安装次数，而且易于保证这些表面之间的位置精度；

（2）有利于采用高效的专用机床和工艺装备；

（3）所用机器设备的数量少，生产线的占地面积小，使用的工人也少，易于管理；

（4）机床结构通常较为复杂，调整和维修比较困难。

工序分散具有以下特点：

（1）使用的设备较为简单，易于调整和维护；

（2）有利于选择合理的切削用量；

（3）使用的设备数量多，占地面积较大，使用的工人数量也多。

工序设计时究竟是采取工序分散还是工序集中，应根据生产纲领、零件的技术要求、产品的市场前景以及现场的生产条件等因素综合考虑后决定。

传统的流水线、自动线生产，多采用工序分散的组织形式（个别工序亦有相对集中的情况，例如箱体类零件采用组合机床加工孔系），对于大批量生产而言，这种组织形式可以获得高的生产效率和低的生产成本，缺点是柔性差、转换困难。对于多品种、中小批量生产，为便于转换和管理，多采用工序集中方式。数控加工中心采用的便是典型的工序集中方式。由于市场需求的多变性，对生产过程的柔性要求越来越高，工序集中将越来越成为生产的主流方式。

5.4 加工余量、工序尺寸及其公差的确定

5.4.1 加工余量的概念

1.加工总余量和工序余量

用去除材料方法制造机器零件时，一般都要从毛坯上切除一层层材料之后，最后才能制得符合图样规定要求的零件。毛坯上留作加工用的材料层，称为加工余量。加工余量有总余量和工序余量之分。某一表面毛坯尺寸与零件设计尺寸的差值就是加工总余量，用 Z_0 表示。上工序与本工序基本尺寸的差值为本工序的余量 Z_i。总余量 Z_0 与工序余量 Z_i 的关系可用下式表示：

$$Z_0 = \sum_{i=1}^{n} Z_i \tag{5-1}$$

式中：n——某一表面所经历的加工工序数。

工序余量有单边余量和双边余量之分。对于非对称表面（见图 5-9(a)），其加工余量用单边余量 Z_b 表示，即

$$Z_b = l_a - l_b \tag{5-2}$$

式中：Z_b——本工序的工序余量；

l_b——本工序的基本尺寸；

l_a——上工序的基本尺寸。

对于外圆与内圆这样的对称表面，其加工余量用双边余量 $2Z_b$ 表示。对于外圆表面（见

图 5-9(b)），双边余量由下式计算为

$$2Z_b = d_a - d_b \qquad (5\text{-}3)$$

对于内圆表面（见图 5-9(c)），双边余量由下面计算式表示

$$2Z_b = D_b - D_a \qquad (5\text{-}4)$$

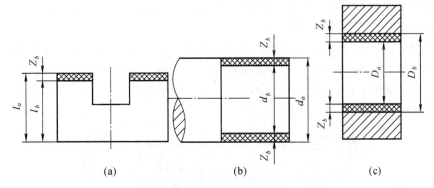

图 5-9　单边余量和双边余量

2. 基本余量、最大余量、最小余量、余量公差

由于工序尺寸有偏差，各工序实际切除的余量值是变化的，故工序余量作为尺寸也有基本尺寸（基本余量）、最大余量 Z_{max}、最小余量 Z_{min} 和余量公差。如图 5-10 所示为被包容面加工情况，本工序加工的基本余量为

$$Z_b = l_a - l_b \qquad (5\text{-}5)$$

余量公差（即余量变动量）为

$$T_z = Z_{max} - Z_{min} = T_b + T_a \qquad (5\text{-}6)$$

式中：T_b——本工序的工序尺寸公差；

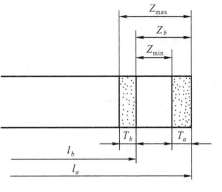

图 5-10　被包容面工序余量及其变动量

T_a——上工序的工序尺寸公差。

工序尺寸偏差一般按"入体原则"标注。对被包容尺寸（例如轴径），上偏差为 0，其最大尺寸就是基本尺寸；对包容尺寸（例如孔径、槽宽），下偏差为 0，其最小尺寸就是基本尺寸。

3. 加工余量对机械加工的影响

正确规定加工余量的数值是十分重要的，加工余量规定得过大，不仅浪费材料而且耗费机时、刀具和电力，使加工成本升高；有时还不能保存零件最耐磨的表面层。如车床的导轨面，过大的余量会将导轨面耐磨的表面层切去。但加工余量也不能规定得过小，如果加工余量留得过小，则本工序的加工就不能完全切除上工序留在加工表面上的缺陷层，因而也就没有达到设置这道工序的目的。因此，合理确定加工余量的大小是制定工艺规程的重要任务之一。

5.4.2　影响加工余量的因素

为了合理确定加工余量，必须深入了解影响加工余量的各项因素。影响加工余量的因素有以下四个方面：

（1）上工序留下的表面粗糙度值 R_z（表面轮廓的最大高度）和表面缺陷层深度 H_a

本工序必须把上工序留下的表面粗糙度和表面缺陷层全部切去，如果连上一道工序残

留在加工表面上的表面粗糙度和表面缺陷层都清除不干净,那就失去了设置本工序的本意。由此可知,本工序加工余量必须包括 R_z 和 H_a 这两项因素。

(2)上工序的尺寸公差 T_a

由于上工序加工表面存在尺寸误差,为了使本工序能全部切除上工序留下的表面粗糙度 R_z 和表面缺陷层 H_a,本工序加工余量必须包括 T_a 项。

(3)上工序留下的空间位置误差 e_a

工件上有一些形状误差和位置误差是没有包括在加工表面的工序尺寸公差范围之内的。(例如图 5-11 中轴类零件的轴心线弯曲误差 e_a 就没有包括轴径公差 T_a 中)。在确定加工余量时,必须考虑它们的影响,否则本工序加工将无法全部切除上工序留在加工表面上的表面粗糙度和缺陷层。

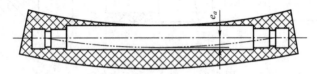

图 5-11　轴心线弯曲误差对加工余量的影响

(4)本工序的装夹误差 ε_b

如果本工序存在装夹误差 ε_b(包括定位误差、夹紧误差),则在确定本工序加工余量时还应考虑 ε_b 的影响。由于 ε_a 和 ε_b 都是向量,所以要用矢量相加的方法,取矢量和的模进行计算。

为保证本工序能切除上工序留在加工表面上的表面粗糙度和缺陷层,本工序应合理设置工序余量值 Z_b。

对于单边余量:$Z_b \geqslant T_a + R_z + H_a + |\varepsilon_a + \varepsilon_b|$　　　　　　　　　　(5-7)

对于双边余量:$2Z_b \geqslant T_a + 2(R_z + H_a) + 2|\varepsilon_a + \varepsilon_b|$　　　　　　(5-8)

5.4.3　加工余量的确定

确定加工余量有计算法、查表法和经验估计法等三种方法。

1.计算法

在掌握上述各影响因素具体数据的条件下,用计算法确定加工余量是比较科学的;可惜的是,目前所积累的统计资料尚不多,计算有困难,此法目前应用较少。

2.经验估计法

加工余量是由一些有经验的工程技术人员和工人根据经验确定的。由于主观上有怕出废品的思想,故所估加工余量一般都偏大,此法只用于单件小批生产。

3.查表法

此法以工厂生产实践和实验研究积累的数据为基础制定的各种表格为依据,再结合实际加工情况加以修正。用查表法确定加工余量,方法简便,比较接近实际,在生产上得到了广泛应用。

5.4.4　工序尺寸的确定

工件上的设计尺寸一般要经过几道工序的加工才能得到,每道工序所应保证的尺寸叫工序尺寸,它们是逐步向设计尺寸接近的,直到最后工序才保证设计尺寸。编制工艺规程的一个重要工作就是要确定每道工序的工序尺寸及公差。通常分工艺基准与设计基准重合和不重合两种情况分别进行计算。

1. 基准重合时工序尺寸及公差的确定

当工序基准、定位基准或测量基准与设计基准重合时,表面多次加工的计算是比较容易的,例如轴、孔和某些平面的加工,计算时只需考虑各工序的加工余量和所能达到的精度。其计算顺序是由最后一道工序开始向前推算,计算步骤为:

(1) 确定各工序加工余量;

(2) 从最终加工工序开始,即从设计尺寸开始,逐次加上(对于被包容面)或减去(对于包容面)每道工序的加工余量,可分别得到各工序的基本尺寸;

(3) 除最终加工工序取设计尺寸公差外,其余各工序按各自采用的加工方法所对应的加工经济精度确定工序尺寸公差;

(4) 除最终加工工序按图纸标注公差外,其余各工序按“入体原则”标注工序尺寸公差;

(5) 一般毛坯余量(即总余量)已事先确定,故第 1 道加工工序的由毛坯余量(总余量)减去后续各半精加工和精加工的工序余量之和而求得。

例 5-1　某机床主轴箱体的主轴孔设计尺寸要求为 $\varphi100^{+0.035}_{0}\,\mathrm{mm}$,粗糙度为 $R_a0.8\,\mu\mathrm{m}$,若采用加方法为:粗镗—半精镗—精镗—浮动镗刀块镗。试确定各加工工序的加工余量、工序尺寸及其公差。

解　按机械加工手册所给数据,并按上述方法确定的工序尺寸及公差如表 5-8 所示。

表 5-8　主轴孔工序尺寸及公差的确定

工序名称	工序加工余量	工序基本尺寸	加工经济精度(IT)	工序尺寸及公差	表面粗糙度(μm)
浮动镗刀块镗	0.1	100	7	$\varphi100^{+0.035}_{0}$	$R_a0.8$
精镗	0.5	(100-0.1=)99.9	8	$\varphi99.9^{+0.054}_{0}$	$R_a1.6$
半精镗	2.4	(99.9-0.5=)99.4	10	$\varphi99.9^{+0.14}_{0}$	$R_a3.2$
粗镗	8-(0.1+0.5+2.4)=5	(99.4-2.4=)97	12	$\varphi97^{+0.35}_{0}$	$R_a6.3$
毛坯孔	8	(97-5=)92	$+1$ -2	$\varphi92^{+1}_{-2}$	——

2. 基准不重合时工序尺寸及公差的确定

当零件加工多次转换工艺基准,引起测量基准、定位基准或工序基准与设计基准不重合时,需要利用工艺尺寸链原理来进行工序尺寸及其公差的计算,具体内容见本章第 5 节。

5.5　工艺尺寸链

零件图上所标注的尺寸公差是零件加工最终所要求达到的尺寸要求,工艺过程中许多中间工序的尺寸公差,必须在设计工艺规程中予以确定。工序尺寸及其公差一般都是通过解算工艺尺寸链确定的。

5.5.1　直线尺寸链的基本计算公式

1.基本概念

(1)尺寸链的定义和组成

在工件加工和机器装配过程中,由相互连接的尺寸形成的封闭尺寸组,称为尺寸链。图5-12所示是工艺尺寸链的一个示例。工件上尺寸 A_1 已加工好,现以底面 A 定位,用调整法加工台阶面 B,直接保证尺寸 A_2。显然,尺寸 A_1 和 A_2 确定以后,在加工中未予直接保证的尺寸 A_0 也就随之确定了。在该加工过程中,A_1、A_2 和 A_0 三个尺寸构成了一个封闭尺寸组,即组成了一个尺寸链,如图5-12(b)所示。

组成尺寸链的每一个尺寸,称为尺寸链的环。各尺寸环按其形成的顺序和特点,可分为封闭环和组成环。凡在零件加工过程或机器装配过程中最终形成的环(或间接得到的环)称为封闭环。在图5-12(a)所示尺寸链中,A_0 是间接得到的尺寸,它就是图5-12(b)所示尺寸链的封闭环。尺寸链中凡属通过加工直接得到的尺寸称为组成环,图5-12(b)所示尺寸链中 A_1 与 A_2 都是通过加工直接得到的尺寸,A_1、A_2 都是组成环。组成环按其对封闭环影响又可分为增环和减环。凡该环变动(增大或减小)引起封闭环同向变动(增大或减小)的环,称为增环。反之,由于该环变动(增大或减小)引起封闭环反向变动(减小或增大)的环,称为减环。在图5-12(b)所示尺寸链中,A_1 是增环,A_2 是减环。

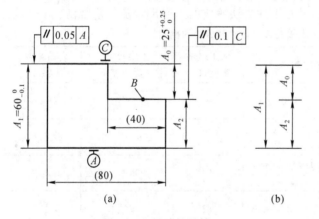

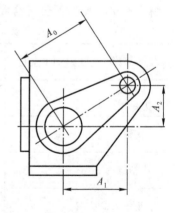

图5-12　尺寸链示例   图5-13　平面尺寸链

通过以上分析可以知道,工艺尺寸链的主要特征是封闭性和关联性。

封闭性——尺寸链中各个尺寸的排列呈封闭形式,不封闭就不成为尺寸链。

关联性——任何一个直接保证的尺寸及其精度的变化,必将影响间接保证的尺寸及其精度。

尺寸链图的画法:

1)首先根据工艺过程,找出间接保证的尺寸 A_0,作为封闭环;

2)从封闭环两端出发,按照工件表面间的尺寸联系,一次画出直接获得的尺寸 A_1、A_2,形成一封闭图形。

(2)尺寸链的分类

按各尺寸环的几何特征和所处的空间位置可分为直线尺寸链、平面尺寸链和空间尺寸链。

1)直线尺寸链

它的尺寸环都位于同一平面的若干平行线上,如图 5-12(b)所示的尺寸链。这种尺寸链在机械制造中用得最多,是尺寸链最基本的形式,也是本节要讨论的重点。

2)平面尺寸链

平面尺寸链由直线尺寸和角度尺寸组成,且各尺寸均处于同一个或几个相互平行的平面内。如图 5-13 所示,A_1、A_2 和 A_0 三个尺寸就组成了一个平面尺寸链。

3)空间尺寸链

组成环位于几个不平行平面内的尺寸链,称为空间尺寸链。空间尺寸链在空间机构运动分析和精度分析中,以及具有空间角度关系的零部件设计和加工中会遇到。

2. 尺寸链计算

在尺寸链计算时,有以下三种类型:

(1)正计算

已知各组成环尺寸,求封闭环尺寸,其计算的结果是唯一的。这种情况主要用于验证工序图上所注工序尺寸及其公差能否满足设计尺寸要求。

(2)反计算

已知封闭环求各组成环。这种情况实际上是将封闭环的公差值合理地分配给各组成环,主要用于产品设计和加工尺寸的确定等方面。

(3)中间计算

已知封闭环和部分组成环,求某一组成环。此法应用最广,广泛用于加工中基准不重合时工序尺寸的计算。

尺寸链计算有极值法和概率法两种,用极值法解尺寸链是按尺寸链各环均处于极值条件来分析计算封闭环尺寸与组成环尺寸之间关系的;用概率法解尺寸链是运用概率论理论来分析计算封闭环尺寸与组成环尺寸之间关系的。

由于最常见的是直线尺寸链,而且平面尺寸链和空间尺寸链都可以通过坐标投影方法转换为直线尺寸链求解,因此,本书主要介绍直线尺寸链的计算公式。

3. 极值法解尺寸链的基本计算公式

采用极值算法时,应考虑最不利的极端情况。例如,当尺寸链各增环均为最大极限尺寸 $A_{i\max}$(相应地为上偏差 ES_i),而各减环均为最小极限尺寸 $A_{i\min}$(相应地为下偏差 EI_i)时,封闭环有最大极限尺寸 $A_{0\max}$(相应地为上偏差 ES_0)。这种计算方法比较保守,但计算比较简单,因此应用较为广泛。用极值法计算尺寸链的计算公式主要有:

(1)封闭环的基本尺寸

封闭环的基本尺寸等于所有增环基本尺寸之和减去所有减环基本尺寸之和,即

$$A_0 = \sum_{i=1}^{m} \vec{A}_i - \sum_{i=m+1}^{n-1} \overleftarrow{A}_i \tag{5-9}$$

式中:m—— 增环的环数;

　　n—— 尺寸链的总环数。

(2)封闭环的极限尺寸

封闭环的最大极限尺寸等于所有增环的最大极限尺寸之和减去所有减环的最小极限尺

寸之和,即

$$A_{0\max} = \sum_{i=1}^{m} \vec{A}_{i\max} - \sum_{i=m+1}^{n-1} \overleftarrow{A}_{i\min} \qquad (5\text{-}10)$$

封闭环的最小极限尺寸等于所有增环的最小极限尺寸之和减去所有减环的最大极限尺寸之和,即

$$A_{0\min} = \sum_{i=1}^{m} \vec{A}_{i\min} - \sum_{i=m+1}^{n-1} \overleftarrow{A}_{i\max} \qquad (5\text{-}11)$$

(3) 封闭环的上、下偏差

封闭环的上偏差等于所有增环的上偏差之和减去所有减环的下偏差之和,即

$$ESA_0 = \sum_{i=1}^{m} ES\vec{A}_i - \sum_{i=m+1}^{n-1} EI\overleftarrow{A}_i \qquad (5\text{-}12)$$

封闭环的下偏差等于所有增环的下偏差之和减去所有减环的上偏差之和,即

$$EIA_0 = \sum_{i=1}^{m} EI\vec{A}_i - \sum_{i=m+1}^{n-1} ES\overleftarrow{A}_i \qquad (5\text{-}13)$$

(4) 封闭环的公差

封闭环的公差等于所有组成环公差之和,即

$$TA_0 = \sum_{i=1}^{m} T\vec{A}_i + \sum_{i=m+1}^{n-1} T\overleftarrow{A}_i = \sum_{i=1}^{n-1} TA_i \qquad (5\text{-}14)$$

(5) 封闭环平均尺寸

封闭环的平均尺寸等于所有增环的平均尺寸之和减去所有减环的平均尺寸之和,即

$$A_{0M} = \sum_{i=1}^{m} \vec{A}_{iM} - \sum_{i=m+1}^{n-1} \overleftarrow{A}_{iM} \qquad (5\text{-}15)$$

式中:$A_{iM} = \dfrac{A_{i\max} + A_{i\min}}{2}$。

(6) 封闭环的中间偏差

封闭环的中间偏差等于所有增环的中间偏差之和减去所有减环的中间偏差之和,即

$$\Delta_0 = \sum_{i=1}^{m} \vec{\Delta}_i - \sum_{i=m+1}^{n-1} \overleftarrow{\Delta}_i \qquad (5\text{-}16)$$

式中:Δ_i——第 i 个组成环的中间偏差,其值为 $\Delta_i = \dfrac{ES_i + EI_i}{2}$。

4. 概率法计算直线尺寸链基本计算公式

机械制造中的尺寸分布多数为正态分布,但也有非正态分布,其又有对称分布与不对称分布之分。

用概率法计算尺寸链的基本计算公式除可应用极值法解直线尺寸链的有些基本公式外,还有以下两个基本计算公式:

(1) 封闭环中间偏差

$$\Delta_0 = \sum_{i=1}^{m} (\vec{\Delta}_i + e_i \frac{T\vec{A}_i}{2}) - \sum_{i=m+1}^{n-1} (\overleftarrow{\Delta}_i + e_i \frac{T\overleftarrow{A}_i}{2}) \qquad (5\text{-}17)$$

(2) 封闭环公差

$$T_0 = \frac{1}{k_0} \sqrt{\sum_{i=1}^{n-1} k_i^2 (TA_i)^2} \qquad (5\text{-}18)$$

式中：e_i——第 i 个组成环尺寸分布曲线的不对称系数；

$e_i \dfrac{TA_i}{2}$——第 i 个组成环尺寸分布中心相对公差带的偏移量；

k_0——封闭环的相对分布系数；

k_i——第 i 个组成环的相对分布系数；

表 5-9 所示为常见尺寸分布曲线的 e 值与 k 值。

表 5-9　不同分布曲线的 e 值与 k 值

分布特征	正态分布	三角分布	均匀分布	瑞利分布	偏态分布	
					外尺寸	内尺寸
分布曲线	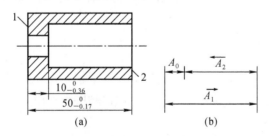					
e	0	0	0	-0.28	0.26	-0.26
k	1	1.22	1.73	1.14	1.17	1.17

5.5.2　直线尺寸链在工艺过程中的应用

1.定位基准(测量基准)与设计基准不重合时工序尺寸公差的计算

在零件加工中，当加工表面的定位基准或测量基准与设计基准不重合时，其工序尺寸要通过尺寸链换算来获得。

例 5-2　如图 5-14 所示的套筒零件，加工时，测量尺寸 $10_{-0.36}^{0}$ mm 较困难，而采用深度游标尺直接测量大孔的深度 A_2 则较为方便，于是设计尺寸 $10_{-0.36}^{0}$ mm 就成了被间接保证的封闭环，求加工孔深的工序尺寸 A_2 及偏差。

图 5-14　测量尺寸的换算

解　(1)画尺寸链图，如图 5-14(b)所示。

(2)根据题意，尺寸 $10_{-0.36}^{0}$ mm 为封闭环，尺寸 $50_{-0.17}^{0}$ mm 为增环，A_2 为减环。

(3)进行计算。

根据封闭环的基本尺寸公式得

$$A_0 = \vec{A_1} - \overleftarrow{A_2}$$

代入数据得：$10 = 50 - A_2$，所以

$$A_2 = 40 \text{mm}$$

根据封闭环的上偏差公式得

$$ESA_0 = E\overrightarrow{SA_1} - E\overleftarrow{IA_2}$$

代入数据得：$0 = 0 - EIA_2$，所以 $EIA_2 = 0$mm。

根据封闭环的下偏差公式得

$$EIA_0 = E\overrightarrow{IA_1} - E\overleftarrow{SA_2}$$

代入数据得：$-0.36 = -0.17 - ESA_2$，所以 $ESA_2 = 0.19$mm。

最后得：$A_2 = 40^{+0.19}_{0}$。

（4）验算封闭环尺寸的公差

$T_0 = 0.36$，$T_1 + T_2 = 0.17 + 0.19 = 0.36$（mm），所以 $T_0 = T_1 + T_2$，说明计算正确。

若加工后有一工件的实际尺寸为 $A_{2实} = 39.83$mm，在按工序图检验时被判定为废品。但若此时另一组成环 A_1 恰好被加工到最小，即 $A_{1min} = (50 - 0.17)$mm $= 49.83$mm，则 A_0 的实际尺寸为

$$A_0 = A_{1min} - A_{2实} = 49.83 - 39.83 = 10 \text{（mm）}$$

说明 A_0 仍然合格。

同样，当尺寸 A_1 加工成 $A_{1max} = 50$mm，A_2 加工成 $A_{2实} = 40.36$mm（比 $A_{2max} = 40.19$mm 还大 0.17mm）时，A_0 的实际尺寸为

$$A_0 = A_{1max} - A_{2实} = 50 - 40.36 = 9.64 \text{（mm）}$$

这时的 A_0 也符合精度要求。

由上可见，实际加工中，如果零件经换算后的测量尺寸超差，只要其超差量小于或等于另一组成环的公差，则该零件就有可能是假废品。此时应对该零件复查，逐个测量并计算出零件被保证环的实际尺寸，从而来判断零件是否合格。

2. 中间工序尺寸及其偏差的计算

在工件的加工过程中，有些加工表面的测量基准或定位基准是尚待加工的表面，加工这些基面的同时要保证两个设计尺寸的精度要求，为此要进行工序尺寸计算。

例 5-3　一带有键槽的内孔要淬火及磨削，其设计尺寸如图 5-15(a) 所示，内孔及键槽的加工顺序是：

（1）镗内孔至中 $\varphi 39.6^{+0.1}_{0}$mm；

（2）插键槽至尺寸 A；

（3）淬火；

（4）磨内孔，同时保证内孔直径 $\varphi 40^{+0.05}_{0}$mm 和键槽深度 $43.6^{+0.34}_{0}$mm 两个设计尺寸的要求。

要求确定工序尺寸 A 及其公差（假定淬火后内孔没有胀缩）。

解　画出尺寸链简图，如图 5-15(b) 所示，尺寸 $43.6^{+0.34}_{0}$mm 是封闭环，尺寸 A，$20^{+0.025}_{0}$mm 是增环，尺寸 $19.8^{+0.05}_{0}$mm 是减环。

根据封闭环的基本尺寸公式得：$43.6 = A + 20 - 19.8$，所以 $A = 43.4$mm；

所以得：$A_1 = 43.1^{+0.1805}_{+0.031}$。

根据封闭环的上偏差公式得：$+0.34 = ESA + (+0.025) - 0$，所以 $ESA = 0.315$mm。

根据封闭环的下偏差公式得：$0 = EIA + 0 - (+0.05)$，所以 $EIA = 0.05$mm，

因此，$A = 43.4^{+0.315}_{+0.05}$mm 。

按入体原则标注尺寸，得工序尺寸为

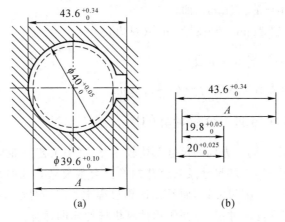

图 5-15　内孔及键槽的工序尺寸计算

$$A = 43.45^{+0.265}_{0}\,\text{mm}$$

3. 保证渗氮、渗碳层深度的工序尺寸计算

有些零件的表面需进行渗氮或渗碳处理,并且要求精加工后保持一定的渗层深度,为此,必须确定渗前加工的工序尺寸和热处理时的渗层深度。

例 5-4　如图 5-16 所示为一衬套零件,孔径为 $\varphi145^{+0.04}_{0}\,\text{mm}$ 的表面需要渗氮,要求渗氮层深度为 $0.3 \sim 0.5\text{mm}$(即单边为 $0.3^{+0.2}_{0}$,双边为 $0.6^{+0.4}_{0}\,\text{mm}$)。该表面的加工过程为:

(1) 磨内孔至 $\varphi144.76^{+0.04}_{0}\,\text{mm}$;

(2) 渗氮,深度为 $t\text{mm}$;

(3) 精磨内孔至 $\varphi145^{+0.04}_{0}$,并保证渗氮层深度为 $0.3 \sim 0.5\text{mm}$。

试求工艺渗氮层深度 t。

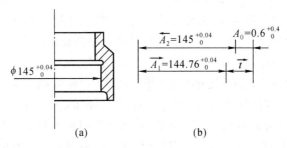

图 5-16　保证渗氮深度的尺寸计算

解　画出尺寸链简图,如图 5-16(b)所示,渗氮深度 $0.6^{+0.4}_{0}\,\text{mm}$ 是加工间接保证的设计尺寸,是封闭环,尺寸 A_1、A_2、t 是组成环。

根据封闭环的基本尺寸公式:$A_0 = \overrightarrow{A_1} + \overrightarrow{t} - \overleftarrow{A_2}$,得

$$0.6 = 144.76 + t - 145$$

所以 $t = 0.6 + 145 - 144.76 = 0.84(\text{mm})$

根据封闭环的上偏差公式:$ESA_0 = ES\overrightarrow{A_1} + ES\overrightarrow{t} - EI\overleftarrow{A_2}$,得

$$+0.4 = +0.04 + ES\overrightarrow{t} - 0$$

所以 $ES\overrightarrow{t} = 0.4 + 0 - 0.04 = 0.36(\text{mm})$

根据封闭环的下偏差公式:$EIA_0 = EI\overrightarrow{A_1} + EI\overrightarrow{t} - ES\overleftarrow{A_2}$,得

$$0 = 0 + EI\overrightarrow{t} - 0.04$$

所以 $EI\vec{t}=0+0.04-0=0.04(\text{mm})$，即

$$t=0.84^{+0.36}_{+0.04}\text{mm}=0.88^{+0.32}_{0}\text{mm}（双边）$$

$$\frac{t}{2}=0.44^{+0.16}_{0}\text{mm}（单边）$$

因此，渗氮工序的渗氮层深度为 $0.44\sim0.6\text{mm}$。

5.5.3　工序尺寸与加工余量计算的图表法

当零件的加工工序和同一方向的尺寸都比较多，工序中工艺基准与设计基准又不重合，且需多次转换工艺基准时，工序尺寸及其公差的换算会很复杂。此时尺寸链的各环有时不易分清，难以方便地建立工艺尺寸链，而且在计算过程中容易出错。如果采用图表跟踪法，就可以直观、简便地建立起尺寸链，且便于用计算机进行辅助计算。

下面以某轴套端面加工时轴向工序尺寸及公差为例，对图表跟踪法作具体的介绍。

例 5-5　加工图 5-17 所示套筒零件，其轴向有关表面的加工工序安排为：

（1）轴向以 A 面定位，粗车 D 面，然后以 D 面为测量基准粗车 B 面，保证工序尺寸 A_1 和 A_2；

（2）轴向以 D 面定位，粗车 A 面，保证工序尺寸 A_3，然后以 A 面作测量基准镗 C 面，保证工序尺寸 A_4；

（3）轴向以 D 面定位磨 A 面，保证工序尺寸 A_5。

要求确定工序尺寸 A_1、A_2、A_3、A_4 和 A_5 及其公差。

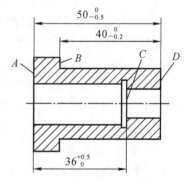

图 5-17　套筒零件简图

解　（1）图表的绘制

其格式如图 5-18 所示。绘制步骤如下：

1）在图表上方画出工件简图，标出有关设计尺寸，从有关表面向下引出表面线；

2）按加工顺序，在图表左例自上而下地填写各工序的加工内容；

3）用查表法或经验比较法将所确定的工序基本余量填入表中；

4）为计算方便，将有关的设计尺寸改写为平均尺寸和对称偏差的形式在图表的下方标出；

5）按图 5-18 所规定的符号，标出定位基面、工序基准、加工表面、工序尺寸、结果尺寸及加工余量。加工余量画在待加工表面竖线的"体外"一侧，与确定工序尺寸无关的粗加工余量可标可不标，同一工序内的所有工序尺寸按加工时或尺寸调整时的先后次序列出。

（2）列出工艺尺寸链

一般来说，设计尺寸和除靠火花磨削余量外的工序余量是工艺尺寸链的封闭环，而工序尺寸则是组成环。组成环的查找方法是：从封闭环的两端，沿相应表面线同时向上（或向下）追踪，当遇到尺寸箭头时，说明此表面是由该工序加工而得的，从而可判定该工序尺寸即为一组成环。此时，应沿箭头拐入追踪至工序基准，然后再沿该工序基准的相应表面线按上述方法继续向上（或向下）追踪，直到两条追踪线汇合封闭为止。图 5-18 所示的虚线就是以结果尺寸 A_0 为封闭环向上追踪所找到的一个工艺尺寸链。同时，可分别列出以各个结果尺寸和加工余量为封闭环的尺寸链，如图 5-19 所示。

（3）工序尺寸及其公差的计算

由图 5-19 可以看出，尺寸 A_3、A_4 和 A_5 是公共环，需要先通过图(b)和(c)求出 A_3 和

A_4，然后再解图(a)尺寸链。由图 15-18 知 $A_5=49.75\text{mm}$ 和 $A_0=36.25\text{mm}$ 是设计尺寸。

1）确定各工序的基本尺寸 A_3、A_4

$$A_3=A_5+Z_5=49.75+0.2=49.95(\text{mm})$$
$$A_4=A_0+Z_5=36.25+0.2=36.45(\text{mm})$$

2）确定各工序尺寸的公差

将封闭环 A_0 的公差 TA_4 按等公差的原则，并考虑加工方法的经济精度及加工的难易程度分配给工序尺寸 A_3、A_4、A_5，即

$$TA_3=\pm0.10\text{mm},TA_4=\pm0.10\text{mm},TA_5=\pm0.05\text{mm}$$

所以得：$A_3=49.95\pm0.10\text{mm},A_4=36.45\pm0.10\text{mm},A_5=49.75\pm0.05\text{mm}$ 。

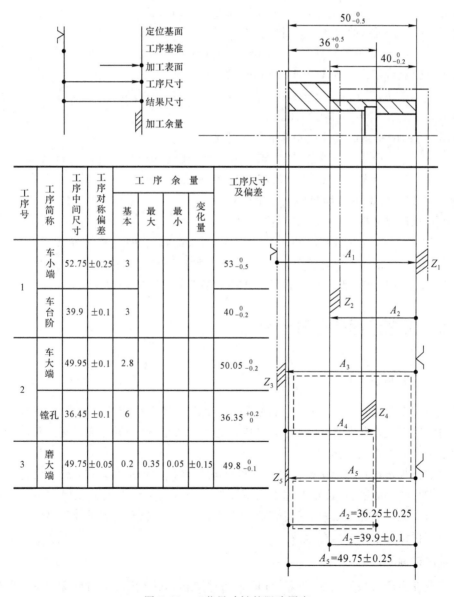

工序号	工序简称	工序中间尺寸	工序对称偏差	工 序 余 量				工序尺寸及偏差
				基本	最大	最小	变化量	
1	车小端	52.75	±0.25	3				$53_{-0.5}^{0}$
	车台阶	39.9	±0.1	3				$40_{-0.2}^{0}$
2	车大端	49.95	±0.1	2.8				$50.05_{-0.2}^{0}$
	镗孔	36.45	±0.1	6				$36.35_{0}^{+0.2}$
3	磨大端	49.75	±0.05	0.2	0.35	0.05	±0.15	$49.8_{-0.1}^{0}$

图 5-18 工艺尺寸链的跟踪图表

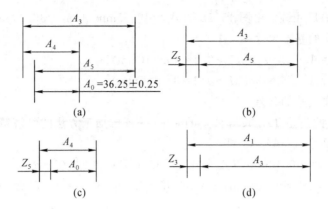

图 5-19　用跟踪法列出的尺寸链

解图 5-19(d)所示的尺寸链,由图可知

$$A_1 = A_3 + Z_3 = 49.95 + 2.8 = 52.75 (mm)$$

按粗车的经济精度取 $TA_1 = \pm 0.25mm$,则

$$A_1 = 52.75 \pm 0.25mm$$

由图 5-18 知,$A_2 = 39.9 \pm 0.10mm$

按图 5-19(b)所列的尺寸链验算磨削余量为

$$Z_{5max} = A_{3max} - A_{5min} = 50.05 - 49.7 = 0.35 (mm)$$
$$Z_{5min} = A_{3min} - A_{5max} = 49.85 - 49.8 = 0.05 (mm)$$

所以,$Z_5 = 0.05 \sim 0.35mm$,满足磨削余量要求。

3)将各工序尺寸按"入体原则"标注

$A_1 = 53_{-0.5}^{0}mm$, $A_2 = 40_{-0.2}^{0}mm$, $A_3 = 50.05_{-0.2}^{0}mm$, $A_4 = 36.35_{0}^{+0.2}mm$,

$A_5 = 49.8_{-0.1}^{0}mm$(由于公差分配的变化,不可按原图样尺寸标注)。

最后,将上述计算过程的有关数据及计算结果填入跟踪图表中。

5.6　工艺过程的经济分析

5.6.1　时间定额

所谓时间定额是指在一定生产条件下规定生产一件产品或完成一道工序所消耗的时间。时间定额是安排作业计划、进行成本核算的重要依据,也是设计或扩建工厂(或车间)时计算设备和工人数量的依据。

时间定额规定得过紧会影响生产工人的劳动积极性和创造性,并容易诱发忽视产品质量的倾向;时间定额规定得过松就起不到指导生产和促进生产发展的积极作用。合理制订时间定额对保证产品加工质量、提高劳动生产率、降低生产成本具有重要意义。

时间定额由以下几个部分组成:

1. 基本时间 t_j

直接改变生产对象的尺寸、形状、性能和相对位置关系所消耗的时间称为基本时间。对切削加工、磨削加工而言,基本时间就是去除加工余量所花费的时间,其计算式为

$$t_j = \frac{l + l_1 + l_2}{nf} i \tag{5-19}$$

式中：i——$i = \dfrac{Z}{\alpha_p}$，其中 Z 为加工余量（mm），α_p 为背吃刀量（mm）；

$\quad\quad n$——机床主轴转速（r/min），$n = 1000v/\pi D$，其中 v 为切削速度（m/min），D 为加工直径（mm）；

$\quad\quad f$——进给量（mm/r）；

$\quad\quad l$——加工长度（mm）；

$\quad\quad l_1$——刀具切入长度（mm）；

$\quad\quad l_2$——刀具切出长度（mm）。

2. 辅助时间 t_f

为了实现基本工艺工作而做的各种辅助动作所消耗的时间，称为辅助时间。例如装卸工件、开停机床、改变切削用量、测量加工尺寸、引进或退回刀具等动作所花费的时间。

确定辅助时间的方法与零件生产类型有关。在大批大量生产中，为使辅助时间规定得合理，须将辅助动作进行分解，然后通过实测或查表求得各分解动作时间，再累积相加；在中小批生产中，一般用基本时间的百分比进行估算。

基本时间与辅助时间的总和称为作业时间。

3. 布置工作地时间 t_b

为了使加工正常进行，工人为照管工作地（例如更换刀具、润滑机床、清理切屑、收拾工具等）所消耗的时间，称为布置工作地时间，又称为工作地服务时间。一般按作业时间的 $2\% \sim 7\%$ 估算。

4. 休息和生理需要时间 t_x

工人在工作班内为恢复体力和满足生理需要所消耗的时间，称为休息和生理需要时间；一般按作业时间的 2% 估算。

单件时间 t_d 是以上四部分时间的总和，即

$$t_d = t_j + t_f + t_b + t_x \tag{5-20}$$

5. 准备与终结时间 t_z

准备与终结时间指当加工一批工件的开始和终了时所做的准备工作和结束工作而耗费的时间。准备工作有熟悉工艺文件、领取毛坯材料、领取工艺装备、调整机床等；结束工作有拆卸和归还工艺装备、送交成品等。工人为生产一批工件进行准备和终结工件所消耗的时间，称为准备与终结时间。因该时间对一批零件（批量为 m）只消耗一次，故分摊到每个零件上的时间为 t_z/m。将这部分时间加到单件时间中，即为单件计算时间 t_{dj}，可表示为

$$t_{dj} = t_d + \frac{t_z}{m} \tag{5-21}$$

5.6.2　提高生产率的工艺途径

劳动生产率是以工人在单位时间内所生产的合格产品的数量来评定的。不断提高劳动生产率是降低成本、增加积累和扩大社会再生产的根本途径。提高劳动生产率是一个与产品设计、制

造工艺、组织管理等都有关的综合性任务,此处仅就提高生产率的工艺途径作一简要说明。

1. 缩减基本时间的工艺途径

由基本时间的计算公式可知,提高切削用量、缩减工作行程都可减少基本时间,现分述如下:

(1)提高切削用量

增大切削速度、进给量和背吃刀量都可缩减基本时间。但切削用量的提高受到刀具寿命和机床条件(动力、刚度、强度)的限制。但是,近年来由于切削用陶瓷和各种超硬刀具材料以及刀具表面涂层技术的迅猛发展,机床性能尤其是动态和热态性能的显著改善,从而使切削速度获得大幅度提高,目前硬质合金刀具的切削速度为 $100\sim300\text{m/min}$。聚晶人造金刚石和立方氮化硼刀具,其切削速度可达 $600\sim1200\text{m/min}$。

磨削加工发展的趋势是高速磨削和强力磨削,目前采用的磨削速度已达 60m/s。国外已有磨削速度为 90m/s 的磨床出现。采用缓进给强力磨削,背吃刀量可达 $6\sim12\text{mm}$,可用磨削来代替铣削或刨削进行粗加工。

(2)缩减工作行程长度

采用多刀加工可成倍缩减工作行程长度。图 5-20 所示为多刀车削加工的实例,图 5-21 所示是用组合铣刀铣车床床身导轨面的实例。

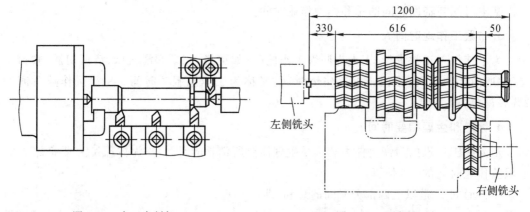

图 5-20　多刀车削加工　　　　　　　图 5-21　组合铣刀加工

(3)多件加工

多件加工有平行加工、顺序加工和平行顺序加工三种不同方式。平行多件加工是一次走刀可同时加工几个平行排列的工件,如图 5-22(a)所示,其基本时间与加工一个工件的基本时间相同。图 5-22(b)是顺序多件加工的实例,可减少每个工件的切入切出时间。平行顺序加工为上述两种方法的综合,如图 5-22(c)所示。

2. 缩减辅助时间的工艺途径

辅助时间在单件时间中占有较大比重,采取措施缩减辅助时间是提高生产率的重要途径;尤其是在大幅度提高切削用量之后,基本时间显著减少,辅助时间所占比重相对较大的情况下,更显得重要。缩减辅助时间有两种不同途径,一是直接缩减辅助时间;二是设法将辅助时间与基本时间重合。

(1)直接缩减辅助时间

在大批量生产中采用机械联动、气动、波动、电磁、多件等高效夹具,中、小批生产采用组

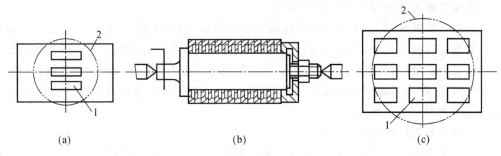

图 5-22　多件加工

1—工件；2—铣刀

合夹具，都可使辅助时间大为缩短。如果采用成组加工工艺，那么中、小批生产也可采用高效的成组夹具。

采用主动检测装置可以减少加工中的测量时间。目前，各类机床普遍配备数字显示装置，它以光栅、感应同步器为检测元件，可将加工过程中工件尺寸变化的情况连续地显示出来，操作人员根据其显示的数据控制机床，从而节省了停机测量的辅助时间。

（2）将辅助时间与基本时间重合

采用转位夹具或交换托盘交替进行工作，使装卸工件的辅助时间与基本时间重合。

如图 5-23(a)所示的例子，在铣床上加工工件时使用转位夹具，在一个工件加工时，夹具的另一个位置可以装卸工件，切削完毕后，夹具转位，另一个工件可立即开始加工，大大缩短了切削加工间的辅助时间。图 5-23(b)所示为在铣床移动工作台上安装两个完全相同的夹具，当工作台一端夹具中的工件加工终了时，工作台以快速送进通过中间的空程，然后转换为工作送进，加工另一端夹具内的工件。此时在已加工完毕的工件上就可进行工件的装卸。另外在铣床上还可采用连续回转的工作台（或夹具装置），对工件进行连续加工，以便在切削时间内装卸工件，使辅助时间与基本时间得到重合，如图 5-23(c)所示。

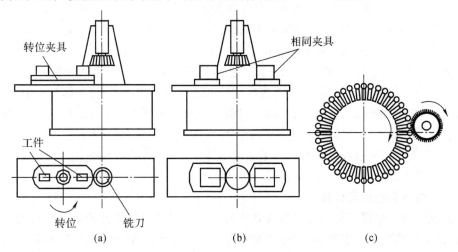

图 5-23　辅助时间与基本时间重叠的方法

（3）辅助操作的自动化

利用机械化和自动化的装置来代替手工进行操作，不但可以减轻劳动强度，而且可以大大缩短辅助时间。例如使用自动上下料装置、自动机床加工等。

3. 缩减布置工作地时间的工艺途径

在布置工作地时间中，大部分时间消耗在更换刀具（包括小调整刀具）的工作上。缩减布置工作地时间的主要途径是减少换刀次数和缩短换刀时间。减少换刀次数就意味着要提高刀具或砂轮的寿命；而缩短换刀时间，则主要是通过改进刀具的安装方法和采用先进的对刀装置来实现，如采用各种快换刀夹、刀具微调装置、专用对刀样板和自动换刀装置等，以减少装卸刀具和对刀所花费的时间。

4. 缩减准备终结时间的工艺途径

缩减准备终结时间的主要途径是减少调整机床、刀具和夹具的时间，缩短数控编程时间和试调时间，具体措施如下：

（1）运用成组工艺原理，把结构形状、技术要求和工艺过程相类似的零件划归为一组，然后按组制订工艺规程，并为之设计或选用一套为该组零件共用的工艺装备，更换同组零件时，可不更换工艺装备，只需经少量调整即可投入生产。

（2）采用可换刀架或刀夹。在机外按加工要求将刀具预先调整好，更换加工对象时，只需将事先调整好的刀架或刀夹装到机床上去便可进行加工了。

（3）采用刀具微调和快调机构。在多刀加工中调整刀具特别费时，若在刀夹尾部装上微调机构（如差动螺丝等）就可显著减少调整时间。

（4）采用数控加工过程拟实技术。在更换加工对象前在机外采用仿真模拟办法，考证数控加工编程的正确性，如发现有干涉碰撞或加工尺寸不符合要求的情况，在机外进行修改，直至完全合格为止。

5.6.3　工艺方案的比较和技术经济分析

制订零件机械加工工艺规程时，在同样能满足被加工零件技术要求和同样能满足产品交货期的条件下，经技术分析一般都可以拟订出几种不同的工艺方案，有些工艺方案的生产准备周期短、生产效率高、产品上市快，但设备投资较大；另外一些工艺方案的设备投资较少，但生产效率偏低；不同的工艺方案有不同的经济效果。为了选取在给定生产条件下最为经济合理的工艺方案，必须对各种不同的工艺方案进行经济分析。

所谓经济分析就是通过比较各种不同工艺方案的生产成本，选出其中最为经济的加工方案。生产成本包括两部分费用，一部分费用与工艺过程直接有关，另一部分费用与工艺过程不直接有关（例如行政人员工资、厂房折旧费、照明费、采暖费等）。与工艺过程直接有关的费用称为工艺成本，工艺成本约占零件生产成本的 $70\%\sim75\%$。对工艺方案进行经济分析时，只要分析与工艺过程直接有关的工艺成本即可，因为在同一生产条件下与工艺过程不直接有关的费用，方案基本上是相同的。

1. 工艺成本的组成及计算

工艺成本由可变费用与不变费用两部分组成。可变费用与零件的年产量有关，它包括材料费（或毛坯费）、工人工资、通用机床和通用工艺装备维护折旧费。不变费用与零件年产量无关，它包括专用机床、专用工艺装备的维护折旧费以及与之有关的调整费等；因为专用机床、专用工艺装备是专为加工某一工件所用的，它不能用来加工其他工件；而专用设备的折旧年限却是一定的，因此专用机床、专用工艺装备的费用与零件的年产量无关。

零件加工全年工艺成本 S 与单件工艺成本 S_t 可按下式计算为

$$S = VN + C \tag{5-22}$$

$$S_t = V + \frac{C}{V} \tag{5-23}$$

式中：N——零件的年产量（件/年）；

　　　V——可变费用（元/件）；

　　　C——不变费用（元/年）。

图 5-24 和 5-25 分别给出了全年工艺成本 S 与单件工艺成本 S_t 与年产量 N 的关系。S 与 N 呈直线变化关系（见图 5-24），全年工艺成本的变化量 ΔS 与年产量的变化量 ΔN 呈正比关系。S_t 与 N 呈双曲线变化关系（见图 5-25），A 区相当于设备负荷很低的情况，此时若 N 略有变化，S_t 就变动很大；而在 B 区，情况就不同了，即使 N 变化很大，S_t 的变化也不大，不变费用 C 对 S_t 的影响很小，这相当于大批大量生产的情况。在数控加工和计算机辅助制造条件下，全年工艺成本 S 随零件年产量 N 的变化率与单件工艺成本 S_t 随零件年产量 N 的变化率都将减缓，尤其是年产量 N 取值较小时，此种趋势更为明显。

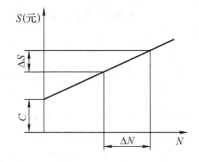

图 5-24　全年工艺成本 S 与年产量 N 的关系

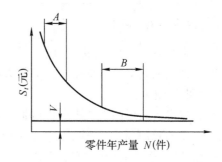

图 5-25　单件工艺成本 S_t 与年产量 N 的关系

2. 工艺方案的经济评比

对几种不同工艺方案进行经济评比时，有以下两种不同情况：

（1）当需评比的工艺方案均采用现有设备或其基本投资相近时，可用工艺成本评比其优劣。

1）两加工方案中少数工序不同、多数工序相同时，可通过计算少数不同工序的单件工序成本 S_{t1} 和 S_{t2} 进行评比，可表示为

$$S_{t1} = V_1 + \frac{C_1}{N} \tag{5-24}$$

$$S_{t2} = V_2 + \frac{C_2}{N} \tag{5-25}$$

当产量 N 为一定时，可根据式（5-24）或（5-25）直接计算出 S_{t1} 和 S_{t2}，若 S_{t1} 大于 S_{t2}，则第二方案为可选方案。若产量 N 为一变量时，可根据上式作出曲线进行比较，如图 5-26 所示。产量 N 小于临界产量 N_k 时，方案二为可选方案；产量 N 大于临界产量 N_k 时，方案一为可选方案。

2）两加工方案中多数工序不同、少数工序相同时，则以该零件加工全年工艺成本 S_1 和 S_2 进行比较，可表示为

$$S_1 = NV_1 + C_1 \tag{5-26}$$

$$S_2 = NV_2 + C_2 \tag{5-27}$$

当产量 N 为一定时,可根据式(5-26)和式(5-27)直接计算出 S_1 和 S_2,若 S_1 大于 S_2,则第二方案为可选方案。若产量 N 为一变量时,可根据式(5-26)和(5-27)作图进行比较,如图5-27所示。由图可知,产量 N 小于临界产量 N_k 时,第二方案的经济性好;产量 N 大于临界产量 N_k 时,第一方案的经济性好。当产量等于临界产量 N_k 时,$S_1 = S_2$,即有 $N_k V_1 + C_1 = N_k V_2 + C_2$,所以

$$N_k = \frac{C_2 - C_1}{V_1 - V_2} \tag{5-28}$$

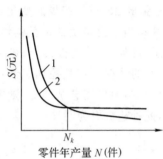

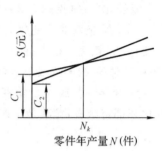

图 5-26　单件工艺成本比较　　　　　图 5-27　全年工艺成本比较

(2)两种工艺方案的基本投资差额较大时,则在考虑工艺成本的同时,还要考虑基本投资差额的回收期限。

例如,方案一采用高生产率而价格贵的先进专用设备,基本投资 K_1 大,工艺成本 S_1 稍高,但生产周期短,产品上市快;方案二采用了价格较低的一般设备,基本投资 K_2 小,工艺成本 S_2 稍低,但生产周期长、产品上市慢。这时如单纯比较其工艺成本是难以评定其经济性的,必须同时考虑不同加工方案的基本投资差额的回收期限 T,其值可通过下式计算:

$$T = \frac{K_1 - K_2}{(S_2 - S_1) + \Delta Q} = \frac{\Delta K}{\Delta S + \Delta Q} \tag{5-29}$$

式中:ΔK——基本投资差额(元);

ΔS——全年工艺成本节约额(元/年);

ΔQ——由于采用先进设备促使产品上市快,工厂从销售中取得的全年增收总额(元)。

投资回收期必须满足以下要求:

1)回收期限应小于专用设备或工艺装备的使用年限;

2)回收期限应小于该产品的市场寿命(年);

3)回收期限应小于国家所规定的标准回收期,采用专用工艺装备的标准回收期为 2~3 年,采用专用机床的标准回收期为 4~6 年。

在决定工艺方案的取舍时,我们强调一定要作经济分析,但算经济账不能只算投资账。如某一工艺方案虽然投资较大,工件的单件工艺成本也许相对较高,但若能使产品上市快,工厂可以从中取得较大的经济收益,那么从工厂整体经济效益分析,选取该工艺方案仍是可行的。

5.7　计算机辅助工艺过程设计

5.7.1　CAPP 的基本概念

工艺设计是机械制造生产过程中技术准备工作的一个重要内容,是产品设计与车间的实际生产的纽带,是经验性很强且随环境变化而多变的决策过程。当前,机械产品市场是多品种小批量生产起主导作用,传统的工艺设计方法远不能适应当前机械制造行业发展的要求。

随着机械制造生产技术的发展及多品种小批量生产的要求,特别是 CAD/CAM 系统向集成化、智能化方向发展,传统的工艺设计方法已远远不能满足要求,计算机辅助工艺过程设计(Computer Aided Process Design,CAPP)也就应运而生了。CAPP 是 20 世纪 60 年代随着计算机科学与技术的发展而兴起的一种工艺规程设计技术,CAPP 系统研究开发始终是以克服传统工艺设计缺点和推进工艺设计自动化为主要目标的。

CAPP 是通过向计算机输入被加工零件的几何信息(图形)和加工工艺信息(材料、热处理、批量等),由计算机自动输出零件的工艺路线和工序内容等工艺文件的过程。CAPP 属于工程分析与设计的范畴,是重要的生产准备工作之一。由于制造系统的出现,CAPP 向上与计算机辅助设计(Computer Aided Design,CAD)相接,向下与计算机辅助制造(Computer Aided Manufacturing,CAM)相连,是设计与制造之间的桥梁,设计信息只能通过工艺过程设计才能生成制造信息,设计只能通过工艺设计才能与制造实现信息和功能的集成。因此,只有实现工艺设计的自动化,才能真正实现 CAD/CAPP/CAM 的一体化。CAPP 发展的方向是 CAD/CAPP/CAM 的一体化和智能化,这是制造自动化技术发展的需要。

与传统工艺设计方法相比,CAPP 的优点是显而易见的,主要体现在以下几个方面:

(1)可以将工艺设计人员从繁琐和重复性的劳动中解放出来,使他们能够从事新产品及新工艺开发等创造性的工作;

(2)有利于工艺规程的合理化、标准化和最优化;

(3)有利于提高工艺规程的设计效率,大大缩短工艺设计周期,提高产品在市场上的竞争力;

(4)有利于 CAD/CAPP/CAM 的集成。

5.7.2　CAPP 的类型和工作原理

1. 派生式 CAPP 系统

(1) 派生式 CAPP 系统的工作原理

派生式 CAPP 系统是根据成组技术中相似性原理而设计的,如果零件的结构形状相似,则它们的工艺规程也将有相似性。它将各种零件分类归族,形成零件组;对于每一零件族,选择一个能包含该组中所有零件特征的零件为标准样件,对标准样件编制成熟的、经过考验的标准工艺规程,然后将该标准工艺规程存放在数据库中。当要为新零件设计工艺规程时,首先输入该零件的成组技术代码,系统自动判断零件所属的零件组,并检索出该零件族的标准工艺规程;然后根据零件的结构形状特点和尺寸及公差,利用系统提供的修改编辑功能,对标准工艺规程进行修改编辑,最后得到所需的工艺规程,派生一词由此得名。派生式 CAPP 系统又称检索式或变异式 CAPP 系统。

　　派生式 CAPP 系统具有结构简单,系统容易建立,便于维护和使用,系统性能可靠、成熟等优点,所以应用比较广泛。目前大多数实用型 CAPP 系统都属于这种类型。

　　派生式 CAPP 系统的工作流程如图 5-28 所示。

　　(2)成组技术

　　成组技术是一门生产技术科学和管理科学,它研究如何识别和开发生产过程中有关事物的相似性,并充分利用各种问题的相似性,将其归类集合成组,然后寻求解决这一组问题的相对统一的最优方案,以取得所期望的经济效果。

　　成组技术用于机械制造领域,就是利用零件的相似性,将其分类成组,并以这些零件组为基础组织生产,以实现多品种、中小批量生产的产品设计、制造工艺和生产管理的合理化。

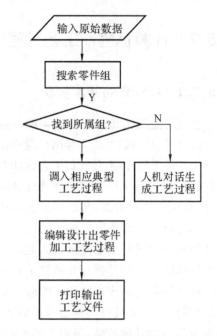

图 5-28　派生式 CAPP 系统的工作流程

　　1)零件组的划分

　　合理地划分零件组是实施成组技术的重要内容,也是实施成组技术取得经济效果的关键。对于不同的生产活动领域,划分零件组的概念不完全相同。在产品设计领域,应按零件结构相似特征划分零件组;在加工领域,应按零件工艺相似特征划分零件组;在生产管理领域,应根据零件工艺相似特征及零件投产时间特征划分零件组;对于机床调整,则应按零件的调整特征划分零件组。由于零件的工艺特征涉及面较广,且直接影响加工过程,所以就整个生产过程而言,通常按零件的工艺特征划分零件组。

　　目前,划分工艺相似零件组的方法主要有三种,分别是目视法、分类编码法和生产流程分析法。

　　①目视法

　　它完全凭工艺人员的个人经验,采用人工方法划分零件组。这种分组方法效率低,分组好坏取决于工艺人员个人的经验和水平,往往难以取得最优结果,目前已较少使用。

　　②分类编码法

　　它通过分类编码系统对零件的各设计特征或制造特征进行编码,然后利用所得编码确定零件的相似性,从而将零件分组。这是三种方法中最复杂、最常用、最有效的一种方法。

　　③生产流程分析法

　　它通过对零件现有加工工艺流程的分析,把具有相似或相同加工工序和加工工艺流程的零件作为一个零件族。

　　2)零件分类编码系统

　　零件的相似性是划分零件组的依据。为了便于分析零件的相似性,首先需对零件的相似特征进行描述和识别。目前,多采用编码方法对零件的相似特征进行描述和识别,而零件分类编码系统就是用字符(数字、字母或符号)对零件有关特征进行描述和识别的一套特定的规则和依据。

目前,世界上使用的分类编码系统不下百余种,较著名的有德国的 Opitz 系统、瑞士的 Sulzer 系统、荷兰的 Miclass 系统、日本的 KK 系统以及我国的 JLBM-1 系统等。

2. 创成式 CAPP 系统

(1)创成式 CAPP 系统的工作原理

与派生式 CAPP 系统不同,创成式 CAPP 系统中不存在标准工艺规程,但是有一个收集有大量工艺数据的数据库和一个存贮工艺专家知识的知识库。在输入零件的有关信息后,系统可以模仿工艺专家,应用各种工艺决策规则,在没有人工干预的条件下,从无到有、自动生成该零件的工艺规程。

创成式 CAPP 系统在原理上比较理想,就是让计算机模仿工艺人员的逻辑能力,自动进行各种决策,选择零件的加工方法,安排工艺路线,选择机床、刀具、夹具,计算切削参数和加工时间、加工成本,以及对工艺过程进行优化。人的任务仅在于监督计算机的工作,并在计算机决策过程中作一些简单问题的处理,对中间结果进行判断和评估等。创成式 CAPP 系统理论目前尚不完善,因此还未出现一个纯粹的创成式 CAPP 系统。

(2)创成式 CAPP 系统的工艺决策

研制 CAPP 系统是一件非常复杂的问题,它涉及选择、计算、规划、绘图、文件编辑以及数据库管理等工作。建立工艺决策逻辑是其核心的问题,在工艺决策中较为成熟的方法有决策表和决策树。

决策树和决策表是描述在规定条件下与结果相关联的方法,即用来表示“如果(条件)……那么(动作)……”的决策关系。在决策树中,条件被放在树的分支处,动作则放在各分支的节点上。在决策表中,条件被放在表的上部,动作则放在表的下部,如图 5-29 所示。

条件项目	条件状态
决策项目	决策条件

图 5-29 决策表结构

例如车削装夹方法选择,可能有以下的决策逻辑:

“如果工件的长径比<4,则采用卡盘”;

“如果工件的长径比≥4,且<16,则采用卡盘＋尾顶尖”;

“如果工件的长径比≥16,则采用顶尖＋跟刀架＋尾顶尖”。

它可以用决策表(图 5-30(a))或决策树(图 5-30(b))表示。在决策表中,T 表示条件为真,F 表示条件为假,空格表示决策不受此条件影响。只有当满足所列全部条件时,才采取该列动作。能用决策表表示的决策逻辑也能用决策树表示,反之亦然。而用决策表表示复杂的工程数据,或当满足多个条件而导致多个动作的场合更为合适。

同决策表相比,决策树有以下优点:

①决策树更容易建立和维护,可以直观、准确地表达复杂的逻辑关系;

②便于扩充和修改,适合于工艺规程设计;

③便于程序的实现,其结构与软件设计的流程图相似。

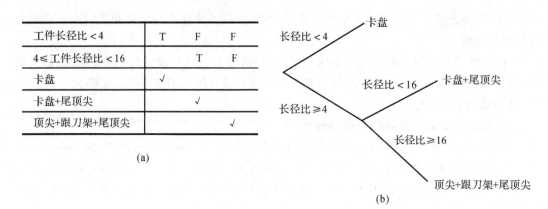

工件长径比<4	T	F	F
4≤工件长径比<16		T	F
卡盘	√		
卡盘+尾顶尖		√	
顶尖+跟刀架+尾顶尖			√

(a)

(b)

图 5-30   车削装夹方法的决策表和决策树

（3）创成式 CAPP 系统的设计过程

创成式 CAPP 系统的设计一般包括准备阶段和软件编程阶段，准备阶段包括详细的技术方案设计以及制造工程数据和知识的准备，软件编程阶段则包括程序系统结构的设计以及程序代码的设计。

1）准备阶段

准备阶段是基础性工作阶段，需要大量的调查研究和仔细的分析归纳，主要工作如下：

①明确开发系统的设计对象。要开发一个通用的、适应于所有类型零件的创成式 CAPP 系统是非常困难的，因此开始设计前应该清楚开发的 CAPP 系统是针对哪一种类型的零件。

②对本类零件进行工艺分析。

③搜集和整理各种加工方法的加工能力范围和经济加工精度等数据。这些数据在有关手册中可以查到。

④收集、整理和归纳各种工艺设计决策逻辑或决策法则。这是创成式 CAPP 系统确定零件加工过程的关键和核心。

2）软件设计阶段

就创成式 CAPP 系统工艺决策的软件设计而言，主要任务就是将准备阶段所搜集到的数据和决策逻辑用计算机语言来实现。

3. CAPP 专家系统

CAPP 专家系统是以计算机为工具，能够模仿工艺人员完成工艺规程的设计，使工艺设计的效率大大提高。但工艺设计知识和工艺决策方法没有固定的模式，不能用统一的数学模型来进行描述，设计水平的高低很大程度取决于工艺人员的实践经验，因此很难用传统的计算机程序来描述清楚。

人工智能技术（Artificial Intelligence, AI）的发展，为 CAPP 的进一步发展开辟了新的道路。将人工智能技术应用在 CAPP 系统中而形成 CAPP 专家系统。与创成型 CAPP 系统相比，虽然两者都可自动生成工艺规程，但创成型 CAPP 系统是以逻辑算法加决策表为特征；而专家 CAPP 系统是以推理加知识为特征。作为工艺设计专家系统的特征是知识库及推理机，其知识库由零件设计信息和表示工艺决策的规则集所组成；而推理机是根据当前的事实，通过激活知识库中的规则集而得到的工艺设计结果。专家系统中所具备的特征在专家 CAPP 系统中都应得到体现。

　　进入 20 世纪 80 年代后,以 AI 技术为基础的 CAPP 专家系统已成为世界制造业研究的主要课题之一。因为 CAPP 专家系统具有较大的灵活性以及处理不确定性和多义性的特长,因此克服了传统 CAPP 系统的缺点;另一方面,CAPP 专家系统还具有对话能力和学习能力,使计算机真正模拟工艺人员进行工艺设计。

　　CAPP 专家系统由零件信息输入模块、知识库、推理机三部分组成,其工作原理如图 5-31所示。其中知识库和推理机是相互独立的。

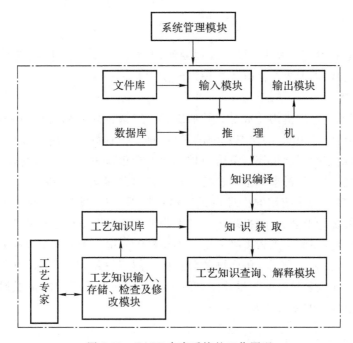

图 5-31　CAPP 专家系统的工作原理

　　如果要建立一个专家系统,那么首先需要研究的基本问题包括领域专业知识的获取、知识的表达方法及控制推理策略。

　　(1) 知识获取和知识库

　　领域专业知识获取的是从某些知识来源收集和总结解决问题所用的专门知识,并将其转换为适当的形式存入计算机。工艺知识库的知识应来自工艺人员的经验、设计手册和专业文献等。对工艺知识的获取是一个反复的过程,因为在制造系统中,生产条件是经常变化的,生产经验是不断发展的。因此,知识库的建立应独立于推理机之外,使知识库中的内容可以根据生产条件和生产经验的变化而灵活地加以修改。

　　(2) 知识表达方法

　　知识表达方法研究如何在计算机内部用合适的形式表示所获取的知识,并且这种表示还必须方便存储、检索、使用和修改。它是现在人工智能研究中的一个重要课题。

　　工艺过程设计应用的知识可分为两类:一类是陈述性知识(事实),包括零件的各种几何和工艺信息、加工方法和加工参数等信息;另一类是过程性知识(规则),如加工方法选择及排序规则、切削参数的选取规则等。这些知识可以用谓词逻辑、产生式规则、语义网络、框架等方法来表示。其中产生式规则较符合工艺过程设计的思维方式,并且简单、直观、易于理解和使用,也易于修改和补充,故在 CAPP 专家系统中得到了广泛应用。产生式规则的一

般表达形式是:

IF(条件 1)

AND(条件 2)

OR(条件 3)

……

THEN(结论 1)

(结论 2)

……

近年来,新的知识表达方法不断出现和发展,如面向对象的方法、各种模糊知识表示以及综合应用原有方法而形成的混合式知识表示模式等。

(3) 控制策略

专家系统是通过推理机构完成对问题的求解。所谓推理机构就是一组程序,它根据动态数据库的内容访问知识库,决定对规则的选取,推演出最好的解答。如何合理、有效地使用专家知识求解给定的问题是控制策略或推理机制应解决的问题。因此,控制策略的实质就是通过使用启发式信息对求解空间进行搜索,以限制和缩小搜索空间。

在 CAPP 专家系统中应用的推理模式有演绎推理、归纳推理,以及近年发展起来的各种不精确推理,如统计推理、加权推理等。其中归纳推理由于是从已知的产品最终要求出发进行匹配,容易实现,因此得到较多采用。在推理机中使用较多的控制策略有子目标法和空间划分匹配法。子目标法是把求解问题的总目标分解成一系列子目标,当所有的子目标问题都得到解决了,那么总目标问题也就得到解决了。空间划分匹配法是根据求解问题的特征,把一个大的求解空间划分为几个子空间。

5.7.3　CAPP 的关键技术

1. 图样信息的描述与人机交互式输入

(1)分类编码描述法(GT 法)与输入

分类编码描述法是开发最早,也是比较成熟的方法。此方法采用成组技术中的零件分类编码方法,对零件图上的信息、工艺方法以及机床设备都进行编码(GT 码),并将 GT 码输入计算机。这种 GT 码所表达的信息是计算机能够识别的。这种方法简单易行,用其开发一般的派生式 CAPP 系统较方便。但其缺点是无法完整地描述零件信息、效率低、易出错等。

(2)知识表示描述法

在人工智能(AI)领域,零件信息实际上就是一种知识或对象,所以原则上讲可用人工智能中的知识来描述零件信息甚至整个产品的信息。在实际应用中,这种方法应与特征技术相结合,而且知识的产生应是自动的或半自动的,即应能直接将 CAD 系统输出的基于特征的零件信息自动转化为知识的表达形式,这种知识表达方法才更有意义。

(3)基于形状特征或表面元素的描述与输入法

任何零件都由一个或若干个形状特征组成(如圆柱面、圆锥面、螺纹面、孔、凸台、槽等),例如光滑钻套由一个外圆柱面、一个内圆柱面、两个端面和四个倒角组成。该方法要求将组成零件的各个形状特征按一定顺序逐个输入到计算机,输入过程由计算机界面引导,并将这些信息按事先确定的数据结构进行组织,在计算机内部形成所谓的零件模型。

以上几种方法尽管各有优点,但都存在一个共同的缺点,即需要人工对零件图进行识别、分析和输入,输入过程费时费力、易出错。所以最理想的方法是 CAD 系统进行零件设计的过程就是 CAPP 零件信息输入的过程,从而避免零件信息的重复输入。

2. 从 CAD 系统直接输入零件信息

(1)特征识别法

特征识别法就是要对 CAD 的输出结果进行分析,按一定的算法识别、抽取出 CAPP 系统能识别的基于特征的工艺信息。但实践证明,这种方法仅适用于较简单零件的识别,对于复杂零件的自动识别则仍很困难。

(2)基于特征拼装的计算机绘图与零件信息的描述和输入方法

这种方法一般是对二维绘图系统而言的。这种 CAD 系统的绘图基本单元是参数化的几何形状特征,而不是点、线、面等几何要素。设计时,不是一条线一条线的绘制,而是一个特征一个特征的进行绘制,类似于积木拼装的原理,故称特征拼装。设计者在拼装各个特征的同时,即赋予各个形状特征的尺寸、公差、表面粗糙度等加工信息,其输出的信息也是以这些形状特征为基础来组织的,所以 CAPP 系统能够接收。这种方法的关键是要建立基于特征的、统一的 CAD/CAPP/CAM 零件信息模型。目前,这种方法已用于许多实用的 CAPP 系统中,被认为是一种比较有前途的方法。

(3)基于三维特征造型的零件信息描述与输入方法

这种方法与上述方法的思路基本相同,只是难度更大,但它是机械制造 CAD/CAPP/CAM 集成的一种趋势。

(4)基于产品数据交换规范的产品建模与信息输入方法

要想从根本上实现 CAD/CAPP/CAM 的集成,最理想的方法就是为产品建立一个完整的、语义一致的产品信息模型,既包括点、线、面等几何信息和其拓扑信息,又包含加工和管理方面的信息,以满足产品生命期各阶段(设计、加工、装配、测试、销售、管理等)对产品信息的不同需求和保证对产品信息理解的一致性,使得各应用领域(如 CAD、CAPP、CAM、CNC、MIS 等)可以直接从该模型提取所需信息。这个模型是用通用的数据结构规范来实现的,比如 ISO 的 STEP 产品数据交换标准、美国的 IGES 等。

思考题与习题

5-1　制订工艺规程需要哪些资料? 说明其具体步骤。

5-2　工艺规程的作用是什么?

5-3　毛坯的选择与机械加工有何关系? 试说明选择不同的毛坯种类以及毛坯精度对工件的加工工艺、加工质量及生产率有何影响。

5-4　选择精基准的原则是什么?

5-5　选择粗基准的原则是什么? 为什么在同一尺寸方向上粗基准通常只使用一次?

5-6　什么是基准统一原则? 试举例说明。

5-7　试选择图 5-32 所示三个零件的粗、精基准。其中图(a)是齿轮,$m=2$,$z=37$,毛坯为热轧棒料;图(b)是液压缸,毛坯为铸铁件;图(c)是飞轮,毛坯为铸件。均为批量生产。图中除了有不加工符号的表面外,均为加工表面。

5-8　试分析下列加工时的定位基准:

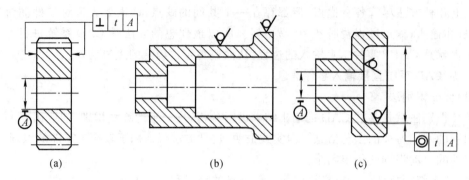

图 5-32　题 7 图

（1）浮动铰刀铰孔；（2）浮动镗刀精镗孔；（3）珩磨孔；（4）攻螺纹；（5）无心磨削外圆；（6）磨削床身导轨面；（7）超精加工主轴轴颈；（8）珩磨连杆大头孔；（9）箱体零件攻螺纹；（10）拉孔。

5-9　加工余量如何确定？影响工序间加工余量的因素有哪些？

5-10　加工阶段的划分有什么意义？各个加工阶段的主要任务是什么？

5-11　机械加工工序的安排一般考虑哪些原则？

5-12　工序集中和工序分散各有什么特点？目前的发展趋势是哪一种？

5-13　图 5-33(a) 所示为一轴套零件图，图 5-33(b) 为车削工序简图，图 5-33(c) 所示为钻孔工序三种不同定位方案的工序简图，均需保证图(a)所规定的位置尺寸 10 ± 0.1mm 的要求，试分别计算三种方案中工序尺寸 A_1、A_2 与 A_3 的尺寸及公差。为表达清晰起见，图(a)、(b)只标出了与计算工序尺寸 A_1、A_2 与 A_3 有关的轴向尺寸。

5-14　图 5-34 所示为齿轮轴截面图，要求保证轴径尺寸 $\varphi28^{+0.024}_{+0.008}\mu$m 和键槽深 $t=4^{+0.16}_{0}$mm。其工艺过程为：(1)车外圆至 $\varphi28.5^{0}_{-0.10}$mm；(2)铣键槽槽深至尺寸 H；(3)热处理；(4)磨外圆至尺寸 $\varphi28^{+0.024}_{0.008}$mm。试求工序尺寸 H 及其极限偏差。

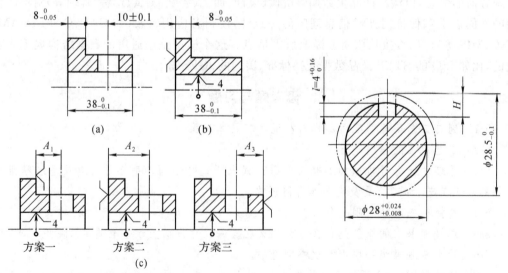

图 5-33　题 13 图　　　　　　　　图 5-34　题 14 图

5-15　如图 5-35 所示，零件若以 A 面定位，则用调整法铣平面 C、D 及槽 E。已知：$L_1=60\pm0.2$mm，$L_2=20\pm0.4$mm，$L_3=40\pm0.8$mm。试确定其工序尺寸及其偏差。

5-16　某小轴零件图上规定其外圆直径为 $\varphi32_{-0.05}^{0}$ mm，渗碳深度为 $0.5\sim0.8$ mm，其工艺过程为：车—渗碳—磨。已知渗碳时的工艺渗碳层深度为 $0.8\sim1.0$ mm。试计算渗碳前车削上序的直径尺寸及上下偏差。

5-17　什么是时间定额？缩短基本时间的措施有哪些？

5-18　成组技术的基本原理是什么？在实际生产中有何作用？

5-19　CAPP 的类型有几种？CAPP 有何意义？

5-20　什么是专家 CAPP 系统？专家 CAPP 系统由哪几部分组成？

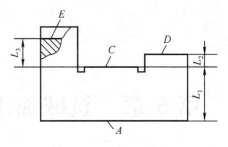

图 5-35　题 15 图

第6章 机械加工质量及质量控制

6.1 机械加工精度及表面质量的概念与意义

6.1.1 机械加工精度及表面质量的概念

机械加工质量主要是指机械加工精度和表面质量。精度的高低直接影响机器的使用性能和寿命。随着机器速度、负载的增高以及机器自动化的需要,对机器的性能要求不断提高,因此保证机器零件具有更高的精度显得尤为重要。另一方面,在生产实际中,经常遇到和需要解决的工艺问题,多数也是精度问题,因此深入了解和研究零件精度的各种规律,是机械制造工程学的一项重要任务。

机械加工精度是指零件在加工后,其形状、尺寸及各加工表面之间的相对位置,亦即它们的几何参数的实际值与理论值相符合的程度,符合的程度越高,加工精度越高,反之,符合程度越差,加工精度也越低。

零件工作图上规定的精度是设计精度,它是根据机器性能对其各相关表面在尺寸、形状和位置等方面提出的具有一定范围的精度要求。显然,精度包括尺寸精度、形状精度和相互位置精度等三个方面,而且它们之间有一定的联系,没有一定的形状精度,就谈不上尺寸精度和位置精度。例如,不圆的表面没有确定的直径;不平的表面不能测出准确的平行度或垂直度等。一般说来,形状精度应高于相应的尺寸精度,在大多数情况下,相互位置精度也应高于相应的尺寸精度。

生产实践表明,任何一种加工方法,不论多么精密都不可能将零件做得绝对准确。即使加工条件完全相同,制造出的零件精度也各不相同。从零件使用的角度来看,也没有必要把零件做得绝对准确,只要能够满足机器的使用性能就可以了。

表面质量是指零件几何方面的质量和材料性能方面的质量。它主要有以下两方面内容:

(1)几何方面的质量——指机械加工后最外层表面与周围环境间界面的几何形状误差。它分为宏观几何形状误差和微观几何形状误差。

(2)材料性能方面的质量——指机械加工后,零件一定深度表面层的物理力学性能等方面的质量与基体相比发生了变化,故称加工变质层。主要表现在以下几方面:

1)表面层加工硬化。机械加工过程中产生的塑性变形,使晶格扭曲、畸变,晶粒间产生滑移,晶粒被拉长等,这些都会使表面层金属硬度增加,通称为加工硬化(或冷作硬化)。加工硬化的评定指标通常有 3 项：

　　① 表面层金属硬度 HV；

　　② 硬化层深度 h；

　　③ 硬化程度 N：

$$N = \frac{HV - HV_0}{HV_0} \times 100\%$$

式中：HV_0——工件内部金属原来的硬度。

　　2）表面层金相组织变化。机械加工过程中由于切削热的作用，有可能表面层金属的金相组织发生变化。例如，磨削淬火钢时，磨削热的作用会引起淬火钢中马氏体的分解，或出现回火组织等。

　　3）表面层残余应力。由于切削力和切削热的综合作用，表面层金属晶格的变形或金相组织变化，会造成表面层残余应力。

6.1.2　加工误差的来源

　　在机械加工中，机床、夹具、刀具和工件构成一个完整的工艺系统。零件加工精度主要取决于工件和刀具在切削过程中相互位置的准确程度。由于多种因素的影响，由机床、夹具、刀具和工件构成的工艺系统中的各种误差，在不同的条件下，以不同的方式反映为加工误差。工艺系统的误差是"因"，是根源；加工误差是"果"，是表现。因此，把工艺系统的误差称之为原始误差。它可以照样、放大或缩小地反映给工件，使工件在加工后产生加工误差。工艺系统的原始误差大致可分为以下几个方面：

　　(1)加工前的误差(原理误差、调整误差、工艺系统的几何误差、定位误差)；

　　(2)加工过程中的误差(工艺系统的受力变形引起的加工误差、工艺系统的受热变形引起的加工误差)；

　　(3)加工后的误差(工件内应力重新分布引起的变形以及测量误差等)。

　　为了便于分析，将工艺系统的原始误差分列在图 6-1 中。

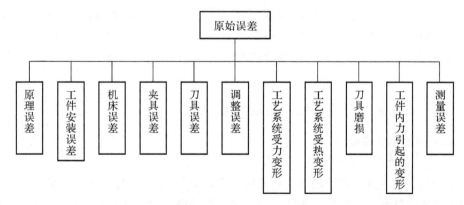

图 6-1　工艺系统的原始误差

　　在机械加工中，上述各种原始误差并不是在任何情况下都会出现，而且在不同情况下，它们对加工误差的影响程度也不同。在分析生产中存在的具体情况时，必须分清主次，抓住主要矛盾。

6.1.3　误差敏感方向

切削加工过程中,由于各种原始误差的影响,会使刀具和工件间正确的几何关系遭到破坏,引起加工误差。不同方向的原始误差,对加工误差的影响程度有所不同。当原始误差与工序尺寸方向一致时,原始误差对加工精度的影响最大。下面以外圆车削为例来进行说明,如图6-2所示,车削时工件的回转轴心是 O,刀尖正确位置在 A 处,设某一瞬时刀尖相对于工件回转轴心 O 的位置发生变化,向 Y 轴正方向偏移 ΔY,移到 A'。AA' 即为原始误差 ΔY,由此引起工件加工后的半径由 R_0 变为 $R=\overline{OA'}$。在三角形 OAA' 中,有如下关系式:

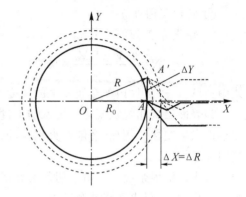

图6-2　原始误差与加工误差的关系

$$\Delta Y^2 = R^2 - R_0^2 = (R_0 + \Delta R)^2 - R_0^2 = 2R_0\Delta R + \Delta R^2 \tag{6-2}$$

由于 ΔR 很小,ΔR^2 可以忽略不计。因此,刀尖在 Y 方向上的位移引起半径上(即工序尺寸方向上)的加工误差为

$$\Delta R = \frac{\Delta Y^2}{2R_0}$$

设 $2R_0 = 50\text{mm}$,$\Delta Y = 0.1\text{mm}$,得

$$\Delta R = 0.0002\text{mm}$$

可见,ΔY 对 ΔR 的影响很小。但如果在 X 方向存在对刀误差,这时引起半径上(即工序尺寸方向上)的加工误差为

$$\Delta R = \Delta X$$

可以看出,当原始误差方向恰为加工表面法线方向时,引起的加工误差最大;而当原始误差的方向恰为加工表面的切线方向时,引起的加工误差最小,通常可以忽略。为了便于分析原始误差对加工精度的影响,我们把影响加工精度最大的那个方向(即通过刀刃的加工表面的法向)称为误差的敏感方向。当原始误差的方向与误差敏感方向一致时,对加工精度的影响最大。

6.1.4　表面质量对零件使用性能的影响

1. 对零件耐磨性的影响

(1)表面粗糙度对零件耐磨性的影响

零件的耐磨性主要与摩擦副的材料及润滑条件有关,但在这些条件已经确定的情况下,零件的表面质量就起了决定性的作用。这其中主要是表面粗糙度对零件耐磨性的影响。一个刚加工好的摩擦副的两个接触表面之间,由于存在一定的粗糙度,互相配合的零件表面实际上是两表面的凸峰和凹谷可能互相交错,因此实际接触面积只是名义接触面积的一小部分,且表面越粗糙,实际接触面积越小。当零件上有了作用力时,其凸峰表面就产生了很大的单位面积压力。当两个零件相对运动时,接触的凸峰应当会产生弹性变形、塑性变形和峰部之间的剪切破坏等现象,即产生表面磨损。

零件磨损一般可分为三个阶段,即初期磨损阶段、正常磨损阶段和剧烈磨损阶段。一般情况下,工件表面在初始磨损阶段磨损得最快。表面粗糙度越大,初期磨损量越大,引起被磨损表面尺寸变化越大。随着磨损的发展,实际接触面积逐渐增大,单位面积压力也逐渐降低,从而磨损以较慢的速度进行,进入正常磨损阶段,这个阶段一般时间较长。过了此阶段又将出现急剧磨损阶段,这是因为磨损继续发展,实际接触面积越来越大,产生了金属分子间的亲和力,使表面容易咬焊,此时即使有润滑油,也将被挤出而产生急剧的磨损。

实践证明,在一定条件下,表面粗糙度对耐磨性有一个最佳的值。

图 6-3 所示为轻载和重载情况下表面粗糙度对初期磨损量的影响情况。从图中可以看出,R_{a1} 和 R_{a2} 即为表面粗糙度最佳参数值。如机床导轨面的粗糙度值,一般以 $R_a1.6\sim0.8\mu m$ 为好。

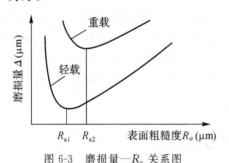
图 6-3　磨损量—R_a 关系图

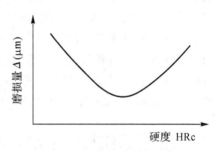
图 6-4　磨损量—硬化关系

(2)加工硬化(冷作硬化)对耐磨性也有影响

适当的冷作硬化有利于提高零件抗磨损性能。经机械加工后,由于加工硬化使加工表面层的显微硬度增加,表面耐磨性有所提高。但加工硬化达到一定程度时,磨损量降到最小值。如果再进一步提高硬化程度,金属组织会出现过度变形,使磨损加剧,甚至出现裂纹、剥落,反而使耐磨性下降。加工表面层的金相组织发生变化会改变硬度,从而影响其耐磨性,如图 6-4 所示。

2. 对零件疲劳强度的影响

金属受交变载荷作用后产生的疲劳破坏往往发生在零件表面和表面冷硬层下面,因此零件的表面质量对疲劳强度影响很大。

(1)表面粗糙度对疲劳强度的影响

在交变载荷作用下,表面粗糙度的凹谷部位容易引起应力集中,产生疲劳裂纹。表面粗糙度值越大,表面的纹痕越深,纹底半径越小,抗疲劳破坏的能力就越差。减小表面粗糙度有利于提高零件的抗疲劳强度。

(2)残余应力对疲劳强度的影响

残余应力对零件疲劳强度的影响很大。表面层残余拉应力将使疲劳裂纹扩大,加速疲劳破坏;而表面层残余应力能够阻止疲劳裂纹的扩展,延缓疲劳破坏的产生。

(3)冷作硬化对疲劳强度的影响

表面冷硬一般伴有残余应力的产生,可以防止裂纹产生并阻止已有裂纹的扩展,对提高疲劳强度有利。表面残余压应力和表面冷作硬化在一定程度上都有助于提高零件的抗疲劳强度。

3. 对耐蚀性的影响

（1）表面粗糙度对耐蚀性的影响

空气中所含的气体和液体与金属表面接触时，便凝结在金属的表面上，对表面产生腐蚀作用。零件的耐蚀性在很大程度上取决于表面粗糙度。表面粗糙度值越大，则凹谷中聚积腐蚀性物质就越多，抗蚀性就越差。

（2）残余应力对耐蚀性的影响

表面层的残余拉应力会产生应力腐蚀开裂，降低零件的耐磨性，而残余压应力则能防止应力腐蚀开裂，减小表面粗糙度。零件表面的残余压应力可提高零件抗腐蚀能力。

4. 对配合性质的影响

对于配合零件，尺寸精度和形状精度对配合间隙和过盈量的大小有着直接的影响，对配合精度起着决定性的作用。另外，表面粗糙度直接影响零件间的配合性质，如果表面粗糙度太大，初期磨损量就会变大，配合间隙很快增大，从而改变应有配合性质，影响间隙配合的稳定性。对于过盈配合而言，由于轴在压入孔时表面粗糙度的部分峰部会被挤平，结果按测量得到的配合件尺寸经计算求得的过盈量与装配后实际过盈量相比，常常是不一致的，因而影响过盈配合的可靠性，且降低连接强度。所以对配合关系零件一定要控制其 R_a 值。

此外，表面质量对运动平稳性和噪音等也有影响。

6.2　工艺系统几何因素对加工精度的影响

6.2.1　加工原理误差

加工原理误差是指采用了近似的成形运动或近似的刀刃轮廓进行加工而产生的误差。例如车削模数蜗杆时，由于蜗杆的螺距等于蜗轮的周节（即 πm），其中 m 是模数，而 π 是一个无理数（$\pi=3.14159\cdots$），但是车床的配换齿轮的齿数是有限的，因此在选择配换齿轮时，只能将 π 化为近似的分数值计算，这样就会引起刀具相对工件的成形运动（螺旋运动）不准确，存在螺距误差。但是，这种螺距误差可通过配换齿轮的合理选配而减小。又如滚齿加工用的齿轮滚刀，有两种误差：一是刀刃齿廓近似造形误差，由于制造上的困难，采用阿基米德基本螺杆或法向直廓基本蜗杆代替渐开线基本蜗杆；二是由于滚刀刀齿数有限造成的，实际加工出的齿形是一条折线，和理论上的光滑圆扫描开线有差异，这些都会产生加工原理误差。再如模数铣刀成型铣削齿轮，也采用近似刀刃齿廓，同样产生加工原理误差。

采用近似的成形运动或近似的刀刃轮廓，虽然会带来加工原理误差，但往往可简化机床或刀具的结构，有时反而能得到高的加工精度。因此，只要其误差不超过规定的精度要求，就仍能在生产中得到广泛的应用。

6.2.2　机床的几何误差

工艺系统的几何误差主要是指机床、刀具和夹具本身在制造时所产生的误差，以及使用中产生的磨损和调整误差。这类原始误差在加工过程开始之前已客观存在，并在加工过程中反映在工件上。机床的制造误差、安装误差、使用中的磨损都直接影响工件的加工精度。机床的成形运动主要包括两大类，即主轴的回转运动和移动件的直线运动。因而，分析机床的几何误差主要有回转运动误差、导轨导向误差和传动链误差。

1. 主轴回转运动误差

(1) 主轴回转误差的基本形式及影响

机床主轴是工件或刀具的位置基准和运动基准,它的误差直接影响着工件的加工精度。对于主轴的要求,集中到一点,就是在运转的情况下仍能保持轴心线的位置稳定不变,也就是所谓的回转精度。主轴的回转精度不但和主轴部件的制造精度有关,而且还和受力后主轴的变形有关,并且随着主轴转速的增加,还需要解决主轴轴承的散热问题。

在主轴部件中,由于存在着主轴轴颈的圆度误差、轴颈的同轴度误差、轴承本身的各种误差、轴承之间的同轴度误差、主轴的挠度和支承端面对轴颈轴心线的垂直度误差等原因,主轴在每一瞬间回转轴心线的空间位置都是变化的,也就是说,存在着回转误差。

主轴的回转误差分为四种基本形式(如图 6-5 所示)。实际上,主轴回转误差的几种基本形式是同时存在的。

轴向窜动——瞬时回转轴线沿平均回转轴线方向的轴向运动(见图 6-5(a)),它主要影响端面形状和轴向尺寸精度。

径向跳动——瞬时回转轴线始终平行于平均回转轴线方向的径向运动(见图 6-5(b)),它主要影响加工工件的圆度和圆柱度。

角度摆动——瞬时回转轴线与平均回转轴线成一倾斜角度作公转(见图 6-5(c)),但其交点位置固定不变的运动,在不同横截面内,轴心运动误差轨迹相似,它影响圆柱面与端面的加工精度。

轴心漂移——瞬时回转轴线由于轴承制造误差或油膜厚度的变化,其位置不断变化。

影响主轴回转运动误差的主要因素有主轴误差和轴承误差。

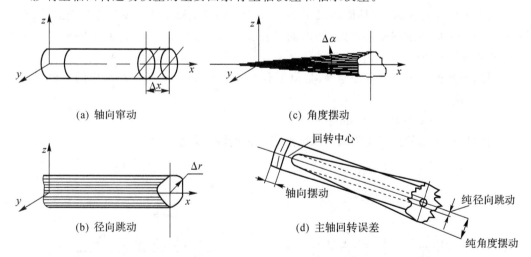

(a) 轴向窜动　　　　　　　　　(c) 角度摆动

(b) 径向跳动　　　　　　　　　(d) 主轴回转误差

图 6-5　主轴回转误差的基本形式

(2) 主轴回转误差对加工精度的影响

下面以在镗床上镗孔、车床上车外圆为例来说明主轴回转误差对加工精度的影响。

1) 主轴的纯径向跳动对车削和镗销加工精度的影响(见图 6-6)

镗削加工:镗刀回转,工件不转。假设由于主轴的纯径向跳动而使轴线在坐标方向作简谐运动,其频率与主轴转速相同,简谐波分析幅值为 A,则

$$r = A\cos\varphi \qquad (\varphi = \overline{\omega}t) \tag{6-4}$$

主轴中心偏移最大(等于 A)时,镗刀尖正好通过水平位置 1 处。当镗刀转过一个 φ 角时(位置 $1'$),刀尖轨迹的水平分量和垂直分量分别计算得

$$y = A\cos\varphi + R\cos\varphi = (A+R)\cos\varphi$$

$$z = R\sin\varphi$$

将上面两式平方相加得

$$\frac{y^2}{(A+R)^2} + \frac{z^2}{R^2} = 1$$

表明此时镗出的孔为椭圆孔形。

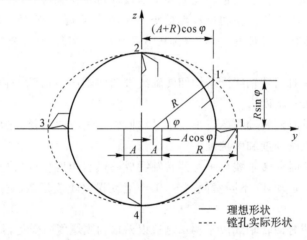

图 6-6　纯径向跳动对镗孔的影响

车床加工:工件回转,刀具移动,如图 6-7 所示。假设主轴轴线沿 y 轴作简谐运动,在工件的 1 处(主轴中心偏移最大之处)切出的半径比在工件的 2、4 处切出的半径小一个幅值 A;在工件的 3 处切出的半径比在工件的 2、4 处切出的半径大一个幅值 A。

这样,上述四点工件的直径相等,其他各点直径误差也很小,所以车削出的工件表面接近于一个真圆。

$$y^2 + z^2 = R^2 + A^2\sin^2\varphi$$

由此可见,主轴的纯径向跳动对车削加工工件的圆度影响很小。

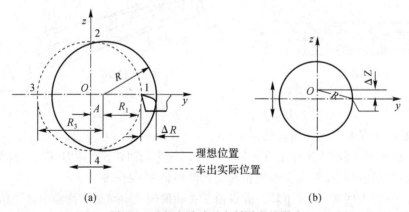

图 6-7　纯径向跳动对车削圆度的影响

2）轴向窜动对车、镗削加工精度的影响

主轴的轴向窜动对内、外圆的加工精度没有影响，但加工端面时，会使加工的端面与内外圆轴线产生垂直度误差，如图 6-8 所示。

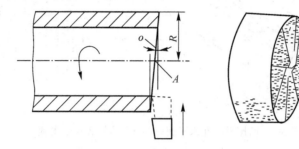

图 6-8　轴向窜动对端面加工的影响

主轴每转一周，要沿轴向窜动一次，使得切出的端面产生平面度误差。当加工螺纹时，会产生螺距误差。

3）角度摆动对车、镗削加工精度的影响

主轴纯角度摆动对加工精度的影响，主要取决于不同的加工内容。

车削加工时，工件每一横截面内的圆度误差很小，但轴平面有圆柱度误差（锥度）。车外圆时，得到圆形工件，但产生圆柱度误差（锥体）；车端面时，产生平面度误差。

镗孔时，由于主轴的纯角度摆动使得主轴回转轴线与工作台导轨不平行，使镗出的孔成椭圆形。

（3）提高主轴回转精度的措施

1）采用高精度的主轴部件

获得高精度的主轴部件的关键是提高轴承精度。因此，主轴轴承，特别是前轴承，多选用 D、C 级轴承；当采用滑动轴承时，则采用静压滑动轴承；也可采用液体或气体静压轴承，由于其无磨损，高刚度，以及对主轴轴颈的形状误差的均化作用，可大幅度提高主轴回转精度。对滚动轴承进行预紧，以提高轴系刚度，减少径向圆跳动。其次是提高主轴箱体支承孔、主轴轴颈和与轴承相配合零件的有关表面的加工精度。

2）使主轴回转的误差不反映到工件上

如果采用死顶尖磨削外圆，那么只要保证定位中心孔的形状和位置精度，就可加工出高精度的外圆柱面。主轴仅仅提供旋转运动和转矩，而与主轴的回转精度无关。

2. 机床导轨误差

机床导轨副是实现直线运动的主要部件，其制造和装配精度是影响直线运动的主要因素，它直接影响工件的加工质量。

机床导轨精度主要有导轨在水平面内的直线度、导轨在垂直面内的直线度和双导轨间在垂直方向的平行度。机床导轨误差对刀具或工件的直线运动精度有直接的影响。它将导致刀具相对于工件加工表面的位置变化，从而影响工件的加工精度，主要是对形状精度产生影响。

（1）导轨在水平面内的直线度误差（见图 6-9）——磨床导轨在水平面内有直线度误差 Δ 时，将使工件回转轴线沿砂轮的法线方向（加工误差敏感方向）上产生位移，位移量等于导轨的直线度误差，由此造成工件的半径方向的误差为

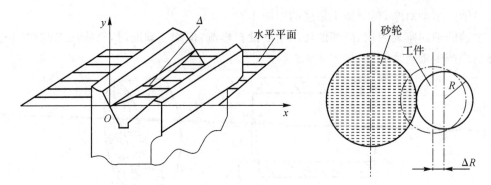

图 6-9　磨床导轨在水平面内的直线度误差引起的误差

$$\Delta R = \Delta$$

（2）导轨在垂直面内的直线度误差（见图 6-10）——导轨在垂直面内有直线度误差 Δ_y 时，将使刀尖相对于工件回转轴线在加工面的切线方向（加工误差非敏感方向）变化，此时刀尖的运动轨迹也不是一条直线，由此造成工件的轴向形状误差为

$$\Delta R = \frac{2\Delta_y^2}{d}$$

式中：d——工件直径。

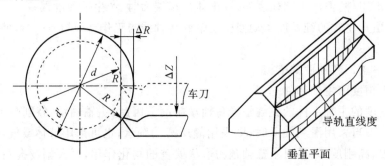

图 6-10　车床导轨在垂直平面内直线度误差引起的误差

由于这项误差很小，一般可忽略不计。但导轨在垂直方向上的误差对平面磨床、龙门刨床、铣床等将引起法向位移，其误差直接反映到工件的加工表面（误差敏感方向），造成水平面上的形状误差。

（3）导轨扭曲——当前后导轨之间在垂直面内存在平行度误差 Δ（扭曲）时，如图 6-11 所示，工作台在运动过程中将产生摆动，刀尖运动轨迹为一条空间曲线，造成的加工误差为

$$\Delta R = \Delta_x = \frac{H}{B} \cdot \Delta$$

一般车床 $H/B \approx 2/3$，故 Δ 对工件加工表面形状误差的影响很大。

（4）机床导轨对主轴轴心线平行度误差的影响

当在车床类或磨床类机床上加工工件时，如果

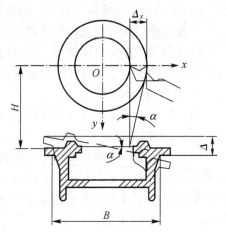

图 6-11　车床导轨面间的平行度误差引起的误差

导轨与主轴轴心线不平行,则会引起工件的几何形状误差。例如车床导轨与主轴轴心线在水平面内不平行,会使工件的外圆柱表面产生锥度;在垂直面内不平行时,会使工件成马鞍形。

提高导轨导向精度的措施有:

1)提高机床导轨、溜板的制造精度及安装精度。

2)采用耐磨合金铸铁、镶钢导轨、贴塑导轨、滚动导轨、静压导轨、导轨表面淬火等措施提高导轨的耐磨性。

3)正确安装机床和定期检修。

3. 机床传动链误差

在对传动链有严格要求的内联传动链中,传动链的误差是加工误差的敏感方向。传动链误差主要是由二传动链中各传动元件如齿轮、蜗轮、丝杠、螺母等的制造误差、装配误差和磨损等所引起的,一般可用传动链末端元件的转角误差来衡量。由于传动链常由数个传动副组成,传动链误差是各传动副传动误差累积的结果。而各传动元件在传动链中的位置不同,其影响程度也不一样,在一对齿轮的啮合过程中,如果传动链是升速传动,则传动元件的转角误差被扩大;反之,则转角误差被缩小。机床的传动系统较多是降速的,因此其末端元件的误差影响最大,精度要求最高。

为了减少机床传动误差对加工精度的影响,可以采用如下措施:

(1)减少传动链中的环节,缩短传动链,以减少误差来源;

(2)提高传动副(特别是末端传动副)的制造和装配精度;

(3)消除传动间隙;

(4)采用误差校正机构。

4. 夹具的制造误差与磨损

夹具的误差主要指:定位元件、刀具导向元件、分度机械、夹具体等零件的制造误差;夹具装配后,定位元件、刀具导向元件、分度机械、夹具体各元件工作面间的相对尺寸误差;夹具在使用过程中工作表面的磨损;工件的安装误差(包括定位误差和夹紧误差)。

5. 调整误差和测量误差

在机械加工的每一工序中,总是要对机床、夹具和刀具进行调整。调整误差的来源,视不同的加工方式而异。

(1)试切法加工

单件小批生产中,通常采用试切法加工。方法是:对工件进行试切—测量—调整—再试切,一直达到要求的精度为止。引起调整误差的因素有:

1)测量误差。

2)进给机构的位移误差。在试切中,总是要微量调整刀具的进给量。在低速微量进给中,常会出现进给机构的"爬行"现象,其结果使刀具的实际进给量比转动的刻度盘上的数值要偏大或偏小些,造成加工误差。

3)试切时与正式切削时切削层厚度不同的影响。精加工时,试切的最后一刀往往很薄,刀刃只起挤压作用而不起切削作用。但正式切削时的切削深度较大,刀刃不打滑,就会多切下一点,因此,工件尺寸就与试切时不同,从而产生了尺寸误差。

(2)调整法加工

先调整好刀具与工件在机床上的相对位置,并在一批零件的加工过程中始终保持这个位置不变,以保证工件被加工尺寸的方法称为调整法。影响调整法精度的因素有测量精度、调整精度、重复定位精度等。

大批量生产时常采用行程挡块、靠模、凸轮作为定程机构,其制造精度和刚度以及与之配合使用的离合器、控制阀等的灵敏度产生调整误差。用样板或样件调整时,调整精度取决于样板或样件的制造、安装和对刀精度。

工件在加工过程中,要用各种量具、量仪等进行检验测量,再根据测量结果对工件进行试切或调整机床。由于量具本身的制造误差,以及测量时的接触力、温度、目测正确程度等都直接影响加工机床。测量条件中,以温度和测量力对测量精度的影响最明显。

为了减小温度所造成的测量误差,测量时,特别是量具和被测量工件为同类材料时,应尽量保持两者温度一致。例如,加工后的工件要冷却一段时间,待温度稳定后再测量。如测量的时间较长,量具和工件应用工具夹持或戴棉线手套操作,以减少人体热量的传导。精度较高的工件应在相同等级的恒温室中测量,量仪前置绝热板,减少室内外各种热源和人体辐射的影响。

测量力过大时,在量具的触头和被测表面上将造成较大的接触变形,从而出现测量误差;过小时,则由于被测工件表面粗糙度的影响而使读数不稳。因此,测量力的大小要适当。测量精度较高的量具上须有恒力装置,以使每次测量时的测量力保持不变。

6. 刀具的制造误差与磨损

机械加工中常用的刀具有一般刀具、定尺寸刀具和成型刀具。

一般刀具如普通车刀、立铣刀、单刃镗刀等,其制造误差不会直接影响加工尺寸,工件精度主要靠刀具位置的调整(即对刀)来保证。但是这些刀具的尺寸磨损将对加工精度产生影响,如产生锥度误差等。

定尺寸刀具如钻头、铰刀、扩孔钻和拉刀等,其制造误差将直接影响加工工件的尺寸精度。这些刀具磨损后加工尺寸就会产生变化,而且其中某些刀具难以修复或补偿,刀具在安装使用中不当,将产生跳动,也会影响加工精度。

成型刀具如成型车刀、成型铣刀及齿轮刀具等的制造和磨损误差主要影响被加工表面的形状误差。

为了减小刀具尺寸磨损对加工精度的影响,可以采取如下措施:

(1)进行尺寸补偿。在数控机床上可以比较方便地进行刀具尺寸补偿,它不仅可以补偿尺寸磨损,而且可以补偿刀具刃磨后的尺寸变化,如立铣刀、圆盘铣刀等。

(2)降低切削速度,增长刀具寿命。

(3)选用耐磨性较高的刀具材料。

6.3 工艺系统受力变形对加工精度的影响

6.3.1 工艺系统刚度的概念及计算

机械加工中,由机床、夹具、工件等环节组成的工艺系统,在夹紧力、切削力、重力和惯性力等的作用下,将产生变形(弹、塑性变形)和振动,破坏刀具和工件之间的正确位置而形成加工误差,并使加工表面的表面粗糙度恶化。例如,在车削细长轴时,工件在切削力的作用下弯曲变形,加工后会产生鼓形的圆柱度误差。又如在磨床上磨内圆孔时,由于磨头轴的变形,磨后孔出现锥度误差。工艺系统在外力作用下产生变形的大小,不仅取决于外力的大小,还和工艺系统抵抗外力的能力有关。因此,为了消除工艺系统变形对加工精度的影响,须采取一定的工艺措施,如车细长轴时加上跟刀架;磨内孔时要进行多次的无进给磨削。

为了比较工艺系统抵抗变形的能力和分析计算工艺系统受力变形对加工精度的影响,就需要建立刚度的概念。

刚度是指工件抵抗外力使其变形的能力,用 k 表示,即

$$k = \frac{F}{y} \tag{6-7}$$

在机械加工中,刚度是指加在工件上的作用力 $F(\mathrm{N})$ 与由它所引起的在作用力方向上的位移 $y(\mathrm{mm})$ 的比值。

工艺系统的各部分在各种外力作用下,会在各个受力方向上产生相应的变形(或压移),但其中对加工精度影响最大的是沿加工面法向的切削分力 F_y,同时 F_y 方向的位移 y 不只是由 F_y 引起的,而是由总的切削力 F 引起的。因此,工艺系统刚度($k_{系统}$)一词,主要是指加工面法向的刚度。故

$$k_{系统} = \frac{F_y}{y} \tag{6-8}$$

由于力与变形通常是在静态条件下测量的,上述刚度实际上是静刚度,它是工艺系统本身的属性。在线性范围内,可以认为它与外载荷是无关的。

式(6-8)说明,当系统刚度一定时,作用在系统上的切削力越大,则系统的位移也越大;切削力越小,位移也越小。当切削力一定时,由受力位移产生的误差决定于系统刚度,系统刚度大,位移量小;系统刚度小,位移量大。但是,若系统刚度足够大时,尽管有切削力和其他外力的作用,也能使位移量减小到最低限度。故工艺系统受力位移产生的加工误差,主要决定于系统本身的刚度。

由于工艺系统是由机床、夹具、刀具和工件等许多零部件组成的,其受力与变形(或位移)之间的关系,与一般物体的刚度有所不同,主要特点是:

(1)接触面刚度差。由于配合零件表面具有宏观的形状误差和微观的粗糙度,因此,实际接触面积只是理论接触面积的一小部分,真正处于接触状态的只是个别凸峰,所以,接触表面随外力作用的增加,将产生弹性和塑性变形,使接触面相互靠近,即产生相对位移。这就是部件刚度远比实体零件刚度低的原因;

(2)系统中的薄弱零件,受力后极易产生较大的变形;

(3)接触面之间的摩擦力,在加载时会阻止变形的增加,卸载时不会阻止变形的恢复;

(4)有的接触面存在间隙和润滑油膜。

因此,一个部件受力产生位移的大致过程,首先是消除各有关配合零件之间的间隙和挤掉其间油膜的变形;接着主要是部件中薄弱环节零件的变形;最后则是其他组成零件本身的弹性变形和相互连接面的弹性变形和塑性变形参加进来。

从一个部件受力位移和每个零件变形的关系来看,凡是外力能传达到的每个环节,都有不同程度的变形汇总到部件或整个工艺系统的总位移中去。因此,工艺系统在受力情况下,总压移量 y 系统是各组成部分变形和位移的叠加,即

$$y_{系统} = y_{机床} + y_{夹具} + y_{刀具} + y_{工件} \tag{6-9}$$

而

$$k_{\text{系统}} = \frac{F_y}{y_{\text{系统}}} \tag{6-10}$$

$$k_{\text{机床}} = \frac{F_y}{y_{\text{机床}}} \quad k_{\text{夹具}} = \frac{F_y}{y_{\text{夹具}}} \quad k_{\text{刀具}} = \frac{F_y}{y_{\text{刀具}}} \quad k_{\text{工件}} = \frac{F_y}{y_{\text{工件}}} \tag{6-11}$$

故

$$k_{\text{系统}} = \frac{1}{\dfrac{1}{k_{\text{机床}}} + \dfrac{1}{k_{\text{夹具}}} + \dfrac{1}{k_{\text{刀具}}} + \dfrac{1}{k_{\text{工件}}}} \tag{6-12}$$

这就是说，知道了工艺系统各组成环节的刚度以后，即可求出工艺系统的刚度。

6.3.2　机床部件刚度

当工件一端夹紧在车床卡盘中，可以应用悬臂梁公式计算工件变形及刚度，即

$$y = \frac{F_y L^3}{3EI}, \quad k = \frac{F_y}{y} = \frac{3EI}{L^3}$$

式中：L——工件悬伸长度，mm；

E——工件材料的弹性模量，对钢 $E = 2 \times 10^5$ MPa；

I——工件横截面的惯性矩，对轴 $I = \dfrac{\pi d^4}{64}$（mm^4）。

故

$$k \approx 3 \times 10^4 \frac{d^4}{L^3}(\text{N/mm})$$

在车床顶尖间加工棒料时，当刀尖在中间位置产生的变形最大，可近似用下式计算：

$$y = \frac{F_y L^3}{48EI}(\text{mm})$$

$$k = \frac{48EI}{L^3} \approx 4.8 \times 10^5 \frac{d^4}{L^3}(\text{N/mm})$$

上面两种加工方式，一般可按上述材料力学的公式作近似计算，结果和实际的刚度数值差别不太大。但是对于由许多零件组成的机床部件，刚度计算问题就非常复杂，不可能都用公式作近似计算，目前主要采用实验方法来测定其刚度值。

常采用单向测定法测定车床静刚度。实验中进行三次加载—卸载。如图 6-12 所示为对一台中心高 200mm 车床的刀架部件施加静载荷得到的变形曲线。

(1)变形与作用力不是线性关系，曲线上各点的实际刚度是不同的，即每一瞬间刚度是不同的，反映刀架变形不纯粹是弹性变形。

(2)加载与卸载曲线不重合，两曲线中包容的面积代表了加载—卸载循环中所损失的能量，即外力在克服部件内零件间的摩擦和接触塑性变形所做的功。

(3)卸载后曲线不回到原点，这说明部件的变形不单纯是弹性变形，而且还产生了残余变形。在反复加载—卸载后，残余变形逐渐接近于零，加载和卸载曲线重合。

(4)部件的实际刚度远比按实体所估算的小。这是因为机床部件由许多零件组成，零件之间存在着结合面、配合间隙和刚度薄弱环节，机床部件刚度受这些因素影响，特别是薄弱环节对部件刚度影响较大。

根据实验研究，影响机床部件刚度的因素有以下几个方面：

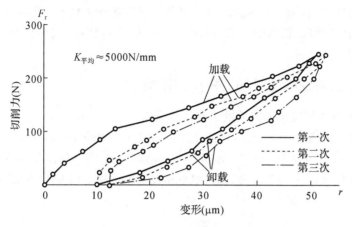

图 6-12　车床刀架静刚度曲线

（1）连接表面间的接触变形

零件之间接合表面的实际接触面积只是理论接触面的一小部分，真正处于接触状态的，又只是一些凸峰。当外力作用时，这些接触点处将产生较大的接触应力，并产生接触变形，其中有表面层的弹性变形，也有局部塑性变形。图 6-13 所示为接触变形曲线。

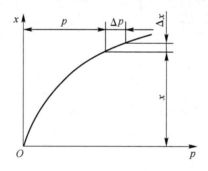

图 6-13　接触变形曲线

实验表明，接触变形与接触表面名义压强的关系为

$$x = c p^m$$

式中：m——与连接面材料及表面状况有关的系数；

c——系数，由连接面材料、连接表面粗糙度、纹理方向等决定。

名义压强的增量 dp 与接触变形增量 dx 之比称为接触刚度 k_j。显然有

$$k_j = \frac{dp}{dx} = \frac{p^{(1-m)}}{c \cdot m}$$

（2）薄弱零件本身的变形

在机床部件中，薄弱零件受力变形对部件刚度的影响很大。例如溜板部件中的楔铁，由于其结构细长，加工时又难以做到平直，以致装配后与导轨配合不好，容易产生变形。

（3）零件表面间摩擦力的影响

机床部件受力变形时，零件间连接表面会发生错动，加载时摩擦力阻碍变形的发生，卸载时摩擦力阻碍变形的恢复，故表面间摩擦力是造成加载和卸载刚度曲线不重合重要原因之一。

（4）接合面的间隙

部件中各零件间如果有间隙，那么只要受到较小的力（克服摩擦力）就会使零件相互错

动。如果载荷是单向的,那么在第一次加载消除间隙后对加工精度的影响较小;如果工作载荷不断改变方向(如镗床、铣床的切削力),那么间隙的影响就不容忽视,而且因间隙引起的位移,在去除载荷后不会恢复。

6.3.3　工艺系统刚度对加工精度的影响

1. 因受力点位置的变化而产生的工件形状误差

工艺系统因受力点位置的变化,其位移量也随之发生变化,因而造成工件的形状误差。例如,车床两顶尖装夹车外圆,设工件刚度很大,在切削分力 F_y 作用下的变形可忽略不计,则工艺系统的总位移取决于机床的头座、尾座和刀架的位移。图 6-14 所示为刀具距离前顶尖 x 时,工艺系统的变形情况。

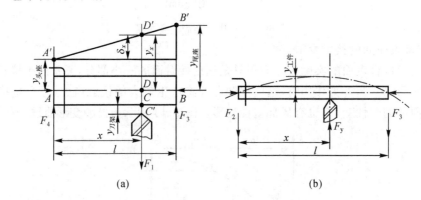

图 6-14　工艺系统变形随切削力位置变化的情况

由图 6-14(a)可知,离前顶尖 x 处系统的总压移为

$$y_{系统}=y_{刀架}+y_x$$

式中:$y_x=y_{头座}+\delta_x$。

又因 $\delta_x=\dfrac{x}{l}(y_{尾座}-y_{头座})$,故

$$y_{系统}=y_{刀架}+y_{头座}+\frac{x}{l}(y_{尾座}-y_{头座}) \tag{6-14}$$

作用在刀架上的力就是切削分力 F_y。设作用在头座和尾座上的力分别为 $F_{头座}$ 和 $F_{尾座}$,则由力的平衡关系得

$$F_{头座}=F_y\frac{(l-x)}{l} \qquad F_{尾座}=F_y\frac{x}{l} \tag{6-15}$$

而刀架、头座、尾座的位移量分别为

$$y_{刀架}=\frac{F_y}{k_{刀架}}$$

$$y_{头座}=\frac{F_{头座}}{k_{头座}}=\frac{F_y}{k_{头座}}\frac{(l-x)}{l}$$

$$y_{尾座}=\frac{F_{尾座}}{k_{尾座}}=\frac{F_y}{k_{尾座}}\frac{x}{l}$$

代入式(6-14),得工艺系统的位移量为

$$y_{系统}=\frac{F_y}{k_{刀架}}+\frac{F_y}{k_{头座}}\frac{l-x}{l}+\frac{x}{l}\left(\frac{F_y}{k_{尾座}}\frac{x}{l}-\frac{F_y}{k_{头座}}\frac{l-x}{l}\right)$$

$$= F_y \left[\frac{1}{k_{刀架}} + \frac{1}{k_{头座}} \left(\frac{l-x}{l} \right)^2 + \frac{1}{k_{尾座}} \left(\frac{x}{l} \right)^2 \right]$$

则工艺系统的刚度为

$$k_{系统} = \frac{F_y}{y_{系统}} = \frac{1}{\dfrac{1}{k_{刀架}} + \dfrac{1}{k_{头座}} \left(\dfrac{l-x}{l} \right)^2 + \dfrac{1}{k_{尾座}} \left(\dfrac{x}{l} \right)^2} \tag{6-16}$$

由此可知,工艺系统的刚度随进给位置 x 的改变而改变。刚度大则位移小;刚度小则位移大。由于工艺系统的位移量是 x 的二次函数,故车成的工件母线不直,呈抛物线形。

假设工件细长,刚度很低,机床、夹具、刀具在切削力作用下的位移可以忽略不计,则工艺系统的位移完全等于工件的变形量,如图 6-14(b)所示。

根据材料力学的计算公式,可得在切削点处的工件变形量为

$$y_{工件} = \frac{F_y}{3EI} \frac{(l-x)^2 x^2}{l} \tag{6-17}$$

按式(6-17)算出工件各点的位移量,表明工件两头小、中间大,呈腰鼓形。

综上所述,在一般情况下,工艺系统的总位移量应为上述两种情况位移量的叠加,即

$$y_{系统} = F_y \left[\frac{1}{k_{刀架}} + \frac{1}{k_{头座}} \left(\frac{l-x}{l} \right)^2 + \frac{1}{k_{尾座}} \left(\frac{x}{l} \right)^2 + \frac{(l-x)^2 x^2}{3EIl} \right] \tag{6-18}$$

则

$$k_{系统} = \frac{1}{\dfrac{1}{k_{刀架}} + \dfrac{1}{k_{头座}} \left(\dfrac{l-x}{l} \right)^2 + \dfrac{1}{k_{尾座}} \left(\dfrac{x}{l} \right)^2 + \dfrac{(l-x)^2 x^2}{3EIl}} \tag{6-19}$$

由此可见,工艺系统的刚度,随切削力作用点位置的变化而变化,加工后的工件,各横截面的直径也不相同,可能造成锥形、鞍形、鼓形等形状误差。

2. 切削力大小变化引起的加工误差

由于毛坯加工余量不均匀,或由于其他原因,引起切削力和工艺系统受力变形发生变化,致使工件产生尺寸误差和形状误差。下面以车削一椭圆形横截面毛坯为例来分析。

如图 6-15 所示,加工时根据设定尺寸(虚线圆的位置)调整刀具的切深。在工件每转一转中,切深发生变化,最大切深为 a_{p1},最小切深为 a_{p2}。假设毛坯材料的硬度是均匀的,那么 a_{p1} 处的切削力 F_{y1} 最大,相应的变形 y_1 也最大;a_{p2} 处的切削力 F_{y2} 最小,相应的变形 y_2 也最小。由此可见,当车削具有圆度误差(半径上)$\Delta_{坯} = a_{p1} - a_{p2}$ 的毛坯时,由于工艺系统受力变形,而使工件产生相应的圆度误差(半径上)$\Delta_{工} = \Delta_1 - \Delta_2$。这种毛坯误差部分地反映在工件上的现象叫做"误差复映"。

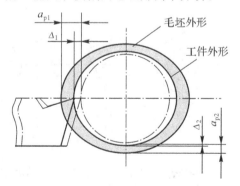

图 6-15　零件形状误差的复映

如果工艺系统的刚度为 k,则工件的圆度误差(半径上)为

$$\Delta_{工} = \Delta_1 - \Delta_2 = \frac{1}{k} (F_{y1} - F_{y2}) \tag{6-20}$$

考虑到正常切削条件下,吃刀抗力 F_y 与背吃刀量 a_p 近似成正比,即

$$F_{y1} = C \cdot a_{p1}, \quad F_{y2} = C \cdot a_{p2}$$

式中:C 为与刀具几何参数及切削条件(刀具材料、工件材料、切削类型、进给量与切削速度、切削液等)有关的系数。将 $F_{y1}=C \cdot a_{p1}$ 和 $F_{y2}=C \cdot a_{p2}$ 代入式(6-20),得

$$\Delta_\text{工}=\frac{C}{k}(a_{p1}-a_{p2})=\frac{C}{k}\Delta_\text{坯}=\varepsilon \cdot \Delta_\text{坯}$$

式中:$\varepsilon=\dfrac{\Delta_\text{工}}{\Delta_\text{坯}}=\dfrac{C}{k}$ 称为误差复映系数,通常是一个小于 1 的正数,它定量地反映了毛坯误差加工后减小的程度。工艺系统刚度越高,则 ε 越小,也就是毛坯误差复映在工件上的误差越小。

当工件毛坯有形状误差或相互位置误差时,加工后仍然会有同类的加工误差出现。在成批大量生产中用调整法加工一批工件时,如果毛坯直径大小不一,那么加工后这批工件仍有尺寸不一的误差。毛坯误差较大,加工过程分成几次走刀进行时,若每次走刀的复映系数为 $\varepsilon_1,\varepsilon_2,\cdots,\varepsilon_n$,则总的误差复映系数为

$$\varepsilon_\text{总}=\varepsilon_1\varepsilon_2\cdots\varepsilon_n$$

于是,最后的加工误差为

$$\Delta_\text{工}=\varepsilon_1\varepsilon_2\cdots\varepsilon_n\Delta_\text{坯}$$

增加加工次数对减少零件形状误差的复映是很有效的。

根据生产实际,可采取下列措施减小工艺系统受力变形,如提高机床部件夹具部件的刚度以及提高零件间连接表面的接触刚度;当工件刚度成为产生加工误差的薄弱环节时,应采用合理的加工方法装夹,以提高工件加工时的刚度;当机床部件、夹具部件或工件刚度的提高受到条件限制时,则应尽量设法减小径向力 F_y 等。

3. 工艺系统其他作用力的变化对加工精度的影响

(1)夹紧力对加工精度的影响。工件在装夹时,由于工件刚度较低或夹紧力着力点不当,会使工件产生相应的变形,造成加工误差。用三爪自定心卡盘夹持薄壁套筒,假定毛坯件是正圆形,夹紧后由于受力变形,坯件呈三棱形。虽车出的孔为正圆形,但松开后,套筒弹性恢复使孔又变成三棱形。为了减少套筒因夹紧变形造成的加工误差,可采用开口过渡环或采用圆弧面卡爪夹紧,使夹紧力均匀分布,如图 6-16 所示。

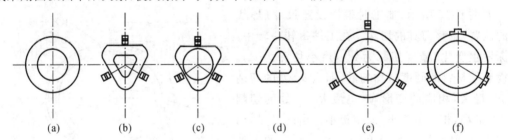

(a)	(b)	(c)	(d)	(e)	(f)

图 6-16　夹紧力引起的加工误差

(2)传动力、惯性力和重力均会引进工艺系统的变形。

6.3.4　减少工艺系统受力变形对加工精度影响的措施

减小工艺系统受力变形,从而提高工艺系统刚度,是保证加工质量和提高生产率的有效措施。根据生产实践和试验要求,在生产中通常可以从两个方面解决:一是减少载荷及其变化;二是提高系统的刚度。显然,减少载荷(切削力)往往会使生产率受到影响,因此,提高工艺系统中薄弱环节的刚度是最积极、有效的方法,由于生产实际问题往往比较复杂,故应根

据具体情况采取如下的一些基本措施：

（1）合理设计零部件结构

机床的床身、立柱、横梁等部件以及夹具体等支承零件本身的静刚度对整个工艺系统刚度有较大的影响。在结构设计时，要提高这些零件的刚度，就必须设计合理的断面形状和结构，并尽可能减轻重量。在设计工艺装备时，应尽量减少连接面数目，并注意刚度的匹配，防止有局部低刚度环节出现。在设计基础件、支撑件时，应合理选择零件结构和截面形状。一般地说，截面积相等时，空心截形比实心截形的刚度高，封闭的截形又比开口的截形好。在适当部位增添加强筋也有良好的效果。

（2）提高配合面的接触刚度

由于部件的刚度大大低于相同外形尺寸的实体零件刚度，所以提高接触刚度是提高工艺系统刚度的关键。提高各零件接合表面的几何形状精度和降低粗糙度，提高机床导轨面的刮研质量，提高顶尖锥体与主轴和尾座锥孔的接触质量，多次修研工件中心孔等，就能提高接触刚度。这些都是实际生产中为提高接触刚度经常采用的工艺措施。

生产实践证明，合理调整和使用机床可以增加接触刚度。如正确调整镶条和使用锁紧机构，可取得良好效果。也可用预加载荷消除配合面间的间隙和造成初期局部预变形，来提高接触刚度。例如滚动轴承的内外环和滚动体之间的预加载荷，可以显著提高轴承的接触刚度。

（3）设置辅助支承或减小悬伸长度以提高工件刚度

例如，车细长轴时常采用跟刀架，刚工作时，先在工件尾端车出一段外圆面以便于安装在间隔的 3 个支承跟刀架上。车削时，工件外圆面被夹持在刀具和 3 个支承块之间，形成两对相互平衡的径向力，从而有效地减小了弯曲变形和振动。另外可用反方向车削法，能有效地提高工件刚度，减小工件的弯曲变形和振动，如图 6-17 所示。

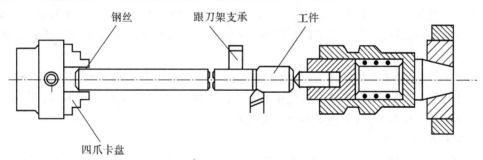

图 6-17 反向走刀车削细长轴

此方法以反向走刀为中心，采取了一系列措施。具体步骤是用卡盘通过一开口钢丝圈将工件夹紧。由于卡夹接触面积小，工件能在卡爪内自由摆动，避免了卡盘与后顶尖不同轴时产生变形。车床尾顶尖改用弹性顶尖。当工件受热伸长或因轴向力挤压时，顶尖能自动后退，避免了工件受阻弯曲。采用间隔 90° 的三支承跟刀架，增加了工件刚度，改变了走刀方向，使刀具由床头向车尾反向走刀。由于细长轴左端固定在卡盘内，右端可以伸缩，靠近车刀处又有跟刀架支承，平衡着推力。故反向走刀时，工件内部只有卡盘到车刀一段产生拉应力，不易产生弹性弯曲变形和振动。也可采用同截面内多刀车削，使方向相反的切削推力互相均衡，避免切削推力对刚度的过高要求。

（4）提高刀具刚度可从刀具材料、结构和热处理方面采取措施

既采用硬质合金刀杆以增强刚度，也可增加刀具外形尺寸以增强刚度。

（5）采用合理的安装方法和加工方法以提高工艺系统的刚度

用合理的安装方法使工件加工面尽量靠近机床主轴以提高刚度，从而减小外力作用方向上的变形量。例如在卧式铣床上铣削角铁形零件，应尽量使工件装夹后重心下移，这样刚度可大大提高。

必须指出，从加工精度的观点看，并不是部件刚度越高越好，而应考虑各部件之间的刚度匹配，即"刚度平衡"。如车床尾座的刚度 $k_{尾座}$ 通常小于床头箱的刚度 $k_{头座}$，如果差别太大，应用前面所学的知识可知，由切削力引起的变形会使工件产生的圆柱度误差加大。如采用死顶尖等措施使两者刚度接近，则可降低圆柱度误差。

在设法提高工艺系统刚度的同时，需采取适当的工艺措施如合理选择刀具几何参数（例如增大前角、让主偏角接近 90° 等）和切削用量（如适当减少进给量和背吃刀量）以减小切削力（特别是吃刀抗力 F_p），就可以减少受力变形。将毛坯分组，使一次调整中加工的毛坯余量比较均匀，就能减小切削力的变化，从而减小复映误差。

6.3.5　工件残余应力引起的变形

零件在没有外加载荷的情况下，仍然残存在工件内部的应力称内应力或残余应力。残余应力是由于金属内部宏观的或微观的组织发生了不均匀的体积变化而产生的，其外部因素就来自热加工和冷加工。

具有内应力的零件处于一种不稳定的状态。它内部的组织有强烈的倾向要恢复到一个稳定的、没有内应力的状态，即使在常温下零件也不断地进行这种变化，直到内应力消失为止。在这个过程中，零件的形状逐渐地变化，原有的加工精度逐渐丧失。若把具有残余应力的重要零件装配成机器，它在机器的使用期中产生了变形，就可能破坏整台机器的质量，带来严重后果。

工件在铸造、锻造及切削加工后，内部会存在各种内应力。零件内应力的重新分布不仅影响零件的加工精度，而且对装配精度也有很大的影响。内应力存在于工件的内部，而且其存在和分布情况相当复杂，下面对各种情况进行分析。

1. 毛坯的内应力

铸、锻、焊等毛坯在生产过程中，由于工件各部分的厚薄不均以及冷却速度不均匀而产生内应力。

图 6-18 所示为车床床身内应力引起的变形情况。铸造时，床身导轨表面及床腿面冷却速度较快，中间部分冷却速度较慢，因此形成了上下表层受压应力，中间部分受拉应力的状态。当将导轨表面铣或刨去一层金属时，内应力将重新分布和平衡，整个床身将产生弯曲变形。

2. 冷校直引起的内应力

细长的轴类零件，如光杠、丝杠、曲轴、凸轮轴等在加工和运输中很容易产生弯曲变形，因此，大多数在加工中安排冷校直工序，这种方法简单方便，但会带来内应力，引起工件

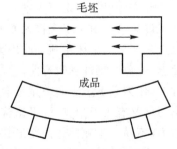

图 6-18　床身因内应力
引进的变形

变形而影响加工精度。图 6-19 所示为冷校直时引起内应力的情况。

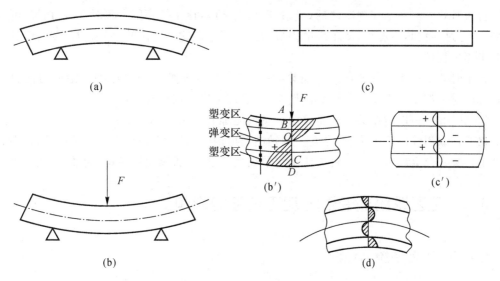

图 6-19　冷校直轴类零件的内应力

在弯曲的轴类零件（见图 6-19(a)）中部施加压力 F，使其产生反弯曲（见图 6-19(b)），这时，轴的上层 AO 受压力，下层 OD 受拉力，而且使 AB 和 CD 产生塑性变形，为塑变区，内层 BO 和 CO 为弹变区（见图 6-19(b)）。如果外力加得适当，则在去除外力后，塑变区的变形将被保留下来，而弹变区的变形将全部恢复，应力重新分布，工件就会变形成为如图 6-19(c)所示。但是，零件的冷校直只是处于一种暂时的相对平衡状态，只要外界条件变化，就会使内应力重新分布而使工件产生变形。例如，将已冷校直的轴类零件进行加工（如磨削外圆）时，由于外层 AB、CD 变薄，破坏了原来的应力平衡状态，使工件产生弯曲变形（见图 6-19(d)），其方向与工件的原始弯曲一致，但其弯曲度有所改善。

因此，对于精密零件的加工是不允许安排冷校直工序的。当零件产生弯曲变形时，如果变形较小，可加大加工余量，利用切削加工方法去除其弯曲度，这时要注意切削力的大小，因为这些零件刚度很差，极易受力变形；如果变形较大，则可用热校直方法，这样可减小内应力，但操作比较麻烦。

3. 工件切削时的内应力

工件在进行切削加工时，在切削力和摩擦力的作用下，使表层金属产生塑性变形，体积膨胀，受到里层组织的阻碍，故表层产生压应力，里层产生拉应力；由于切削温度的影响，表层金属产生热塑性变形，表层温度下降快，冷却收缩也比里层大，当温度降至弹性变形范围内，表层收缩受到里层的阻碍，因而产生拉应力，里层将产生平衡的压应力。

在大多数情况下，热的作用大于力的作用，特别是高速切削、强力切削、磨削等，热的作用占主要地位。磨削加工中，表层拉力严重时会产生裂纹。

4. 减少或消除内应力的措施

(1)合理设计零件结构

在零件结构设计中，应尽量缩小零件各部分厚度尺寸的差异，以减少铸、锻毛坯在制造中产生的内应力。

（2）采取时效处理

自然时效——在毛坯制造之后，或粗、精加工之间，让工件停留一段时间，利用温度的自然变化，经过多次热胀冷缩，使工件的内应力逐渐消除。这种方法效果好，但需要时间长（一般要半年至五年）。

人工时效——将工件放在炉内加热到一定温度，再随炉冷却以达到消除应力的目的。这种方法对大型零件需要一套很大的设备，其投资和能源消耗较大。

振动时效——以激振的形式将振动的机械能加到含大量内应力的工件内，引起工件内部晶格变化以消除内应力，一般在几十分钟内便可消除内应力，适用于大小不同的铸、锻、焊接件毛坯及有色金属毛坯。这种方法不需要庞大的设备，所以比较经济、简便，且效率高。

6.4　工艺系统热变形对加工精度的影响

6.4.1　工艺系统的热源

加工过程中，工艺系统在热的作用下，常产生复杂的变形，从而破坏工件与刀具相对运动的准确性，而引起加工误差。工艺系统的热变形对加工精度的影响是很大的，据统计，在精密加工中，由于热变形引起的加工误差约占总加工误差的 $40\%\sim70\%$。同时，为了避免热变形的影响常需进行机床空运转预热或调整，花费很多时间，影响了机床的效率。有时由于机床局部的急剧温升常使机床无法正常工作。因此，研究工艺系统的热变形问题非常重要。引起工艺系统热变形的热源可分为内部热源和外部热源两大类。概括起来如下所示：

切削热是切削加工过程中最主要的热源。在切削（磨削）过程中，消耗于切削的弹、塑性变形能及刀具、工件和切屑之间摩擦的机械能，绝大部分都转变成了切削热。一般来讲，在车削加工中，切屑所带走的热量最多，可达 $50\%\sim80\%$（切削速度越高，切屑带走的热量占总切削热的百分比就越大），传给工件的热量次之（约为 30%），而传给刀具的热量则很少，一般不超过 5%；对于铣削、刨削加工，传给工件的热量一般占总切削热的 30% 以下；对于钻削和卧式镗孔，因为有大量的切屑滞留在孔中，传给工件的热量就比车削时要高，如在钻孔加工中传给工件的热量超过 50%；磨削时磨屑很小，带走的热量很少，加之砂轮为热的不良导体，致使大部分热量传入工件，磨削表面的温度可高达 $800\sim1000℃$。

工艺系统中的摩擦热，主要是机床和液压系统中运动部件产生的，如电动机、轴承、齿轮、丝杠副、导轨副、离合器、液压泵、阀等各运动部分产生的摩擦热。尽管摩擦热比切削热少，但摩擦热在工艺系统中是局部发热，会引起局部温升和变形，破坏了系统原有的几何精度，对加工精度也会带来严重影响。

外部热源的热辐射（如照明灯光、加热器等对机床的热辐射）及周围环境温度（如昼夜温度不同）对机床热变形的影响，也不容忽视，对于大型、精密加工尤其重要。

6.4.2　工艺系统的热平衡

工艺系统受各种热源的影响,其温度会逐渐升高。与此同时,它们也通过各种传热方式向周围散发热量。当单位时间内传入和散发的热量相等时,则认为工艺系统达到了热平衡。图 6-20 所示为一般机床工作时的温度和时间曲线,由图可知,机床开动后温度缓慢升高,经过一段时间温度升至 $T_衡$ 后便趋于稳定。由开始升温至 $T_衡$ 的这一段时间,称为预热阶段。当机床温度达到稳定值后,则被认为处于热平衡阶段,此时温度场处于稳定,其热变形也就趋于稳定。处于稳定温度场时引起的加工误差是有规律的,因此,精密及大型工件应在工艺系统达到热平衡后进行加工。

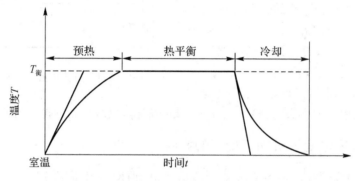

图 6-20　温度和时间曲线

6.4.3　工件热变形引起的加工误差

轴类零件在车削或磨削时,一般是均匀受热,温度逐渐升高,其直径也逐渐胀大,胀大部分将被刀具切去,待工件冷却后则形成圆柱度和直径尺寸的误差。

细长轴在顶尖间车削时,热变形将使工件伸长,导致工件的弯曲变形,加工后将产生圆柱度误差。

精密丝杠磨削时,工件的受热伸长会引起螺距的积累误差。例如磨削长度为 3000mm 的丝杠,每一次走刀温度将升高 3℃,工件热伸长量为

$$\Delta = 3000 \times 12 \times 10^{-6} \times 3 = 0.1 (\text{mm})$$

而 6 级丝杠螺距积累误差,按规定在全长上不许超过 0.02mm。可见,受热变形对加工精度影响的严重性。

床身导轨面的磨削,由于单面受热,与底面产生温差而引起热变形,使磨出的导轨产生直线度误差。

当粗、精加工时间间隔较短时,粗加工时的热变形将影响到精加工,工件冷却后将产生加工误差。例如在一台三工位的组合机床上,通过钻—扩—铰孔三工位顺序加工套件。工件的尺寸为:外径 $\varphi440\text{mm}$,长 40mm,铰孔后内径 $\varphi20H7$,材料为钢材。钻孔时切削用量为:$n = 310\text{r/min}$,$f = 0.36\text{mm/r}$。钻孔后温升竟达 107℃,接着扩孔和铰孔。当工件冷却后孔的收缩量已超过精度规定值。因此,在这种情况下,一定要采取冷却措施,否则将出现废品。

应当指出,在加工铜、铝等线膨胀系数较大的有色金属时,其热变形尤其明显,必须引起足够的重视。

刀具的热变形主要是由切削热引起的,虽然传给刀具的切削热只占总热量很小的一部分,但由于热量集中在切削部分,刀体小、热容量小,有时刀具切削部分会有很高的温升(可达 1000℃ 以上),对加工精度的影响是不可忽视的。

图 6-21 所示为车刀热伸长量与切削时间的关系。其中 A 是车刀连续切削时的热伸长曲线。切削开始时,刀具的温升和热伸长较快,随后趋于缓和,逐步达到热平衡(热平衡时间为 t_b)。当切削停止时,刀具温度开始下降较快,以后逐渐减缓,如图中曲线 B。图中 C 为加工一批短小轴件的刀具热伸长曲线。在工件的切削时间 t_m 内,刀具伸长到 a;在装卸工件时间 t_s 内,刀具又冷却收缩到 b,在加工过程中逐渐趋于热平衡。

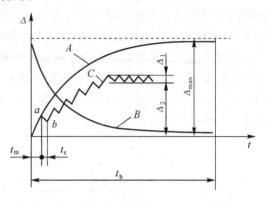

图 6-21 刀具热伸长量与切削时间的关系

为了减小刀具的热变形,应合理选择切削用量和刀具切削几何参数,并给以充分的冷却和润湿,以减少切削热,降低切削温度。

6.4.4 机床热变形对加工精度的影响

一般机床的体积较大,热容量也大,虽温升不高,但变形量不容忽视。且由于机床结构较复杂,加之达到热平衡的时间较长,使其各部分的受热变形不均,从而会破坏原有的相互位置精度,造成工件的加工误差。

由于机床结构形式和工作条件不同,引起机床热变形的热源和变形形式也不相同。对于车、铣、钻、镗类机床,主轴箱中的齿轮、轴承摩擦发热和润滑油发热是其主要热源,使主轴箱及与之相连部分(如床身或立柱)的温度升高而产生较大变形。例如车床类机床的主要热源是主轴箱中的轴承、齿轮、离合器等传动副的摩擦使主轴箱和床身的温度上升,从而造成了机床主轴抬高和倾斜。图 6-22 所示为一台车床在空转时,主轴温升与位移的测量结果。主轴在水平方向的位移只有 $10\mu m$,而垂直方向的位移却达到 $180\sim200\mu m$。这对于刀具水平安装的卧式车床的加工精度影响较小,但对于刀具垂直安装的自动车床和转塔车床来说,其对加工精度的影响就不容忽视了。

对大型机床如导轨磨床、外圆磨床、龙门铣床等长床身部件,其温差的影响也是很显著的。一般由于温度分层变化,床身上表面比床身的底面温度高而形成温差,因此床身将产生弯曲变形,表面呈中凸状如图 6-23 所示。

假设床身长 $L=3120mm$,高 $H=620mm$,温差 $\Delta t=1℃$,铸铁线膨胀系数为 $\alpha=11\times10^{-6}$,则床身的变形量为

$$\Delta=\alpha\Delta tL^2/8H=11\times10^{-6}\times1\times3120^2/(8\times620)=0.022(mm)$$

这样,床身导轨的直线性明显受到影响。另外,立柱和溜板也因床身的热变形而产生相应的位置变化(见图 6-23)。

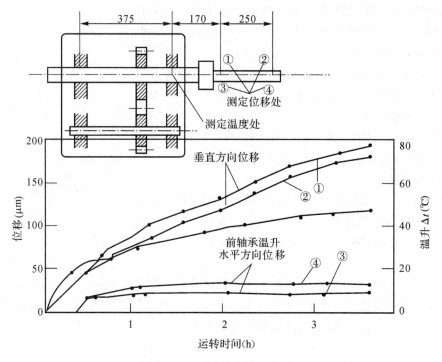

图 6-22　车床主轴箱热变形

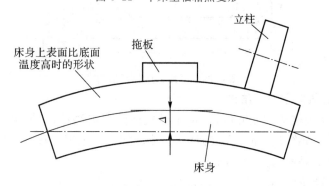

图 6-23　床身纵向温度热效应的影响

6.4.5　减少工艺系统热变形对加工精度影响的措施

1. 减少发热和隔热

不仅要正确选用切削和磨削用量、刀具和砂轮,还要及时地刃磨刀具和修整砂轮,以免产生过多的加工热。从机床的结构和润滑方式看,要注意减少运动部件之间的摩擦,减少液压传动系统的发热。切削中内部热源是机床产生热变形的主要根源。为了减少机床的发热,在新的机床产品中凡是能从主机上分离出去的热源,一般都有分离出去的趋势。如电动机、齿轮箱、液压装置和油箱等已有不少分离出去的实例。对于不能分离出去的热源,如主轴轴承、丝杠副、高速运动的导轨副、摩擦离合器等,可从结构和润滑等方面改善其摩擦特性,减少发热,例如采用静压轴承、静压导轨、低黏度润滑油、锂基润滑脂等。

2. 加强散热能力

采用高效的冷却方式,如喷雾冷却、冷冻机强制冷却等,加速系统热量的散出,有效地控制系统的热变形。图 6-24 所示为一台坐标镗床的主轴箱用恒温喷油循环强制冷却的实验结果。当不采用强制冷却时，机床运转 6h 后，主轴与工作台之间在垂直方向发生了 $190\mu m$ 的位移，而且机床尚未达到热平衡(图中曲线 1)；当采用强制冷却后，上述热变形减少到 $15\mu m$，而且机床运转不到 2h 时就达到了热平衡(图中曲线 2)。

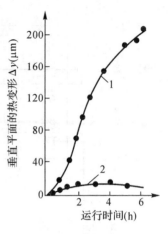

图 6-24　强制冷却对坐标镗床的影响

目前，大型数控床机、加工中心机床都普遍使用冷冻机对润滑油和切削液进行强制冷却，以提高冷却的效果。

3. 均衡温度场

在机床设计时，采用热对称结构和热补偿结构，使机床各部分受热均匀，热变形方向和大小趋于一致，或使热变形方向为加工误差非敏感方向，以减小工艺系统热变形对加工精度的影响。

图 6-25 所示为 M7140 型磨床所采用的均衡温度场措施的示意图。该机床油池位于床身底部，油池发热会使床身产生中凹(达 0.265mm)。经改进，在导轨下配置油沟，导入热油循环，使床身上下温差大大减小，热变形量也随之减小。

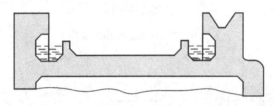

图 6-25　平面磨床补偿油沟

4. 采用合理的机床零部件结构

例如，传统的牛头刨滑枕截面结构，由于导轨面的高速滑动，摩擦生热，使滑枕上冷下热，产生弯曲变形。若将导轨布置在截面中间，使滑枕截面上下对称，就可大大地减小其弯曲变形。这种结构常被称为热对称结构。

5. 控制环境温度的变化

环境温度的变化和室内各部分的温差，将使工艺系统产生热变形，从而影响工件的加工精度和测量精度。因此，在加工或测量精密零件时，应控制室温的变化。

精密机床(如精密磨床、坐标镗床、齿轮磨床等)一般安装在恒温车间，以保持其温度的恒定。恒温精度一般控制在 $\pm1℃$，精密级为 $\pm0.5℃$，超精密级为 $\pm0.01℃$。

采用机床预热也是一种控制温度变化的方法。由热变形规律可知，热变形影响较大的是在工艺系统升温阶段，当达到热平衡后，热变形趋于稳定，加工精度就容易控制。因此，对精密机床特别是大型精密机床，可在加工前预先开动，高速空转，或人为地在机床的适当部位附设加热源预热，使它达到热平衡后再进行加工。基于同样原因，精密加工机床应尽量避免较长时间的中途停车。

6.5　工艺系统质量控制及加工误差统计分析

前面我们已经对影响精度的各种主要因素及其物理、力学本质进行了分析,也提出了一些解决问题的途径,但都是局部的、单方向的。生产实际中影响加工精度的因素往往是错综复杂的,很难用单方面的原因来分析清楚,因而需要结合数理统计方法来解决问题。

6.5.1　加工误差的分布规律

按照在加工一批工件时的误差表现形式,加工误差可分为系统误差和随机误差两大类。

1. 系统误差

在顺序加工一批工件中,其加工误差的大小和方向都保持不变,或者按一定规律变化,统称为系统误差。前者称常值系统误差,后者称变值系统误差。系统误差相对于人们是大小和方向已被掌握了的,可以用代数和来进行综合计算的。

加工原理误差,机床、刀具、夹具的制造误差,以及工艺系统在均值切削力下的受力变形等引起的加工误差等均与加工时间无关,其大小和方向在一次调整中也基本不变,因此都属于常值系统误差。机床、夹具、量具等磨损引起的加工误差,在一次调整的加工中无明显的差异,故也属于常值系统误差。例如,用 $\varphi30mm$ 的钻头钻孔,钻头本身直径偏大 $0.01mm$,则整批零件加工后的孔径都将偏大 $0.01mm$,这里的常值系统性误差为 $+0.01mm$。

常值系统性误差与加工时间(顺序)无关。它可以预先估计,并且比较容易完全消除,不会引起工件尺寸波动(常值系统误差对于同批工件的影响是一致的,不会引起各工件之间的差异),也不会影响尺寸分布曲线形状。

在连续加工一批工件中,其加工误差的大小和方向按一定规律变化的系统误差,称为变值系统误差。机床、刀具和夹具等在热平衡前的热变形误差以及刀具的磨损等,随加工时间而有规律的变化,由此而产生的加工误差属于变值系统误差。如车削时,由于车刀磨损,车削出来的轴直径一个比一个大,而各轴直径的增大是有一定规律的。所以刀具磨损引起的误差是属于规律性变化的变值系统误差。其他如工艺系统的热变形,也属于规律性变化的系统误差。

变值系统性误差与加工时间(顺序)有关。它可以预先估计,同时较难完全消除;另一方面变值系统性误差会造成工件尺寸的增大或减小(变值系统误差虽然会引起同批工件之间的差异,但它是按照一定的规律而依次变化的,不会造成忽大忽小的波动),而且它影响尺寸分布曲线形状。

在工艺系统的热变形中,温升过程一般将引起变值系统误差,而在达到热平衡后,则又引起常值系统误差。

2. 随机误差

在顺序加工的一批工件中,其加工误差的大小和方向的变化是随机性的,称为随机误差。例如用一把铰刀加工一批工件的孔时,在相同的条件下,仍然得不到直径尺寸完全相同的孔。这是工艺系统中随机因素所引起的加工误差,是由许多相互独立的工艺因素微量的随机变化和综合作用的结果。毛坯误差(加工余量不均匀、材料硬度不均匀等)的复映、定位误差、夹紧误差(夹紧力时大时小)、工件内应力等因素都是变化不定的,都是引起随机误差的原因。如毛坯的余量大小不一致或硬度不均匀等因素,将引起切削力的变化。在变化切削力作用下,由于工艺系统的受力变形而导致的加工误差就带有随机性,属于随机误差。此外,定位误差、夹紧误差、多次调整的误差、残余应力引起的工件变形误差等都属于随机误差。

随机误差和系统误差的划分也不是绝对的,它们之间既有区别又有联系。例如加工一批零件时,如果是在机床一次调整中完成的,则机床的调整误差引起常值系统误差;如果是经过若干次调整完成的,则调整误差就引起随机误差。

误差性质不同,解决的途径也不同。对于常值系统误差,若能掌握其大小和方向,就可以通过调整消除;对于变值系统误差,若能掌握其大小和方向随时间变化的规律,则可通过自动补偿消除;对于随机误差,可采用统计分析法,缩小它们的变动范围。

6.5.2 加工误差的统计分析方法

在生产实际中,常用统计分析法研究加工精度。统计分析法是以现场观察所得资料为基础的,主要有分布曲线法和点图分析法。

1. 分布曲线法

(1)实际分布曲线(见图 6-26)

成批加工某种零件,抽取其中一定数量进行测量,抽取的这批零件称为样本,样本的件数 n 称为样本容量。由于随机误差和变值系统误差的存在,所测零件的加工尺寸或偏差是在一定范围内变动的随机变量,这种现象称为尺寸分散,用 x 表示。样本尺寸或偏差的最大值 x_{max} 与最小值 x_{min} 之差,称为极差(分散范围),用 R 表示。

将样本尺寸或偏差按大小顺序排列,并将它们分成 k 组,组距为 d。d 可按下式计算:

$$d = \frac{R}{k-1} \tag{6-21}$$

同一尺寸或同一误差组的零件数量 m 称为频数。频数 m 与样本容量 n 之比称为频率,用 f 表示。即

$$f = \frac{m}{n} \tag{6-22}$$

频率 f 除以组距 d 所得的商称为频率密度。

选择组数 k 和组距 d 要适当。组数过多、组距太小,分布图会被频数随机波动所歪曲;组数太少、组距太大,分布特征将被掩盖。k 值一般应根据样本容量来选择(见表 6-1)。

表 6-1 组数的选择

n	25~40	40~60	60~100	100	100~160	160~250
k	6	7	8	10	11	12

以工件尺寸(或误差)为横坐标,以频数或频率密度为纵坐标,就可作出该批工件加工尺寸(或误差)的实验分布图,即直方图。再连接直方图中每一直方宽度的中点(组中值)得到一条折线,即实际分布曲线,如图 6-26 所示。

为了分析该工序的加工精度情况,可在直方图上标出该工序的加工公差带位置,并计算出该样本的统计数字特征,即平均值 $\bar{x}$ 和标准差 s。

样本的平均值 $\bar{x}$ 表示该样本的尺寸分布中心,其计算公式如下:

$$\bar{x} = \frac{1}{n} \sum_{i=1}^{n} x_i \tag{6-23}$$

式中：x_i—— 各样件的实测尺寸（或偏差）。

样本的标准差 s 反映了该工件的尺寸分散程度，其计算公式如下：

$$s = \sqrt{\frac{1}{n-1}\sum_{i=1}^{n}(x_i - \overline{x})^2} \qquad (6\text{-}24)$$

（2）理论分布曲线

研究加工误差时，常常应用数理统计学中的一些理论分布曲线来近似代替实验分布曲线，这样做常常可使误差分析问题得到简化。下面介绍几种与加工误差有关的常用理论分布曲线。

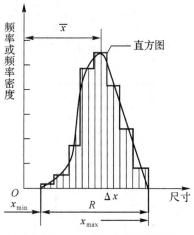

图 6-26　实际分布曲线（直方图）

1）正态分布

概率论已经证明，相互独立的大量微小随机变量，其总和的分布符合正态分布。大量实验表明，在机械加工中，用调整法加工一批零件时，其尺寸误差是很多相互独立的因素综合作用的结果，如果其中没有一个因素起决定作用，则加工后零件的尺寸分布服从正态分布曲线（又称高斯曲线），如图 6-27 所示。

其概率密度函数表达式为

$$y = \frac{1}{\sigma\sqrt{2\pi}}e^{-\frac{1}{2}\left(\frac{x-\mu}{\sigma}\right)^2} \quad (-\infty < x < +\infty, \sigma > 0) \qquad (6\text{-}25)$$

式中：y——分布的概率密度；

　　　x——随机变量；

　　　μ——正态分布随机变量总体的算术平均值；

　　　σ——正态分布随机变量的标准差。

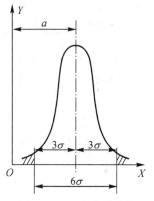

图 6-27　正态分布曲线

平均值 $\mu=0$，标准差 $\sigma=1$ 的正态分布，称为标准正态分布，记为 $x(z)\sim N(0,1)$。

正态分布函数是正态分布概率密度函数的积分，即

$$F(x) = \frac{1}{\sigma\sqrt{2\pi}}\int_{-\infty}^{x} e^{-\frac{1}{2}\left(\frac{x-\mu}{\sigma}\right)^2}\mathrm{d}x \qquad (6\text{-}26)$$

由式（6-26）可知，$F(x)$ 为正态分布曲线上下积分限间包含的面积，它表示随机变量 x 落在区间 $(-\infty, x)$ 上的概率。为了计算方便，将标准正态分布函数的值计算出来，制成数表（见表 6-2）。任何非标准的正态分布都可以通过坐标变换 $z=\dfrac{x-\mu}{\sigma}$，变为标准的正态分布，故可以利用标准正态分布的函数值，求得各种正态分布的函数值。令 $z=\dfrac{x-\mu}{\sigma}$，并取

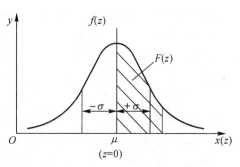

图 6-28　正态分布曲线

$$F(z) = \frac{1}{\sqrt{2\pi}} \int_0^z e^{-\frac{z^2}{2}} \mathrm{d}z$$

$F(z)$ 为图 6-28 中阴影部分的面积。对于不同 z 值的 $F(z)$，可由表 6-2 查出。

表 6-2　$F(z)$ 值

I_x	$F(I_x)$	I_x	$F(I_x)$	I_x	$F(I_x)$	I_x	$F(I_x)$
0.0	0.0000	0.80	0.2881	1.80	0.4641	2.80	0.4974
0.05	0.0199	0.90	0.3159	1.90	0.4713	2.90	0.4981
0.10	0.0398	1.00	0.3413	2.00	0.4772	3.00	0.49865
0.15	0.0596	1.10	0.3643	2.10	0.4821	3.20	0.49931
0.20	0.0793	1.20	0.3849	2.20	0.4861	3.40	0.49966
0.30	0.1179	1.30	0.4032	2.30	0.4893	3.60	0.499841
0.40	0.1554	1.40	0.4192	2.40	0.4918	3.80	0.499928
0.50	0.1915	1.50	0.4332	2.50	0.4938	4.00	0.499968
0.60	0.2257	1.60	0.4452	2.60	0.4953	4.50	0.499997
0.70	0.2580	1.70	0.4554	2.70	0.4965		

从正态分布图可看出下列特征：

①曲线以 $x = \mu$ 直线为左右对称，靠近 μ 的工件尺寸出现概率较大，远离 μ 的工件尺寸出现概率较小。

②对 μ 的正偏差和负偏差，其概率相等。

③分布曲线与横坐标所围成的面积包括了全部零件数（即 100%），故其面积等于 1。当 $z = \pm 3$ 时，即 $x - \mu = \pm 3\sigma$ 时，由表 6-2 查得 $F(3) = 0.49865 \times 2 = 99.73\%$。这说明随机变量 x 落在 $\pm 3\sigma$ 范围内的概率为 99.73%，落在此范围以外的概率仅为 0.27%。因此，可以认为正态分布的随机变量的分散范围是 $\pm 3\sigma$，就是所谓的 $\pm 3\sigma$ 原则。

$\pm 3\sigma$（或 6σ）的概念，在研究加工误差时应用很广，是一个很重要的概念。6σ 的大小代表某加工方法在一定条件（如毛坯余量，切削用量，正常的机床、夹具、刀具等）下所能达到的加工精度，所以在一般情况下，应该使所选择的加工方法的标准偏差 σ 与公差带宽度 T 之间具有下列关系：

$$6\sigma \leqslant T$$

但考虑到系统性误差及其他因素的影响，应当使 6σ 小于公差带宽度 T，方可保证加工精度。

如果改变参数 $\mu = \bar{x}$（σ 保持不变），则曲线沿 x 轴平移而不改变其形状，$\bar{x}$ 的变化主要是常值系统性误差引起的。如果 $\bar{x}$ 值保持不变，当 σ 减小时，则曲线形状变陡峭；σ 增大时，曲线形状变平坦。σ 是由随机性误差决定的，随机性误差越大，则 σ 越大。

正态分布总体的 μ 和 σ 通常是不知道的，但可以通过它的样本平均值 $\bar{x}$ 和样本标准差 s 来估计。这样，成批加工一批工件时，只要抽检其中一部分，即可判断整批工件的加工精度。

2）非正态分布

工件的实际分布，有时并不近似于正态分布。例如将两次调整下加工的工件或两台机床上分别调整加工的工件混在一起，尽管每次调整时加工的工件都接近正态分布，但由于两个正态分布中心位置不同，叠加在一起就会得到双峰曲线（见图 6-29(a)）。也即随机性误差中混入了常值系统性误差，每组都有各自的分散中心和标准偏差。

当加工中刀具或砂轮的尺寸磨损比较显著时,所得一批工件的尺寸分布如图 6-29(b)所示。尽管在加工的每一瞬时,工件的尺寸呈正态分布,但是随着刀具和砂轮的磨损,不同瞬时尺寸分布的算术平均值是逐渐移动的(当均匀磨损时,瞬间平均值可看成是匀速移动),因此分布曲线呈现平顶形状。它实质上是正态分布曲线的分散中心在不断地移动,也即在随机性误差中混有变值系统性误差。

当工艺系统存在显著的热变形时,由于热变形在开始阶段变化较快,以后逐渐减弱,直至达到热平衡状态,因而在这种情况下分布曲线呈现不对称状态,称为偏态分布,如图 6-29(c)所示。

又如试切法加工时,由于主观上不愿意产生废品,加工孔时宁小勿大,加工外圆时宁大勿小,使分布图常常出现不对称现象。

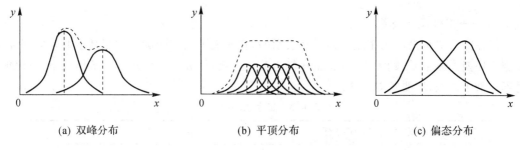

(a) 双峰分布　　　　　　　(b) 平顶分布　　　　　　　(c) 偏态分布

图 6-29　几种非正态分布

对于对称度误差、直线与平面的平行度误差、两直线间的垂直度误差、两平面间的垂直度误差,以及螺距误差、相邻周节误差等,由于只考虑误差的数值大小,而不考虑其方向,故其分布实质上是正态分布大于零的部分与小于零的部分对零轴线映射后的叠加,这种分布称为差数模分布,也是一种不对称分布。

对于同轴度误差、直线与直线平行度误差、直线与平面垂直度误差,以及端面圆跳动和径向圆跳动一类的误差,在不考虑系统误差的情况下,其误差分布接近瑞利分布。瑞利分布实质上是二维正态分布,在只考虑平面向量模的情况下转换成为一维分布。

对于非正态分布的分散范围,就不能认为是 6σ,而必须除以相对分布系数 。即非正态分布的分散范围为

$$T = \frac{6\sigma}{k}$$

(3)分布图分析法的应用

1)判别加工误差性质

如前所述,假如加工过程中没有明显的变值系统误差,其加工尺寸分布接近正态分布(形位误差除外),这是判别加工误差性质的基本方法之一。

生产中抽样后算出 $\bar{x}$ 和 s,绘出分布图。如果实际分布与正态分布基本相符,加工过程中没有变值系统性误差(或影响很小),这时就可进一步根据 $\bar{x}$ 是否与公差带中心重合来判断是否存在常值系统性误差(如果 $\bar{x}$ 值偏离公差带中心,则加工过程中,工艺系统有常值系统误差,其值等于分布中心与公差带中心的偏移量)。如果实际分布与正态分布有较大出入,则可根据直方图初步判断变值系统性误差是什么类型。

2)确定各种加工方法所能达到的精度

正态分布的标准差 σ 的大小表明随机变量的分散程度。如样本的标准差 s 较大，说明工艺系统随机误差显著。

由于各种加工方法在随机因素影响下所得的加工尺寸的分散规律符合正态分布，因而可以在多次统计的基础上，为每一种加工方法求得它的标准偏差 σ 值；然后按分布范围等于 6σ 的规律，即可确定各种加工方法所能达到的精度。

3）确定工序能力及其等级

所谓工序能力是指工序处于稳定、正常状态时，此工序加工误差正常波动的幅值。当加工尺寸服从正态分布时，根据 $\pm 3\sigma$ 原则，其尺寸分散范围是 6σ，所以工序能力就是 6σ。当工序处于稳定状态时，工序能力系数 C_p 可表示为

$$C_p = \frac{T}{6\sigma}$$

式中：T——工件尺寸公差。

工序能力等级是以工序能力系数来表示的，它代表了工序能满足加工精度要求的程度。根据工序能力系数 C_p 的大小，可将工序能力分为 5 级，如表 6-3 所示。一般情况下，工序能力不应低于二级，即要求 $C_p > 1$。

表 6-3　工序能力等级

工序能力系数	工序等级	说　　　明
$C_p > 1.67$	特级	工序能力过高，可以允许有异常波动，不经济
$1.67 \geqslant C_p > 1.33$	一级	工序能力足够，可以允许有一定的异常波动
$1.33 \geqslant C_p > 1.00$	二级	工序能力勉强，必须密切注意
$1.00 \geqslant C_p > 0.67$	三级	工序能力不足，会出现少量不合格品
$0.67 \geqslant C_p$	四级	工序能力很差，必须加以改进

4）估算合格品率或不合格品率

正态分布曲线与 x 轴之间所含的面积代表一批零件的总数 100%，如果尺寸分散范围大于零件的公差 T，则将有废品产生。如图 6-30 所示，在曲线下面到 C、D 两点间的面积（阴影部分）代表合格品的数量，而其余部分，则为废品的数量。当加工外圆表面时，图的左边空白部分为不可修复的废品，而图的右边空白部分为可修复的不合格品；加工孔时，恰好相反。对于某一规定的 x 范围的曲线面积，可由下面的积分求得

$$y = \frac{1}{\sigma\sqrt{2\pi}} \int_0^x e^{-\frac{x^2}{2\sigma^2}} dx \tag{6-27}$$

为了方便起见，设 $z = \dfrac{x}{\sigma}$，所以

$$y = \frac{1}{\sqrt{2\pi}} \int_0^x e^{-\frac{z^2}{2}} dz \tag{6-28}$$

正态分布曲线的总面积为

$$2\varphi(\infty) = \frac{1}{\sqrt{2\pi}} \int_0^\infty e^{-\frac{z^2}{2}} dz = 1 \tag{6-29}$$

在一定的 z 值时，函数 y 的数值等于加工尺寸在 x 范围的概率。

（4）分布曲线法的缺点

用分布曲线法分析加工误差有下列主要缺点：

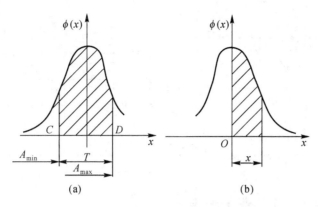

图 6-30　利用正态分布曲线估算次品率

1)分布曲线法属于事后分析,不能反映误差的变化趋势。加工中,随机性误差和系统性误差同时存在,由于分析时没有考虑工件加工的先后顺序,不能把随机性误差和变值性误差区分开来。

2)由于必须等一批工件加工完毕后,才能得出分布情况。因此不能在加工过程中及时提供控制精度的资料。

3)分布曲线法费时、不经济。

采用点图法可以弥补这些缺点。

2. 点图分析法

分析工艺过程的稳定性,通常采用点图法。点图分析法所采用的样本是顺序小样本,即每隔一定时间抽取样本容量 $n=5\sim10$ 的一个小样本,计算出各小样本的算术平均值 $\bar{x}$ 和极差 R。

(1)点图的形式

①单件点图是按加工顺序逐个地测量一批工件的尺寸,以工件的加工顺序号码为横坐标,以工件尺寸(尺寸误差或形位误差)作为纵坐标而绘制出的一种点图(如图 6-31(a)所示)。单件点图反映了零件加工尺寸的变化与加工顺序(或加工时间)的关系。

②分组点图是将一批零件依次按每 M 个分为一组进行分组,以横坐标代表分组顺序号,以纵坐标代表零件的实际尺寸而绘制出的点图(如图 6-31(b)所示)。分组点图的长度跟单件点图相比大为缩短,从中能看出各个瞬间的尺寸分散情况。

③$\bar{x}$ 点图是以分组顺序号为横坐标,以每组零件的平均尺寸 $\bar{x}$ 为纵坐标绘制的(如图 6-31(c)所示)。它能看出工件尺寸平均值的变化趋势(突出了变值系统性误差的影响)。

④极差 R 点图以分组顺序号为横坐标,以每组零件的极差(组内工件的最大尺寸与最小尺寸之差)为纵坐标绘制出的点图,简称 R 点图(如图 6-31(d)所示)。它主要用以显示加工过程中尺寸分散范围的变化情况。

$\bar{x}$ 点图控制工艺过程质量指标分布中心的变化,R 点图控制工艺过程质量指标分散范围的变化。在分析实际问题时,R 点图和 $\bar{x}$ 点图常常是联合起来使用的,因此称为 $\bar{x}-R$ 图,这是最常用的样组点图。

(2)$\bar{x}-R$ 图的应用

$\bar{x}-R$ 图是平均值 $\bar{x}$ 控制图和极差 R 控制图联合使用时的统称。前者控制工艺过程质量指标的分布中心,后者控制工艺过程质量指标的分散程度。

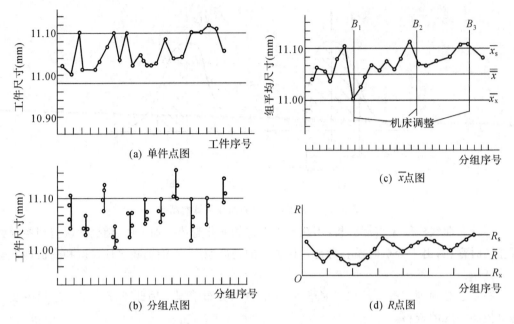

图 6-31　点图法的几种形式

在 $\bar{x}-R$ 图上,横坐标是按时间先后采集的小样本(称为样组)组序号,纵坐标分别为各小样本的平均值 $\bar{x}$ 和极差。在 $\bar{x}-R$ 图上各有三根线,即中心线和上、下控制线。点图能够观察出变值系统误差和随机误差的大小和变化规律,还可用来判断工艺过程的稳定性,并在加工过程中提供控制加工精度的资料。绘制 $\bar{x}-R$ 图是以小样本顺序随机抽样为基础的。在工艺过程进行中,每隔一定时间连续抽取容量 $n=2\sim10$ 件的一个小样本,求出小样本的平均值 $\bar{x}$ 和极差 R。经过若干时间后,就可取得若干个(例如 k 个)小样本,将各组小样本的 $\bar{x}$ 和 R 值分别点在相应的 $\bar{x}$ 图和 R 图上,即制成了 $\bar{x}-R$ 图。

判断工艺过程的稳定性,要根据 $\bar{x}-R$ 图,同时需要在 $\bar{x}-R$ 图上分别画出其中心线及上、下控制线,而控制线就是判断工艺过程稳定性的界限线。各线的位置公式可表示:

$\bar{x}$ 的中心线:$\bar{\bar{x}} = \dfrac{1}{k}\sum_{i=1}^{k}\bar{x}_i$

$\bar{x}$ 的上控制线:$\bar{x}_s = \bar{\bar{x}} + A\bar{R}$

$\bar{x}$ 的下控制线:$\bar{x}_x = \bar{\bar{x}} - A\bar{R}$

R 图的中心线:$\bar{R} = \dfrac{1}{k}\sum_{i=1}^{k}R_i$

R 图的上控制线:$R_s = D_1\bar{R}$

R 图的下控制线:$R_x = D_2\bar{R}$

式中:A、D_1、D_2——常数,可由表 6-4 查得。

表 6-4　d、a_n、A、D_1、D_2 的值

n(件)	d	a_n	A	D_1	D_2
4	0.880	0.486	0.73	2.28	0
5	0.864	0.430	0.58	2.11	0
6	0.848	0.395	0.48	2.00	0

(3)$\bar{x}-R$ 控制图分析

控制图上的点子变化反映了工艺过程是否稳定。点图上点子波动有两种情况:第一种情况只是随机性波动,其特点是浮动的幅值一般不大,这种正常波动是工艺系统稳定的表现;第二种情况是工艺过程中存在某种占优势的误差因素,以致点图上的点子具有明显的上升或下降倾向,或出现幅值很大的波动,称这种情况为工艺系统不稳定。一旦出现异常波动,就要及时寻找原因。正常波动与异常波动判别标志如表 6-5 所示。

表 6-5　正常波动与异常波动的标志

正　常　波　动	异　常　波　动
1. 没有点子超出控制线 2. 大部分点子在中心线上下波动,小部分点子在控制线附近 3. 点子没有明显规律性	1. 有点子超出控制线 2. 点子密集在中线附近 3. 点子密集在控制线附近 4. 连续 7 点以上出现在中线一侧 5. 连续 11 点中有 10 点出现在中线一侧 6. 连续 14 点中有 12 点出现在中线一侧 7. 连续 17 点中有 14 点出现在中线一侧 8. 连续 20 点中有 16 点出现在中线一侧 9. 点子有上升或下降倾向 10. 点子有周期性波动

例 6-1　在自动车床上加工销轴,直径要求为 $d=\varphi 12\pm 0.013\text{mm}$。现按时间顺序,先后抽检 20 个样组,每组取 5 件样件。在千分比较仪上测量,比较仪按 $\varphi 11.987\text{mm}$ 调整零点,测量数据列于表 6-6 中,单位为 μm。试作出 $\bar{x}-R$ 图,并判断该工序工艺过程是否稳定。

表 6-6　测量数据

样组号	样件测量值					$\bar{x}$	R	样组号	样件测量值					$\bar{x}$	R
	x_1	x_2	x_3	x_4	x_5				x_1	x_2	x_3	x_4	x_5		
1	28	20	28	14	14	20.8	14	11	16	21	14	15	16	16.4	7
2	20	15	20	20	15	18	5	12	16	17	14	15	15	15.4	3
3	8	3	15	18	18	12.4	15	13	12	12	10	8	12	10.8	4
4	14	15	15	14	17	15.2	3	14	10	10	7	18	15	13.6	11
5	13	17	17	17	13	15.4	4	15	14	15	18	24	10	16.2	14
6	20	10	14	15	19	15.6	10	16	19	18	13	14	24	17.6	11
7	10	15	20	10	13	15.4	10	17	28	25	20	23	20	23.2	8
8	18	18	20	25	20	20.4	7	18	18	17	25	28	21	21.8	11
9	12	8	12	16	18	13	10	19	20	21	19	21	30	22.2	11
10	10	5	11	15	9	10	10	20	18	28	22	18	20	21.2	10

解　(1)计算各样组的平均值和极差,如表 6-6 所示。

(2)计算 $\bar{x}-R$ 控制线,分别为

$\bar{x}$ 图:中心线　$\bar{\bar{x}}=16.73(\mu m)$

　　　　　上控制线　$x_s=\bar{\bar{x}}+A\bar{R}=21.89(\mu m)$

　　　　　下控制线　$x_x=\bar{\bar{x}}-A\bar{R}=11.57(\mu m)$

R 图:中心线　$\bar{R}=8.9(\mu m)$

上控制线　$R_s = D_1 \bar{R} = 89 (\mu m)$

下控制线　$R_x = 0$

（3）根据以上结果作出 $\bar{x}-R$ 图，如图 6-32 所示。

（4）判断工艺过程稳定。由图 6-32 可以看出，有 4 个点越出控制线，表明工艺过程不稳定，应查找出原因，采取措施，消除异常变化。

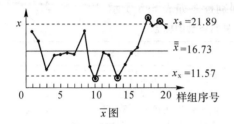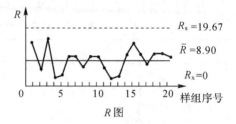

图 6-32　$\bar{x}-R$ 点图实例

点图可以提供该工序中误差的性质和变化情况等工艺资料，因此可用来估计工件加工误差的变化趋势，并据此判断工艺过程是否处于控制状态，机床是否需要重新调整。

3. 保证和提高加工精度的途径

在机械加工过程中，由于工艺系统存在各种原始误差，这些误差在不同的加工条件下，以不同的程度反映为零件的加工误差。因此，为保证和提高机械加工精度，就必须设法直接控制原始误差的产生或控制原始误差对零件加工精度的影响。其方法主要是从误差预防与误差补偿两个方面进行考虑。

（1）减少或消除原始误差

提高零件加工时所使用的机床、夹具、量具及工具的精度，以及控制工艺系统受力、受热变形等均属于直接减少原始误差。为了有效提高加工精度，应根据具体加工情况对其主要的原始误差采取措施加以减少或消除。在加工精密零件时，应尽可能提高所使用机床的几何精度、刚度及控制加工过程中的热变形；对低刚度零件的加工，主要是尽量减少工件的受力变形；对具有型面的零件加工，则主要是减少成形刀具的形状及刀具的安装误差。

在加工细长轴时，因工件刚性差，容易产生弯曲变形和振动，得不到准确的几何形状精度。应用跟刀架后，有所改善，但仍难车出较高的精度和较低的粗糙度。在采用跟刀架后，虽然能够增加工件的刚度，消除径向切削力 F_n 把工件顶弯的因素，但还不能解决轴向切削力 F_x 把工件压弯的问题。当工件长径比（L/D）较大时，这种弯曲变形更为显著，工件弯曲后，在高速回转下，由于离心力的作用，更加剧了变形，并引起振动。同时工件在切削热作用下，产生热伸长，如卡盘和顶尖间距离是固定的，工件在轴向就不能自由伸长，因此产生了轴向力，更进一步加剧了工件的弯曲。加工丝杠时，在粗车外圆和粗加工螺纹工序之后，如不松开顶尖，这种现象是十分显著的。

为了消除和减少上述误差，可以采取下列措施：

①采用反向进给的切削方法，进给方向由卡盘一端指向尾座，此时 F_x 对工件的作用（从卡盘到切削所在点的一段）是拉伸而不是压缩，同时应用弹性的尾座顶尖，就不会把工件压弯。

②采用大进给量和较大的主偏角车刀，增大了 F_x 力，工件在强有力的拉伸作用下，还能消除径向的颤动，使切削平稳。

③在卡盘一端的工件上，车出一个缩颈部分，缩颈直径 $d \approx D/2$（D 为工件坯料的直

径)。工件在缩颈部分的直径减少后,柔性增加,能具有自位作用,消除了由于坯料本身的弯曲而在卡盘强制夹持下轴心线随之歪斜的影响。

通过上述几点措施,可以直接消除或减少加工细长轴的弯曲变形误差。

(2)转移原始误差

对于工艺系统的原始误差,也可在一定条件下,将其转移到不影响加工精度的方面或误差的非敏感方向。这样可在不减少原始误差的情况下,获得较高的加工精度。例如大型龙门式机床的横梁较长,常常由于主轴箱等部件重力的作用而产生弯曲的扭曲变形。为消除此原始误差的影响,可以在横梁上再安装一根附加梁,使它承担铣头和配重的重量,把弯曲变形转移到附加梁上去。很明显,附加梁的受力变形对加工精度没有任何影响,但同时机床的结构也变得复杂了。

在成批生产中可以采用专用的工具或其他的辅助装置,在一般精度的机床上加工出精度较高的工件来。例如常用镗模夹具来加工箱体工件的孔系,即使在机床精度不高的情况下,机床的误差也能完全转移,此时工件的加工精度就完全决定于镗杆和镗模的制造精度,制作工夹具比机床要简单,易保证精度。又如在普通的镗床或立铣床上,采用了精密量棒、千分表以及内径千分尺等辅助工具,就可以镗出孔心距精度要求很高的孔来。总之,当机床精度达不到加工精度要求时,不能只局限于提高机床精度的办法,而应在工艺方法和夹具上进行改进,创造条件,使机床的各类误差转移掉,常常是一种经济可行的办法。

另一方面,各种原始误差反映到零件加工误差上去的程度,与其是否在误差敏感方向上有直接关系。在加工过程中,若设法将原始误差转移到加工误差的非敏感方向(即加工表面的切线方向)上,则可大大提高加工精度。例如,对具有分度或转位的多工位加工工序,由于分度、转位的误差将直接影响零件有关表面的加工精度。此时,若将切削刀具安装到适当位置,使分度、转位误差处于零件加工表面的切线方向,则可显著减少其影响。例如,车刀的误差敏感方向是工件的直径方向,所以,转塔车床在生产中都采用"立刀"安装法,把刀刃的切削基面放在垂直平面内,这样可把刀架的转位误差转移到误差不敏感的切线方向。

(3)误差分组

为了获得精密的轴孔配合,就必须把轴、孔加工得精确。如果由于制造公差太小,用现有的设备加工不经济,甚至不可能时,我们可以把公差 T 增大几倍,得到一种经济可行的公差 $T'(T'=nT)$,工件按公差 T' 加工后,全部工件经过精密测量,将其分成几组,使每一组中的工件公差都等于规定的公差 $T(T=T'/n)$,再将相应组零件装配在一起,即可得到所规定的配合精度。

在加工过程中,由于上道工序的毛坯精度起了变化,可能会影响本工序的加工精度,此时也可以采用分组调整(即均分误差)的方法,把毛坯误差的大小分为几组,每组毛坯误差的范围就缩小为 $1/n$,然后按各组毛坯分别调整刀具相对于工件的位置,使各组工件尺寸分散范围中心基本上一致,那么整批工件的尺寸分散就比分组调整以前小得多了。

误差分组法的实质,是用提高测量精度的手段来弥补加工精度的不足,从而达到较高的精度要求。当然,测量、分组需要花费时间,故一般只是在配合精度很高,而加工精度不宜提高时采用。

(4)就地加工法

就地加工,不但在机床装配中用来达到最终精度,而且在零件的机械加工中也常常用来作为保证加工精度的有效措施。牛头刨床、龙门刨床为了使其工作台面对滑枕、横梁保持平行的位置关系,装配后在自身机床上进行"自刨自"的精加工。车床为了保证三爪卡盘卡爪的装夹面与主轴回转轴线同轴,也常采用"就地加工"的方法,对卡爪的装夹面进行就地车削(对于软爪)或就地磨削(需在溜板箱上装磨头)。在车削精密丝杠时采用的"自干自"方法,也是就地加工的一个典型例子。

如图 6-33 所示为六角车床转塔上 6 个安装刀架的大孔及端面的加工(转塔上 6 个安装刀架的大孔,其轴心线必须保证和主轴回转中心线重合,而 6 个面又必须和主轴中心线垂直)。这些表面在装配前不进行精加工,等它装配到机床上以后,再在主轴上装上镗杆和能作自动径向进给的刀架,镗和车削 6 个大孔及端面。

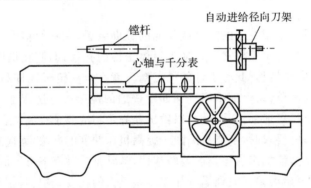

图 6-33 六角车转塔上 6 个大孔和平面的加工与检验

(5)控制加工过程中温升

大型精密丝杠加工中,需要严格控制机床和工件在加工过程中的温度变化,可采取如下措施:

①母丝杠采用空心结构,通入恒温油使母丝杠保持恒温。

②采用淋浴的方法使工件保持恒温。

(6)在线自动补偿

从误差的性质来看,常值系统误差是比较容易处理的,只要把它量出来,就可以应用前面讲的误差预防技术来达到消除或减少误差的目的。对于变值的系统误差就不是用一种固定的补偿量所能解决的,而是必须使用加工过程中的积极控制方法。加工过程中积极控制的特点是能在加工循环中,利用测量装置连续地测出工件的实际尺寸(或形状及位置精度),随时给刀具以附加的补偿量以控制刀具和工件间的相对位置,直至实际值与设定值的差值不超过预定的公差为止。现代机械加工中的自动测量和自动补偿技术就属于这种形式。

(7)配对加工

这种方法是将互配件中的一个零件作为基准,去控制另一个零件的加工精度。在加工过程中,自动测量工件的实际尺寸和基准件的尺寸比较,直至达到规定的差值时机床自动停止加工。柴油机高压油泵柱塞的自动配磨采用的就是这种形式。

图 6-34 所示为自动配磨装置的原理框图。当测孔仪和测轴仪进行测量时,测头的机械位移就改变了电容发送器的电容量。孔与轴的尺寸之差转化成电容量变化之差,使电桥 2 输入桥臂的电参数发生变化,在电桥的输出端形成一个输出电压。该电压经过放大和交直流转换以后,控制磨床的动作和指示灯的明灭,最终保证被磨柱塞与被测柱塞套有合适的间隙。

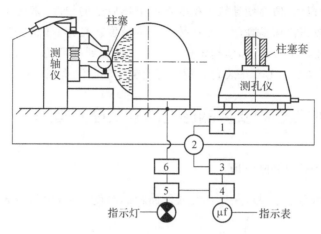

图 6-34　高压油泵偶件自动配磨装置示意图

1—高频振荡发生器；2—电桥；3—三级放大器；
4—相敏检波；5—直流放大器；6—执行机构

（8）误差补偿法

误差补偿就是人为地造成一种新的误差去抵消原有的原始误差，或利用原有的一种误差去补偿另一种误差，从而达到减少加工误差的目的。尽量使两者大小相等、方向相反，从而达到减少加工误差、提高加工精度的目的。图 6-35 所示为受机床部件和工件自重影响，龙门刨床横梁导轨弯曲变形引起的加工误差。采用误差补偿法，在横梁导轨制造时故意使导轨面产生向上的几何形状误差，以抵消横梁因自重而产生的向下垂的受力变形。

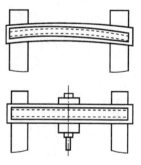

误差补偿和误差抵消在方式上虽有些区别，但在本质上却没有什么不同，所以在生产中，往往把两者统称为误差补偿。在生产实际中，采用误差补偿的场合是很多的。

图 6-35　龙门刨床
横梁导轨变形

例如，用预加载荷法精加工磨床床身导轨，借以补偿装配后受部件自重而引起的变形。磨床床身是一个狭长的结构，刚度较差，在加工时，导轨三项精度虽然都能达到，但在装上进

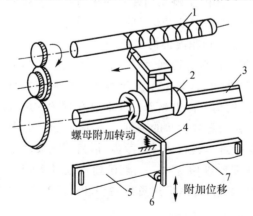

图 6-36　螺纹加工校正装置

1—工件；2—丝杆螺母；3—车床丝杆；4—杠杆；5—校正尺；6—滚柱；7—工作尺面

给机构、操纵机构等以后,便会使导轨产生变形而破坏原来的精度,采用预加载荷法可补偿这一误差。又如用校正机构提高丝杠车床传动链的精度。在精密螺纹加工中,机床传动链误差将直接反映到工件的螺距上,使精密丝杠加工精度受到一定的影响。为了满足精密丝杠加工的要求,采用螺纹加工校正装置以消除传动链造成的误差,如图 6-36 所示。

6.6 机械加工表面质量的影响因素及控制措施

6.6.1 表面粗糙度的形成

切削加工表面粗糙度主要取决于切削残留面积的高度,并与切削表面塑性变形及积屑瘤的产生有关。

1. 影响切削残留面积高度的因素

图 6-37 所示为车削加工残留面积的高度。图 6-37(a)为使用直线刀刃切削的情况,其切削残留面积高度为

$$H = \frac{f}{\cot\kappa_r + \cot\kappa_r'} \tag{6-30}$$

图 6-37(b)所示为使用圆弧刀刃切削的情况,其切削残余面积的高度为

$$H = \frac{f^2}{8r_\varepsilon} \tag{6-31}$$

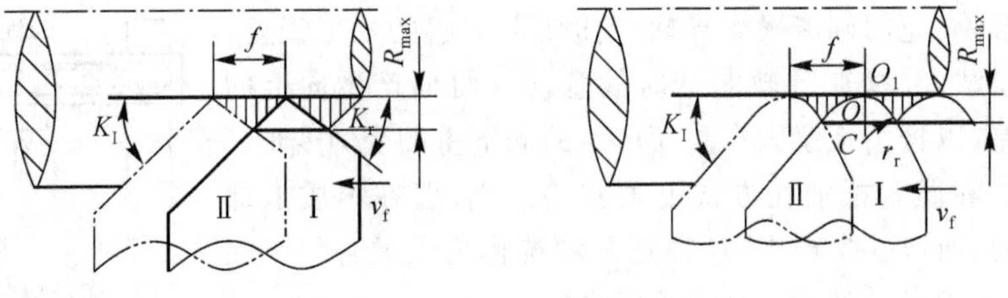

(a) $r_r = 0$时   (b) $r_r \neq 0$时

图 6-37 残留面积高度 R_{max}

从式(6-30)和式(6-31)可知,影响切削残留面积高度的因素主要包括刀尖圆弧半径 r_ε、主偏角 κ_r、副偏角 κ_r' 及进给量 f 和刀刃本身的粗糙度等。

2. 影响切削表面塑性变形和积屑瘤的因素

图 6-40 所示为加工塑性材料时切削速度对表面粗糙度的影响。切削速度 v 处于 20～50m/min 时,表面粗糙度值最大,这是由于此时容易产生积屑瘤或鳞刺。积屑瘤是切削塑性金属时,在主切削刃附近的前刀面上粘着一块剖面有时呈三角状的硬块;鳞刺是指切削加工表面在切削速度方向产生的鱼鳞片状的毛刺。在切削低碳钢、中碳钢、铬钢、不锈钢、铝合金、紫铜等塑性金属时,无论是车、刨、钻、插、滚齿、插齿和螺纹加工工序中都可能产生鳞刺。积屑瘤和鳞刺均会使表面粗糙度值加大。当切削速度超过 100m/min 时,表面粗糙度值下降,并趋于稳定。在实际切削时,选择低速宽刀精切和高速精切,往往可以得到较小的表面粗糙度。

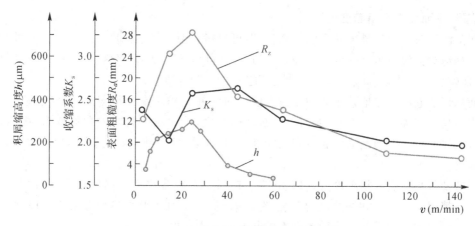

图 6-38　切削 45 钢时切削速度与粗糙度关系

6.6.2　影响表面粗糙度的工艺因素及改善措施

从表面粗糙度的成因可以看出,影响表面粗糙度的因素可以分为三类:第一类是与切削刀具有关的因素;第二类是与工件材质有关的因素;第三类是与加工条件有关的因素。

与切削刀具有关的因素主要是刀具的几何参数。

适当增大前角,刀具易于切入工件,塑性变形小,有利于减小表面粗糙度值。但若前角太小,刀刃有嵌入工件的倾向,反而使表面变粗糙。负前角对减小表面粗糙度不利。

当前角一定时,后角越大,切削刃钝圆半径越小,刀刃越锋利。同时增大后角还能减小后刀面与加工表面间的摩擦和挤压,有利于减小表面粗糙度值。但后角变大,对刀刃强度不利,容易产生切削振动而使表面粗糙度值增大。

从几何因素来看,增大 r_ε 会减小表面粗糙度值。

与工件材质相关的因素包括材料的塑性、金相组织等。一般说来,材料韧性越大或塑性变形趋势越大,被加工表面粗糙度就越大。切削脆性材料比切削塑性材料容易达到表面粗糙度的要求。对于同样的材料,金相组织越是粗大,切削加工后的表面粗糙度值也越大。为减小切削加工后的表面粗糙度值,常在精加工前进行调质等处理,目的在于得到均匀细密的晶粒组织和较高的硬度。

工件金相组织的晶粒越细,加工后表面粗糙度值越小。

实验研究还证明,同样的材料,热处理得到的硬度越高,切削加工后所得到的表面粗糙度值越小。但在高速切削时,不同硬度的工件所得到的表面粗糙值差别都很小,这是因为高速切削时,工件表面温度可达 800℃以上,此时无论工件材料原始硬度如何,工件性能都会趋于一致,而使加工后的工件表面粗糙度的差别减小。

与加工条件有关的因素包括切削用量、冷却条件以及工艺系统的精度与抗震性等。

切削用量中的切削速度对表面粗糙度的影响比较复杂。一般情况下,低速或高速切削时,因不会产生积屑瘤,故加工表面粗糙度值都较小。但在中等速度下,塑性材料由于容易产生积屑瘤与鳞刺,且塑性变形大,因此表面粗糙度值会变大。

从几何因素可以看出,进给量越大,表面粗糙度也越大。另一方面,进给量增加,塑性变形增大,表面粗糙度也增大。因此,减小进给量对表面粗糙度值很有利。但当进给量太小而刀刃又不够锋利时,由于机床进给系统产生爬行,刀刃不能切削而形成挤压,增大了工件的塑性变形,反而使表面粗糙度值变大。

切削深度对表面粗糙度的影响不大,一般可忽略。但当切削深度 $a_p < 0.02mm$ 时,由于刀刃不是绝对尖锐而是有一定的半径,这时正常切削就不能维持,经常与工件发生挤压与摩擦,从而使表面恶化,因此加工时,不能选用过小的切削深度。

使用切削液能有效地减小表面粗糙度值。切削液的作用是冷却与润滑,它能减少切削过程中刀具与工件加工表面间的摩擦,降低切削温度,从而减小材料的塑性变形,抵制积屑瘤与鳞刺的产生。当切削液中含有表面活性物质,如硫、氯等化合物时,润滑性能增强,作用更为显著。

想得到很小的表面粗糙度参数值,要求工艺系统必须有很高的精度与刚度,例如,要求机床有高精度的主运动和进给运动系统,有高的刚度,受力变形与热变形很小,有较强的抗震性等。这些都是获得较小表面粗糙度的必要和基本条件。

以上对影响表面粗糙度的因素做了分析。如何减小加工表面粗糙度,除了从上述几个方面考虑而采取相应的措施外,还可以从加工方面着手改善,如用研磨、珩磨和超精加工等。

6.6.3　磨削加工后的表面粗糙度

1. 磨削用量对表面粗糙度的影响

(1)砂轮的速度越高,单位时间内通过被磨表面的磨粒数就越多,因而工件表面的粗糙度值就越小。同时,砂轮速度越高,就有可能使表面金属塑性变形的传播速度大于切削速度,工件材料来不及变形,致使表层金属的塑性变形减小,磨削表面粗糙度值也将减小。

(2)工件速度对表面粗糙度的影响刚好与砂轮速度的影响相反,增大工件速度时,单位时间内通过被磨表面的磨粒数减少,表面粗糙度值将增加。

(3)砂轮的纵向进给减小,工件表面的每个部位被砂轮重复磨削的次数增加,被磨表面的粗糙度值将减小。

(4)磨削深度增大,表层塑性变形将随之增大,被磨表面粗糙度值也会增大。图 6-39 所示为采用砂轮磨削材料时,磨削用量对表面粗糙度的影响曲线。

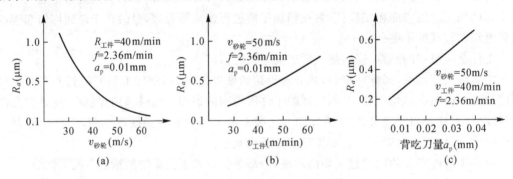

图 6-39　磨削用量对表面粗糙度的影响

2. 砂轮对表面粗糙度的影响

(1)砂轮粒度

单纯从几何因素考虑,砂轮粒度越细,磨削的表面粗糙度值越小。但磨粒太细时,砂轮易被磨屑堵塞。若导热情况不好,反而会在加工表面产生烧伤等现象,使表面粗糙度值增大。因此,砂轮粒度常取为 46~60 号。精密磨削时多用 60~100 号磨粒。

（2）砂轮硬度

砂轮太硬，磨粒不易脱落，磨钝了的磨粒不能及时被新磨粒替代，使表面粗糙度值增大。砂轮太软，磨粒易脱落，磨削作用减弱，也会使表面粗糙度值增大。常选用中软砂轮。

（3）砂轮组织

紧密组织中的磨粒比例大，气孔小，在成型磨削和精密磨削时，能获得较小的表面粗糙度值。疏松组织的砂轮不易堵塞，适于磨削软金属、非金属软材料和热敏性材料（磁钢、不锈钢、耐热钢等），可获得较小的表面粗糙度值。一般情况下，应选用中等组织的砂轮。

（4）砂轮材料

砂轮材料选择适当，可获得满意的表面粗糙度。氧化物（刚玉）砂轮适用于磨削钢类零件；碳化物（碳化硅、碳化硼）砂轮适用于磨削铸铁、硬质合金等材料；用高硬磨料（人造金刚石、立方氮化硼）砂轮磨削可获得很小的表面粗糙度值，但加工成本较高。

（5）砂轮修整

砂轮修整对表面粗糙度也有重要影响。精细修整过的砂轮可有效减小被磨工件的表面粗糙度值。精细的修整可以在一个磨粒上修出许多微刃，即使采用了 46 号较粗的砂轮经过精细修整也可以磨出表面 $R_a = 0.025\mu m$ 的粗糙度。修整砂轮的方法有车削法和磨削法，所使用的工具单颗粒天然金刚石、金刚石片状修整器，金刚石滚轮修整成型砂轮和碳化硅修整轮。

修整用量主要是指修整纵向进给速度、修整深度和走刀次数。这些数据根据所要求的表面粗糙度等级，按有关工艺手册选择。

此外，工件材料的性质、冷却润滑液的选用等对磨削表面粗糙度也有明显的影响。

6.6.4　表面冷作硬化

影响加工硬化的主要因素有刀具几何参数及磨损、切削用量和工件材料等。

1. 加工方法（见表 6-7）

表 6-7　钢件表面的硬化程度 N 与硬化层深度 Δh_d

加工方法	硬化程度 N(%)		硬化层深度 $\Delta h_d (\mu m)$	
	平均值	最大值	平均值	最大值
车　　削	120～150	200	30～50	200
精　　车	140～180	220	20～60	
端　　铣	140～160	200	40～100	200
周　　铣	120～140	180	40～80	110
钻扩孔	160～170		180～200	250
拉　　孔	150～200		20～75	
滚插齿	160～200		120～150	
外圆磨低碳钢	160～200	250	30～60	
磨末淬硬中碳钢	140～160	200	30～60	
平面磨	150		16～35	
研　　磨	113～117		3～7	

2. 刀具几何参数

刀具几何参数主要是 γ_o、α_o 和 r_n。前角 γ_o 越大，切削变形越小，加工硬化程度 N 和硬化层深度 Δh_d 均减小（见图 6-40）；后角 α_o 越大，与后刀面的摩擦越小，加工硬化越小；刃口钝圆半径 r_n 越小，挤压摩擦越小，弹性恢复层 Δh_d 越小，硬化层越小（见图 6-41）。

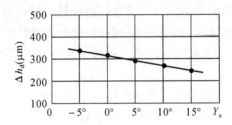

图 6-40　$\Delta h_d - \gamma_o$ 关系曲线

刀具：YG6X 端铣刀；工件材料：1Cr18NiTi

$v_c = 51.7 \text{mm/min}$；$a_p = 0.5 \sim 3 \text{mm}$，$f_z = 0.5 \text{mm/z}$

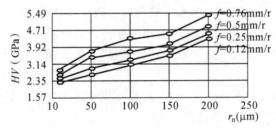

图 6-41　$HV - r_n$ 关系曲线

工件材料：45 钢

3. 刀具磨损

图 6-42 所示刀具后刀面磨损对冷硬的影响。由图可见，刀具后刀面磨损宽度 VB 从 0 增大到 0.2mm，表层金属的显微硬度由 220HV 增大到 340HV，这是由于磨损宽度加大后，刀具后刀面与被加工工件的摩擦加剧，塑性变形增大，导致表面冷硬增大。但磨损宽度继续加大，摩擦热急剧增大，弱化趋势变得明显，表层金属的显微硬度逐渐下降，直至稳定在某一水平上。

4. 工件方面

研究表明，工件材料硬度越低、塑性越大，加工硬化程度 N 和硬化层深度 Δh_d 越大。就结构钢而言，含碳（C）量少，塑性变形大，硬化严重。如切削软钢 $N = 140\% \sim 200\%$。

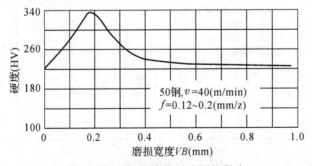

图 6-42　后刀面磨损对冷硬的影响

5．切削用量

切削用量 v_c、f 对加工硬化的影响如图 6-43 和 6-44 所示。

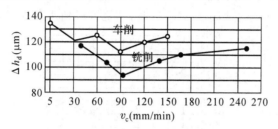

图 6-43　$\Delta h_d - v_c$ 关系曲线

刀具：硬质合金；工件材料：45 钢；车削用量：$a_p = 0.5mm$，

$f = 0.14mm/r$；铣削用量：$a_p = 3mm$，$f_z = 0.04mm/z$

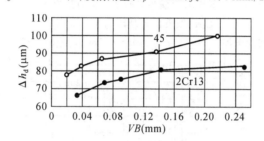

图 6-44　$\Delta h_d - f_z$ 关系曲线

刀具：单齿硬质合金端铣刀

切削条件：$a_p = 2.5mm$，$v_c = 320m/min$（45 钢）

$v_c = 180m/min$

通常加大进给量时，表层金属的显微硬度将随之增大。这是因为随着进给量的增大，切削力也增大，表层金属的塑性变形加剧，冷硬程度增大。

切削速度对冷硬程度的影响是力因素和热因素综合作用的结果。当切削速度增大时，刀具与工件的作用时间减少，使塑性变形的扩展深度减小，因而有减小冷硬程度的趋势。但切削速度增大时，切削热在工件表面层上的作用时间也缩短了，又有使冷硬程度增加的趋势。

切削深度对表层金属冷作硬化的影响不大。

6．控制加工硬化的措施

(1)选择较大的刀具前角 γ_o 和后角 α_o 及较小的刃口钝圆半径 r_n。

(2)合理确定刀具磨钝标准值。

(3)提高刀具刃磨质量。

(4)合理选择切削用量，尽量选择较高的 v_c 和较小的 f。

(5)使用性能好的切削液。

(6)改善工件的切削加工性。

6.6.5　影响表面金属残余应力的因素及控制措施

影响表层金属残余应力的主要因素有刀具几何参数及磨损、切削用量和工件材料等。

1．刀具几何参数

刀具几何参数中对残余应力影响最大的是刀具前角。图 6-45 所示为硬质合金刀具切削 45 钢时,刀具前角 γ_o 对残余应力的影响规律。当 γ_o 由正变为负时,表层残余拉应力逐渐减小。这是因为 γ_o 减小,r_n 增大,刀具对加工表面的挤压与摩擦作用加大,从而使残余拉应力减小;当 γ_o 为较大负值且切削用量合适时,甚至可得到残余压应力。

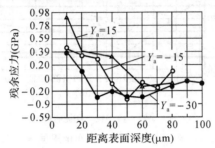

图 6-45　前角对残余应力的影响

刀具:硬质合金刀具,工件:45 钢

切削条件:$v_c = 150\text{m/min}, a_p = 0.5\text{mm}, f = 0.05\text{mm/r}$

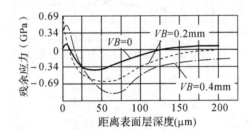

图 6-46　VB—残余应力曲线

刀具:单齿硬质合金端铣刀,工件:合金钢,轴向前角:$0°$,

径向前角:$-15°, a_o = 8°, \kappa_r = 45°, \kappa_r' = 5°$

2. 刀具磨损

刀具后刀面磨损 VB 值增大,使后刀面与加工表面摩擦增大,也使切削温度升高,从而由热应力引起的残余应力的影响增强,使加工表面呈残余拉应力,同时使残余拉应力层深度加大(见图 6-46)。

3. 工件材料

工件材料塑性越大,切削加工后产生的残余拉应力越大,如工业纯铁、奥氏体不锈钢等。切削灰铸铁等脆性材料时,加工表面易产生残余压应力,原因在于刀具的后刀面挤压与摩擦使得表面产生拉伸变形,待与刀具后刀面脱离接触后在里层的弹性恢复作用下,使得表层呈残余压应力。

4. 切削用量

切削用量三要素中的切削速度 v_c 和进给量 f 对残余应力的影响较大。因为 v_c 增加,切削温度升高,此时由切削温度引起的热应力逐渐起主导作用,故随着 v_c 增加,残余应力将增大,但残余应力层深度减小。进给量 f 增加,残余拉应力增大,但压应力将向里层移动。背吃刀量 a_p 对残余应力的影响不显著。

6.6.6　磨削烧伤、磨削裂纹及控制措施

1. 磨削烧伤

磨削工件时,当工件表面层温度达到或超过金属材料的相变温度时,表层金属材料的金相组织将发生变化,表层显微硬度也相应变化,并伴随有残余应力产生,甚至出现微裂纹,同时出现彩色氧化膜,这种现象称为磨削烧伤。

2. 磨削裂纹

一般情况下磨削表面多呈残余拉应力,磨削淬火钢、渗碳钢及硬质合金工件时,常常在垂直于磨削的方向上产生微小龟裂,严重时发展成龟壳状微裂纹,有的裂纹不在工件外表面,而是在表面层下用肉眼根本无法发现。裂纹的方向常与磨削方向垂直或呈网状,并且与烧伤同时出现。其危害是降低零件的疲劳强度,甚至出现早期低应力断裂。

3. 磨削烧伤、磨削裂纹的控制措施

（1）正确选择砂轮

为避免产生烧伤,应选择较软的砂轮。选择具有一定弹性的结合剂（如橡胶结合剂、树脂结合剂）,有助于避免烧伤现象的产生。

（2）合理选择磨削用量

从减轻烧伤的同时又尽可能地保持较高的生产率考虑,在选择磨削用量时,应选用较大的工件速度 v_w 和较小的磨削深度 a_p。

（3）改善冷却条件

①采用高压大流量法。此法不但可以增强冷却作用,而且也能增强对砂轮的冲洗作用,使砂轮不易堵塞。

②安装带空气挡板的喷嘴。此法可以减轻高速回转砂轮表面处的高压附着气流作用,使磨削液能顺利喷注到磨削区。

③采用磨削液雾化法或内冷却法。采用专门装置将磨削液雾化,使其带走大量磨削热,增强冷却效果;也可采用内冷却法冷却砂轮。

思考题与习题

6-1　机械加工质量包括哪些内容?

6-2　机械加工精度概念和影响加工精度的主要因素有哪些?

6-3　零件加工表面质量对机器的使用性能有哪些影响?

6-4　为什么对卧式车床床身导轨在水平内的直线度要求高于在垂直面内的直线度要求?而平面磨床的床身导轨的要求却相反?

6-5　在车床上车削工件端面时,出现加工后端面内凹或外凸的形状误差,试从机床几何误差的影响分析造成端面几何形状误差的原因?

6-6　什么是误差复映?设已知一工艺系统的误差复映系数为 0.25,工件在本工序前有椭圆度误差 0.45mm,若本工序形状精度规定允差为 0.01mm,至少应走刀几次方能使形状精度合格?

6-7　何谓接触刚度?试分析影响连接表面接触刚度的主要因素有哪些?为减少接触变形通常应采取哪些措施?

6-8　在自动车床上加工一批小轴,从中抽检 200 件,若以 0.01mm 为组距将该批工件按尺寸大小分组,所测得数据如下表所示。

题 8　数据表

尺寸间隔	自 (mm)	15.01	15.02	15.03	15.04	15.05	15.06	15.07	15.08	15.09	15.10	15.11	15.12	15.13	15.14
	到 (mm)	15.02	15.03	15.04	15.05	15.06	15.07	15.08	15.09	15.10	15.11	15.12	15.13	15.14	15.15
零件数 n_i		2	4	5		10	20	28	58	26	18	8	6		5	3

若图样的加工要求为 $\varphi 15^{+0.14}_{-0.04}$ mm,试求:

1)绘制整批工件实际尺寸的分布曲线;

2)计算合格品率及废品率;

3)计算工艺能力系数;

4)分析出现废品的原因,并提出改进办法。

6-9　精镗连杆大、小孔时,工序要求此两孔中心线之间的平行度公差为 0.03/100mm。加工 $n=10$ 个试件后,测得在 100mm 基准长度上的平行度误差如下表所示,且发现有废品。初步认为造成平行度超差的原因可能是镗前两孔存在的平行度误差过大,精镗时出现了误差复映现象所致。试通过相关分析判断是否如此?

题 9 表　平行度误差

试件号	1	2	3	4	5	6	7	8	9	10
镗前平行度(x)	20	100	30	0	0	50	80	90	120	120
镗后平行度(y)	10	40	20	0	10	20	20	40	40	50

6-10　保证和提高加工精度的途径有哪些?

6-11　影响切削加工表面粗糙度的因素有哪些?如何减小加工表面粗糙度?

6-12　为什么磨削高合金钢比普通碳钢容易产生烧伤现象?

6-13　为什么切削加工中一般都会产生冷作硬化现象?

6-14　机械加工中,为什么工件表面层金属会产生残余应力?磨削加工工件表面层产生残余应力的原因与切削加工产生残余应力的原因是否相同?为什么?

6-15　机械加工中,为什么工件表面层金属会产生残余应力?磨削加工工件表面层产生残余应力的原因与切削加工产生残余应力的原因是否相同?为什么?

6-16　高速精镗 45 钢工件的内孔时,采用主偏角 $\kappa_r=75°$、副偏角 $\kappa'_r=15°$ 的锋利尖刀,当加工表面粗糙度要求 $R_z=3.2\sim6.3$ mm 时,问:

(1)在不考虑工件材料塑性变形对表面粗糙度影响的条件下,进给量应选择多大合适?

(2)分析实际加工表面粗糙度与计算值是否相同,为什么?

(3)进给量 f 越小,表面粗糙度值是否越小?

第7章　机械装配工艺

机械装配是机械制造过程中最后的工艺环节,它将最终保证机械产品的质量。如果装配工艺制订不合理,即使所有机械零件都合乎质量要求,也不能装配出合格产品。只有做好装配的各项准备工作,选择适当的装配方法,才能高质量、高效率、低成本地完成装配任务。

7.1　概　述

7.1.1　机器的装配过程

任何机器都是由零件和部件所组成的。根据规定的技术要求,将若干零件接合成部件,或将若干个零件和部件接合成机器(产品)的过程称为装配。装配是机器制造中的最后一个阶段,包括装配、调整、检验、试验等工作。机器的质量最终是通过装配保证的,装配质量在很大程度上决定了机器的最终质量。

为保证有效地进行装配工作,通常将机器划分为若干能进行独立装配的装配单元。零件是组成机器的最小单元,通常不直接装入机器,而是预先装成套件、组件或部件后,再进入总装。

如果在一个基准零件上装上一个或若干个零件,则构成套件,套件是最小的装配单元。每个套件只有一个基准零件,它的作用是连接相关零件和确定各零件的相对位置。为形成套件而进行的装配称为套装。套件可以是若干个零件永久性的连接(焊接或铆接等),也可以是连接在一个基准零件上的少数零件的组合。套件组合后,有的可能还需要加工。

在一个基准零件上,装上一个或若干个套件和零件就构成一个组件。每个组件只有一个基准零件,它连接相关零件和套件,并确定它们的相对位置。为形成组件而进行的装配称为组装。有时组件中没有套件,由一个基准零件和若干零件所组成,它与套件的区别在于组件在以后的装配中可拆,而套件在以后的装配中一般不再拆开,可作为一个零件参加装配。如车床的主轴组件就是以主轴为基准零件装上若干齿轮、套、垫、轴承等零件组成的。图7-1所示为组件装配系统图。

在一个基准零件上,装上若干个组件、套件和零件就构成部件。同样,一个部件只能有一个基准零件,由它来连接各个组件、套件和零件,决定它们之间的相对位置。为形成部件而进行的装配工作称为部装。车床主轴箱装配属于部装,部装时箱体作为基准零件。图7-2所示为部件装配系统图。

在一个基准件上,装上若干部件、组件、套件和零件构成机器,这种将零件和部件装配成最终产品的过程,称为总装。如一台车床就是由主轴箱、进给箱、溜板箱等部件和若干组件、套件、零件所组成的,而床身就是基准零件。图7-3所示为机器装配系统图。

在装配工艺规程中,常用装配系统图表示零、部件的装配流程和零、部件间相互装配关系。在装配系统图上,每一个方框表示一个零件、套件、组件和部件。每个方框分为三个部分,上方为名称,左下方为编号,右下方为数量。图7-1、图7-2、图7-3分别给出了组装、部装和总装的装配系统图。在装配系统图上,装配工作由基准件开始沿水平线自左向右进行,一般将零件画在上方,套件、组件、部件画在下方,其排列次序就是装配工作的先后次序。

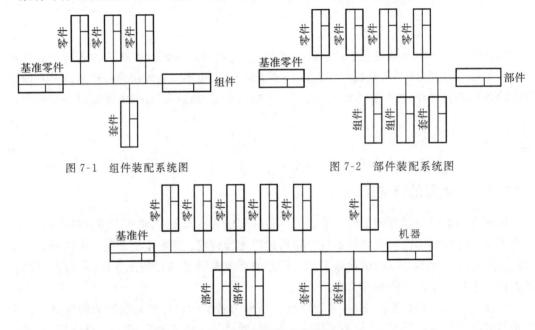

图 7-1　组件装配系统图　　　　　　　　　　　图 7-2　部件装配系统图

图 7-3　机器装配系统图

在装配系统图上加注所需的工艺说明,如焊接、配钻、配刮、冷压、热压和检验等,就形成了装配工艺系统图。装配工艺系统图比较清楚而全面地反映了装配单元的划分、装配顺序和装配工艺方法。它是装配工艺规程制定的主要文件,也是划分装配工序的依据。

7.1.2　装配过程的组织形式

装配的组织形式按产品在装配过程中是否移动分为移动式和固定式两种,而移动式按节拍是否变化又有强迫节奏和自由节奏之分,如图7-4所示。

(1)固定式装配。全部装配工作在一个固定地点进行,产品在装配过程中不移动,装配所需的零、部件都汇集在装配工作地附近。固定式装配的特点是装配周期长、装配面积利用系数低,需要技术水平较高的装配工人,多用于单件小批生产重型机械,或装配时移动会影响装配精度的产品,如重型机床、飞机、大型发电设备等。

(2)移动式装配。产品按一定的顺序从一个工作位置移动到另一个工作位置,在每一工作位置上固定的工人只完成一个或几个工序的装配工作,经过若干个工作位置后完成产品的全部装配工作。移动式装配的特点是装配过程分工较细,每个工人重复完成固定的工作,工人专业化程度高、技术水平要求较低,广泛采用高效的专用设备和工具,生产率高,多用于

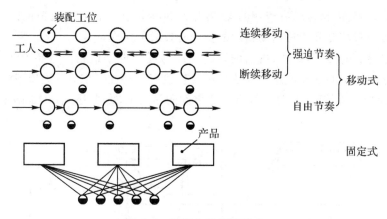

图 7-4　装配生产组织形式

大批大量生产的装配。移动式装配按移动方式不同,又可分为连续移动和断续移动两种。连续移动式装配,工人边装配边沿着装配线走动,装配完所分工的工作后,立即退回到下一件上继续重复装配。断续移动式装配,装配时产品不动,工人在规定时间(节拍)内装配完规定的工作后,产品再被传送带或小车送到下一工作地。断续移动的节拍又有强迫节奏和自由节奏两种。强迫节奏的节拍是固定的,各工位的装配工作必须在给定的时间内完成。强迫节奏多用于汽车、拖拉机、仪器仪表、电视机、洗衣机、电冰箱等产品的大批量生产。自由节奏的装配进度可自由调节,适用于修配、调整工作量较多的装配以及多品种、小批量柔性制造的装配工作。

7.2　装配精度与保证装配精度方法

7.2.1　装配精度

装配精度是装配工作的质量指标。正确地规定机器和部件的装配精度是产品设计的重要环节,它不仅决定产品的质量,也影响产品制造的经济性。装配精度应在产品的装配图样上注明。它是制订装配工艺规程的依据,也是确定零件加工精度和选择合理的装配方法的依据。

产品的装配精度所包括的内容可根据机械的工作性能来确定,一般包括:

(1)相互位置精度,指产品中相关零部件间的距离精度和相互位置精度。如机床主轴箱装配时,相关轴中心距尺寸精度和同轴、平行度、垂直度等。

(2)相对运动精度,指产品中有相对运动的零部件之间在运动方向和相对运动速度上的精度。运动方向的精度常表现为部件间相对运动的平行度和垂直度。如机床溜板在导轨上移动精度;溜板移动轨迹对主轴中心线的平行度。相对运动速度的精度即是传动精度,如滚齿机滚刀主轴与工作台的相对运动精度,它将直接影响滚齿机的加工精度。

(3)相互配合精度,包括配合表面间的配合质量和接触质量。配合质量是指零件配合表面之间达到规定的配合间隙或过盈的程度,它影响配合的性质。接触质量是指两配合或连接表面间达到规定的接触面积的大小和接触点分布的情况,它影响接触刚度,也影响配合质量。

不难看出,各装配精度间有密切的关系,相互位置精度是相对运动精度的基础,相互配合精度对相对位置精度和相对运动精度的实现有较大的影响。

机器由零件、部件组装而成,机器的装配精度与零部件制造精度直接有关,例如图 7-5 所示卧式车床主轴中心线和尾座中心线对床身导轨有等高性要求 A_0,这项装配精度要求就与主轴箱 1、尾座 2、底板 3、床身 4 等有关零部件的 A_1、A_2 及 A_3 尺寸的加工精度有关。

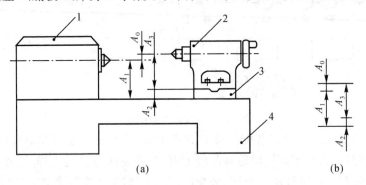

图 7-5　卧式车床主轴中心线与尾座中心线等高性要求

1—主轴箱;2—尾座;3—底板;4—床身

如果零件的加工精度低于规定的精度要求,即使采用合理的装配方案,也可能无法使产品满足装配精度要求,所以应当合理地规定和控制这些相关零件的加工精度。当产品要求较高的装配精度时,如果完全靠相关零件的制造精度来直接保证,则必须给相关零件规定很高的加工精度,从而给加工带来较大困难。在这种情况下,通常的做法是按经济精度来加工相关零部件,而在装配时则采取一定的工艺措施(如选择、修配或调整等)来保证装配精度。在图 7-5 中,可采用修配底板 3 的工艺措施保证装配精度,虽然增加了装配的劳动量,但从整个产品制造的全局分析,仍是经济可行的。

由此可见,装配时由于采用了不同的工艺措施,因而形成了各种不同的装配方法。在这些装配方法中,装配精度与零件的加工精度具有不同的关系。

7.2.2　装配尺寸链

1. 装配尺寸链的基本概念

在机器的装配关系中,由相关零件的尺寸或相互位置关系所组成的尺寸链,称为装配尺寸链。

装配尺寸链的封闭环就是装配所要保证的装配精度或技术要求。装配精度(封闭环)是零部件装配后才最后形成的尺寸或位置关系。在装配关系中,对装配精度有直接影响的零部件的尺寸和位置关系,都是装配尺寸链的组成环。如同工艺尺寸链一样,装配尺寸链的组成环也分为增环和减环。

如图 7-6 所示为轴、孔配合的装配关系,装配后要求轴孔有一定的间隙。轴孔间的间隙 A_0 就是该尺寸链的封闭环,它是由孔尺寸 A_1 与轴尺寸 A_2 装配后形成的尺寸。在这里,孔尺寸 A_1 增大,间隙 A_0(封闭环)亦随之增大,故 A_1 为增环。反之,轴尺寸 A_2 为减环。

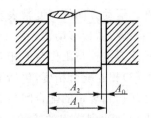

图 7-6　孔轴配合的装配尺寸

装配尺寸链可以按各环的几何特征和所处空间位置分为直线尺寸链(见图 7-6)、角度尺寸链(见图 7-7)、平面尺寸链(见图 7-8)及空间尺寸链。平面尺寸链可分解成直线尺寸链求解。

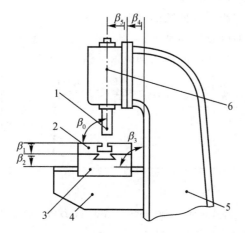

图 7-7 立铣床主轴对工作台垂直度的尺寸链

1—主轴;2—工作台;3—床鞍;4—升降台;5—床身;6—立铣头

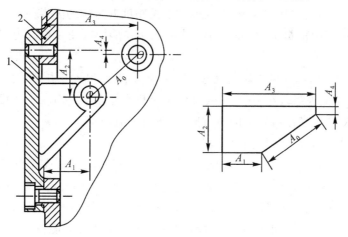

图 7-8 齿轮传动支架尺寸链

1—盖板;2—支架

2. 装配尺寸链的建立

对于每一个封闭环,通过装配关系的分析,都可查明其相应的装配尺寸链组成。其一般查明方法是:取封闭环两端的那两个零件为起点,沿着装配精度要求的位置方向,以装配基准面为联系线索,分别查明装配关系中影响装配精度要求的那些有关零件,直至找到同一个基准零件其至是同一个基准表面为止。这样,所有有关零件上直接连接两个装配基准面间的位置尺寸或位置关系,便是装配尺寸链的全部组成环。

以卧式车床主轴中心线与尾座中心线等高的装配尺寸链为例(见图 7-5),从图中可以很容易地查找出等高度整个尺寸链的各组成环,如图 7-9(a)所示。其组成环包括 e_1、e_2、e_3、A_1、A_2、A_3 等 6 个。其中:

A_0——主轴锥孔轴线与尾座顶尖套锥孔轴线高度差;

A_1——主轴箱孔心轴线至主轴箱底面距离；

A_2——尾座底板厚度；

A_3——尾座孔轴线至尾座底面距离；

e_1——主轴轴承外环内滚道与外圆的同轴度；

e_2——尾座套筒锥孔对外圆的同轴度；

e_3——尾座套筒锥孔与尾座孔间隙引起的偏移量。

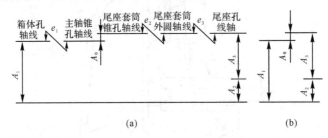

图 7-9　卧式车床主轴中心线与尾座中心线等高装配尺寸链

在查找装配尺寸链时，应注意以下原则：

(1)装配尺寸链的简化原则

机械产品的结构通常都比较复杂，对某项装配精度有影响的因素很多，查找装配尺寸链时，在保证装配精度的前提下，可略去那些影响较小的因素，使装配尺寸链的组成环适当简化。

例如，图 7-9(a)所示车床主轴与尾座中心线等高装配尺寸链中，由于 e_1、e_2、e_3 的数值相对于 A_1、A_2、A_3 的误差较小，故装配尺寸链可简化为如图 7-9(b)所示的结果。但在精密装配中，应计入对装配精度有影响的所有因素，不可随意简化。

(2)装配尺寸链组成的最短路线原则

由尺寸链的基本理论可知，在装配精度要求给定的条件下，组成环数目越少，则各组成环所分配到的公差值就越大，零件的加工就越容易、越经济。因此，在机器结构设计时，应使对装配精度有影响的零件数目越少越好，即在满足工作性能的前提下，应尽可能使结构简化。在结构既定的条件下，组成装配尺寸链的每个相关零部件只能有一个尺寸作为组成环列入装配尺寸链，这样组成环的数目就应等于相关零、部件的数目，即一件一环，这就是装配尺寸链的最短路线原则。

(3)装配尺寸链的方向性原则

在同一装配结构中，不同位置方向都有装配精度的要求时，应按不同方向分别建立装配尺寸链。例如蜗杆副传动结构，为保证正常啮合，要同时保证蜗杆副两轴线间的距离精度、垂直度精度、蜗杆轴线与蜗轮中间平面的重合精度，这是三个不同位置方向的装配精度，因而需要在三个不同方向分别建立尺寸链。

3.装配尺寸链的计算

装配方法与装配尺寸链的解算方法密切相关。同一项装配精度，采用不同装配方法时，其装配尺寸链的计算方法也不相同。

装配尺寸链的计算可分为正计算和反计算。已知与装配精度有关的各零部件的基本尺寸及其偏差，求解装配精度要求(封闭环)的基本尺寸及偏差的计算过程称为正计算，它用于对已设计的图样进行校核验算。当已知装配精度要求(封闭环)的基本尺寸及偏差,求解与该项装配精度有关的各零部件基本尺寸及偏差的计算过程称为反计算,它主要用于产品设计过程之中,以确定各零部件的尺寸和加工精度。

7.2.3　保证装配精度的装配方法

在生产中利用装配尺寸链来达到装配精度的工艺方法有互换法、分组法、修配法和调整法等四类。装配方法应根据生产纲领、生产技术条件,以及机器的性能、结构和技术要求来选择。

1. 互换装配法

互换装配法是指在装配过程中,零件互换后仍能达到装配精度要求的装配方法。产品采用互换装配方法时,装配精度主要取决于工件的加工精度。互换法的实质就是通过控制零件的加工误差来保证产品的装配精度。

根据零件互换程度的不同,互换法又分为完全互换法和大数互换法(又称概率互换法)。

(1)完全互换装配法

完全互换法是机器中每个零件不需经过选择、修配和调节,装配后即可达到规定的装配精度要求的一种装配方法。采用完全互换装配法时,装配尺寸链采用极值法计算。已知封闭环公差(即装配精度要求)T_0,来分配各相关零件(各组成环)的公差时,可以按照"等公差法"原则来进行。"等公差法"是按各组成环公差相等的原则来分配封闭环公差的方法,即假设各组成环公差相等,求出 m 个组成环平均公差 T_{av},即

$$T_{av} = \frac{T_0}{m} \tag{7-1}$$

然后根据各组成环尺寸大小和加工难易程度,将其公差适当调整。但调整后的各组成环公差之和仍不得大于封闭环要求的公差。

例 7-1　如图 7-10 所示齿轮部件装配图,轴固定不动,齿轮在轴上回转,要求齿轮与挡圈的轴向间隙为 0.1～0.35mm。已知各相关零件的基本尺寸为:$A_1 = 30$mm,$A_2 = 5$mm,$A_3 = 43$mm,$A_4 = 3_{-0.05}^{0}$mm(标准件),$A_5 = 5$mm。试用完全互换装配法确定各组成环的偏差。

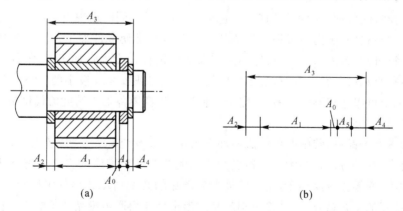

图 7-10　齿轮与轴的装配关系

解　(1)画出装配尺寸链图(见图 7-10(b)),校验各环基本尺寸。

依题意,轴向间隙为 $0.1\sim0.35$mm,则封闭环 $A_0=0^{+0.35}_{+0.10}$mm,封闭环公差 $T_0=$
0.25mm。A_3 为增环,A_1,A_2,A_4,A_5 为减环。封闭环基本尺寸为

$$A_0=A_3-(A_1+A_2+A_4+A_5)=43-(30+5+3+5)=0(\text{mm})$$

由此可知,各组成环基本尺寸正确。

(2)确定各组成环公差

计算各组成环的平均极值公差 T_{av}

$$T_{av}=T_0/m=0.25/5=0.05(\text{mm})$$

以平均公差为基础,根据各组成环的尺寸、零件加工难易程度,确定各组成环公差。A_4
为标准件,$A_4=3^{\ 0}_{-0.05}$mm,$T_4=0.05$mm。A_5 为一垫片,易于加工测量,故选 A_5 为协调环。
其余组成环公差为:$T_1=0.06$mm,$T_2=0.04$mm,$T_3=0.07$mm,公差等级约为 IT9。则

$$T_5=T_0-(T_1+T_2+T_3+T_4)$$
$$=0.25-(0.06+0.04+0.07+0.05)=0.03(\text{mm})$$

(3)确定各组成环的极限偏差

组成环的极限偏差一般按"入体原则"配置,即外尺寸按 H 配置,内尺寸按 h 配置,入
体方向不明的长度尺寸,其极限偏差按"对称偏差"配置。本例取

$$A_1=30^{\ 0}_{-0.06}\text{mm},A_2=5^{\ 0}_{-0.04}\text{mm},A_3=43^{+0.07}_{0}\text{mm}$$

协调环 A_5 的极限偏差为

$$EI_5=ES_3-ES_0-(EI_1+EI_2+EI_4)$$
$$=0.07-0.35-(-0.06-0.04-0.05)=-0.13(\text{mm})$$
$$ES_5=EI_5+T_5=-0.13+0.03=-0.10(\text{mm})$$

所以 协调环的尺寸和极限偏差为　　$A_5=5^{-0.10}_{-0.13}(\text{mm})$

完全互换装配的优点是:装配质量稳定可靠;装配过程简单,装配效率高;易于实现自动
装配;产品维修方便。不足之处是:当装配精度要求较高,尤其是在组成环数较多时,组成环
的制造公差规定得过严,零件制造困难、加工成本高。完全互换装配法适于在成批生产、大
量生产中装配那些组成环数较少或组成环数虽多但装配精度要求不高的机器结构。

(2)大数互换装配法

完全互换法的装配过程虽然简单,但它是根据增、减环同时出现极值情况来建立封闭环
与组成环的关系式的,因而组成环分得的制造公差过小常使零件加工过程产生困难。根据
数理统计规律可知,首先,在一个稳定的工艺系统中进行大批大量加工时,零件尺寸出现极
值的可能性很小;其次,在装配时,各零件的尺寸同时出现极大或极小的"极值组合"的可能
性更小,实际上可以忽略不计。所以,完全互换法以提高零件加工精度为代价来换取完全互
换装配显然是不经济的。

在绝大多数产品中,装配时各组成零件不需挑选或改变其大小、位置,装入后即能达到
装配精度要求,这种方法称为大数互换装配法。大数互换装配法的实质是将组成环的制造
公差适当放大,使零件容易加工,这会使极少数产品的装配精度超出规定要求,所以需在装
配时,采取适当的工艺措施,以排除个别产品因超出公差而产生废品的可能性。但这种情况
的概率很小,极少发生。

采用大数互换法装配时,装配尺寸链采用统计公差公式计算参加装配的有关零件误差
分布为正态时,即

$$T_{av} = \frac{T_0}{\sqrt{m}} \qquad\qquad (7-2)$$

例 7-2　仍以图 7-10 所示的装配关系为例,要求保证齿轮与挡圈的轴向间隙为 $0.1 \sim 0.35$mm。已知各相关零件的基本尺寸为：$A_1 = 30$mm，$A_2 = 5$mm，$A_3 = 43$mm，$A_4 = 3^{\ 0}_{-0.05}$mm（标准件），$A_5 = 5$mm。现采用大数互换法装配,试确定各组成环的公差和极限偏差。

解　(1)画出装配尺寸链图,判别增、减环,校验各环基本尺寸,这一过程与例 7-1 相同。

(2)确定协调环

A_3 为包容(孔槽)尺寸,较其他零件难加工。故选 A_3 为协调环。

(3)确定各组成环公差

假定该产品大批量生产,工艺稳定,则各组成环尺寸正态分布,各组成环平均统计公差为

$$T_{av} = \frac{T_0}{\sqrt{m}} = \frac{0.25}{\sqrt{5}} \approx 0.11 (mm)$$

以平均统计公差为基础,考虑有关零件的加工难易程度,对各组成环公差进行合理的调整。

$T_1 = 0.14$mm，$T_2 = T_5 = 0.08$mm，其公差等级为 IT11。$A_4 = 3^{\ 0}_{-0.05}$mm（标准件），$T_4 = 0.05$mm。

(4)确定协调环公差

$$T_3 = \sqrt{T_0^2 - (T_1^2 + T_2^2 + T_4^2 + T_5^2)}$$
$$= \sqrt{0.25^2 - (0.14^2 + 0.08^2 + 0.05^2 + 0.08^2)} = 0.16 (mm)(只舍不进)$$

(5)确定组成环的偏差

除协调环外各组成环按"入体原则"配置为

$$A_1 = 30^{\ 0}_{-0.14} mm, \quad A_2 = 5^{\ 0}_{-0.08} mm, \quad A_5 = 5^{\ 0}_{-0.08} mm$$

协调环的平均尺寸

$$A_{3m} = A_{0m} + (A_{1m} + A_{2m} + A_{4m} + A_{5m})$$
$$= 0.225 + (30 - 0.07) + (5 - 0.04) + (3 - 0.025) + (5 - 0.04) = 43.05 (mm)$$

所以　　$A_3 = 43.05 \pm 0.08 = 43^{+0.13}_{-0.03}$ (mm)

大数互换装配方法的优点是:与完全互换法装配相比,组成环的制造公差较大,零件制造成本低;装配过程简单,生产效率高。不足之处是:装配后有极少数产品达不到规定的装配精度要求,须采取相应的返修措施。大数互换装配方法适用于在大批大量生产中装配那些装配精度要求较高且组成环数又多的机器结构。

2. 分组装配法

在大批大量生产中,装配那些精度要求特别高同时又不便于采用调整装置的机器结构,若用互换装配法装配,组成环的制造公差过小,加工很困难或很不经济,此时可以采用分组装配法装配。

采用分组装配法装配时,组成环仍按加工经济精度制造,不同的是要对组成环的实际尺寸逐一进行测量并按尺寸大小分组,,装配时被装零件按对应组号配对装配,达到规定的装配精度要求。现以汽车发动机活塞销孔与活塞销的分组装配为例来说明分组装配法的原理与方法。

例 7-3　如图 7-11(a)所示为某一汽车发动机活塞销 1 与活塞上销孔的装配关系，销子和孔的基本尺寸为 $\varphi 28\text{mm}$，在冷态装配时要求有 $0.0025 \sim 0.0075\text{mm}$ 的过盈量。试用分组装配法确定活塞销及销孔的公差及偏差。

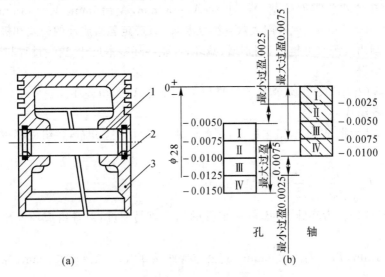

图 7-11　活塞销与活塞的装配关系

1—活塞销；2—挡圈；3—活塞

解　根据题意得，装配精度(过盈量)的公差 $T_0 = 0.0075 - 0.0025 = 0.0050(\text{mm})$。若按完全互换装配法，将 T_0 均等分配给活塞销及销孔，则它们的公差都仅为 $0.0025(\text{mm})$，尺寸分别为活塞销 $d = \varphi 28_{-0.0025}^{0}\text{mm}$ 和销孔 $D = \varphi 28_{-0.0075}^{-0.0050}\text{mm}$，精度等级相当于 IT2 级，显然，加工这样的活塞销和销孔既困难又不经济。

在实际生产中可以采用分组装配法，将活塞销和销孔的公差在相同方向上放大 4 倍，销、孔尺寸分别为 $d = \varphi 28_{-0.010}^{0}\text{mm}$，$D = \varphi 28_{-0.015}^{-0.005}\text{mm}$，精度等级相当于 IT5~IT6 级，制造较容易，也比较经济；按此公差加工后，再按实际加工尺寸分成 4 组，分别用不同的颜色标记。装配时相同颜色标记的活塞销和销孔相配，即让大销子配大销孔，小销子配小销孔，使之达到产品图样规定的装配精度要求。图 7-11(b)所示给出了活塞销和活塞销孔的分组公差带位置。具体分组情况如表 7-1 所示。

表 7-1　活塞销与活塞销孔的分组互换装配　　　　　　　　　(单位:mm)

组　别	标志颜色	活塞销直径 $d = \varphi 28_{-0.010}^{0}$	活塞销孔直径 $D = \varphi 28_{-0.015}^{-0.005}$	配合情况	
				最小过盈	最大过盈
Ⅰ	红	$\varphi 28_{-0.0025}^{0}$	$\varphi 28_{-0.0075}^{-0.005}$		
Ⅱ	白	$\varphi 28_{-0.0050}^{-0.0025}$	$\varphi 28_{-0.0100}^{-0.0075}$	0.0025	0.0075
Ⅲ	黄	$\varphi 28_{-0.0075}^{-0.0050}$	$\varphi 28_{-0.0125}^{-0.0100}$		
Ⅳ	绿	$\varphi 28_{-0.0100}^{-0.0075}$	$\varphi 28_{-0.0150}^{-0.0125}$		

采用分组装配时应当注意以下几点：

（1）为保证分组后各组的配合性质和配合精度与原装配精度要求相同，应当使配合件的公差相等，公差增大的方向相同，增大的倍数等于以后的分组数。

（2）配合件的形状精度和相互位置精度及表面粗糙度，不能随尺寸公差放大而放大，应与分组公差相适应；否则，不能保证配合性质和配合精度要求。

（3）分组数不宜过多，否则就会因零件测量、分类、保管工作量的增加，造成生产组织工作复杂化。

（4）制造零件时，应尽可能使各对应组零件的数量相等，满足配套要求，否则会造成某些尺寸零件的积压浪费现象。

分组法装配的主要优点是：零件的制造精度不很高，但却可获得很高的装配精度；组内零件可以互换，装配效率高。不足之处是：额外增加了零件测量、分组和存贮的工作量。分组装配法适用于在大批大量生产中装配那些组成环数少而装配精度又要求特别高的机器结构。

3. 修配装配法

在单件生产、小批生产中装配那些装配公差要求高、组成环数又多的机器结构时，常用修配法装配。采用修配法装配时，各组成环均按该生产条件下经济可行的精度等级加工，装配时封闭环所积累的误差，势必会超出规定的装配精度要求；为了达到规定的装配精度，装配时须修配装配尺寸链中某一组成环的尺寸（此组成环称为修配环，此环的零件称为修配件）。为了减少修配工作量，应选择那些便于进行修配的组成环做修配环。在采用修配法装配时，要求修配环必须留有足够大但又不是太大的修配量。

修配环被修配时对封闭环的影响有两种情况：一种是使封闭环尺寸变大；另一种是使封闭环尺寸变小。因此，用修配法解装配尺寸链时，可根据这两种情况进行计算。下面以修配环修配时，封闭环尺寸变小情形为例说明采用修配装配法装配时尺寸链的计算步骤和方法。

例 7-4　如图 7-5 所示，普通车床装配时，要求尾架中心线比主轴中心线高 $0 \sim 0.06$mm，已知 $A_1 = 160$mm，$A_2 = 30$mm，$A_3 = 130$mm，现采用修配法装配，试确定各组成环公差及其分布。

解　（1）画出装配尺寸链（见图 7-5(b)），其中 A_0 是封闭环，A_1 是减环，A_2、A_3 为增环。按题意有 $A_0 = 0^{+0.06}_{0}$mm。

若按完全互换法的极值公式计算各组成环平均公差，则

$$T_1 = T_2 = T_3 = \frac{T_0}{m} = \frac{0.06}{3} = 0.02 (\text{mm})$$

显然，各组成环公差太小，零件加工困难。所以，在生产中常按经济加工精度规定各组成环的公差，而在装配时采用修配法。

（2）选择修配环。组成环 A_2 为尾座底板的厚度，底板装卸方便，其加工表面形状简单，便于修配（如刮、磨），故选定 A_2 为修配环。

（3）确定各组成环的公差及偏差。A_1、A_3 可以采用镗模进行镗削加工，取经济公差 $T_1 = T_3 = 0.1$mm；底板 A_2 因要修配，按半精刨加工，取经济公差 $T_2 = 0.15$mm。除修配环以外各环的尺寸如下：

$$A_1 = 160 \pm 0.05\text{mm}, \quad A_3 = 130 \pm 0.05 (\text{mm})$$

按照上面确定的各尺寸公差加工组成环零件，装配时形成的封闭环公差为

$$T_0 = T_1 + T_2 + T_3 = 0.1 + 0.15 + 0.1 = 0.35 (\text{mm})$$

显然,这时公差超出了规定的装配精度,需要在装配时对修配环零件进行修配。

(4)确定修配环 A_2 的尺寸及偏差。从装配尺寸链中可以看出,修配底板 A_2 将使封闭环尺寸减小。若以 A_0^* 表示修配前封闭环的实际尺寸,则修配后 A_0^* 只会变小,且 A_0^* 的最小值不能小于所要求封闭环 A_0 的最小值。根据题意,封闭环下偏差 $EI_0 = 0\text{mm}$。

修配前封闭环的下偏差为 　　$EI_0^* = (EI_2 + EI_3) - ES_1 = EI_0$

将已知数据代入得 　　　　$(EI_2 - 0.05) - 0.05 = 0$

可求出: 　　　　　　　　　$EI_2 = 0.1\text{mm}$

于是可确定: 　　　　　　　$A_2 = 30^{+0.25}_{+0.1} (\text{mm})$

(5)核算修配量。按照上面确定的各组成环尺寸及偏差对零件进行加工,则可求出在装配时所形成的封闭环极限偏差为

$$ES_0^* = (ES_2 + ES_3) - EI_1$$
$$= (0.25 + 0.05) - (-0.05) = 0.35 (\text{mm})$$
$$EI_0^* = (EI_2 + EI_3) - ES_1$$
$$= (0.1 - 0.05) - 0.05 = 0 (\text{mm})$$

即此时的封闭环尺寸及偏差是 $A_0^* = 0^{+0.35}_0 \text{mm}$,显然不满足题中所要求的装配精度 $A_0 = 0^{+0.06}_0 \text{mm}$,需要对修配环进行修配。在这个例子中,修配环修配将使封闭环的尺寸变小,因为当封闭环获得最小极限尺寸时,则不能再对补偿环进行修配,所以修配环的最小修配量是 $\delta_{\min} = 0\text{mm}$,而最大修配量 $\delta_{\max} = 0.35 - 0.06 = 0.29 (\text{mm})$。

由于修配环零件 A_2 的修配表面对平面度和表面粗糙度有较高的要求,因此需要保证有最小的修配量 $\delta_{\min} = 0.1\text{mm}$,为此需要扩大修配环零件的尺寸,即

$$A_2 = 30.1^{+0.25}_{+0.1} = 30^{+0.25}_{+0.2}$$

此时,最大修配量为 $\delta_{\max} = 0.29 + 0.1 = 0.39 (\text{mm})$,最小修配量为 $\delta_{\min} = 0.1\text{mm}$。

修配装配法的主要优点是:组成环均能以加工经济精度制造,但却可获得较高的装配精度。不足之处是:增加了修配工作量,生产效率低,对装配工人技术水平要求高。修配装配法常用于单件小批生产中装配那些组成环数较多而装配精度又要求较高的机器结构。

4. 调整装配法

对于精度要求高而组成环又较多的产品或部件,在不能采用互换法装配时,除了可用修配法外,还可以采用调整法来保证装配精度。在装配时,用改变产品中可调整零件的相对位置或选用合适的调整件以达到装配精度的方法称为调整装配法。

调整法与修配法的实质相同,即各零件公差仍按经济精度的原则来确定,并且仍选择一个组成环为调整环(也可称为补偿环,此环的零件称为调整件),但在改变补偿环尺寸的方法上有所不同:修配法采用机械加工的方法去除补偿环零件上的金属层,调整法采用改变补偿环零件的位置或更换新的补偿环零件的方法来满足装配精度要求。两者的目的都是补偿由于各组成环公差扩大后所产生的累积误差,以最终满足封闭环的要求。最常见的调整方法有固定调整法、可动调整法、误差抵消调整法三种。

(1)可动调整法

可动调整法是通过改变调整件的相对位置来保证装配精度的方法。如图 7-12(a)所示结构是靠拧螺钉来调整轴承外环相对于内环的位置,从而使滚动体与内环、外环间具有适当

间隙的,螺钉调到位后,用螺母背紧。如图 7-12(b)所示结构为车床刀架横向进给机构中丝杠螺母副间隙调整机构,丝杠螺母间隙过大时,可拧动调节螺钉,调节楔块的上下位置,使左、右螺母分别靠紧丝杠的两个螺旋面,以减小丝杠与左、右螺母之间的间隙。

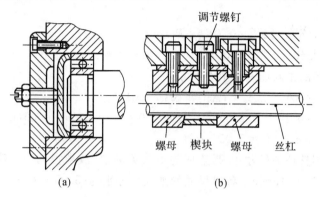

图 7-12　可动调整法示例

可动调整法的主要优点是:组成环的制造精度虽不高,但却可获得比较高的装配精度;在机器使用中可随时通过调节调整件的相对位置来补偿由于磨损、热变形等原因引起的误差,使之恢复到原来的装配精度;它比修配法操作简便,易于实现。不足之处是需增加一套调整机构,增加了结构复杂程度。可动调整装配法在生产中应用甚广。

(2)固定调整法

固定调整法是在装配尺寸链中选择一个组成环为调整环,作为调整环的零件是按一定尺寸间隔制成的一组零件,装配时根据封闭环超差的大小,从中选出某一尺寸等级适当的零件来进行补偿,从而保证规定的装配精度。通常使用的调整环有垫圈、垫片、轴套等。下面通过实例来说明调整环尺寸的确定方法。

例 7-5　如图 7-10 所示齿轮与轴的装配关系。已知:$A_1 = 30$mm,$A_2 = 5$mm,$A_3 = 43$mm,$A_4 = 3_{-0.05}^{\ 0}$mm(标准件),$A_5 = 5$mm。装配后齿轮与挡圈的轴向间隙为 $0.1 \sim 0.35$mm。现采用固定调整装配法装配,试确定各组成环的尺寸偏差,并求调整件的分组数及尺寸系列。

解　(1)画出装配尺寸链,校核各组成环基本尺寸与例 7-1 相同。

(2)选择调整件。A_5 为一垫圈,其加工比较容易、装卸方便,故选择 A_5 为调整件。

(3)确定各组成环的公差和偏差

按加工经济精度确定各组成环公差,并按"入体原则"标注确定极限偏差,得:$A_1 = 30_{-0.20}^{\ 0}$mm,$A_2 = 5_{-0.10}^{\ 0}$mm,$A_3 = 43_{0}^{+0.20}$mm,$A_4 = 3_{-0.05}^{\ 0}$mm(A_4 为标准件,公差仍为 0.05),并取 $T_5 = 0.10$mm,各零件公差约为 IT11,可以经济加工。

计算各环的中间偏差:

$\Delta A_0 = +0.225$mm,$\Delta A_1 = -0.10$mm,$\Delta A_2 = -0.05$mm,$\Delta A_3 = +0.10$mm,$\Delta A_4 = -0.025$mm

(4)确定调整环的调整范围 δ

$$\delta = (T_1 + T_2 + T_3 + T_4 + T_5) - T_0$$
$$= (0.20 + 0.10 + 0.20 + 0.05 + 0.10) - 0.25 = 0.40 \text{(mm)}$$

（5）确定调整环的分组数 Z

固定调整环的分组数不宜过多，否则组织生产费事，取为 3，4 较为适宜。由于调整环自身有制造误差，故取封闭环公差与调整环制造公差之差 T_0-T_5 作为调整环尺寸分组间隔 S，则

$$Z=\delta/S+1=0.40/(T_0-T_5)+1$$
$$=0.40/(0.25-0.10)+1=3.66\approx4$$

（6）计算调整环的中间偏差和中间尺寸

$$\Delta A_5=\Delta A_3-\Delta A_0-(\Delta A_1+\Delta A_2+\Delta A_4)$$
$$=0.10-0.225-(-0.10-0.05-0.025)=0.05(\text{mm})$$
$$A_{5m}=5+0.05=5.05(\text{mm})$$

（7）确定各组调整环的尺寸 因调整环的组数为偶数，故求得的 A_{5m} 就是调整环的对称中心，各组尺寸差 $S=0.15$mm。各组尺寸的平均值分别为（5.05 ＋0.15+0.15/2）mm，（5.05＋0.15/2）mm，（5.05－0.15/2）mm 及（5.05 － 0.15 － 0.15/2）mm，各组公差为±0.05mm。因此，$A_5=5^{-0.125}_{-0.225}$mm，$5^{+0.025}_{-0.075}$mm，$5^{+0.175}_{+0.075}$mm，$5^{+0.325}_{+0.225}$mm。

固定调整法装配多用于大批大量生产中。在产量大、装配精度要求高的生产中，固定调整件可以采用多件组合的方式，如预先将调整垫做成不同的厚度（1,2,5mm 等），再制作一些更薄的金属片（0.01,0.02,0.05 等），装配时根据尺寸组合原理，把不同厚度的垫片组成各种不同尺寸，以满足装配精度的要求。这种调整方法比较简便，它在汽车、拖拉机生产中广泛应用。

（3）误差抵消调整法

在产品或部件装配时，通过调整有关零件的相互位置，使其加工误差相互抵消一部分，以提高装配的精度，这种方法称为误差抵消调整法。这种方法在机床装配时应用较多，如在装配机床主轴时，通过调整前后轴承的径向圆跳动方向来控制主轴的径向圆跳动，在滚齿机工作台分度蜗轮装配中，采用调整两者偏心方向来抵消误差，最终提高分度蜗轮的装配精度。

7.3　装配工艺规程制订

将装配的次序、内容、方法、装配所用的设备与工具以及装配时间定额填成表格，就是装配工艺规程。装配工艺规程是指导装配的主要技术文件，对保证装配质量、提高装配生产率、减轻工人劳动强度和降低成本等都有重要影响。所以，合理制订装配工艺规程是装配部门的重要技术工作。

7.3.1　装配工艺规程制订的原则和基本内容

（1）保证产品装配质量，并力求提高装配质量，以延长产品的使用寿命。

（2）合理安排装配顺序和工序，尽量减少钳工装配工作量，缩短装配周期，提高装配效率。

（3）尽量减少装配占地面积，提高单位面积的生产率。

（4）尽量减少装配工作所占的成本。

7.3.2　装配工艺规程的内容

(1)分析产品图样,确定装配组织形式,划分装配单元,确定装配方法。
(2)拟定装配顺序,划分装配工序,编制装配工艺系统图和装配工艺规程卡片。
(3)选择和设计装配过程中所需要的工具、夹具和设备。
(4)规定总装配和部件装配的技术条件、检查方法和检查工具。
(5)确定合理的运输方法和运输工具。
(6)制定装配时间定额。

7.3.3　装配工艺规程制订的步骤

1. 研究产品装配图和装配技术条件

审核产品图样的完整性、正确性;对产品结构作装配尺寸链分析,主要装配技术条件要逐一进行研究分析,包括所选用的装配方法、相关零件的相关尺寸等;对产品结构作结构工艺性分析。发现问题,应及时提出,并同有关工程技术人员商讨图样修改方案,报主管领导审批。

2. 确定装配方法与装配组织形式

装配方法和组织形式的选择主要取决于产品的结构特点(包括重量、尺寸和复杂程度)、生产纲领和现有生产条件。装配方法通常在设计阶段即应确定,并优先采用完全互换法。

3. 划分装配单元,确定装配顺序

将产品划分为套件、组件及部件等装配单元是制定装配工艺规程中最重要的一个步骤,这对大批大量生产结构复杂的产品尤为重要。无论哪一级装配单元,都要选定某一零件或比它低一级的装配单元作为装配基准件。装配基准件通常应是产品的基体或主干零部件。基准件应有较大的体积和重量,有足够大的承压面。如车床装配时,床身是一个基准件,先进入总装,其他的装配单元再依次进入装配。

划分装配单元,确定装配基准零件以后,即可安排装配顺序,并以装配系统图的形式表示出来。安排装配顺序的原则一般是:先下后上,先内后外,先难后易,先精密后一般。图7-13所示是车床床身部件图,图7-14 所示是车床床身部件装配工艺系统图。

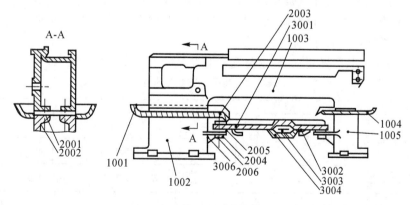

图 7-13　车床床身部件图

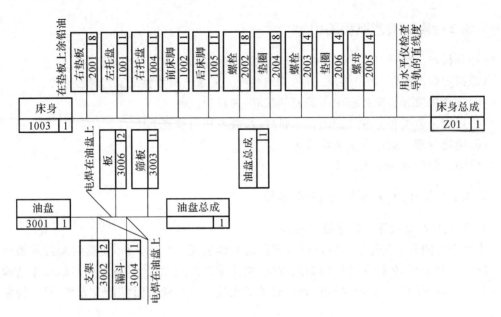

图 7-14 床身部件装配工艺系统图

4. 划分装配工序,进行工序设计

划分装配工序,进行工序设计的主要任务是

(1) 划分装配工序,确定工序内容。

(2) 确定各工序所需的设备和工具,如需专用夹具与设备,须提交设计任务书。

(3) 制定各工序装配操作规范,例如过盈配合的压入力、变温装配的装配温度以及紧固件的力矩等。

(4)制定各工序装配质量要求与检测方法。

(5)确定工序时间定额,平衡各工序节拍。

5. 编制装配工艺文件

单件小批生产时,通常只绘制装配系统图,装配时,按产品装配图及装配系统图工作。成批生产时,通常还制定部件、总装的装配工艺卡如表 7-2 所示,写明工序次序、简要的工序内容、设备名称、工夹具名称与编号、工人技术等级和时间定额等项。

在大批大量生产中,不仅要制订装配工艺卡,而且要制订装配工序卡如表 7-3 所示,以直接指导工人进行产品装配。

此外,还应按产品图样要求,制定装配检验及试验卡片如表 7-4 所示。

表 7-2 装配工艺过程卡片

(厂名全称)	机械工艺过程卡片	产品型号		零件图号			
		产品名称		零件名称		共 页	第 页
工序号	工序名称	工序内容	装配部门	设备工艺装备	辅助材料		工时定额(Min)

续表

描图													
描校													
底图号													
装订号													
								设计（日期）	审核（日期）	标准化（日期）	会签（日期）		
	标记	处数	更改文件号	签字	日期	标记	处数	更改文件号	签字	日期			

表 7-3　装配工序卡片

（厂名全称）		机械工序卡片		产品型号		零件图号			
				产品名称		零件名称		共　页	第　页
工序号		工序名称		车间	工段		设备	工序工时	
工步号		工步内容			工艺装备		辅助材料	工时定额(Min)	
描图									
描校									
底图号									
装订号									
						设计（日期）	审核（日期）	标准化（日期）	会签（日期）
标记	处数	更改文件号	签字	日期	标记	处数	更改文件号	签字	日期

表 7-4　检验卡片

（厂名全称）	检验卡片		产品型号		零件图号			
			产品名称		零件名称		共　页	第　页
工序号	工序名称	车间	检验项	技术要求	检测手段	检验方案	检验操作要求	
简图								
描图								
描校								

续表

底图号									设计	审核	标准化	会签	
装订号									（日期）	（日期）	（日期）	（日期）	
	标记	处数	更改文件号	签字	日期	标记	处数	更改文件号	签字	日期			

思考题与习题

7-1 在机器装配中,何谓套装、组装、部装、总装?

7-2 装配精度一般包括哪些内容? 装配精度与零件的加工精度有何区别和联系? 试举例说明。

7-3 保证机器或部件装配精度的方法有哪几种? 各适用于什么装配场合?

7-4 什么是装配尺寸链? 装配尺寸链封闭环是如何确定的? 它与工艺尺寸链的封闭环有何区别?

7-5 建立装配尺寸链应注意哪些原则?

7-6 试述装配工艺规程制定的主要内容及其步骤。

※以下各计算题若无特殊说明,各参与装配的零件加工尺寸均为正态分布,且分布中心与公差带中心重合。

7-7 现有一轴、孔配合,配合间隙要求为 $0.04 \sim 0.26$mm,已知轴的直径为 $\varphi 50_{-0.10}^{\ 0}$mm,孔的尺寸为 $\varphi 50_{\ 0}^{+0.20}$mm。若用完全互换法进行装配,能否保证装配精度要求? 用大数互换法装配能否保证装配精度要求?

7-8 减速机中某轴上零件的尺寸为 $A_1 = 40$mm, $A_2 = 36$mm, $A_3 = 4$mm。要求装配后的轴向间隙为 $0.10 \sim 0.15$mm,结构如图 7-15 所示。试用完全互换法和大数互换法分别确定这些尺寸的公差及偏差。

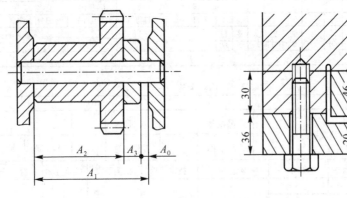

图 7-15 题 7-8 图

7-9 图 7-16 所示为车床溜板与床身导轨装配图,为保证溜板在床身导轨上准确移动,要求装配后配合间隙为 $0.1 \sim 0.3$mm。试用修配法确定有关零件尺寸的公差及偏差。

第8章　先进制造技术

8.1　精密与超精密加工技术

8.1.1　概　述

1. 精密与超精密加工的含义

精密与超精密加工技术是适应现代技术发展的一种机械加工新工艺。它综合应用了机械技术发展的新成果及现代电子技术、测量技术和计算机技术中先进的控制、测试手段等，使机械加工的精度得到了进一步提高，尤其是超精密加工技术的不断完善，使之加工的极限精度目前正向着纳米(nm)和亚纳米级(ù)精度发展。

尖端技术产品对零件提出了越来越高的技术要求，即高精度、高可靠性、长寿命、综合化和小型化，常规的加工方法已无法满足这类零件的制造技术要求，而适应现代技术发展的精密、超精密加工技术是最有效的加工手段。精密和超精密是相对而言的，在不同的时期有不同的界定。从目前的发展水平来看，加工精度在 $0.1 \sim 1\mu m$，表面粗糙度 R_a 在 $0.1\mu m$ 以下的加工方法属于精密加工；而加工精度控制在 $0.1\mu m$ 以下，表面粗糙度 R_a 在 $0.02\mu m$ 以下的加工方法称为超精密加工。随着半导体技术的高集成化发展，推动精密和超精密加工技术从微米、亚微米级工艺向纳米级($1nm = 10^{-3}\mu m$)工艺迅速发展，并保持超精密加工技术的应用每年翻一番的增长率。这标志着精密、超精密加工技术已成为一个国家制造技术水平的主体，也显示了精密、超精密加工技术在整个制造工程中的重要性。

2. 超精密加工的范畴

超精密加工是尖端技术产品发展不可缺少的关键加工手段，不管是军事工业还是民用工业，都需要这种先进的加工技术。例如，关系到现代飞机、潜艇、导弹性能和命中率的惯导仪表的精密陀螺框架、激光核聚变用的反射镜、大型天文望远镜的透镜、大规模集成电路的各种基片、计算机磁盘基底及复印机磁鼓、各种高精度的光学元器件、各种硬盘及记忆体的衬底等都需要超精密加工技术的支持。超精密加工技术促进了机械、计算机、电子、半导体、光学、传感器和测量技术等的发展，从某种意义上来说，超精密加工担负着支持最新科学技术进步的重要使命，也是衡量一个国家制造技术水平的重要标志。

3. 超精加工方法

超精密加工主要包括超精密切削(车、铣)、超精密磨削、超精密研磨(机械研磨、机械化学研磨、研抛、非接触式浮动研磨、弹性发射加工等)以及超精密特种加工(电子束、离子束以及激光束加工等)。上述各种方法均能加工出普通精密加工所达不到的尺寸精度、形状精度和表面质量。每种超精密加工方法都是针对不同零件的要求而选择的。

超精密切削是借助锋利的金刚石刀具对工件进行车削或铣削。它主要用于加工要求低、粗糙度和形状精度高的有色金属或非金属零件,如激光或红外的平面、非球面反射镜、磁盘铝基底、VTR辊轴、有色金属轴套和塑料多面棱镜等,甚至直接加工纳米级表面的硬脆材料。超精密车削可达到粗糙度 $R_a 0.005 \mu m$ 和 $0.1 \mu m$ 的非球面形状精度。

超精密磨削是利用磨具上尺度均匀性好、近似等高的磨粒对被加工零件表面进行摩擦、耕犁及切削的过程。主要用于硬度较高的金属和非金属零件,如对加工尺寸及形状精度要求很高的伺服阀、空气轴承主轴、陀螺仪超精密轴承、光学玻璃基片等。超精密磨削可达到 $R_a 0.002 \mu m$ 的表面粗糙度和 $0.01 \mu m$ 的圆度。

超精密研磨(抛光)主要用于加工高表面质量与低面型精度的集成电路芯片和各种光学平面及蓝宝石窗等。超精密研磨可达到 5ù 的表面粗糙度和 $1/200\lambda$ 的平面度($\varphi 100mm$)。

超微细加工是指各种纳米加工技术,主要包括激光、电子束、离子束、微操作等加工手段,它也是获得现代超精产品的一种重要途径。

超精密加工发展到今天,不再是一种孤立的加工方法和单纯的工艺问题,而是成为一项包容极其广泛的系统工程。超精密加工集成先进的设备和刀具、优秀的技术人员、性能极佳的测试仪器和超稳定的环境条件,并运用大储存量的计算机和数据实时处理技术进行过程检测和反馈补偿。

8.1.2　超精密加工刀具

超精密加工要求刀具能均匀地去除不大于工件加工精度且厚度极薄的金属层或非金属层。超精密加工工具必须具备超微量切削特征,因此,对完成微量切削的刀具必须作出严格的规定。超精密切削中所说的超精密加工刀具,一般是指天然单晶金刚石刀具,它是目前进行超精密切削的主要刀具。由于金刚石晶格间原子的结合力非常牢固、硬度高、耐磨性好,所以金刚石刀具的刀面与刃口质量保证是超精密切削中的一个难题。刃磨质量包含两方面内容:(1)晶面选择,其正确与否直接影响着各向异性的单晶金刚石刀具的使用性能;(2)与金刚石刀具有锋利性相关的刀刃最小钝圆半径的获得。刀刃的钝圆半径关系到刀具的最小切削厚度,并影响超微量的切除能力及加工质量。从理论分析可知,单晶金刚石刀具的刀刃钝圆半径可小至 10ù。在超精密磨削领域,主要加工刀具是砂轮。砂轮中的磨料品级与粒度均匀性十分重要,一方面要确保砂轮在加工中十分锐利;另一方面应具有极高的耐磨性,磨料颗粒分散度要小,分布密度均匀。普通磨料的砂轮(白刚玉、碳化硅)适合于一般金属材料的超精密磨削,而立方氮化硼砂轮和金刚石砂轮适合于硬脆材料的超精密磨削,但这两种超硬磨料砂轮的修整十分困难。尽管超硬磨料砂轮修整技术已取得很大进步,但到目前为止,还没有令人十分满意的高效修整技术。

8.1.3　超精密加工设备

超精密加工机床是实现超精密加工的首要条件,目前的超精密加工机床一般是采用高精度空气静压轴承支撑主轴系统,空气静压导轨支撑进给系统的结构模式。要实现超微量切削,必须配有微量移动工作台的微进给驱动装置和满足刀具角度微调的微量进给机构,并能实现数字控制。

（1）主轴及其驱动装置

主轴是超精密机床的圆度基准,故要求极高的回转精度,其精度范围为 $0.02\sim0.1\mu m$。此外,主轴还需具有相应的刚度,以抵抗受力后的变形。主轴运转过程中产生的热量和主轴驱动装置产生的热量对机床精度有很大影响,故必须严格控制温升和热变形。为了获得平稳的旋转运动,超精密机床主轴广泛采用空气静压轴承,主轴驱动采用皮带卸载驱动和磁性联轴节驱动的主轴系统。

气浮主轴的最大优点是回转精度高。由于气浮误差均化效应,通常主轴回转运动精度比主轴加工的圆度精度要高出 $5\sim10$ 倍。主轴与电机采用一体化结构直接驱动,电机与主轴的动平衡问题,电机电磁振动消除、电机热消除、主轴热伸长补偿以及新型气浮结构设计与制造等都是一直在研究改善的问题。例如,加装热管冷却系统是解决主轴热伸长的有效方法。热管是封闭金属管内工作流进行相变产生的"热泵"作用,使它的导热率高出金属的上百倍,因此它是加快热源冷却的一种好方法。该方法已开始在超精密主轴系统上运用。

为了进一步提高回转精度和刚度,近年来很多人研究控制节流量反馈方法来实现运动的主动控制。最近,用电磁技术和气浮结合的控制方案也在研究之中。但电磁技术的缺点很多,如热效应严重等,还不能达到很高精度。日本学者研究了一种用永磁体加压电陶瓷微位移驱动和电容传感器位置测量的方法来改善气浮主轴的精度。该方法采用重复学习控制在 600 rad/min 时,回转误差由 31 nm 下降到 10 nm;在 9000 rad/min 时,由 33 nm 下降到 9 nm。主动控制增加了系统的复杂程度和降低了可靠性,目前尚不到实用的程度。用永磁体增加止推气垫的刚度的成功实例并不少见,这种气磁轴承和加开真空负压槽的真空吸附加强型气浮轴承相似。这种综合轴承在一定程度可改善气浮轴承的动态特性,如增大阻尼。

气浮轴承国内多采用小孔节流方式,国外多孔材料用于气浮轴承也有很好的例子。例如德国慕尼黑大学采用了一种由微铜球烧结而成的多孔质材料来制造气浮垫。俄罗斯采用一种尿脘发泡多孔陶瓷制造气垫,为了改善其加工性和刚度在气垫表面镀上镍(Ni)层,然后进一步加工。多孔材料的气浮轴承可以提高气浮轴承的刚度。

液体静压轴承与气体静压轴承比较,具有承载能力大、阻尼大、动刚度好等优点,主要的缺点之一是对油温控制有较高的要求。近年来,温度控制技术的水平有了很大的提高。由于测温元件(如晶体温度传感器,测量分辨率可达 $0.001℃$)的灵敏度提高,油温控制到 $0.01℃$ 是不困难的。

（2）导轨及进给驱动装置

导轨是超精密机床的直线性基准,精度一般要求每百毫米 $0.02\sim0.2\mu m$。在超精密机床上,有滑动导轨、滚动导轨、液体静压导轨和空气静压导轨,但应用最广泛的是空气静压导轨与液体静压导轨。滑动导轨直线性最高可达每百毫米 $0.05\mu m$;滚动导轨可达每百毫米 $0.1\mu m$;液体静压导轨与空气静压导轨的直线性最稳定,每百毫米可达 $0.2\mu m$;采用激光校正的液体静压导轨和空气静压导轨精度可达每百毫米 $0.025\mu m$。利用静压支承的摩擦驱动方式在超精密机床的进给驱动装置上应用越来越多,这种方式驱动刚性高、运动平稳、无间隙、移动灵敏。

为了获得高的运动精度和运动分辨率,超精密导轨直线运动的驱动对伺服电机的要求很高,既要求有平稳的超低速运动特性,又要有大的调速范围和好的电磁兼容性。美国 Parker Hannifin 公司的 DM 和 DR 系列直接驱动伺服执行器,输出力矩大、位置控制分辨率高(64 万分之一)。主轴驱动电机可以采用印刷板电机,它的惯性小、发热量小。俄罗斯学者也曾采用飞轮惯性储能高速主轴,在加工过程中驱动电机及传动机构是与主轴脱离的,主轴只是靠惯性运转。这种方法可以用于一些特殊场合。

精密滚珠丝杠是超精机床目前采用的驱动方法,但丝杠的安装误差、丝杆本身的弯曲、滚珠的跳动及制造上的误差、螺母的预紧程度等都会给导轨运动精度带来影响。通常超精密传动机构应特殊设计,例如丝杠螺母与气浮平台的联接器是高轴向刚度,而水平、垂直、俯仰和偏转四自由度无约束的机构,电机与丝杠的联接器采用纯扭矩、无反转间隙的联接器。

气浮丝杠和磁浮丝杠可进一步减小滚珠丝杠的跳动误差和因摩擦和反向间隙引入控制系统的非线性环节。

直线电机适合于高速和高精度的应用场合,通常高速滚珠丝杠可在 40 m/min 的速度和 0.5g 加速度情况下工作,而直线电机加速度可达 5g,其速度和刚度可分别大于滚珠丝杠的 30 倍和 7 倍。目前 Indramat 和 Anorad 公司是最主要的制造商。Indramat 宣称其直线电机传动定位精度为 $0.04\mu m$,分辨率为 $0.01\mu m$,速度可达 200m/s。直线电机用于超精机床首选的是发热量小的永磁电机。永磁电机的缺点是磁场强、装配和拆卸不方便,很容易吸引切屑和其他金属碎屑,机床结构也要随之改变。所以,目前直线电机主要用于半导体行业、印刷电路板制造设备、激光加工水喷射切削等高速轻载的设备上。除此之外,直线电机采用无机械减速系统的直接驱动方式,电机的特性对运动平台的动态特性影响极大,在控制上很多人正在研究新的方案。

(3)微量进给装置

在超精密加工中,微量进给装置用于刀具微量调整,以保证零件尺寸精度。微量进给装置有机械式微量进给装置、弹性变形式微量进给装置、热变形式微量进给装置、电致伸缩微量进给装置、磁致伸缩微量进给装置以及流体膜变形微量进给装置等。

8.1.4 超精密加工的工作环境

工作环境的任何微小变化都可能影响加工精度的变化,使超精加工达不到精度要求,因而超精密加工必须在超稳定的环境下进行。超稳定环境主要是指恒温、超净和防振三个方面。

超精密加工一般应在多层恒温条件下进行,不仅放置机床的房间应保持恒温,还要求机床及部件应采取特殊的恒温措施。一般要求加工区温度和室温保持在 $20\pm0.06℃$ 的范围内。

超净化的环境对超精密加工也很重要,因为环境中的硬粒子会严重影响被加工表面的质量。如加工 256 K 集成电路硅晶片时,环境的净化要求为 1 立方尺空气内大于 $0.1\mu m$ 的尘埃数小于 10 个;加工 4M 集成电路硅晶片时,净化要求为 1 立方尺空气内大于 $0.01\mu m$ 的尘埃数应小于 10 个。

外界振动对超精加工的精度和粗糙度影响甚大。采用带防振沟的隔振地基和把机床安装在专用的隔振设备上,都是极有效的防振措施。

8.1.5　超精密加工精度的在线检测及计量测试

超精密加工精度可采取两种减少方法加工误差的策略，一种是误差预防策略，即通过提高机床制造精度，保证加工环境的稳定性等方法来减少误差源，从而使加工误差消失或减少。另一种是误差补偿策略，是指对加工误差进行在线检测，实时建模与动态分析预报，再根据预报数据对误差源进行补偿，从而消除或减少加工误差。实践证明，若加工精度高出某一要求后，利用误差预防技术来提高加工精度要比用误差补偿技术的费用高出很多。从这个意义上讲，误差补偿技术必将成为超精密加工的主导方向。在近十多年间，西方工业发达国家在精密计量仪器方面取得重大进展，先后研制出激光干涉仪、扫描隧道显微镜、原子力显微镜等，极大地推动了超精密加工技术的发展。

双频激光干涉仪测量精度高、范围大，因此常用于超精密机床作位置测量和位置控制测量反馈元件。但激光测量的精度与空气的折射率有关，而空气折射率与温度、湿度、压力、二氧化碳含量等有关。美国 NBS 研究的结果说明，当前双频激光干涉仪其光路在空气中进行了各种修正与补偿，其最高精度为 8.5×10^{-8}。由于这种测量方法对环境要求过高，要保证高精度，激光光路必须是在恒温氦气（或真空）保护下，这样的要求对实际生产来说往往过于苛刻，很难加以保证。

近年来，光栅技术得到了很大的发展，衍射扫描干涉光栅采取偏振元件相移原理或附加光栅（index grating）相移原理。例如德国 Heidenhain 公司采用三光栅系统原理和四光栅系统原理的光栅尺可达到很高的分辨率，又有很好的可安装性。

上述两种测量仪器，虽然精度高但是价格过于昂贵。炫耀光栅是种高精度、大范围的廉价测量仪器，炫耀光栅的定尺常刻成锯齿形条纹（如 5 mm×5 mm 大小，每厘米 1000 线），而定尺为普通光栅尺，光栅常数为 20 μm。炫耀光栅的分辨率仅取决于细光栅，因此比较容易实现大范围、高精度的测量，是一种较有前途的廉价化的光栅测量方式。

电容测微仪的特点是非接触测量、精度高、价格低；但是测量范围有限，测量稳定性差。美国 Lion Precision 公司的电容测微仪分辨率可达 0.5nm（1 Hz 频响），热漂移每℃0.04％满量程。

最近日本学者研制的一种用于 CMM 微分测头测量力为 1mN，分辨率为 1 nm，它是采用并行弹性悬架组成的复位机构，由两路正交半导体激光器，两个四象限光电二极管（QPD）和一个球形透镜组成，该装置可用于超精密机床上。

多传感器误差分离方法可以用来对简化的机床主要运动进行测量。例如，对轨导误差补偿而言（特别是长导轨），静压轨导的运动公共覆盖区与轨导长度成反比，与溜板长度成正比。公共覆盖区域大，静压对误差的均载作用才大。由于溜板的运动精度有限，所以误差分离技术在直线度、平面度误差测量与补偿控制方面等将大有用武之地。

8.2 超高速加工

8.2.1 概 述

1.超高速加工技术的历史背景

20 世纪 50 年代初,美国麻省理工学院(MIT)发明的数控技术(Numerical Control,NC)开创了世界制造技术的新纪元。从此,机械制造由过去采用普通机床和组合机床组成的生产线逐渐发展到采用加工中心和其他数控机床组成的柔性制造系统(FMS),实现了多品种、小批量生产的柔性自动化,成功地解决了形状复杂、重复加工精度要求高的零件加工问题,并且节省了生产过程中大量的辅助工时,显著地提高了生产率。数控技术被国外权威学者称作为现代制造技术的开端。

20 世纪 80 年代,计算机控制的自动化生产技术的高速发展成为国际生产工程的突出特点,工业发达国家机床的数控化率已高达 70%～80%。随着数控机床、加工中心和柔性制造系统在机械制造中的应用,使机床空行程动作(如自动换刀、上下料等)的速度和零件生产过程的连续性大大加快,机械加工的辅助工时大为缩短。在这种情况下,再一味地减少辅助工时,不但技术上有难度,经济上也不合算,而且对提高生产率的作用也不大。这时辅助工时在总的零件单件工时中所占的比例已经较小,切削工时占去了总工时的主要部分,成为主要矛盾。只有大幅度地减少切削工时(即提高切削速度和进给速度等),才有可能在提高生产率方面出现一次新的飞跃和突破。这就是超高速加工技术(Ultra-High Speed Machining, UHSM)得以迅速发展的历史背景。

提高生产率一直是机械制造领域十分关注并为之不懈奋斗的主要目标。超高速加工(UHSM)不但成倍地提高了机床的生产效率,而且进一步改善了零件的加工精度和表面质量,还能解决常规加工中某些特殊材料难以解决的加工问题。因此,超高速加工这一先进加工技术引起了世界各国工业界和学术界的高度重视。从 1995 年米兰国际机床博览会以来,高速化是每次国际性机床博览会的一个突出主题。一批又一批超高速数控机床投放国际市场,标志着集合了多项高新技术的超高速加工技术已经被迅速广泛地推向工业应用,并取得了显著的技术经济效益。超高速加工成为 20 世纪末国际机械制造业最热门话题。国内外权威学者认为,如果把数控技术看成是现代制造技术的第一个里程碑,那么超高速加工技术就是现代制造技术的第二个里程碑。高速超高速加工、精密超精密加工、高能束加工和自动化加工构成了当今四大先进加工技术。

2. 超高速加工技术的内涵和范围

超高速加工技术是指采用超硬材料刀具和磨具,利用能可靠地实现高速运动的高精度、高自动化和高柔性的制造设备,以提高切削速度来达到提高材料切除率、加工精度和加工质量的先进加工技术。其显著标志是使被加工塑性金属材料在切除过程中的剪切滑移速度达到或超过某一阈值,开始趋向最佳切除条件,使得切除被加工材料所消耗的能量、切削力、工件表面温度、刀具和磨具磨损、加工表面质量等明显优于传统切削速度下的指标,而加工效率则大大高于传统切削速度下的加工效率。

由于不同的工件材料、不同的加工方式有着不同的切削速度范围,因而很难就超高速加工的切削速度范围给定一个确切的数值。目前,对于各种不同加工工艺和不同加工材料,超高速加工的切削速度范围分别如表 8-1 和表 8-2 所示。

<table>
<tr><td colspan="2">表 8-1 不同加工工艺的切削速度范围</td></tr>
<tr><td>加工工艺</td><td>切削速度范围(m/min)</td></tr>
<tr><td>车削</td><td>700～7000</td></tr>
<tr><td>铣削</td><td>300～6000</td></tr>
<tr><td>钻削</td><td>200～1100</td></tr>
<tr><td>拉削</td><td>30～75</td></tr>
<tr><td>铰削</td><td>20～500</td></tr>
<tr><td>锯削</td><td>50～500</td></tr>
<tr><td>磨削</td><td>5000～10 000</td></tr>
</table>

<table>
<tr><td colspan="2">表 8-2 各种材料的切削速度范围</td></tr>
<tr><td>加工材料</td><td>切削速度范围(m/min)</td></tr>
<tr><td>铝合金</td><td>2000～7500</td></tr>
<tr><td>铜合金</td><td>900～5000</td></tr>
<tr><td>钢</td><td>600～3000</td></tr>
<tr><td>铸铁</td><td>800～3000</td></tr>
<tr><td>耐热合金</td><td>＞500</td></tr>
<tr><td>钛合金</td><td>150～1000</td></tr>
<tr><td>纤维增强塑料</td><td>2000～9000</td></tr>
</table>

应当指出的是,超高速加工的切削速度不仅是一个技术指标,而且也是一个经济指标。也就是说,它不仅仅是一个技术上可实现的切削速度,而且必须是一个可由此获得较大经济效益的高切削速度,没有经济效益的高切削速度是没有工程意义的。目前定位的经济效益指标是:在保证加工精度和加工质量的前提下,将通常切削速度加工的加工时间减少 90%,同时将加工费用减少 50%,以此衡量高切削速度的合理性。

3. 现状及主要研究内容

工业发达国家对超高速加工的研究起步早、水平高。在此项技术中,处于领先地位的国家主要有德国、日本、美国、意大利等。

在超高速加工技术中,超硬材料工具是实现超高速加工的前提和先决条件,超高速切削磨削技术是现代超高速加工的工艺方法,而高速数控机床和加工中心则是实现超高速加工的关键设备。目前,刀具材料已从碳素钢和合金工具钢,经高速钢、硬质合金钢、陶瓷材料,发展到人造金刚石及聚晶金刚石(PCD)、立方氮化硼及聚晶立方氮化硼(CBN)。切削速度亦随着刀具材料的创新而从以前的 12m/min 提高到 1200m/min 以上。砂轮材料过去主要是采用刚玉系、碳化硅系等,美国 G.E. 公司 20 世纪 50 年代首先在金刚石人工合成方面取得成功,60 年代又首先研制成功 CBN。90 年代陶瓷或树脂结合剂 CBN 砂轮、金刚石砂轮线速度可达 125m/s,有的可达 150m/s,而单层电镀 CBN 砂轮可达 250m/s。因此有人认为,随着新刀具(磨具)材料的不断发展,每隔 10 年切削速度要提高一倍,亚音速乃至超音速加工的出现不会太遥远。

在超高速切削技术方面,1976 年美国的 Vought 公司研制了一台超高速铣床,最高转速达到了 20000rpm。特别引人注目的是,联邦德国 Darmstadt 工业大学生产工程与机床研究所(PTW)从 1978 年开始系统地进行超高速切削机理研究,对各种金属和非金属材料进行高速切削试验,联邦德国组织了几十家企业并提供了 2000 多万马克支持该项研究工作,自 80 年代中后期以来,商品化的超高速切削机床不断出现,超高速机床从单一的超高速铣床发展成为超高速车铣床、钻铣床乃至各种高速加工中心等。瑞士、英国、日本也相继推出自己的超高速机床。日本日立精机的 HG400III 型加工中心主轴最高转速达 36000～40000r/min,工作台快速移动速度为 36～40m/min。采用直线电机的美国 Ingersoll 公司的 HVM800

型高速加工中心进给移动速度为 60m/min。

在高速和超高速磨削技术方面,人们开发了高速、超高速磨削、深切缓进给磨削、深切快进给磨削(即 HEDG)、多片砂轮和多砂轮架磨削等许多高速高效率磨削,这些高速高效率磨削技术在近 20 年来得到了长足的发展及应用。德国 Guehring Automation 公司 1983 年制造出了当时世界第一台最具威力的 60kW 强力 CBN 砂轮磨床,v_s 达到 140～160m/s。德国 Kapp 公司应用高速深磨加工泵类零件深槽,工件材料为 100Cr6 轴承钢,采用电镀 CBN 砂轮,v_s 达到 300m/s。目前,日本工业实用磨削速度已达 200m/s,美国 Conneticut 大学磨削研究中心,1996 年其无心外圆高速磨床上,最高砂轮磨削速度达 250m/s。

近年来,我国在高速超高速加工的各关键领域进行了较多的研究,主要研究内容有:

(1)超高速切削、磨削机理研究。对超高速切削和磨削加工过程、各种切削磨削现象、各种被加工材料和各种刀具磨具材料的超高速切削磨削性能以及超高速切削磨削的工艺参数优化等进行系统研究。

(2)超高速主轴单元制造技术研究。主轴材料、结构、轴承的研究与开发;主轴系统动态特性及热态性研究;柔性主轴及其轴承的弹性支承技术研究;主轴系统的润滑与冷却技术研究;主轴的多目标优化设计技术、虚拟设计技术研究;主轴换刀技术研究。

(3)超高速进给单元制造技术研究。高速位置芯片环的研制;精密交流伺服系统及电机的研究;系统惯量与伺服电机参数匹配关系的研究;机械传动链静、动刚度研究;加减速控制技术研究;精密滚珠丝杠副及大导程丝杠副的研制等。

(4)超高速加工用刀具磨具及材料研究。研究开发各种超高速加工(包括难加工材料)用刀具磨具材料及制备技术,使刀具的切削速度达到国外工业发达国家 20 世纪 90 年代末的水平,磨具的磨削速度达到 150m/s 以上。

(5)超高速加工测试技术研究。对超高速加工机床主轴单元、进给单元系统和机床支承及辅助单元系统等功能部位和驱动控制系统的监控技术,对超高速加工用刀具磨具的磨损和破损、磨具的修整等状态以及超高速加工过程中工件加工精度、加工表面质量等在线监控技术进行研究。

但总体水平同国外尚有较大差距,必须急起直追。

8.2.2　超高速加工技术的优越性

1. 超高速切削加工的优越性

高速切削加工技术与常规切削加工相比,在提高生产率,减低生产成本,减少热变形和切削力以及实现高精度、高质量零件加工等方面具有明显优势。

(1)加工效率高

高速切削加工比常规切削加工的切削速度高 5～10 倍,进给速度随切削速度的提高也可相应提高 5～10 倍,这样,单位时间材料切除率可提高 3～6 倍,因而零件加工时间通常可缩减到原来的 1/3,从而提高了加工效率和设备利用率,缩短了生产周期。

(2)切削力小

和常规切削加工相比,高速切削加工切削力至少可降低 30%,这对于加工刚性较差的零件(如细长轴、薄壁件)来说,可减少加工变形,提高零件加工精度。同时,采用高速切削,单位功率材料切除率可提高 40% 以上,有利于延长刀具使用寿命(通常刀具寿命可提高约 70%)。

（3）热变形小

高速切削加工过程极为迅速，95％以上的切削热来不及传给工件，而被切屑迅速带走，零件不会由于温升导致弯翘或膨胀变形。因而，高速切削特别适合于加工容易发生热变零件。

（4）加工精度高、加工质量好

由于高速切削加工的切削力和切削热影响小，使刀具和工件的变形小，保持了尺寸的精确性。另外，由于切屑被飞快地切离工件，切削力和切削热影响小，从而使工件表面的应力小，达到较好的表面质量。

（5）加工过程稳定

高速旋转刀具切削加工时的激振频率高，已远远超出"机床—工件—刀具"系统的固有频率范围，不会造成工艺系统振动，使加工过程平稳，有利于提高加工精度和表面质量。

（6）减少后续加工工序

高速切削加工获得的工件表面质量几乎可与磨削相比，因而可以直接作为最后一道精加工工序，实现高精度、低粗糙度加工。

（7）良好的技术经济效益

采用高速切削加工将能取得较好的技术经济效益，如缩短加工时间，提高生产率；可加工刚性差的零件；零件加工精度高、表面质量好；提高刀具耐用度和机床利用率；节省换刀辅助时间和刀具刃磨费用等。

2. 超高速磨削加工的优越性

超高速磨削的试验研究预示，采用磨削速度 1000m/s（超过被加工材料的塑性变形应力波速度）的超高速磨削会获得非凡的效益。尽管受到现有设备的限制，迄今实验室最高速度为 400m/s，更多的则是 250m/s 以下的超高速磨削研究和实用技术开发。但是，可以明确，超高速磨削与以往的磨削技术相比具有如下突出优越性：

（1）可以大幅度提高磨削效率

试验表明，在磨削力不变的情况下，200m/s 超高速磨削的金属切除率比 80m/s 磨削提高 150％，而 340m/s 时比 180m/s 时提高 200％。尤其是采用超高速快进给的高效（HEDG）技术，金属切除率极高，工件可由毛坯一次最终加工成形，磨削时间仅为粗加工（车、铣）时间的 5％～20％。超高速磨削参数和效率与其他磨削方法的对比如表 8-3 所示。

（2）磨削力小，零件加工精度高

当磨削效率相同时，200m/s 时的磨削力仅为 80m/s 时的 50％。但在相同的单颗磨粒切深条件下，磨削速度对磨削力影响极小。

（3）可以获得低粗糙度表面

其他条件相同时，33m/s、100m/s 和 200m/s 速度下磨削表面粗糙度分别为 $R_a2.0$，$R_a1.4$，$R_a1.1\mu m$。对高达 1000m/s 超高速磨削效果的计算机模拟研究表明，当磨削速度由 20m/s 提高至 1000m/s 时，表面 R_a 最大值将降低至原来的 1/4。另外，在超高速条件下，获得的表面粗糙度数值受切刃密度、进给速度及光磨次数的影响较小。

表 8-3　不同磨削方法的比较

磨削方法　　　　磨削参数	普通磨削	缓进给磨削(CFDG)	超高速磨削(UHSG)	
			精密超高速磨削(PUHSG)	高效深磨(HEDG)
磨削深度 a_p (mm)	小 0.001~0.05	大 0.1~30	小 0.003~0.05	大 0.1~30
工件进给速度 v_w (m/min)	高 1~30	低 0.05~0.5	高 1~30	高 0.5~10
砂轮周速 v_s (m/s)	低 20~60	低 20~60	高 80~250	高 80~250
比金属切除率 Q' (mm³/(mm·s))	低 0.1~10	低 2~20	中 <60	高 50~2000

(4)可大幅度延长砂轮寿命,有助于实现磨削加工的自动化

在磨削力不变条件下,以 200m/s 磨削时砂轮寿命比以 80m/s 磨削时提高 1 倍,而在磨削效率不变条件下砂轮寿命可提高 7.8 倍。砂轮使用寿命与磨削速度成对数关系增长,使用金刚石砂轮磨削氮化硅陶瓷时,磨削速度由 30m/s 提高至 160m/s,砂轮磨削比由 900 提高至 5100。

(5)可以改善加工表面完整性

超高速磨削可以越过容易产生磨削烧伤的区域,在大磨削用量下磨削时反而不产生磨削烧伤。

8.2.3　超高速加工技术的应用

1. 超高速切削技术的应用

超高速切削的工业应用目前主要集中在以下几个领域:

(1)航空航天工业领域

高速加工在航空航天领域应用广泛,如大型整体结构件、薄壁类零件、微孔槽类零件和叶轮叶片等。国外许多飞机及发动机制造厂已采用高速切削加工来制造飞机大梁、肋板、舵机壳体、雷达组件、热敏感组件、钛和钛合金零件、铝或镁合金压铸件等航空零部件产品。图 4-4 所示为高速铣削的飞机气动减速板。

现代飞机构件都采用整体加工技术,即直接在实体毛坯上进行高速切削,加工出高精度、高质量的铝合金或钛合金等有色轻金属及合金的构件,而不再采用铆接等工艺,从而可以提高生产效率,降低飞机重量。美国波音公司制造 F15 战斗机两个方向舵之间的气动减速板,以前需要约 500 多个零部件装配而成,制造一个气动减速板所需要的交货期约为 3 个月,现在应用高速切削技术直接在实体铝合金毛坯上铣削加工气动减速板,交货期仅需几天。英国 EHV 公司采用主轴转速为 40000r/min 的高速加工机床加工航空专用铝合金整体叶轮,单个叶片的加工精度可达 5μm,整个叶轮精度为 20μm。美国普惠公司与以色列叶片技术公司合作开发钛合金蜗轮叶片的高速切削,选用主轴转速为 20000r/min 的铣床加工叶片锻件,可在 7min 内完成粗加工,再经 7min 精加工成叶片。用高速铣削加工中心加工机载雷达组件,可使加工效率提高 7~10 倍。瑞士米克朗公司(Mikron)的 HSM 系列高速铣削柔性单元可加工薄壁至 0.04mm 的薄壁件,加工微孔最小直径可达 0.08mm。

HSM400U 五轴联动高速铣床则可大大提高叶轮加工效率,以 120mm 的小型铝制叶轮为例,用一台普通加工中心需要 35 分钟,而使用米克朗 HSM400U 则只需 10 分钟。

(2)汽车工业领域

除航空工业外,现在也开发了针对汽车工业等大批生产领域中铸铁和钢的高速切削加工设备。高速加工在汽车生产领域的应用主要体现在模具和零件加工两个方面。应用高速切削加工技术可加工零件范围相当广,其典型零件包括伺服阀、各种泵和电机的壳体、电机转子、汽缸体和模具等。如美国福特(Ford)汽车公司与 Ingersoll 公司合作研制的 HVM800 卧式加工中心及镗汽缸用的单轴镗缸机床已实际用于福特公司的生产线。汽车零件铸模以及内饰件注塑模的制造正逐渐采用高速加工技术。

(3)模具工具工业领域

在模具工具工业领域,高速切削为模具制造行业提供了新契机。它简化了加工手段,缩短了加工周期,提高了加工效率,降低了加工成本。采用高速切削可以直接由淬硬材料加工模具,这不单单省去了过去机加工到电加工的几道工序,节约了工时,还由于目前高速切削已经可以达到很高的表面质量($R_a \leqslant 0.4\mu m$),因此省去了电加工后表面研磨和抛光的工序。另外,切削形成的已加工表面的压应力状态还会提高模具工件表面的耐磨程度(据统计,模具寿命因此能提高 3~5 倍)。这样,锻模和铸模仅经高速铣削就能完成加工。对于复杂曲面加工、高速粗加工和淬硬后高速精加工很有发展前途,并有取代电火花加工(EDM)和抛光加工的趋势。现在有许多模具制造厂家采用 PCBN 刀具高速切削进行精加工,使工时减少一半多,且模具曲面形状精度提高,表面粗糙度减小。瑞士米克朗(Mikron)公司研制的 SM 系列高速加工中心和新型 XSM400 高速加工中心的主轴转速可达 60000r/min,快速进给速度分别达到 40m/min 和 80m/min,加速度分别达到 1.7g 和 2.5g,可加工铝合金、铜合金、塑料和硬度 HRC62 的淬硬钢,用这种机床可加工如图 8-1 所示的高精度冲压模具和塑料模具等。德国 Droop 公司生产的 FOG2500 铣床,主轴转速为 10000~40000r/min,可用于汽车车身冲压工具和塑料模具加工,零件的加工精度可达 $50\mu m$,可取代电火花加工机床。欧洲和日本的汽车行业已开始使用高速加工中心实现精加工,用以代替人工操作的汽车模具光整、压铸件人工精制及 CNC 研磨加工。

(a) 冲压模具　　　　　　　　　　　　(b) 塑料模具

图 8-1　高精度冲压模具和塑料模具

(4)难加工材料领域

高速车削加工硬金属材料(HRC55~62)现已被广泛用于代替传统的磨削加工,车削精度已可达 IT5～IT6 级,表面粗糙度可达 $R_a 0.2～1\mu m$。Ingersoll 公司的"高速模块"所用切削速度:加工航空航天铝合金时为 2438m/min,汽车铝合金时为 1829m/min,铸铁时为 1219m/min,这均比常规切削速度高出几倍到几十倍。

(5)超精密微细切削加工领域

在电路板上,有许多 0.5mm 左右的小孔,为了提高小直径钻头的钻刃切削速度和效率,目前普遍采用高速切削方式。日本的 FANUC 公司和电气通信大学合作研制了超精密铣床,其主轴转速达 55 000r/min,可用切削方法实现自由曲面的微细加工。据称,生产率和相对精度均为目前光刻技术领域中的微细加工所不能及的。

高速切削的应用范围正在逐步扩大,不仅可用于切削金属等硬材料,也越来越多用于切削软材料,如橡胶、各种塑料、木头等,经高速切削后这些软材料被加工表面极为光洁,比普通切削的加工效果好得多。

2. 超高速磨削技术的应用

超高速磨削技术最先在德国发展,其中德国 Guehring Automation 公司较为著名。该公司于 20 世纪 80 年代最先推出超高速磨床,并曾为阿亨大学开展 500m/s 磨削研究制造了设备。在其 FD613 超高速平面磨床上磨削宽 1～10mm、深 30mm 的转子槽时进给速度可达 3000mm/min(CBN 砂轮,150m/s 周速);在其 RB625 超高速外圆磨床上由毛坯直接磨成曲轴,每分钟可磨除 2kg 金属(CBN 砂轮,120～160m/s 周速);其 NU534、NU535R 和 NU635 型沟槽磨床使用陶瓷结合剂 CBN 砂轮,周速 125m/s,一次快进给磨出 $\varphi 20mm$ 钻头沟槽,切除率达 $500mm^3/(mm \cdot s)$。轴齿轮齿槽、扳手开口槽、蜗杆螺旋齿槽等的一次性高效磨削加工也是 Guehring 超高速磨床的主要工艺。Kapp 公司制造的高效深磨用超高速磨床利用 300m/s 的砂轮周速在 60s 内对具有 10 个沟槽的成组转子毛坯完成一次磨削成形,在砂轮寿命期间,可完成 1300 个转子的加工,沟槽宽度精度 $2\mu m$。另外,Schaudt 公司、Studer 公司等也已推出各自的超高速磨床。Soag Machinery、Naxos Union 等企业在超高速磨削方面也卓有建树,反映了欧洲超高速磨削技术实用化的领先地位。

日本将砂轮圆周速度超过 100m/s 的磨削工艺称为超高速磨削。与欧洲超高速磨削工艺的应用不同,日本的超高速磨削主要不是以获得高生产率为目的,而是对磨削的综合性能更感兴趣,其磨除率普遍维持在 $60mm^3/(mm \cdot s)$ 以下。日本三菱重工推出的 $CA_3$2-U50A 型 CNC 超高速磨床采用陶瓷结合剂 CBN 砂轮,砂轮线速度达到 200m/s。日本在超高速外圆磨削领域处于领先地位,已在其汽车工业等部门使用 v_s＝200m/s 以上的 CBN 砂轮,并配以高柔性 CNC 系统和高精度微进给机构对阶梯轴、曲轴、凸轮轴等零件外回转面进行磨削。丰田工机在其开发的 G250 型 CNC 超高速外圆磨床上装备了最新研制的 Toyoda State Bearing 轴承,使用 v_s＝200m/s 的陶瓷结合剂 CBN 砂轮,对回转件零件进行高效、高精度、高柔性加工。此外,利用超高速磨削实现对工程陶瓷和光学玻璃等硬脆材料的高性能加工也是日本超高速磨削的另一个重要应用领域。

美国的 HEDG 机床也得到了广泛应用。Edgetek Machine 公司是全美首家生产高效深磨机床的企业,该公司推出了采用单层 CBN 砂轮、砂轮周速 203m/s 的超高速磨床,用于加工淬硬的锯齿等,可以达到很高的金属切除率。采用电镀 CBN 砂轮及油性磨削冷却液的 HEDG 磨床磨削 Iconel 718(镍基合金),砂轮周速 v_s＝160m/s,金属切除率可达 $75mm^3/(mm \cdot s)$,砂轮不需修整,使用寿命长,R_a 平均值为 $1～2\mu m$,可达到的尺寸公差为 $13\mu m$。

8.3　数字化制造技术

8.3.1　数字制造的形成背景

20 世纪中叶以来,随着微电子、自动化、计算机、通信、网络、信息等科学技术的迅猛发展,掀起了以信息技术为核心的新浪潮。以"网络化"、"信息化"为标志的 21 世纪,已经在改变或正在改变人类获取、处理、传送及利用信息和知识的方法,从而推动人们的生活方式、生产方式乃至社会结构和社会分工发生史无前例的变化。在这个浪潮下,各种新概念、新理论、新技术、新思想和新方法层出不穷。数字图书馆、数字流域、数字家园、数字企业、数字经济、数字化部队乃至作为描述整个地球上各类信息的时间序列和空间数据构架的数字地球等新概念和新的研究工作不断被推出,并已开始进入我们的生活,改变我们的生活。数字制造就是在这样一个背景下应运而生的。

1. 数字制造将成为未来制造业发展的重要特征

随着信息技术和计算机网络技术的发展,尤其是网络数字技术的发展,世界正经历一场深刻的"网络化革命"。这场革命极大地改变着人类的生存环境和生活方式,并深刻影响人们过去常规的思维定势和工作模式,进而使为人类提供生存条件的各行各业从概念、组织模式、运行方式到结构、管理模式、功能特性等都发生了前所未有的深刻变化。这种网络化、数字化进程的加快使主导世界经济的制造业面临五大突出问题的挑战,即网络化、数字化、全球化、知识化和服务化,就某种意义而言,数字化是核心。

数字化已逐渐成为制造业中产品全生命周期不可缺少的驱动因素。由于制造业市场需求的快速变化和全球性的经济竞争以及高新技术的迅猛发展,促使制造业发生了革命性的深刻变化,极大地拓展了制造活动的深度和广度,推动了制造业朝着自动化、智能化、集成化、网络化和全球化的方向发展,从而导致了制造信息的表征、存储、处理、传递和加工的深刻变化,使制造业由传统的能量驱动型逐步转向数字信息驱动型。这主要表现在:

制造已不再仅仅是传统意义上的制造行为,还包括社会、经济、人文等多种综合因素。由此,制造与制造系统必须置于社会、经济和人文环境中,成为一个复杂的社会化大系统中的一个重要因素。

制造的全球化,使制造业的组织形态、经营模式和管理机制需要重新定位和创新,这就要求新一代企业必须实现网络化、数字化,构建新一代制造系统的模式,从而提出了数字制造工厂的要求。

随着制造系统复杂度的增加,制造过程中所必须接收和处理的各种信息正在爆炸性地增长,限量制造信息成为制约制造系统效能的关键因素。解决这一问题的关键是在分布式数字化、网络化结构的基础上,通过限量数据的几何与拓扑建模,使制造系统中的制造单元或装备具有一定的自主性和智能化水平。这就是所谓分布式数字制造。

制造市场需求的快速变化以及消费需求日趋个性化与多样化,要求新一代制造系统必须体现柔性化、敏捷化、客户化与全球化等基本特征。柔性化与敏捷化是快速响应客户化需求的前提,这意味着新一代制造系统必须具有动态易变性,能通过快速重组,以快速响应市场需求的变化。而柔性化、敏捷化、客户化与全球化实现的基础是网络化和数字化,在此基础上提出制造过程数字化和数字化产品的要求。

　　制造活动的全球化,对制造活动的服务环节也提出了新的要求。由于制造产品复杂程度的不断增加,服务地域的不断扩大,用户对服务时间的要求越来越短,因此迫切需要新的服务手段和服务技术的支持。这就很自然地提出了数字培训、数字维护与数字诊断的概念与技术。

　　由此可见,Internet 的发展引来了数字经济或 Internet 经济,并由此引起的生产活动和商务活动导致制造企业从形式到内容结构性的深刻变化,同时制造企业的竞争态势、市场结构、企业结构、公司形式、业务流程、管理模式、制造过程等也将随之而变。为了迎接这些变化带来的挑战,制造企业和制造过程必须走数字化的道路。数字制造也就成为一种用以适应日益复杂的产品结构,日趋个性化、多样化的消费需求和日益形成的庞大制造网络而提出的全新制造模式,并很自然地成为未来制造业发展的重要特征。

2. 数字制造的提出是当代社会经济和科学技术发展的必然结果

　　由于网络技术特别是 Internet/Intranet/Extranet 技术的迅速发展以及由此而给制造业带来的新变化和重大影响,首先引起了制造业界科技工作者的高度关注。国际权威制造技术研究机构德国 Fraunhofer 研究院院长 Hang Jurgen Warnecke 教授,曾在 2000 年 11 月我国上海召开的第 1 届国际机械工程学术会议上做的题为"网络生产——制造业全球化的前景"大会报告中,特别强调了网络生产在制造业发展中的重大影响和作用。在 2000 年 3 月新加坡第 5 届国际计算机集成制造大会上,大会组织委员会主席 Robert Gay 和学术委员会主席 Jasbir Singh 在他们联合撰写的大会论文集前言中指出:"近年来制造业最伟大的影响就是 Internet 技术和相关业务的出现"。美国互联网投资公司创办人 David Wethevell 甚至认为互联网的出现比工业革命更为重要,改变的步伐远比工业革命大。制造全球化、制造敏捷化、制造网络化、制造虚拟化和制造绿色化是现代制造业发展的趋势。而制造全球化、敏捷化和虚拟化首先离不开制造网络化的支撑环境,更离不开制造信息化和制造数字化的理念和支持技术,因此,数字制造是当代科学技术迅速发展的必然趋势和必然结果。

　　从社会经济角度来看,制造业的市场环境 30 年来发生了重大变化,表现为部分发展中国家制造业生产能力的迅速提高以及由此带来的制造业主之间的激烈竞争。这种竞争导致了制造业市场的容量饱和、资源短缺和产品价格上扬。因此,买方多变的市场以及繁荣与衰退交替波动的经济环境,迫使各国的制造业不得不经常不断地调整、改组、整合、创新,从而力争做到快速响应市场需求,以便适应难以预测的市场需求。也就是说,为了适应数字和网络经济的时代,制造企业必须实现数字化改造。这种数字企业或数字制造工厂必须能够利用数字技术为客户和企业员工设计全新的价值理念,发现创造和捕捉利润的新方法。也就是说,数字制造企业将在研发、生产、营销和管理等方面都广泛利用计算机和网络技术,构筑企业的数字系统,以全方位改造企业,降低生产成本和费用,增加产量与销售,实现增值,从而提高企业的经济效益。

　　发达国家早在 20 世纪末就已经用信息技术来改造传统产业,提升制造业的新技术水平作为发展国家经济的重大战略之一。可以说,以计算机和信息技术与传统制造业相结合提升制造业、创建新兴制造业等为特征的先进制造技术,完全改变了美国曾称之为夕阳工业的制造业发展态势,使制造业的发展出现了前所未有的勃勃生机。近几年来,这种以信息技术和数字技术改造和提升制造业的成功范例很多,如日本任天堂公司采用数字制造的一种模式——虚拟生产模式就是成功的一例,它通过虚拟制造的思想,运营自己的无形资产、专利资源等实施"虚拟经营"、"委托加工",依托 30 多个协作厂昼夜运行,人均创纯利润达 9000 多万日元,按当年国际汇率,相当于每人每年创利 80 万美元。此后,日本的索尼与东芝、德国的西门子与荷兰的菲利普等先后成立"虚拟联盟",或互换技术技艺,或构建特殊的供应合作关系,或共同研制开发新技术和新产品,成功地通过网络和信息技术实施虚拟经营,从而确保在瞬息万变的世界市场中,始终能保持其在国际市场中的领先地位。

概言之,数字制造的发展,是当今社会经济和科学技术发展的必然结果,是网络和信息技术与制造科学结合的必然结果,是经济全球化、全球信息化的必然结果,是制造业竞争日趋激烈、市场瞬息万变的必然结果。因此,数字制造必将成为未来制造业发展的重要特征和必然趋势。

8.3.2　数字制造的概念

20 世纪 50 年代产生的数字控制机床,将过去由人工操作、行程开关或模板产生的各类加工信息通过数字控制实现自动化和数字化,大大提高了机械加工的加工精度和工作效率,并降低了劳动强度,改善了生产条件,整体上提高了制造业的自动化水平。可以说数控机床的诞生和不断发展,从纯硬件系统发展到软、硬件结合到计算机控制以至到今天的网络远程控制和嵌入式控制等,构成了制造业数字化的一个十分重要的基础。事实上,数字制造机床的拥有量及其年产量已经成为一个国家制造能力的重要标志,数字制造的概念也就是从数字控制机床逐步演化而来的。

1. 数字制造的含义

数字制造是在计算机、数字技术和网络信息技术与制造技术不断融合、发展和广泛应用的基础上诞生的,也是制造企业、制造系统和制造过程不断实现数字化的必然结果。

数字制造是用数字化定量、表述、存储、处理和控制的方法,支持产品全生命周期和企业的全局优化运作,以制造过程的知识融合为基础,以数字化建模仿真与优化为特征;它是在虚拟现实、计算机网络、快速原型、数据库等技术支撑下,根据用户的需求,对产品信息、工艺信息和资源信息进行分析、规划和重组,实现对产品设计和功能的仿真以及原型制造,进而快速生产出达到用户要求性能的产品的整个制造过程。按照产品的制造过程,可以将对制造工艺过程知识的获取及进行制造工艺自主设计和优化控制等的数字化作为微观过程数字化,而对生产系统的布局设计与实际优化运作等数字化作为宏观生产过程数字化。

数字制造技术是数字化技术和制造技术融合形成的,是以制造工程科学为理论基础的制造技术的重大革新,是先进制造技术的核心。数字制造在领域和过程两个方面扩展了传统的制造概念。在领域方面,制造从机械领域扩展到了除第一产业和第三产业以外的几乎所有工业领域;在过程方面,制造从单纯的机械加工过程扩展到了产品整个生命周期过程;从内容上看,数字制造与传统制造的不同在于它力图从离散的、系统的、动力学的、非线性的和时变的观点研究制造工艺、装备、技术、组织、管理、营销等问题,以获取更大的投入增值。传统制造中许多定性的描述,都要转化为数字化定量描述,在这一基础上逐步建立不同层面的系统数字化模型,并进行仿真,使制造从部分量化和部分经验化、定性化逐步转向全面数字定量化。

2. 数字制造的概念轮图

从数字制造的定义出发,不难清楚地看到,一个数字制造系统,对制造设备而言,其控制参数均为数字信号,设备本身的内涵均以数字化形式描述;对制造企业而言,各种信息包括市场、管理、生产、设计、维护乃至各种制造资源等均以数字的形式通过数字网络在企业内外传递;对制造产品而言,产品内外特征的表征、产品质量的控制、产品在市场流通的过程等也都是以数字来表征的;对全球制造业而言,用户通过数字网络发布需求信息,各大、中、小型企业则通过数字网络根据用户需求,在企业之间实现优势互补、动态组合、迅速敏捷地协同设计并制造出相应的产品,在数字制造环境下,在广域内形成一个由数字织成的网,个人、企业、车间、设备、经销商和市场都成

图 8-2　数字制造的概念轮图

为网上的一个个结点。这样一来,一方面,由产品在设计、制造、销售过程中所赋予的数字信息成为主宰制造业的最活跃的驱动因素;另一方面,分别从管理、设计、制造为中心的数字化和信息化组成了数字制造的基本框架,由此可以得出图 8-2 所示的数字制造的概念轮图。

3. 三种数字制造观

从图 8-2 的数字制造轮图可知,三种不同的数字制造观组成了数字制造的基本框架,这就是以制造为中心的数字制造观、以设计为中心的数字制造观和以管理为中心的数字制造观。

(1)以制造为中心的数字制造观

数字制造的概念,首先来源于数字控制技术(NC 或 CNC)与数控机床。数控技术就是用数字量及字符发出指令并实现控制的技术。它不仅控制位置、角度、速度与机械量,也可控制温度、压力、流量等物理量。这些量的大小不仅可用数字表示,而且是可测、可控的。如果一台设备,实现其自动工作过程的命令是以数字形式来描述的,则称其为数控设备。显而易见,这远不是数字制造,但却是数字制造的一个十分重要的基础。

随着数控技术的发展,又出现了对多台机床,用一台(或几台)计算机数控装置进行集中控制的方式,即所谓直接数字控制(DNC)。为适应多品种、小批量生产的自动化,发展了若干台计算机数控机床和一台工业机器人协同工作,以便加工一组或几组结构形状和工艺特征相似的零件,从而构成所谓柔性制造单元(FMC)。借助一个物流自动化系统,将若干柔性制造单元或工作站连接起来实现更大规模的加工自动化就构成了柔性制造系统,它以数字量实现加工过程的物料流、加工流和控制流的表征、存储与控制。

数字控制,不仅实现制造过程的自动化,而且实现制造过程各种参数的检测、控制和故障报警乃至维修决策和建议的提出等。随着网络和信息技术的发展,由多台数字控制机床联网组成局域网实现一个车间或多个车间的生产过程自动化,进而发展到每一台设备的控制器或控制系统成为网上的一个结点,使制造过程向更大规模和更高水平的自动化方向发展,这就形成了所谓以制造为中心的数字制造观。

（2）以设计为中心的数字制造观

由于计算机的发展以及计算机图形学与机械设计技术的结合，产生了以数据库为核心，以交互式图形系统为手段，以工程分析计算为主体的计算机辅助设计（CAD）系统。CAD 系统能够在二维与三维的空间精确地描述物体，大大地提高了生产过程中描述产品的能力和生产率。正如数控技术与数控机床一样，CAD 的产生和发展，为制造业产品的设计过程数字化和自动化打下了基础。

将 CAD 的产品设计信息转换为产品的制造、工艺规则等信息，使加工机械按照预定的工序和工步的组合和排序，选择刀具、夹具、量具，确定切削用量，并计算每个工序的机动时间和辅助时间，这就是计算机辅助工艺规划（CAPP）。将包括制造、检测、装配等方面的所有规划，以及面向产品设计、制造、工艺、管理、成本核算等所有信息数字化，转换为计算机所理解、并被制造过程的全阶段所共享的数据，就形成了所谓 CAD/CAM/CAPP 的一体化，从而使 CAD 上升到一个新的层次。

近几年来，计算机网络为 CAD 技术提供了在网上协同和合作进行设计的平台。由于网络技术和信息技术的发展，多媒体可视化环境技术、产品数据管理系统、异地协同设计以及跨平台、跨区域、同步和异步信息交流与共享，多企业、多团队、多人、多应用之间群体协作与智能设计正在深入开展研究，并进入实用阶段，这就形成了所谓以设计为中心的数字制造观。

（3）以管理为中心的数字制造观

通过企业内部物料需求计划（MRP）的建立与实现，根据不断变化的市场信息、用户订货和预测，从全局和长远的利益出发，通过决策模型，评价企业的生产和经营状况，预测企业的未来和运行状况，决定投资策略和生产任务安排，这就形成了制造业生产系统的最高层次管理信息系统（MIS）。为了支持制造企业经营生产过程能随市场需求快速重构和集成，出现了能覆盖整个企业从产品的市场需求、研究开发、产品设计、工程制造、销售、服务、维护等生命周期中信息的产品数据管理系统（PDM），从而实现了以"产品"和"供需链"为核心的过程集成。当前，随着企业需求规划（ERP）这一建立在信息技术基础上的现代化管理平台的广泛应用，由于它集中信息技术与先进管理思想于一身，使企业经营管理活动中的物流、信息流、资金流、工作流加以集成和综合，形成了以 ERP 为中心的 MRP/PDM/MIS/ERP 等技术集成的所谓以管理为中心的数字制造观。

8.3.3　数字制造技术的内涵

随着数字地球概念的推出，可以说，全球正在进入数字信息化时代。数字信息化时代是过去 50 年，特别是最近 30 年信息技术发展的一个历史阶段，其主要特征就是数字化技术在生产、生活、经济、社会、科技、文化、教育和国防等各个领域不断扩大应用并取得日益显著效益的时代。数字化技术应用于制造领域，就形成了数字制造。

1. 从数字制造企业看数字制造技术的内涵

数字化工厂或数字企业（digital enterprise 或 E-enterprise，E-factory）是通过使用数字技术使企业的战略选择发生变化，并使选择范围大大拓展的新型企业。根据这一定义，数字工厂或数字企业必须能够利用数字技术为客户和企业员工设计全新的价值理念和数字化环境，发现创造和捕捉利润的新方法，并通过数字技术在企业的全面应用，实现内、外部及整个业务流程全面的信息化和数字化。

从数字企业的关联角度看,数字制造技术所涉及的对象和活动主要包括企业与企业之间的关系以及企业之间的协作活动和供需活动,如图 8-3 所示。

图 8-3　数字制造技术
内涵——数字企业关联图

如图 8-3 所示,数字制造企业是指把企业看作是协作链或供需链的核心,从宏观的角度出发应用数字技术对数字制造企业的整体特征进行表达和处理,如发展战略、主要产品特征、企业形象、可共享资源等。数字制造协作链是指应用数字技术对企业间的各种制造协作关系和活动进行表达、处理、控制和实现,如协同设计、战略联盟建立等。数字制造客户链是指应用数字技术对企业与客户的关系进行表达、管理和控制,如客户档案、客户需求信息、客户联系档案、客户反馈信息的表达与处理、客户产品配置活动、客户投诉活动、客户订货活动的表达、管理与控制等。数字制造供应链是指应用数字技术对企业与供应商的关系进行表达、建立与控制,如供应商档案、供应商供应信息、供应商联系档案的表达与处理、询价报价活动、供应商选择活动的表达、管理与控制等。

2. 从数字制造的内容看数字制造技术的内涵

从数字制造的内容上看,数字制造与传统制造的本质差别在于,数字制造力图从离散的、系统的、动力学的、非线性的和时变的观点研究制造工艺、装备、技术、组织、管理、营销等问题,并力图以互联网为技术手段、以信息为理论基础,将传统制造中许多定性的描述,都转化为数字化的定量描述以获取更大的投入增值。

数字制造的内容可从宏观数字制造和微观数字制造两个方面来描述,其框架示意图见图 8-4。

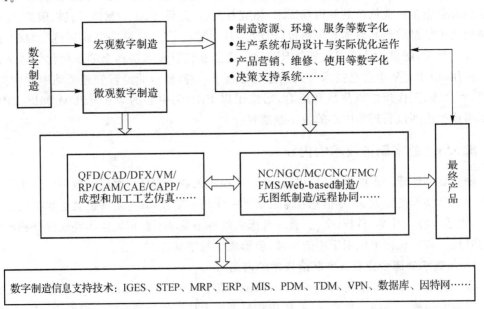

图 8-4　数字制造技术内涵示意图

　　从当前人们对制造的认识来看,可将制造分为"小制造"和"大制造",或者狭义的制造和广义的制造。狭义的制造即人们一般传统意义上所指的机械制造,它将制造理解为产品的机械工艺过程和机械加工过程。广义的制造则在领域和活动两方面对传统的概念大大地进行了扩展。在领域方面,制造从机械领域扩展到了除第一产业(农业)和第三产业(服务业、商业)以外的所有工业领域。在过程方面,制造从单纯的机械加工过程扩展到从市场调查分析到设计、生产、采购、装配、售后服务等产品整个生命周期过程。从对数字制造技术的内涵看,可将数字制造分为宏观数字制造和微观数字制造。宏观数字制造主要指宏观决策、资源优化、市场运作、资金运营等对制造过程具有重大影响的活动;而微观数字制造则是指产品从设计、工艺装配、过程控制到最终产品的全过程。从图 8-4 可以看出,制造正在从部分量化和部分经验化、定性化逐步转化为从宏观到微观的全面数字定量化。数字制造不仅要处理大量常规的工程数据、图形信息和制造过程物料流、加工流以及信息流的大量数据和信息,而且还需要收集处理涉及经营、决策、市场、资金、制造知识等大量全局性、全球性的制造数据和信息。可以这样认为,随着数字制造概念的扩展以及数字制造理论和技术的深化与成功应用,数字制造技术的内涵将更加广泛、更加丰富。

8.3.4　数字制造模型与体系结构

　　数字制造实际上是在对制造过程和产品的全生命周期进行精确定义和数字化的描述而建立起的数字空间中,来完成对产品的制造。从控制论的角度来看,数字制造系统的输入是用户需求和产品的反馈信息,根据原材料、零件图样、工艺信息、生产指令、机床、设备和工具等种种数字信息,经过设计、计算、优化、仿真、原型制造、加工、检验、运输、等待和装配等多个环节,其输出的产品则是达到用户性能要求的产品。由此可见,数字制造系统是一个涉及多种过程、多种行为和多种对象的复杂系统,具有离散性、混沌性、随机性和多层次性等特点。所以,其亟须解决的问题就是如何对制造系统的输入、输出以及各结构参数采用适当的数学模型加以清晰的描述,以便实现系统的决策优化、仿真模拟、非常状态预测识别和运行控制等目的。目前,现代制造系统的建模有很多方法,如排队论、马尔可夫(Markov)链模型、数学规划、Petri 网理论、扰动分析法等。国外许多著名制造企业和研究机构对现代制造系统的建模理论与方法也展开了深入的研究,提出了一些新的解决方案,如 IDEF,DEDS,PETRI,CIM,OSA 等。此外,数字制造的体系结构,也是数字制造首先要解决的科学问题。

1. 数字制造系统参考模型

　　制造系统中的物质流、能量流和信息流贯穿于整个制造过程和产品的全生命周期。因此,数字制造系统的建模也就围绕着物流、资源、产品和信息而展开。物质流包含材料、设备、工件和工具等,涉及的模型有生产计划模型、工艺模型、产品设计模型、生产设备模型、质量模型、加工精度模型和故障诊断模型;信息流则涉及市场、营销、管理、资金、决策、控制等多层面和多维信息,涉及的模型有决策支持模型、企业规划模型、业务流程模型、成功要素模型、数字营销模型、信息集成模型等;而能量流则涉及生产环境、能源消耗和劳动力等多个方面,其模型涉及生产与制造环境模型、绿色制造模型、能源转化模型以及智力资源模型等。因此,就数字制造系统的建模来说,由于涉及多层次、多截面、多维、全息和多学科等特点,且制造中的物料流、能量流和信息流又是彼此交融的,这就决定了数字制造系统建模的复杂性以及其研究的必要性。

概言之,由于数字制造研究的是整个制造拓扑空间中各拓扑之间的相互联系和协同运作关系,因此物质流和信息流不再是独立的,而是蕴含于上述联系和运作之中。更确切地讲,数字制造系统的建模对象涉及广义的制造过程,包括制造环境、制造行为和制造信息。数字制造系统的目标,就是要在数字化的环境中完成产品的设计、仿真和加工,即接到订单后,首先进行概念设计和总体设计,然后是计算机模拟或快速原型过程,直至工艺规划过程、CAM 和 CAQ 过程,最终形成产品。为完成每一个过程,必须有资源和时间的分配,以及控制量的输入和反馈信息的输出。而资源和时间的分配,又依赖于其他过程以及总体规划的资源和时间的制约,且反馈信息将为制造产品前后过程所用,这样一来,在基于网络的制造环境下,资源、时间和控制信息的统筹管理和规划就显得更加复杂。

图 8-5 所示给出了数字制造系统的一个面向对象的参考模型。该模型的主要特点有:

(1)它表述的是基于网络的虚拟企业的协同设计与制造,既可支持企业内部信息交换(如生成数控加工程序、生产调度等),又可采用客户机/服务器的方式支持协作企业之间的相互连接(如建立供应商产品和生产能力数据库、产品协同设计等)以及制造服务的传递。网络数据服务器包含有各种通用模块,包括诸如订单、设计信息、工艺、生产计划、库存、加工状况等信息,同时还包含各类专用模块,供不同的企业实现客户化而调用。

(2)它是利用面向对象的原理和方法来设计的。系统模型的每一组成部分都视为独立的对象,这些对象是通过对整个制造系统过程和阶段进行综合考虑而得到的,并且从一个过程或阶段到下一个过程或阶段所利用的对象及数据具有高度的连续性。各对象之间通过通信实现数据信息的交流,并以此作为产品分析、设计和实现的基本单元,这样一来既降低了系统部件之间的耦合度又使系统部件的重用成为可能,从而提高了生产质量和生产效率。

(3)它是一种分层的应用模型,能满足客户/服务器(C/S)计算的需要。其原因有两方面:一方面 C/S 系统具有多厂商、多平台的特点,系统的各个组成部分所提供的服务需要一个清晰的界限;另一方面,分层模型使得创建基于可分配、可伸缩和可管理的组件的系统成为可能。数字制造系统的分层模型尤其强调以服务为本的思想,各层次围绕用户服务、业务服务和数据服务,以服务请求的方式,通过事先定义好的接口进行通信。

(4)它强调顾客至上的思想,通过制造智能化的代理理论技术实现市场、设计、制造和产品的数字化。其模型还可以不断扩展,如管理决策智能代理、信息集成智能代理、研究开发智能代理等。

2. 数字制造系统的体系结构

从数字制造的形成背景,数字制造的概念、定义和数字制造技术的内涵与数字制造系统的模型,我们不难得到数字制造的体系结构,其体系结构应包括数字制造的理论基础和科学问题、数字制造的关键技术、数字制造的应用领域和数字制造的实现网络等几个方面,图 8-5 所示给出了数字制造系统的体系结构。

如图 8-6 所示,数字制造是以制造科学、信息科学、管理科学和控制科学为基础,以建模理论、制造信息学、计算制造学和制造智能学为依据,将这些基础科学和理论交叉融合即形成了数字制造这门新兴的学科。

数字制造的关键技术包括产品描述技术、制造过程表达与控制技术、制造数据采集、存储与处理技术、高速通讯网络和协议技术、工程数据库技术、虚拟与仿真技术和元数据技术,其中:

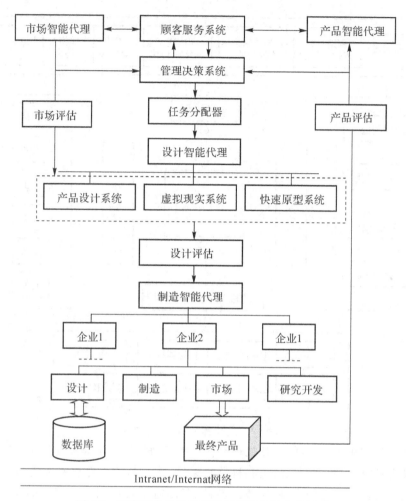

图 8-5　面向对象的数字制造系统的分层参考模型

（1）产品描述技术。是指如何应用数字技术描述产品信息，包括描述与表达规范，如STEP 就是一种典型的产品描述表达技术和规范。

（2）制造过程表达与控制技术。包括解决如何对各种确定性制造过程和非确定性制造过程的表达与控制，非确定性的制造过程的例子有刀具磨损过程、市场开拓决策过程。

（3）制造数据采集、存储与处理。包括对制造知识的获取、表达、存储、处理和应用。

（4）高速通讯网络和协议技术。如在异地、异构环境进行协同设计，需要高速通讯网络技术和协议的支持。

（5）工程数据库技术。数字制造中涉及大量的工程数据的存储与管理问题，到目前为止还没有合适的数据库技术满足相应的要求。

（6）虚拟与仿真技术。包括制造过程仿真、数字样机、虚拟现实等。

（7）元数据。元数据是关于数据的数据，通过它可以了解有关数据的名称、用途、用法等。

数字制造可以在不同层面和不同网络支持环境下实现，包括在全球范围内以因特网为支撑实现；在一个行业范围内以 Internet 和 Intranet 的支撑下实现；在企业范围以 Intranet 和局域网的支撑下实现；对于一个具体的产品，则在其产品的全生命周期以及产品本身的数字化内涵都需要网络和数字化技术的支撑下实现。

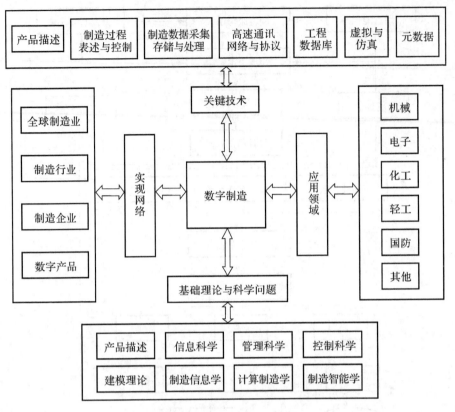

图 8-6　数字制造的体系结构

　　数字制造的应用十分广泛,包括机械、电子、化工、轻工、国防等各种各样的制造业;随着数字制造理念的推广、数字制造理论和科学的深化、数字制造关键技术和应用平台的突破,以及数字制造规范和工具的实施,可以预料,数字制造必将得到日益广泛的应用。21世纪随着网络和信息技术的发展,数字制造技术将成为制造业的主导制造手段,人类社会将进入数字制造时代。

8.4　绿色制造

8.4.1　绿色制造的提出

1. 绿色制造的概念与内涵

　　环境、资源、人口是当今人类社会面临的三大问题。特别是环境问题,其恶化程度与日俱增,对人类社会的生存与发展构成了严重威胁。有人把全球性的环境问题的严峻程度以及人类社会对环境问题的意识比喻为第三次世界大战。战争将有两种结局:一是人类对当前的环境问题认识不足,不采取果断措施,继续以牺牲环境来求得经济发展的高速度,这实质是一条自掘坟墓、人类自己毁灭自己的道路。另一种是人类从传统的观念束缚下挣脱出来,反思自己,树立崭新的环境观念,采取有力措施,走绿色文明之路,从而创造出人与环境和谐共存、发展的新局面。毫无疑问,人们当然希望是第二种结局。

　　随着全球环境的日益恶化,人们对环境问题已愈来愈重视。近年来的研究和实践使人们认识到环境问题绝非是孤立存在的,它和资源、人口两大问题有着根本的内在联系。特别是资源问题,它不仅涉及人类世界有限的资源如何利用,而且它又是产生环境问题的主要根源。于是,近年来提出一个新的概念:最有效地利用资源和最低限度地产生废弃物,是当前世界上环境问题的治本之道。

　　制造业是将可用资源(包括能源)通过制造过程,转化为可供人们使用和利用的工业产品或生活消费品的产业。它涉及国民经济的大量行业,如机械、电子、化工、食品、军工等。制造业是创造人类财富的支柱产业,其功能是通过制造系统来实现的。

　　制造业在将制造资源转变为产品的制造过程和产品的使用和处理过程中,同时产生废弃物(废弃物是制造资源中未被利用的部分,所以也称废弃资源)。废弃物是制造业对环境污染的主要根源。制造系统对环境的影响如图 8-7 所示。

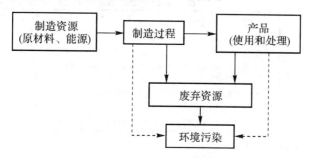

图 8-7　制造系统对环境的影响

　　图 8-7 中虚线表示个别特殊情况下,制造过程和产品使用过程对环境直接产生污染(如噪声),而不是废弃物污染。但是这种污染相对于废弃物带来的污染要小得多。

　　由于制造系统量大面广,因而对环境的总体影响很大。可以说,制造业一方面是创造人类财富的支柱产业,但同时又是当前环境污染的主要源头。有鉴于此,如何使制造业尽可能少地产生环境污染是当前环境问题的一个重要研究方向。于是一个新的概念绿色制造由此产生,并被认为是现代企业的必由之路。

　　各国专家的研究普遍认为,绿色制造是解决制造业环境污染问题的根本方法之一,是实施环境污染源头控制的关键途径之一。绿色制造实质上是人类社会可持续发展战略在现代制造业中的体现。

2. 绿色制造的定义和问题领域

　　绿色制造是一个综合考虑环境影响和资源消耗的现代制造模式,其目标是使得产品从设计、制造、包装、运输、使用到报废处理的整个生命周期中,对环境负面影响最小,资源利用率最高,并使企业经济效益和社会效益协调优化。

　　该定义体现了出一个基本观点,即制造系统中导致环境污染的根本原因是资源消耗和废弃物的产生,因而本绿色制造的定义中体现了资源和环境两者不可分割的关系。

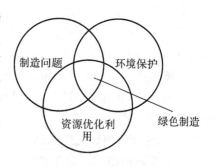

图 8-8　绿色制造的问题
领域交叉状况

由上述定义可得出绿色制造涉及的问题领域有三部分：①制造问题，包括产品生命周期全过程；②环境保护问题；③资源优化利用问题。绿色制造就是这三部分内容的交叉，如图8-8所示。

3. 与绿色制造有关的现代制造模式

近年来，围绕制造系统或制造过程中的环境问题，已提出了一系列有关的制造概念和制造模式。除绿色制造外，与此相类似的制造概念还有许多，如环境意识制造、清洁生产、生态意识制造等。为了区别绿色制造与其他概念，并进一步明确绿色制造的技术范围，将其中的主要模式大致归类，如图8-9所示。

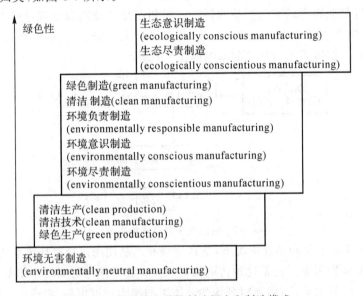

图 8-9　与环境有关的制造概念和制造模式

图8-9表明，与环境有关的制造概念和制造模式大致可分为4类或4个层次。

第一层次（底层）为环境无害制造，其内涵是该制造过程不对环境产生危害，但也无助于改善现有环境状况；或者说它是中性的。

第二层次包括清洁生产、清洁技术和绿色生产等。其内涵是这些制造模式不仅不对环境产生危害，而且还应有利于改善现有环境状况。但是其绿色性主要指具体的制造过程或生产过程是绿色的，而不包括产品生命周期中的其他过程，如设计、产品使用和回收处理等。

第三层次包括绿色制造、清洁制造、环境意识制造等。其内涵是指产品生命周期的全过程（即不仅包括具体的制造过程或生产过程，而且还包括产品设计、售后服务及产品寿命终结后处理等）均具有绿色性。

第四层次包括生态意识制造和生态尽责制造等。其内涵不仅包括产品生命周期的全过程具有绿色性，而且包括产品及其制造系统的存在及其发展均应与环境和生态系统协调，形成可持续性发展系统。

4. 绿色制造内涵的广义性

绿色制造内涵的广义性表现为：

（1）绿色制造中的"制造"涉及产品整个生命周期，因而是一个"大制造"概念，同计算机集成制造、敏捷制造等概念中的"制造"一样。绿色制造体现了现代制造科学的"大制造、大过程、学科交叉"的特点。

(2)绿色制造涉及的范围非常广泛,包括机械、电子、食品、化工、军工等,几乎覆盖整个工业领域。

(3)绿色制造涉及的问题领域包括三部分:①制造问题;②环境保护问题;③资源优化利用问题。绿色制造是这三部分内容的交叉和集成。

(4)资源问题、环境问题、人口问题是当今人类社会面临的三大主要问题,绿色制造是一种充分考虑前两大问题的一种现代制造模式;从制造系统工程的观点,绿色制造是一个充分考虑制造业资源和环境问题的复杂的系统工程问题。

当前人类社会正在实施全球化的可持续发展战略,绿色制造实质上是人类社会可持续发展战略在现代制造业中的体现。

5. 绿色制造的效益特征

20 世纪及其以前的制造企业(以下简称传统制造企业)的追求目标几乎是唯一的(近年来稍有改变),即追求最大的经济效益,如图 8-10(a)所示。企业为了追求最大的经济效益,有时甚至不惜牺牲环境效益;另外,对资源消耗问题也主要算经济账,而很少考虑人类世界有限的资源如何节约问题。

21 世纪是生态经济时代,正如人才、企业文化等成为企业的无形资产,单纯算经济账不能体现其价值一样,企业的环境效益状况关系到企业可持续发展。因此,绿色制造的实施要求企业既要考虑经济效益,更要考虑社会效益(包括环境效益和可持续发展效益等),于是21 世纪实施绿色制造的企业(简称绿色制造企业)追求的效益目标将从单一的经济效益优化变革到经济效益和社会效益协调优化,如图 8-10(b)所示。

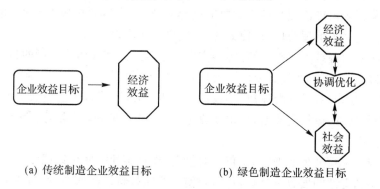

(a) 传统制造企业效益目标　　　　(b) 绿色制造企业效益目标

图 8-10　企业效益目标变革

经济效益是企业存在与发展的基本条件。但是,新的市场环境赋予了企业取得满意经济效益较过去更加丰富的途径。

绿色制造企业追求的社会效益主要关注环境效益或可持续发展效益。因为环境对经济具有支持作用,可以从 3 个方面来理解:

(1)环境提供了经济活动中所必需的原材料和能源,包括不可再生资源、可再生资源和半可再生资源。

(2)环境具有吸收、容纳降解社会经济活动中所排放废弃物的功能,即环境具有自净能力。这一功能具有公共特征,存在于市场交换关系之外,但是环境承载力是有限的。

(3)环境向个体和社会提供了自然服务,这涉及经济活动过程与环境间物质和能量的直接性物理交换(如生态和气候保护、物质材料的循环和能量的流动、生物差异等)及个体直接的福利效益(如休闲、健康、美学等)。

协调优化强调经济效益与社会效益之间存在着有机的联系。

(1)社会经济再生产过程以社会环境资源的再生产过程为前提条件,而社会环境资源的再生产过程又受到经济再生产过程的影响,并对其具有约束作用,污染物的产生和自然资源的消耗以及环境质量状况是经济与环境的结合部。

(2)环境具有有限的自净能力和资源再生能力,它决定了在一定条件下环境所能容纳、降解污染物的能力和为社会经济发展提供资源和能源的能力,如果社会经济活动产生的环境污染以及对资源和能源的消耗与环境承载能力相协调,就能充分地利用环境的自净能力与环境资源再生能力,达到环境与经济的协调发展。

绿色制造的实施是缓解经济与环境矛盾、实现经济与环境协调发展的关键。

8.4.2　发展绿色制造的意义和必要性

1. 绿色制造是实施制造业环境污染源头控制的关键途径,是 21 世纪制造业实现可持续发展的必由之路

解决制造业的环境污染问题有两大途径:末端治理和源头控制。但是通过 10 年多的实践发现,仅着眼于控制排污口(末端),使排放的污染物通过治理达标排放的办法,虽在一定时期内或在局部地区起到一定的作用,但并未从根本上解决工业污染问题。其原因在于:

(1)随着生产的发展和产品品种的不断增加,以及人们环境意识的提高,对工业生产所排污染物的种类检测越来越多,规定控制的污染物(特别是有毒有害污染物)的排放标准也越来越严格,从而对污染治理与控制的要求也越来越高,为达到排放的要求,企业要花费大量的资金,大大提高了治理费用,即使如此,一些要求还难以达标。

(2)由于污染治理技术有限,治理污染实质上很难达到彻底消除污染的目的。因为一般末端治理污染的办法是先通过必要的预处理,再进行生化处理后排放。而有些污染物是不能生物降解的污染物,只是稀释排放,不仅污染环境,治理不当甚至会造成二次污染;有的治理只是将污染物转移,废气变废水,废水变废渣,废渣堆放填埋,污染土壤和地下水,形成恶性循环,破坏生态环境。

(3)只着眼于末端处理的办法,不仅需要投资,而且会使一些可以回收的资源(包含未反应的原料)得不到有效的回收利用而流失,致使企业原材料消耗增高、产品成本增加、经济效益下降,从而影响企业治理污染的积极性和主动性。

(4)实践证明:预防优于治理。根据日本环境厅 1991 年的报告,"从经济上计算,在污染前采取防治对策比在污染后采取措施治理更为节省"。例如,就整个日本的硫氧化物造成的大气污染而言,排放后不采取对策所产生的受害金额是现在预防这种危害所需费用的 10 倍。

据美国 EPA 统计,美国用于空气、水和土壤等环境介质污染控制总费用(包括投资和运行费),1972 年为 260 亿美元(占 GNP 的 1%),1987 年猛增至 850 亿美元,80 年代末达到 1200 亿美元(占 GNP 的 2.8%)。如杜邦公司每磅废物的处理费用以每年 20%～30% 的速率增加,焚烧一桶危险废物可能要花费 300～1500 美元。即使如此之高的经济代价仍未能达到预期的污染控制目标,末端处理在经济上已不堪重负。

综上所述,发达国家通过治理污染的实践,逐步认识到防治工业污染不能只依靠治理排污口(末端)的污染,要从根本上解决工业污染问题,必须"预防为主",实施源头控制,将污染物消除在生产过程之初(产品设计阶段),实行工业生产全生命周期控制。20 世纪 70 年代末期以来,不少发达国家的政府和各大企业集团(公司)都纷纷研究开发少废、无废技术,开辟污染预防的新途径,把推行绿色制造、清洁生产及其他面向环境的设计和制造技术作为经济和环境协调发展的一项战略措施。

2. 绿色制造是 21 世纪国际制造业的重要发展趋势

绿色制造是可持续发展战略思想在制造业中的体现,致力于改善人类技术革新和生产力发展与自然环境的协调关系,符合时代可持续发展的主题。美国政府已经意识到绿色制造将成为下一轮技术创新高潮,并可能引起新的产业革命。1999—2001 年,在美国国家自然科学基金和国家能源部的资助下,美国世界技术评估中心(WTEC)成立了专门的"环境友好制造(即绿色制造)"技术评估委员会,对欧洲及日本有关企业、研究机构、高校在绿色制造方面的技术研发、企业实施和政策法规等的现状进行了实地调查和分析,并与美国的情况进行对比分析,指出美国在多方面已经落后的事实,提出绿色制造发展的战略措施和亟待攻关的关键技术。《制造与技术新闻》期刊在一篇题为"Green Manufacturing Is a Strategic Priority"(绿色制造是优先发展战略)的头条报道中指出:在不久的将来,无论从工程还是商务与市场的角度,绿色制造都将成为工业界最大的战略挑战之一。目前已有很多跨国企业都纷纷在不同程度上开始推行绿色制造战略,开发绿色产品,如德国的西门子公司、日本的丰田和日立公司、美国的福特集团等。

在这样一个经济全球化时代,跨国企业战略和发达国家发展战略往往代表着一种新的技术创新和产业变革方向。当前,在新一轮绿色技术浪潮中,欧洲、日本、美国等国家地区和他们的企业已经起航,预示着新一轮技术创新和产业变革竞争的开始。

3. 绿色制造是实现国民经济可持续发展战略目标的重要技术途径之一

根据美国世界技术评估中心(WETC)的(环境友好制造最终报告),衡量一个国家国民经济发展所造成的环境负荷总量时,可以参考如下公式进行分析

$$环境负荷=人口×(GDP/人口)×(环境负荷/GDP) \tag{8-1}$$

国内生产总值(GDP)是指一个国家或地区范围内的所有常住单位,在一定时期内生产最终产品和提供劳务价值的总和。式(8-1)中,"人口"为国民数量;"GDP/人口"为人均GDP,反映人民生活水平;"环境负荷/GDP"反映了创造单位 GDP 价值给环境带来的负荷。根据党的十五大提出的远景发展目标战略规划,从 20 世纪末进入小康社会后,国民经济将分 2010、2020、2050 年三个发展阶段,逐步达到现代化的目标。国内生产总值将继续保持7%左右的增长速度,到 2010 年翻一番;人口总量到 2000、2010、2020 和 2050 年分别控制在13 亿、14 亿、15 亿和 16 亿。因此,以 2000 年为基准并维持环境负荷总量的不变,根据式(8-1)可以计算出 2010、2020 和 2050 年的单位 GDP 的环境负荷的递减情况,如表 8-4 所示。

表 8-4　今后 50 年单位 GDP 的环境负荷的递减情况

年　度	2000	2010	2020	2050
人口增长倍数	1	1077	1.154	1.231
人均 GDP 增长倍数	1	1827	2.254	23.934
单位 GDP 的环境负荷递减倍数	1	0.508	0.258	0.034

因此,如果维持国民经济发展所造成的资源消耗和环境影响不变,即与 2000 年持平,那么到 2050 年,我们国家单位 GDP 的环境负荷要降为现在的 1/30。以汽车制造为例,到 2010、2020、2050 年,生产一辆汽车所消耗的资源、能源和对环境的污染应减少为现在环境负荷的 0.508(约 1/2)、0.258(约 1/4)、0.034(约 1/30),其压力是非常大的。因此,为了改善我国国民经济的发展质量,实现国家可持续发展战略,实施绿色制造,减少制造业资源消耗和环境污染已势在必行。

4. 绿色制造技术将带动一大批新兴产业,形成新的经济增长点

绿色制造的实施将导致一大批新兴产业形成,如:

(1)绿色产品制造产业。制造业不断研究、设计和开发各种绿色产品以取代传统的资源消耗和环境影响较大的产品,将使这方面的产业持续兴旺发展。

(2)实施绿色制造的软件产业。企业实施绿色制造,需要大量实施工具和软件产品,如产品生命周期评估系统(LCA)、计算机辅助绿色设计系统、绿色工艺规划系统、绿色制造的决策支撑系统、ISO 14000 国际认证的支持系统等,将会推动一批新兴软件产业的形成。

(3)废弃产品回收处理产业。随着汽车、空调、计算机、冰箱、传统机床设备等产品废旧和报废,一大批具有良好回收利用价值的废弃产品需要进行回收处理,再利用或再制造,由此将导致新兴的废弃物流和废弃产品回收处理产业。回收处理产业通过回收利用、处理,将废弃产品再资源化,节约了资源、能源,并可以减少这些产品对环境的压力。

8.4.3 绿色制造的体系结构和研究内容

1. 绿色制造的体系结构

绿色制造技术涉及产品整个生命周期,甚至多生命周期,主要考虑其资源消耗和环境影响问题,并兼顾技术、经济因素,使得企业经济效益和社会效益协调优化,其技术范围和体系结构框架如图 8-11 所示。

绿色制造包括两个层次的全过程控制、三项具体内容和两个实现目标。

两个层次的全过程控制,一是指具体的制造过程,即物料转化过程,充分利用资源,减少环境污染,实现具体绿色制造的过程;另一个是指在构思、设计、制造、装配、包装、运输、销售、售后服务及产品报废后回收整个产品周期中每个环节均充分考虑资源和环境问题,以实现最大限度地优化利用资源和减少环境污染的广义绿色制造过程。

三项内容是用制造系统工程的观点,综合分析产品生命周期从产品材料的生产到产品报废回收处理的全过程的各个环节的环境及资源问题所涉及的主要内容。三项内容包括绿色资源、绿色生产和绿色产品。绿色资源主要是指绿色原材料和绿色能源。绿色原材料主要是指来源丰富(不影响可持续发展),便于充分利用,便于废弃物和产品报废后回收利用的原材料。绿色能源,应尽可能使用储存丰富、可再生的能源,并且应尽可能不产生环境污染问题。绿色生产过程中,对一般工艺流程和废弃物,可以采用的措施有:开发使用节能资源和环境友好的生产设备;放弃使用有机溶剂,采用机械技术清理金属表面,利用水基材料代替有毒的有机溶剂为基体的材料;减少制造过程中排放的污水等。开发制造工艺时,其组织结构、工艺流程以及设备都必须适应企业的"向环境安全型"组织化,已达到大大减少废弃物的目的。绿色产品主要是指资源消耗少、生产和使用中对环境污染小,并且便于回收利用的产品。

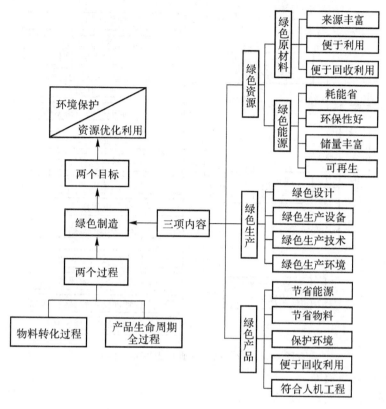

图 8-11　绿色制造的体系结构

2. 绿色制造的研究内容体系

总结国内外已有的研究和作者所做的工作,可建立绿色制造的研究内容体系,如图8-12所示。

(1)绿色制造的理论体系和总体技术

绿色制造的理论体系和总体技术是从系统的角度,从全局和集成的角度,研究绿色制造的理论体系、共性关键技术和系统集成技术。主要包括:

1)绿色制造的理论体系

其包括绿色制造的资源属性、建模理论、运行特性、可持续发展战略,以及绿色制造的系统特性和集成特性等。

2)绿色制造的体系结构和多生命周期工程

其包括绿色制造的目标体系、功能体系、过程体系、信息结构、运行模式等。绿色制造涉及产品整个生命周期中的绿色性问题,其中大量资源如何循环使用或再生,又涉及产品多生命周期工程这一新概念。

3)绿色制造的系统运行模式——绿色制造系统

只有从系统集成的角度,才可能真正有效地实施绿色制造。为此需要考虑绿色制造的系统运行模式——绿色制造系统。绿色制造系统将企业各项活动中的人、技术、经营管理、物能资源、生态环境,以及信息流、物料流、能量流和资金流有机集成,并实现企业和生态环境的整体优化,达到产品上市快、质量高、成本低、服务好、有利于环境,并赢得竞争的目的。绿色制造系统的集成运行模式主要涉及绿色设计、产品生命周期及其物流过程、产品生命周

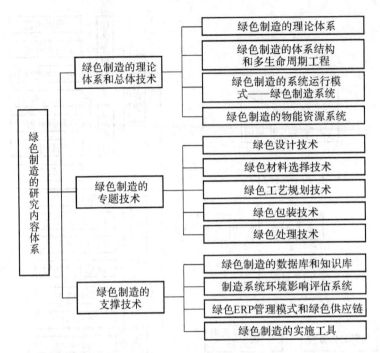

图 8-12 绿色制造的研究内容体系框架

期的外延及其相关环境等。

4) 绿色制造的物能资源系统

鉴于资源消耗问题在绿色制造中的特殊地位,且涉及绿色制造全过程,因此应建立绿色制造的物能资源系统,并研究制造系统的物能资源消耗规律、面向环境的产品材料选择、物能资源的优化利用技术、面向产品生命周期和多生命周期的物流和能源的管理与控制等问题。综合考虑绿色制造的内涵和制造系统中资源消耗状态的影响因素,构造了一种绿色制造系统的物能资源流模型。

(2) 绿色制造的专题技术

绿色制造的专题技术是相对于总体技术而言。绿色制造中的专题技术主要包括绿色设计、绿色材料选择、绿色工艺规划、绿色包装、绿色回收处理等。

1) 绿色设计技术

绿色设计又称面向环境的设计(design for environment)。绿色设计是指在产品及其生命周期全过程的设计中,充分考虑对资源和环境的影响,在充分考虑产品的功能、质量、开发周期和成本的同时,优化各有关设计因素,使得产品及其制造过程对环境的总体影响和资源消耗减到最小。

2) 绿色材料选择技术

绿色材料选择技术又称面向环境的产品材料选择,是一个系统性和综合性很强的复杂问题。一是绿色材料尚无明确界限,实际中选用很难处理;二是选用材料,不能仅考虑产品的功能、质量、成本等方面要求,还必须考虑其绿色性,这些更增添了面向环境的产品材料选择的复杂性。美国卡奈基梅龙大学 Rosy 提出了基于成本分析的绿色产品材料选择方法,它将环境因素融入材料的选择过程中,要求在满足工程(包括功能、几何、材料特性等方面的要求)和环境等需求的基础上,使零件的成本最低。

3)绿色工艺规划技术

大量的研究和实践表明,产品制造过程的工艺方案不一样,物料和能源的消耗也将不一样,对环境的影响也不一样。绿色工艺规划就是要根据制造系统的实际,尽量研究和采用物料和能源消耗少、废弃物少、对环境污染小的工艺方案和工艺路线。Bekerley 大学的 P. Sheng 等提出了一种环境友好性的零件工艺规划方法,这种工艺规划方法分为两个层次:基于单个特征的微规划,包括环境性微规划和制造微规划;基于零件的宏规划,包括环境性宏规划和制造宏规划。应用基于 Internet 的平台对从零件设计到工艺文件生成中的规划问题进行集成。在这种工艺规划方法中,对环境规划模块和传统的制造模块进行同等考虑,通过两者之间的平衡协调,得出优化的加工参数。

4)绿色包装技术

绿色包装技术的主要内容是面向环境的产品包装方案设计,就是从环境保护的角度,优化产品包装方案,使得资源消耗和废弃物产生最小。目前这方面的研究很广泛,但大致可以分为包装材料、包装结构和包装废弃物回收处理 3 个方面。当今世界主要工业国要求包装应做到的"3R1D"(Reduce 减量化、Reuse 回收重用、Recycle 循环再生和 Degradable 可降解)原则。

我国包装行业"九五"至 2010 年发展的基本任务和目标中提出包装制品向绿色包装技术方向发展,实施绿色包装工程,并把绿色包装技术作为"九五"包装工业发展的重点,发展纸包装制品,开发各种代替塑料薄膜的防潮、保鲜的纸包装制品,适当发展易回收利用的金属包装及高强度薄壁轻量玻璃包装,研究开发塑料的回收再生工艺和产品。

5)绿色处理技术

产品生命周期终结后,若不回收处理,将造成资源浪费并导致环境污染。目前的研究认为面向环境的产品回收处理问题是个系统工程问题,从产品设计开始就要充分考虑这个问题,并作系统分类处理。产品寿命终结后,可以有多种不同的处理方案,如再使用、再利用、废弃等,各种方案的处理成本和回收价值都不一样,需要对各种方案进行分析与评估,确定出最佳的回收处理方案,从而以最少的成本代价,获得最高的回收价值,即进行绿色产品回收处理方案设计。评价产品回收处理方案设计主要考察三方面:效益最大化、重新利用的零部件尽可能多、废弃部分尽可能少。

(3)绿色制造的支撑技术

1)绿色制造的数据库和知识库

研究绿色制造的数据库和知识库,为绿色设计、绿色材料选择、绿色工艺规划和回收处理方案设计提供数据支撑和知识支撑。绿色设计的目标就是如何将环境需求与其他需求有机地结合在一起。比较理想的方法是将 CAD 和环境信息集成起来,以便使设计人员在设计过程中像在传统设计中获得有关技术信息与成本信息一样能够获得所有有关的环境数据,这是绿色设计的前提条件。只有这样设计人员才能根据环境需求设计开发产品,获取设计决策所造成的环境影响的具体情况,并可将设计结果与给定的需求比较对设计方案进行评价。由此可见,为了满足绿色设计需求,必须建立相应的绿色设计数据库与知识库,并对其进行管理和维护。

2)制造系统环境影响评估系统

环境影响评估系统要对产品生命周期中的资源消耗和环境影响的情况进行评估,评估的主要内容包括制造过程物料的消耗状况、制造过程能源的消耗状况、制造过程对环境的污染状况、产品使用过程对环境的污染状况、产品寿命终结后对环境的污染状况等。

制造系统中资源种类繁多、消耗情况复杂,因而制造过程对环境的污染状况多样、程度不一、极其复杂。如何测算和评估这些状况,如何评估绿色制造实施的状况和程度是一个十分复杂的问题。

因此,研究绿色制造的评估体系和评估系统是当前绿色制造的研究和绿色制造的实施均面临急需解决的问题。当然此问题涉及面广而复杂,尚有待于作专门的系统研究。

3)绿色 ERP 管理模式和绿色供应链

在实施绿色制造的企业中,企业的经营和生产管理必须考虑资源消耗和环境影响及其相应的资源成本和环境处理成本,以提高企业的经济效益和环境效益。其中,面向绿色制造的整个产品生命周期的绿色 MRP Ⅱ/ERP 管理模式及其绿色供应链是重要研究内容。

4)绿色制造的实施工具

研究绿色制造的支撑软件,包括计算机辅助绿色设计、绿色工艺规划系统、绿色制造的决策支持系统、ISO14000 国际认证的支撑系统等。

思考题与习题

8-1　什么叫做精密与超精密加工? 它们与普通的精加工有何不同?

8-2　超精密加工的方法有哪些?

8-3　超高速加工的有何优越性?

8-4　高速加工的关键技术主要有哪些? 高速加工有何应用?

8-5　什么是数字制造? 如何理解数字制造的内涵?

8-6　简述数字制造的体系结构。

8-7　什么是绿色制造? 绿色制造的内容包括哪些方面?

8-8　简述绿色制造的体系结构。

参考文献

1. 冯之敬主编. 制造工程与技术原理. 北京:清华大学出版社,2004,6
2. 邓志平主编. 机械制造技术基础. 成都:西南交通大学出版社,2004,8
3. 卢秉恒主编. 机械制造技术基础. 北京:机械工业出版社,2005,5
4. 华楚生主编. 机械制造技术基础. 重庆:重庆大学出版社,2004,6
5. 陈榕,王树兜. 机械制造工艺学习题集. 福州:福建科学技术出版社,1985
6. 韩实秋主编. 机械制造技术基础(第二版). 北京:机械工业出版社,2005
7. 峻一主编. 机械制造技术基础. 北京:机械工业出版社,2004
8. 朱正兴主编. 机械制造技术. 北京:机械工业出版社,1999
9. 张树森主编. 机械制造工程学. 东北大学出版社,2001
10. 倪森寿主编. 机械制造工艺与装备习题集和课程设计指导书. 北京:化学出版社, 2003
11. 李旦主编. 机械制造工艺学试题精选与答题技巧. 哈尔滨:哈尔滨工业大学出版社, 1999
12. 张龙勋主编. 机械制造工艺学课程设计指导书与习题. 北京:机械工业出版社,1994
13. 周宏甫主编. 机械制造技术基础. 北京:高等教育出版社,2004
14. 黄鹤汀,吴善元主编. 机械制造技术. 北京:机械工业出版社,1997
15. 蔡汉明,陈清奎主编. CAD/CAM技术. 北京:机械工业出版社,2003
16. 赵汝嘉,孙波主编. 计算机辅助工艺设计(CAPP). 北京:机械工业出版社,2003
17. 王先逵主编. 机械制造工艺学. 北京:机械工业出版社,2004
18. 卢秉恒等主编. 机械制造技术基础. 北京:机械工业出版社,1999
19. 于俊一,邹青主编. 机械制造技术基础. 北京:机械工业出版社,2004
20. 冯之敬主编. 机械制造工程原理. 北京:清华大学出版社,1999
21. 曾志新等主编. 机械制造技术基础. 北京:机械工业出版社,2001
22. 狄瑞坤等主编. 机械制造工程. 杭州:浙江大学出版社,1999
23. 张世昌主编. 机械制造技术基础. 天津:天津大学出版社,2002
24. 陈明主编. 机械制造工艺学. 北京:机械工业出版社,2005
25. 黄健求主编. 机械制造技术基础. 北京:机械工业出版社,2005
26. 王杰等主编. 机械制造工程学. 北京:北京邮电大学出版社,2003
27. 王启平主编. 机械制造工艺学. 哈尔滨:哈尔滨工业大学出版社,1999

28. 蔡光起主编. 机械制造技术基础. 沈阳:东北大学出版社,2002

29. 方子良主编. 机械制造技术基础. 上海:上海交通大学出版社,2004

30. 张福润等主编. 机械制造技术基础. 武汉:华中科技大学出版社,2000

31. 周祖德编著. 数字制造. 北京:科学出版社,2004

32. 刘飞等编著. 绿色制造的理论与技术. 北京:科学出版社,2005

33. 郑修本主编. 机械制造工艺学. 北京:机械工业出版社,2002

34. 郑焕文主编. 机械制造工艺学. 沈阳:东北工学院出版社,1988

35. 曾志新等主编. 机械制造技术基础. 武汉:武汉理工大学出版社,2003

36. 周泽华主编. 金属切削原理. 上海:上海科学技术出版社,1984

37. 陈日曜主编. 金属切削原理. 北京:机械工业出版社,1985

38. 张幼桢主编. 金属切削原理与刀具. 北京:国防工业出版社,1990

5-16　某小轴零件图上规定其外圆直径为 $\varphi 32_{-0.05}^{0}$ mm，渗碳深度为 0.5～0.8mm，其工艺过程为：车—渗碳—磨。已知渗碳时的工艺渗碳层深度为 0.8～1.0mm。试计算渗碳前车削上序的直径尺寸及上下偏差。

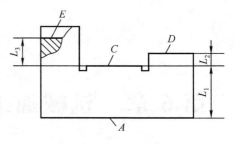

图 5-35　题 15 图

5-17　什么是时间定额？缩短基本时间的措施有哪些？

5-18　成组技术的基本原理是什么？在实际生产中有何作用？

5-19　CAPP 的类型有几种？CAPP 有何意义？

5-20　什么是专家 CAPP 系统？专家 CAPP 系统由哪几部分组成？

第6章 机械加工质量及质量控制

6.1 机械加工精度及表面质量的概念与意义

6.1.1 机械加工精度及表面质量的概念

机械加工质量主要是指机械加工精度和表面质量。精度的高低直接影响机器的使用性能和寿命。随着机器速度、负载的增高以及机器自动化的需要,对机器的性能要求不断提高,因此保证机器零件具有更高的精度显得尤为重要。另一方面,在生产实际中,经常遇到和需要解决的工艺问题,多数也是精度问题,因此深入了解和研究零件精度的各种规律,是机械制造工程学的一项重要任务。

机械加工精度是指零件在加工后,其形状、尺寸及各加工表面之间的相对位置,亦即它们的几何参数的实际值与理论值相符合的程度,符合的程度越高,加工精度越高,反之,符合程度越差,加工精度也越低。

零件工作图上规定的精度是设计精度,它是根据机器性能对其各相关表面在尺寸、形状和位置等方面提出的具有一定范围的精度要求。显然,精度包括尺寸精度、形状精度和相互位置精度等三个方面,而且它们之间有一定的联系,没有一定的形状精度,就谈不上尺寸精度和位置精度。例如,不圆的表面没有确定的直径;不平的表面不能测出准确的平行度或垂直度等。一般说来,形状精度应高于相应的尺寸精度,在大多数情况下,相互位置精度也应高于相应的尺寸精度。

生产实践表明,任何一种加工方法,不论多么精密都不可能将零件做得绝对准确。即使加工条件完全相同,制造出的零件精度也各不相同。从零件使用的角度来看,也没有必要把零件做得绝对准确,只要能够满足机器的使用性能就可以了。

表面质量是指零件几何方面的质量和材料性能方面的质量。它主要有以下两方面内容:

(1)几何方面的质量——指机械加工后最外层表面与周围环境间界面的几何形状误差。它分为宏观几何形状误差和微观几何形状误差。

(2)材料性能方面的质量——指机械加工后,零件一定深度表面层的物理力学性能等方面的质量与基体相比发生了变化,故称加工变质层。主要表现在以下几方面:

1)表面层加工硬化。机械加工过程中产生的塑性变形,使晶格扭曲、畸变,晶粒间产生滑移,晶粒被拉长等,这些都会使表面层金属硬度增加,通称为加工硬化(或冷作硬化)。加